U0276085

高职高专“十三五”规划教材

热工与流体力学基础

第二版

魏　龙　主　编
刘　星　副主编
隋继学　主　审

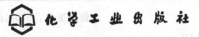

化学工业出版社
·北京·

本书是将工程热力学、流体力学和传热学的经典内容及最新成果以能量转换和传递为主线，优化组合而成，是一门课程改革综合化教材。

全书共分三篇：第一篇为工程热力学，包括热力学的基本概念、热力学第一定律、热力学第二定律、理想气体的热力性质和热力过程、水蒸气和蒸汽动力循环、混合气体和湿空气、气体和蒸汽的流动；第二篇为流体力学，包括流体性质和流体静力学基础、一元流体动力学基础、流动阻力和能量损失、管路计算；第三篇为传热学，包括稳态导热、对流换热、辐射换热、传热与换热器。

本书可供高职高专能源动力类、机电设备类和建筑设备类等专业使用，也可供相关专业的工程技术人员参考。

图书在版编目（CIP）数据

热工与流体力学基础/魏龙主编. —2 版. —北京：化学工业出版社，2017.5（2025.2 重印）
高职高专“十三五”规划教材
ISBN 978-7-122-29225-4

Ⅰ.①热…　Ⅱ.①魏…　Ⅲ.①热工学-高等职业教育-教材②流体力学-高等职业教育-教材　Ⅳ.①TK122②O35

中国版本图书馆 CIP 数据核字（2017）第 043802 号

责任编辑：高　钰　　　　装帧设计：刘丽华
责任校对：宋　夏

出版发行：化学工业出版社（北京市东城区青年湖南街 13 号　邮政编码 100011）
印　　装：北京盛通数码印刷有限公司
787mm×1092mm　1/16　印张 17　字数 412 千字　2025 年 2 月北京第 2 版第 11 次印刷

购书咨询：010-64518888　　　　售后服务：010-64518899
网　　址：http://www.cip.com.cn
凡购买本书，如有缺损质量问题，本社销售中心负责调换。

定　　价：48.00 元

前言

作为高等教育的重要组成部分，高等职业技术教育旨在培养在管理、服务、生产第一线工作的高素质劳动者和技术技能人才，其显著特征是具有应用多种知识和技能解决现场实际问题的能力，即技术应用能力。为实现这一宏观培养目标，专业课程设置需要做出相应的调整，课程内容的优化、组合和重构也势在必行。

打破传统课程结构的封闭性，进行课程门类相对集中的综合化是目前高职教学改革的重要手段之一。通过综合，减少了课程间的不必要重复，避免了知识的相互割裂和脱节，突出了专业能力的培养，促进了理论与实践、基础与专业之间的紧密结合，有利于学生综合能力的培养，有助于今后发展他们的潜能。

工程热力学、流体力学、传热学是热工三大基础课程，内容十分丰富，是物理学中热学和力学部分在工程领域的延伸、扩展和细化。但其核心部分，也是高职高专能源动力类专业选择的部分，是能量转换与传递的理论和工程应用的三个分支。工程热力学主要研究热能与机械能相互转换的规律、方法及提高转化率的途径，比较集中地表现为能量方程。该方程反映转换中总能量的守恒关系。流体力学研究流体的平衡和运动规律，并据此计算工程中所需流体压力和速度。其主要理论依据为稳定流动能量方程，该方程展示流动过程中上下游截面间的机械能守恒规律。传热学则集中地研究热量传递的规律、方法及其工程应用，以计算温度、热流密度等参数。上述内容因能量转换和传递这条主线而在知识能力方面产生紧密的联系，由此可以综合为一门课——“热工与流体力学基础”。

近几年，许多高职高专院校的制冷与空调技术、供热通风与空调工程技术、电厂热能动力装置等专业在分析人才知识、能力和素质结构，构建教学内容和课程体系时，将工程热力学、流体力学、传热学整合为“热工与流体力学基础”一门课程。

本书是将工程热力学、流体力学和传热学的经典内容及最新成果，按照知识、能力、素质的内在联系和人们的认识规律，按照教学的科学性、自然适应性、可接受性和循序渐进性等教育教学规律优化组合而成。

在编写方面，本书力求注意以下几点：

① 内容以必需、够用，同时兼顾学生终生发展和职业岗位迁移能力的培养为原则，举例尽量与工程实际相结合，文字表达上力求简单易懂；

② 简化甚至舍去一些数学要求高的公式推导过程，强调从物理概念入手，加深对基本定理的理解和应用，突出工程计算技能的训练；

③ 突出基本理论、基本概念和基本方法，侧重于基础知识、基本理论在实际应用中的分析讨论，注意培养和启发学生解决问题的思路、方法及能力；

④ 每章之前有学习导引，每章之后有习题，以使学习者对各部分内容的脉络有一个清晰的了解，同时也有利于学生的自主学习。

本书适用学时为70～90，少学时的教学内容可根据需要删去部分内容。本书供高职高专能源动力类、机电设备类和建筑设备类等专业使用，也可供相关专业的工程技术人员参考。

本书的教学资源包括：用于多媒体教学的 PPT 课件及习题答案，将免费提供给采用本书作为教材的院校使用。如有需要，请发电子邮件至 cipedu@163.com 获取，或登录 www.cipedu.com.cn 免费下载。

本书由魏龙任主编，刘星任副主编。各章的编写分工为：魏龙编写绪论、第一章、第二章、第三章、第四章、第八章；李冬梅编写第五章、第七章；冯飞编写第六章、第十三章；刘星编写第九章、第十章、第十一章；李俊仙编写第十二章、第十四章、第十五章。

隋继学教授在百忙中抽出时间，主审了本书，并为全书的修改提出了不少宝贵意见；杜存臣、滕文锐、郑光文、杜娟丽、申小中参加了审稿。本书在编写过程中，还得到了孙见君、李晓东、常新中、张国东、蒋李斌、黄建、房桂芳等的大力帮助，在此一并表示感谢。

限于编者的水平，书中不妥之处恳请广大读者批评指正。

编　者

2017 年 1 月

目录

第二篇 流体力学

主 要 符 号

英文字母

A	面积；吸收率
c	比热容；声速
c'	体积热容
c_{f}	流速
c_{fc}	临界流速
c_p	比定压热容
c_V	比定容热容
C	灰体辐射系数
C_{b}	黑体辐射系数
C_{m}	摩尔热容
$C_{p,\mathrm{m}}$	摩尔定压热容
$C_{V,\mathrm{m}}$	摩尔定容热容
d	直径；含湿量
d_{e}	当量直径
D	透射率
e	比总储存能
e_{k}	比宏观动能
e_{p}	比宏观位能
E	总储存能；辐射力
E_{b}	黑体辐射力
E_{k}	宏观动能
E_{p}	宏观位能
g	重力加速度
g_i	质量分数
h	比焓；表面传热系数
h_{c}	临界焓
h_{f}	沿程阻力损失
h_{j}	局部阻力损失
h_{w}	能量损失
H	焓；高度
K	绝对粗糙度；传热系数
l	特征尺寸
L	长度
m	质量
M	摩尔质量
Ma	马赫数
n	物质的量，多变指数
p	压力
p_{b}	大气压力，背压
p_{c}	临界压力
p_{g}	表压力
p_{v}	真空度
p_{s}	饱和压力
P	功率
Q	热量
q	比热量；热流密度
q_{m}	质量流量
q_V	体积流量
r	汽化潜热；半径
r_i	体积分数
R	摩尔气体常数；单位面积热阻；反射率
R_{g}	气体常数
R_{W}	热阻
s	比熵
S	熵
S_{c}	太阳常数
t	摄氏温度
t_{c}	临界温度
t_{d}	露点温度
t_{w}	湿球温度
t_{s}	饱和温度
T	热力学温度

u 比热力学能

U 热力学能

v 比体积；速度；平均流速

v_c 临界比体积

V 体积

V_m 摩尔体积

w 比体积变化功

w_f 流动功

w_s 比轴功

w_t 比技术功

W 体积变化功

W_f 流动功

W_s 轴功

W_t 技术功

x 干度；湿周

x_i 摩尔分数

X 角系数

z 高度

希腊字母

α_V 体积膨胀系数

β_p 体积压缩系数

δ 厚度

ε 制冷系数，黑度

ε' 制热系数

ε_c 临界压力比

η_c 卡诺循环热效率

η_f 肋片效率

η_t 热效率

φ 相对湿度，速度系数

Φ 热流量

κ 等熵指数

λ 沿程阻力系数，热导率，波长

μ 动力黏度

ν 运动黏度

ρ 密度

σ_b 黑体辐射常数

τ 切应力

ζ 局部阻力系数，能量损失系数

无因次准数

$Gr=\dfrac{\alpha_V g\Delta t l^3\rho^2}{\mu^2}$ 格拉晓夫数

$Nu=\dfrac{hl}{\lambda}$ 努塞尔数

$Pr=\dfrac{c_p\mu}{\lambda}$ 普朗特数

$Re=\dfrac{\rho vl}{\mu}$ 雷诺数

绪 论

一、能源概述

从人类学会用火到蒸汽机、内燃机的发明应用，人类文明前进的每一步，都和能源的开发、利用息息相关。人类文明前进的过程，是开发利用能源的规模与水平不断提高的过程。从推动生产力提高的作用来看，是能源的开发利用将人类社会飞速推向现代文明时代。在当代，能源的开发和利用水平仍是衡量社会生产力和社会物质文明的重要标志，并且关系着社会可持续发展和社会的精神文明建设。科学技术的发展、国民经济的繁荣、国防建设的加强、社会生活质量的提高、人类文明的进步等，都必须以充足的能量供应为支柱。现在以至将来，社会发展对能源的开发利用势必依赖性更强，需求更大；开发利用能源的规模将越来越大，水平将越来越高，速度将越来越快。

1. 能源及其分类

所谓能源是指可向人类提供各种能量和动力的物质资源。迄今为止，由自然界提供的能源有水力能、风能、太阳能、地热能、燃料的化学能、原子核能、海洋能以及其他一些形式的能量。通常人们按照以下几种分类方式对能源分类。

(1) 按照来源分　根据来源，能源大致可分为三类：第一类是地球本身蕴藏的能源，如原子核能、地热能等；第二类是来自地球以外天体的能源，如太阳能以及由太阳能转化而来的风能、水能、海洋波浪能、生物质能以及化石能（如煤炭、石油、天然气等）；第三类则是来自月球和太阳等天体对地球的引力，且以月球引力为主，如海洋的潮汐能。

(2) 按照开发的步骤分　按照开发的步骤，能源可分为一次能源和二次能源。一次能源，即在自然界以自然形态存在可以直接开发利用的能源，如煤炭、石油、天然气、水力能、风能、海洋能、地热能和生物质能等。一次能源中又可根据能否再生分为可再生能源和非再生能源：可再生能源，指不会因被开发利用而减少，具有天然恢复能力的能源，如太阳能、风能、地热能、水力能、海洋能、生物质能等；非再生能源，指储量有限，随着被开发利用而逐渐减少的能源，如煤炭、石油、天然气和原子核能等。二次能源，即由一次能源直接或间接转化而来的能源，如电力、高温蒸汽、汽油、沼气、氢气、甲醇、酒精等。

(3) 按照使用程度和技术分　因在不同历史时期和不同科技水平条件下，能源使用的技术状况不同，从而可将能源分为常规能源和新能源。常规能源是指开发时间较长、技术比较成熟、人们已经大规模生产和广泛使用的能源，如煤炭、石油、天然气和水力能等。新能源是指开发时间较短、技术尚不成熟、尚未被大规模开发利用的能源，如太阳能、风能、生物质能、地热能、海洋能和原子核能等。

(4) 按照开发利用过程中对环境的污染程度分　按对环境的污染程度，能源可分为清洁能源和非清洁能源。无污染或污染很小的能源称为清洁能源，如太阳能、风能、水力能、海洋能等；对环境污染大或较大的能源称为非清洁能源，如煤炭、石油、天然气等。

(5) 按性质分　能源按本身性质可分为含能体能源和过程性能源。含能体能源是指集中储存能量的含能物质，如煤炭、石油、天然气和原子核能等。而过程性能源是指物质运动过程产生和提供的能量，此种能量无法储存并随着物质运动过程结束而消失，如水力能、风能和潮汐能等。

还有一些其他分类方法和基准。但对于能源工作者而言，更多的是采用一次能源和二次能源的概念，着眼于一次能源的开发和利用，并按常规能源和新能源进行研究，这样的分类见表 0-1。

表 0-1　能源分类

类　别	常　规　能　源	新　能　源
一次能源	煤炭、石油、天然气、水力能等	原子核能、太阳能、风能、地热能、海洋能、生物质能等
二次能源	煤气、焦炭、汽油、柴油、液化石油气、电力、蒸汽等	沼气、氢能等

2. 能源与国民经济和人民生活

能源是人类社会生存的基础，能源的开发和利用不但推动着社会生产力发展和社会历史的进程，而且与国民经济的发展密切相关。能源在国民经济中具有特别重要的战略地位。首先，能源是现代生产的动力来源，无论是现代工业还是现代农业都离不开能源动力。现代化生产是建立在机械化、电气化和自动化基础上的高效生产，所有生产过程都与能源的消费同时进行着。例如：工业生产中，各种锅炉和窑炉要用煤、石油和天然气；钢铁和有色金属冶炼要用焦炭和电力；交通运输需要各种石油制品和电力。现代农业生产的耕种、灌溉、收获、烘干和运输、加工等都需要消耗能源。现代国防也需要大量的电力和石油。其次，能源还是珍贵的化工原料。以石油为例，除了能提炼出汽油、柴油和润滑油等石油产品外，对它们进一步加工可取得五千多种有机合成原料。有机化学工业的八种基本原料：乙烯、丙烯、丁二烯、苯、甲苯、二甲苯、乙炔和萘，主要来自石油。这些原料经过加工，便可得到塑料、合成纤维、化肥、染料、医药、农药和香料等多种工业制品。此外，煤炭、天然气等也是重要的化工原料。

由此可以看到一个国家的国民经济发展与能源开发和利用的依存关系，可以说没有能源就不可能有国民经济的发展。世界各国的经济发展实践证明，在经济正常发展情况下，每个国家能源消费总量及增长速度与其国民经济总产值及增长速度成正比例关系。这个比例关系通常用能源消费弹性系数 ξ 表示，即

$$\xi=\frac{\text{能源消费的年增长率}}{\text{国民经济生产总值的年增长率}}$$

影响能源消费弹性系数的因素较多，较复杂。一个国家的能源消费弹性系数与该国的国民经济结构、国民经济政策、生产模式、能源利用率、产品质量、原材料消耗、运输以及人民生活需求等诸多因素有关。尽管各国实际情况不同，但只要处于类似的经济发展阶段，就具有相近的能源消费弹性系数。一般而言，发展中国家的 ξ 值大于 1，工业发达国家的 ξ 值

小于1。

发展生产和国民经济需要能源，其重要目的是不断改善人民生活质量。而能源的人均消耗量的多少则反映人民生活水平的高低。在人民的生活中，不仅衣、食、住、行需要能源，而且文教卫生、各种文化娱乐活动等都离不开能源。随着人民生活水平的不断提高，所需的能源数量、形式越来越多，质量越来越高。一般而言，从一个国家的能源消耗状况可以看出一个国家人民的生活水平。

3. 我国的能源建设面临的主要问题及发展思路

能源问题是全世界关注的重大问题，从20世纪70年代起，能源问题成为世界5大问题（能源、人口、粮食、环境、资源）之一。目前我国是世界上最大的能源消费国、生产国和净进口国。我国的能源建设面临的主要问题有如下几个方面。

① 人均能源资源占有量较低，且分布不均衡。我国能源资源总量较大，品种丰富，但由于人口众多，因此人均能源资源占有量较低。表0-2为我国主要矿产能源人均占有量与世界平均水平的比较。从表中不难看到，我国常规化石能源的人均占有量低于世界平均水平，优质能源石油和天然气的人均占有量则更低。此外，中国能源分布不均，大多远离经济发达、人口集中的东南沿海地区。我国煤炭资源的64%集中在华北地区，水电资源近70%集中在西南地区，而经济发达地区集中在东部地区，因此“西电东送”、“西煤东运”的情形将长期存在。

表0-2 我国与世界主要矿产能源人均占有量①

种类	中国人均	世界人均	中国/世界
煤炭/t	83.71	122.40	68.39%
石油/t	1.83	32.87	5.57%
天然气/m^3	2627.98	25674.14	10.24%

① 2016年BP（英国石油）公司世界能源统计年鉴。

② 能源开发利用设备和技术落后，能源利用效率较低。目前，我国能源利用效率（指使用能源过程中所得有效能源与实际输入能源的比）约为36.3%，比发达国家约低10%；单位国内生产总值的能耗约是世界平均水平的2.5倍，日本的7倍，美国的3.3倍，同时高于巴西、印度、墨西哥等发展中国家。

③ 环境污染严重。我国化石能源的储藏特点决定了我国是世界上少数以煤炭为主要一次能源的国家，煤炭一直占我国一次能源生产和消费总量的60%以上（2015年占比为63.7%，创历史新低，而近年的最高值是2005年前后的74%；2015年占世界煤炭总消费量的50.0%）。据专家预测，在未来的20～40年内煤炭在我国的能源构成中仍然将超过50%。而煤炭燃烧过程所排放出的大量CO_2、SO_2、氧化氮，造成了普遍的温室效应、空气污染、酸雨以及有些碳以微小颗粒的方式进入空气形成雾霾也就是细颗粒物（PM2.5）加剧了生态环境的污染。2006年，我国能源消费的CO_2排放量为59.36亿吨，超越美国的59.24亿吨，跃居世界第一；2013年，我国的CO_2排放量超越了欧美的总和，全球碳计划组织的数据显示，中国CO_2总排放量占到世界总排放量的29%，美国为15%，欧盟为10%。

为了解决这些问题，我国的能源建设应走可持续发展的道路。2014年11月19日国务院办公厅发布了《能源发展战略行动计划（2014～2020年）》，明确了优化能源结构、推进能源科技创新为我国能源发展的战略任务，特别指出着力优化能源结构，把发展清洁低碳能源作为调整能源结构的主攻方向，大力发展可再生能源。

我国的能源建设发展思路如下。

① 坚持节能优先，降低能耗。攻克主要耗能领域的节能关键技术，积极发展建筑节能技术，大力提高一次能源利用效率和终端用能效率。

② 推进能源结构多元化，增加能源供应。在提高油气开发利用及水电技术水平的同时，大力发展核能技术，形成核电系统技术自主开发能力。风能、太阳能、生物质能等可再生能源技术取得突破并实现规模化应用。

③ 促进煤炭的清洁高效利用，降低环境污染。大力发展煤炭清洁、高效、安全开发和利用技术，并力争达到国际先进水平。

④ 加强对能源装备引进技术的消化、吸收和再创新。攻克先进煤电、核电等重大装备制造核心技术。

⑤ 提高能源区域优化配置的技术能力。重点开发安全可靠的先进电力输配技术，实现大容量、远距离、高效率的电力输配。

4. 能量的转换与利用

能量的利用过程实质上是能量的传递与转换过程。

回顾人类利用能源的各个时期和目前世界各国及我国的能源构成，人类利用的主要能源有：水力能、风能、地热能、太阳能、燃料的化学能和原子核能。在这些能源中，水力能、风能可以通过水轮机、风车直接转换成机械能或者再通过发电机由机械能转换成电能；太阳能可以通过光合作用转换成生物质能，也可以通过太阳能集热器转换成热能，还可以通过光电反应直接转换成电能；燃料（煤、石油、天然气等）的化学能以及原子核能通常都是通过燃烧或核反应转换成热能直接或间接加以利用。据统计，目前，通过热能形式被利用的能源在我国占总能源利用的90%以上，世界其他各国也平均超过85%。由此可见，在能量转换与利用过程中，热能不仅是最常见的形式，而且具有特殊重要的作用。热能的有效利用对于解决我国的能源问题乃至对人类社会的发展有着重大意义。

热能利用主要有两种基本方式：一种是直接利用，即把热能直接用以加热物体，以满足各种工艺流程和生活的需要，如采暖、烘干、冶炼、熔化、蒸煮等；另一种就是间接利用，把热能转换成机械能或者再转换成电能加以利用，如火力发电、交通运输及各种动力装置等。自从18世纪中叶发明蒸汽机以来，至今虽然只有200多年的历史，但却开创了热能动力利用的新纪元，使人类社会的生产力和科学技术的发展突飞猛进。然而，热能通过各种热机转换为机械能的有效利用程度（热效率）较低，现代燃气轮机装置的热效率约为37%～42%，蒸汽电站的热效率也只有40%左右。如何更有效地实现热能和机械能之间的转换，提高热机的热效率，是十分重要的课题。

我国目前的热能利用技术水平与世界发达国家相比还有很大差距，主要是热能利用系统落后，热能利用率低，经济性差。为了更加有效、合理地利用热能，促进国民经济的发展，工程技术人员要熟悉和掌握热能利用的规律和提高热能利用率的方法。

二、本课程的研究对象及主要内容

《热工与流体力学基础》是能源技术类专业的主要专业基础课之一，它由工程热力学、流体力学和传热学三部分组成。

工程热力学、流体力学和传热学内容十分丰富，是物理学中热学和力学部分在工程领域的延伸、扩展和细化。但其核心部分，也是能源技术类专业选择的部分，是能量转换与传递的理论和工程应用的三个分支。工程热力学主要研究热能与机械能相互转换的规律、方法及提高转化率的途径，比较集中地表现为能量方程。该方程反映转换中总能量的守恒关系。流体力学是研究流体在平衡和运动时所遵守的规律及其在工程中的应用。在热工设备运行中工作介质的输送、冷与热的供应、除尘排毒等都是以流体作为工作介质，通过流体的各种物理作用对流体的流动有效地加以组织来实现的。其主要理论依据为稳定流动能量方程，该方程展示流动过程中上下游截面间的机械能守恒规律。传热学主要研究热量传递的规律和方法，以及根据工程需要，研究提高传热效果或削弱传热以减小热损失的方法和途径。

工程热力学部分的主要内容包括：

① 基本概念与基本定律，如工质、热力系、热力状态、状态参数及热力过程、热力学第一定律、热力学第二定律等，这些基本概念和基本定律是全部工程热力学的基础。

② 常用工质的热力性质，其主要内容是理想气体、水蒸气、湿空气等常用工质的基本热力性质，工质热力性质的研究是具体分析计算能量传递与转换过程的前提。

③ 各种热工设备的热力过程，其主要内容有理想气体的热力过程、气体和蒸汽在喷管和扩压管中流动过程及蒸汽动力循环等热力过程的分析计算，这些典型热工设备热力过程的分析计算，是工程热力学应用基本定律结合工质特性和过程特性分析计算具体能量传递与转换过程完善性的方法示例。

流体力学部分的主要内容包括：流体的基本物理性质；流体静压力基本方程及测压管工作原理；流体稳定流动能量方程及应用；管路阻力及能量损失的分析、计算等。

传热学的主要内容包括：稳态导热、对流换热、辐射换热的分析及计算；换热器及传热过程的强化和削弱。

三、学习本课程的几点要求

由于流体流动和能量转换与传递过程的复杂性，其影响因素很多，本课程将涉及的某些理论和某些计算公式，并不完全是直接通过数学推理得出来的，而是通过数学推理与实验相结合的方法，或者是通过大量实验而总结出来的，这是本课程的重要特点之一。为了能学好本课程，各章节都安排了较多的计算习题。计算过程中所需的某些计算公式、流体的物理性质及其单位的确定，都是学习本课程时要注意的问题，这也是今后在实际工程计算中必须注意的问题。为此，提出以下几点要求。

1. 掌握不同单位制之间的换算

任何物理量的大小都是由数字和单位联合来表达的。过去，由于历史地区的原因及学科的不同要求，出现多种单位制度，致使计算和技术交流极不方便。1960 年 10 月第十一届国际计量大会上正式通过一种优越性较大的单位制，称为国际单位制，代号为 SI。SI 制是一种完整的单位制，它包括了所有领域中的计量单位。这样，科学技术、工农业生产、经济贸易甚至日常生活中只使用一种单位制度。也就是 SI 制具有通用性的优点。在 SI 制中，同一种物理量只有一个单位，如能量、热、功的单位都采用焦耳（J），这个优点称为“一贯性”。

以 SI 制为基础，我国于 1984 年颁布了《中华人民共和国法定计量单位》，于 1993 年发布了中华人民共和国国家标准 GB 3100～3102—1993《量和单位》。确定我国统一实行以国际单位制为法定单位，除个别领域外，不允许再使用非法定单位。

本书采用了法定计量单位，但考虑目前存在的书籍和手册中还有的是采用非法定单位，所以在个别例题和习题有意识的编入一些非法定单位，目的是让读者练习单位之间的换算。

在进行物理量的单位换算时，物理量本身的量并没有改变，只是由于所采用的单位不同，所以在数字上要有所变化，因此单位换算时首先解决的是两单位间的换算因数问题。所谓换算因数，就是彼此相等而各有不同单位的两物理量的比值。如1m=100cm中100为m和cm之间的换算因数。

2. 要学会查阅工程手册

由于研究人员对某一具体问题的研究方法或实验条件等不尽一致，因此，对某些过程规律的描述有不同的计算公式。另外，还有许多通过实验总结出来的图、表，以及大量的经验数据等，这些都是将要进行有关计算所需要的，作为一名未来的工程技术人员，必须具备迅速而准确地查阅工程手册，以便从中找到有关资料或数据的能力。

为了使读者能初步掌握查阅工程手册的能力，本书附录中选录了一部分有关的资料，希望读者认真学会查阅的方法。

3. 控制合理的误差率

由于对同一个问题的计算可以采用不同的方法或不同的计算公式进行计算，其结果可能不完全相同；在计算过程中用某些图表查取所需要的数据时，也会出现不可避免的误差，所有这些都是工程计算中的正常现象。另外，本课程中有许多半理论半经验公式，尽管经过实践证明这些公式能够解决工程中一些实际问题，但与生产实际情况仍有一定的差异。因此，要在工程计算中引进误差率的概念。

$$\text{误差率}=\frac{\text{两种方法计算结果的差值}}{\text{任一种方法的计算值(一般取其中较大值)}}\times 100\%$$

一般来讲，工程允许的误差率应控制在5%(少数可控制在10%）以内。也就是说，工程计算中只要其结果误差率在允许的范围之内，都可认为是有效的或可行的。

4. 掌握正确的学习方法

由于本课程是能源技术类专业重要的基础理论课，且内容较多，所以要求学生要掌握正确的学习方法。学好热工与流体力学基础首先要掌握课程的主线。本课程研究的是热、功转换，流体平衡及运动规律和热量传递等宏观现象，其主线是能量转换和传递。其次是掌握分析问题解决问题的科学方法。如果不掌握处理实际问题的科学方法，纵然有理论知识，还是无从下手，解决不了实际问题。在学习过程中要逐渐培养在深刻理解基本概念、基本理论的基础上对实际问题进行抽象简化，并运用理论分析解决实际问题的能力。最后还必须重视习题、实验等环节，通过平时的解题训练不仅有助于深入理解基本概念和基本理论，而且还可以培养分析问题能力和工程计算能力；通过实验可以得到验证问题的方法，并加深对基本概念、基本理论的理解和认识。

第一篇

工程热力学

热力学是由物理学中的热学发展而形成的，是研究与热现象有关的能量转换规律的一门学科。工程热力学是热力学的一个重要分支，它是从工程应用的角度研究热能与机械能之间相互转换的规律。

工程热力学采用宏观的研究方法，以从无数实践中归纳总结出来的热力学第一定律和第二定律作为分析推理的依据，把物质看作连续的整体，对其宏观现象和宏观过程进行研究。由于宏观分析不涉及物质内部结构，因此分析推理的条理清晰，其研究结果具有高度的可靠性和普遍性，适宜于工程上应用。工程热力学是各种动力装置、制冷装置、热泵空调机组、锅炉及各种热交换器进行分析和计算的理论基础。本篇主要讲述：热力学的基本概念及基本定律(热力学第一定律、热力学第二定律)；理想气体的热力性质和热力过程；参与能量转换与传递的工作介质(水蒸气、混合气体、湿空气等)的热力性质；蒸汽动力循环；气体和蒸汽的流动等工程热力学基础知识。

第一章

热力学基本概念

学习导引

本章介绍了许多重要的概念，对于后续内容的学习非常重要。在学习过程中，应注意把相关的概念串接起来，既对单个概念的物理意义有较深刻的理解，又能从整体上将这些概念有机地联系起来。

一、学习要求

本章的重点是工程热力学常用的一些概念和术语，通过学习应达到以下要求。

① 理解工质、热力系的定义，掌握热力系的分类。

② 理解热力状态和状态参数的定义；掌握状态参数的特征、分类，基本状态参数的物理意义和单位；掌握绝对压力、表压力和真空度的关系。

③ 掌握平衡状态的物理意义及实现条件。

④ 了解状态方程式及参数坐标图的物理意义及作用。

⑤ 理解热力过程、准平衡过程和可逆过程的物理意义与联系，能正确判定准平衡过程和可逆过程。

二、本章难点

① 本章的许多概念比较抽象，较难理解。学习中应将抽象的概念与具体的物理量或图形联系起来。比如，用温度、压力和比体积来描述状态，就不难理解状态的意义；将 p-v 图的点、线与状态和过程联系起来，对过程也会有一个形象的概念。

② 在工程热力学中普遍采用抽象和简化的方法，比如热力系和可逆过程等，对于初学者有一定难度。为此，应对研究方法的实用性和科学依据有比较深刻的理解。

第一节　工质和热力系

一、工质

能量是物质运动的量度，能量与物质是不可分割的。在热力工程中，热能与机械能之间的相互转换以及热能的转移，都是借助于某种媒介物质来完成的。这种实现能量传递与转换的媒介物质称为工质，工质是实现能量转换的内部条件。如图 1-1 所示的蒸汽动力循环，其工质为水，通过水的状态的不断变化而将锅炉中燃料的化学能经汽轮机转换为机械能。在热机循环中，为获得较高的热功转换效率，常选用可压缩、易膨胀的气体，如水蒸气、空气或燃气等作为工质。在制冷循环和热泵循环中，为提高从低温热源吸热向高温热源放热的工作效率，常选用被称为制冷剂的易汽化、易液化的氨、氟里昂等物质作为工质。

二、热力系、外界与边界

在热力学中为了分析问题的方便，通常把研究对象从周围物体中划分出来，分析它与周围物体之间的能量和物质交换，这种人为划分出来的研究对象，称为热力系统，简称为热力系或系统。将与热力系相互作用的周围物体称为外界或环境。热力系与外界之间的分界面称为边界。边界可以是实际存在的，也可以是假想的；可以是固定的，也可以是大小、形状变化的，或者是运动的。图 1-2(a) 中，取气缸中的气体作为研究对象，则缸内气体就是热力系。气缸内壁和活塞内表面即构成该热力系的真实边界，并且一部分边界是随活塞移动的。图 1-2(b) 是汽轮机工作原理示意图。在研究汽轮机中的热能与机械能转换问题时，可以取汽轮机外壳及进出口截面所包围的部分为热力系。则该热力系的边界是固定不变的，并且其中部分边界是真实存在的，例如汽轮机的外壳；还有部分边界是假想的，例如汽轮机的进口截面和出口截面。

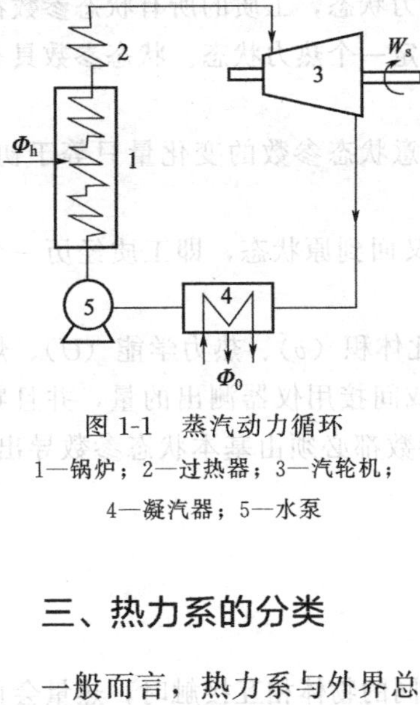

图 1-1 蒸汽动力循环

1—锅炉；2—过热器；3—汽轮机；4—凝汽器；5—水泵

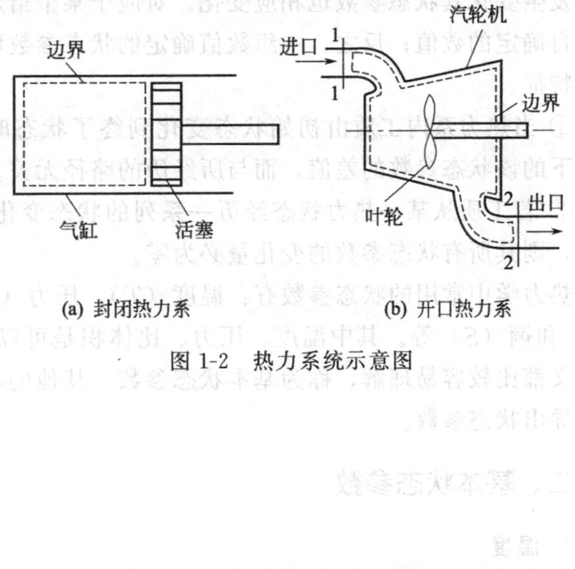

图 1-2 热力系统示意图

三、热力系的分类

一般而言，热力系与外界总是处于相互作用之中，彼此之间可以通过边界进行能量传递和物质交换，根据能量传递和物质交换的情况可以将热力系分为以下几类。

(1) 封闭热力系　热力系与外界可以传递能量，但没有物质的交换，即没有物质的流入和流出。热力系内部的工质质量恒定不变。图 1-2(a) 所示气缸内的工质就是封闭热力系。

(2) 开口热力系　热力系与外界既可以有能量的交换，也可以有物质的交换，即有物质从边界上流入和流出。因而这类热力系内部的质量可以是变化的，也可以是不变的。如图 1-2(b) 所示正在运行的汽轮机，在进口截面和出口截面处有物质流入流出，故为一开口热力系。

(3) 绝热热力系　热力系与外界无热量交换，但可以有功量和物质的交换。

(4) *孤立热力系* 热力系与外界不发生任何相互作用，既无能量交换也无物质交换。

自然界中的物质都是相互联系、相互制约和相互作用的，绝对的绝热热力系和孤立热力系并不存在。但若热力系与外界的热量、功量、物质的交换很小，其影响可忽略不计，则可视为绝热热力系或孤立热力系。

另外还有一些特殊的热力系，如具有无限大热容量的热力系，它们在放出或吸收有限热量时不改变热力系自身的温度，称为热源或热库，例如高温热源、低温热源等。

第二节 工质的热力状态和基本状态参数

一、热力状态和状态参数

在实现能量传递与转换的过程中，热力系本身的状况也总是在不断地发生变化。要研究热力系，首先必须知道热力系中工质所处的热力状态及其变化情况。工质在某一瞬间所呈现的宏观物理状况称为工质的热力状态，简称状态。热力状态是热力系各种宏观物理性质的表现，它可以用一些宏观的物理量来描述，如压力、温度等。这些描述工质热力状态的宏观的物理量称为热力状态参数，简称状态参数。显然，状态参数与状态是一一对应关系，工质的状态发生变化其状态参数也相应变化。对应于某个给定的热力状态，工质的所有状态参数都有各自确定的数值；反之，一组数值确定的状态参数可以确定一个热力状态。状态参数具有如下特征。

① 当热力系内工质由初始状态变化到终了状态时，任意状态参数的变化量只等于初、终态下的该状态参数的差值，而与所经历的路径无关。

② 若工质从某一热力状态经历一系列的状态变化过程又回到原状态，即工质经历一个循环，则其所有状态参数的变化量必为零。

热力学中常用的状态参数有：温度（T）、压力（p）、比体积（v）、热力学能（U）、焓（H）和熵（S）等。其中温度、压力、比体积是可以直接或间接用仪器测出的量，并且物理意义都比较容易理解，称为基本状态参数。其他的状态参数都必须由基本状态参数导出，称为导出状态参数。

二、基本状态参数

1. 温度

温度是用来标志物体冷热程度的物理量。当两个温度不同的物体相互接触时，热量会自动从热物体传向冷物体，经过一段时间后，两物体温度相等，它们之间就不再有热量传递，达到一个共同的热平衡状态。温度概念的建立以及温度的测定都是以热平衡为依据的。当温度计与被测物体达到热平衡时，温度计指示的温度就是被测物体的温度。

温度的数值标尺称为温标。常用的温标有摄氏温标和热力学温标。摄氏温标所确定的温度称为摄氏温度，用符号 t 表示，单位为℃(摄氏度)。在国际单位制（SI）中常采用热力学温标，这种温标确定的温度称为热力学温度，用符号 T 表示，单位为 K(开尔文)。热力学温度与摄氏温度的关系为

$$T=t+273.15 \tag{1-1}$$

显然，热力学温标和摄氏温标的分度值相同，仅零点不同。在工程上可近似地用下式计算，即

$$T=t+273 \tag{1-2}$$

2. **压力**

压力是指单位面积上承受的垂直作用力，即物理学中的压强。根据分子运动论，气体的压力是大量分子向容器壁面撞击的平均结果。

压力的符号为 p，国际单位为帕斯卡，简称帕，用符号 Pa 表示。在工程上，帕是个较小的单位，习惯上常用千帕（kPa）或兆帕（MPa）作为实用单位，它们之间的关系为

$$1\mathrm{MPa}=10^3\mathrm{kPa}=10^6\mathrm{Pa}$$

此外，过去工程上曾广泛应用，目前仍能见到的其他压力单位还有巴（bar）、标准大气压（atm）、工程大气压（at）、毫米汞柱（mmHg）和毫米水柱（$\mathrm{mmH_2O}$）等。其换算关系见表 1-1。

表 1-1 压力单位换算

Pa	bar	atm	at($\mathrm{kgf/cm^2}$)	mmHg	$\mathrm{mmH_2O}$
帕	巴	标准大气压	工程大气压	毫米汞柱	毫米水柱
1	1×10^{-5}	9.86923×10^{-6}	1.01972×10^{-5}	7.50062×10^{-3}	1.01972×10^{-1}
1×10^5	1	9.86923×10^{-1}	1.01972	7.50062×10^{2}	1.01972×10^{4}
1.01325×10^5	1.01325	1	1.03323	760	1.03323×10^{4}
9.80665×10^4	9.80665×10^{-1}	9.67841×10^{-1}	1	735.559	1×10^{4}
133.322	133.322×10^{-5}	1.31579×10^{-3}	1.35951×10^{-3}	1	13.5951
9.80665	9.80665×10^{-5}	9.67841×10^{-5}	1×10^{-4}	735.559×10^{-4}	1

压力通常用压力表或真空表来测量。常用的有弹簧管测压计和 U 形管测压计，如图 1-3 所示。由于测压计的测量总是在某种环境中进行（通常是大气环境），因此测得的压力值不是工质的真实压力，而是工质的真实压力与环境压力之间的差值，是一个相对值。

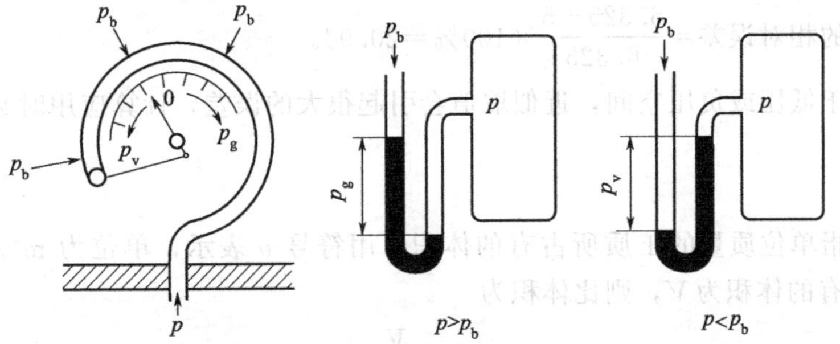

(a) 弹簧管测压计 (b) U形管测压计 (c) U形管测压计

图 1-3 压力的测量

工质的真实压力称为绝对压力，以 p 表示。如以 p_b 表示大气压力，则：

当 $p>p_b$ 时，测压计称为压力表，压力表上的读数称为表压力 p_g，于是

$$p=p_g+p_b \tag{1-3}$$

当 $p<p_b$ 时，测压计称为真空表，真空表上的读数称为真空度 p_v，于是

$$p = p_b - p_v \tag{1-4}$$

p、p_g、p_v 与 p_b 间的关系可通过图 1-4 形象地表示。

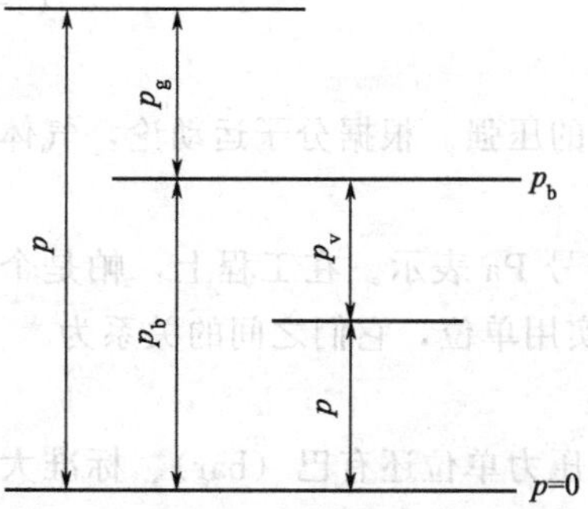

图 1-4 p、p_g、p_v 与 p_b 间的关系

由于大气压力的数值随时间和地点而变，不是恒定值。当工质绝对压力不变时，由于大气压力可以发生变化，则测出的表压力和真空度也会随之变化。因此，表压力和真空度不是状态参数，只有绝对压力才能作为描述工质状态的状态参数。大气压力的数值可用气压计测量，当被测气体的绝对压力很高时，可以近似地取大气压力为 0.1MPa。

例 1-1 某蒸汽锅炉压力表读数为 12.5MPa，凝汽器的真空表读数为 95kPa。若当地大气压力为标准大气压，试求锅炉及凝汽器的绝对压力为多少。

解： 由题意知，大气压力为 $p_b = 1.01325 \times 10^5\ \text{Pa}$。

锅炉中蒸汽的绝对压力为

$$\begin{aligned} p &= p_g + p_b = 12.5 \times 10^6 + 1.01325 \times 10^5 \\ &= 12.601325 \times 10^6\ (\text{Pa}) \\ &= 12.601325\ (\text{MPa}) \end{aligned}$$

凝汽器内蒸汽的绝对压力为

$$\begin{aligned} p &= p_b - p_v = 1.01325 \times 10^5 - 95 \times 10^3 \\ &= 6.325 \times 10^3\ (\text{Pa}) \\ &= 6.325\ (\text{kPa}) \end{aligned}$$

若题中没有给出当地大气压，则对高压容器取 $p_b = 0.1\text{MPa}$，此时锅炉内的蒸汽绝对压力为

$$p = p_g + p_b = 12.5 + 0.1 = 12.6\ (\text{MPa})$$

计算误差很小，可以忽略。但对凝汽器内的蒸汽，其绝对压力为

$$p = p_b - p_v = 0.1 \times 10^6 - 95 \times 10^3 = 5 \times 10^3\ (\text{Pa}) = 5\ (\text{kPa})$$

由此引起的相对误差 $= \dfrac{6.325 - 5}{6.325} \times 100\% = 20.9\%$

可见，对于低压或负压空间，近似取值会引起很大的误差，计算应用时必须采用真实大气压力。

3. 比体积

比体积是指单位质量的工质所占有的体积，用符号 v 表示，单位为 m^3/kg。若质量为 m 的工质所占有的体积为 V，则比体积为

$$v = \frac{V}{m} \tag{1-5}$$

比体积是表示工质内部分子疏密程度的状态参数，比体积越大，工质内部分子之间的距离越大，工质内部分子越稀疏。

比体积的倒数称为密度，符号为 ρ，单位为 kg/m^3。密度是单位体积工质所具有的质量。

$$\rho = \frac{m}{V} = \frac{1}{v} \tag{1-6}$$

第三节 平衡状态和热力过程

一、平衡状态、状态方程式及状态参数坐标图

1. 平衡状态

用状态参数描述热力系状态特性，只有在平衡状态下才有可能，否则热力系各部分状态不同就无法用确定的参数值来描述整个热力系的特性。例如，当热力系内各部分工质的压力或温度各不相同，而且随着时间的变化而改变时，就无法用确定的状态参数描述整个热力系内部工质的状态，这样的状态称为非平衡状态。

所谓平衡状态，是指在没有外界作用（重力场除外）的情况下，热力系的宏观性质不随时间变化的状态。一个热力系，当其内部无不平衡的力，且作用在边界上的力和外力平衡，则该热力系处于力平衡；当热力系内各点温度均匀一致且等于外界温度时，则该热力系处于热平衡。热力系要达到平衡状态，必须满足力平衡和热平衡这两个条件。如热力系内还存在化学反应，则尚应包括化学平衡。可见，处于平衡状态的热力系其内部各处都是相同的状态，并且不会发生变化，因而可用确定的状态参数加以描述。

实际上，并不存在完全不受外界影响和状态参数绝对保持不变的热力系。因此，平衡状态只是一种极限的理想状态。但在大多数情况下，由于热力系的实际状态偏离平衡状态并不远，所以可以将其作为平衡状态处理。

2. 状态方程式

热力系处于平衡状态时，其每个状态参数都有确定的值，可以用这些状态参数来描述该平衡状态各方面的性质，但在确定该平衡状态时，却不必给出全部状态参数的值，这是因为描述热力状态的各状态参数并不都是独立的，往往互有联系。

实践与理论都证明，对于气态工质组成的简单热力系，只需两个独立的状态参数就可确定其平衡状态。这样在 p、v、T 三个基本状态参数中，只要已知其中的任意两个就可以确定热力系的状态，并随之确定第三个参数。这三个基本状态参数间的关系可表示为

$$p=f_1(v,T)$$

$$v=f_2(p,T)$$

$$T=f_3(p,v)$$

以上表示状态参数之间关系的函数式称为状态方程式。

3. 状态参数坐标图

既然处于平衡状态的热力系可以用两个独立的状态参数表示，那这两个参数就可以组成平面坐标图。这种由任意两个独立的状态参数构成的平面坐标图称为状态参数坐标图，如图 1-5 所示的 p-v 图（压容图）。图中的任一点都表示热力系的某一平衡状态，如图中点 1，其压力为 p_1、比体积为 v_1；图中点 2，其压力为 p_2、比

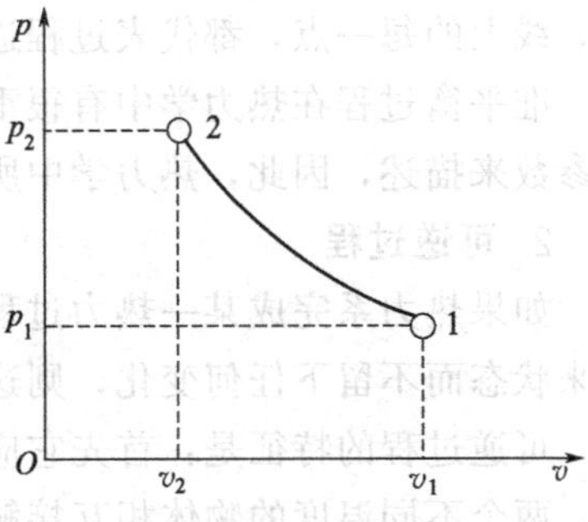

图 1-5 p-v 图

体积为 v_2。反之，对于任何一个平衡状态，也可以在状态图上找到其相应状态点。显然，由于不平衡状态没有确定的状态参数，所以它不能在状态参数坐标图上表示出来。

二、热力过程

热力系能量传递与转换都是通过工质的状态变化过程实现的。热力系从一个状态向另一个状态变化时经历的全部状态的总和称为热力过程，简称过程。

热力系的平衡状态是不会自发地发生变化的，只有在外界条件改变的情况下才会随着改变。一切实际热力过程都是热力系与外界之间不平衡势差（如温度差、压力差等）作用的结果。对于实际的热力过程，在过程中热力系内部的状态参数由于各种因素的影响并不是统一改变的，比如对容器内的气体加热，靠近容器壁的地方气体的温度先升高，在容器中心位置的气体温度则后升高，直到热力系与外界形成热量交换的动态平衡时，热力系内部的参数才逐渐一致形成新的平衡状态。在这个过程中的一系列中间状态都不是平衡状态。由于过程的中间状态不确定，所以分析起来就很困难。此外，在实际的热力过程中热力系与外界交换功量时，不可避免地存在耗散效应（通过摩擦、电阻、磁阻等使功变成热的效应）。对于这些问题如果不作简化处理，热力过程的分析计算势必非常困难。因此就有了准平衡过程与可逆过程的概念。

1. 准平衡过程

过程中热力系所经历的每一个状态都无限地接近平衡状态的热力过程称为准平衡过程，或准静态过程。准平衡过程是一种理想过程。因为既然平衡状态被破坏，就需要一个恢复到新的平衡状态的阶段，而不会直接变成一个新的平衡状态。假设在状态变化的过程中，若平衡状态的每一次被破坏，都离平衡状态非常近，而状态变化的速度（即破坏平衡的速度）又远远小于工质内部分子的运动速度（恢复平衡的速度）。这样状态变化的每一瞬间，热力系都可以认为是处于平衡状态。也就是说，工质内部各点的状态参数随时都保持均匀一致。即经历的每一个中间状态都是平衡状态。比如，一个气缸内装有气体，气缸的体积可以通过活塞来改变。气缸内气体的压力为 p_1，希望将气缸内的压力增至 p_2，将一粒一粒细沙粒慢慢的加到活塞上，直到所加的压力达到 p_2。这个过程非常慢，由于每一次所加的力很小，可以认为每加一粒沙粒就达到一个新的平衡状态，这样的一个过程就可以认为是准平衡过程。可见，准平衡过程是实际过程进行得足够缓慢的极限情况。

准平衡过程中，由于热力系所经历的每一状态都可视为平衡状态，而这些平衡状态在参数坐标图上表现为一系列的点，这些点连成的曲线就代表该准平衡过程，如图 1-5 所示，曲线 1-2 代表一个准平衡过程。显然，只有准平衡过程才能在参数坐标图上用一条曲线来表示，线上的每一点，都代表过程进行中的一个平衡状态。

准平衡过程在热力学中有很重要的意义，因为只有在平衡状态时，工质的状态才能用状态参数来描述，因此，热力学中所研究的热力过程，一般都指准平衡过程。

2. 可逆过程

如果热力系完成某一热力过程后，再沿原来路径逆向进行时，能使热力系和外界都返回原来状态而不留下任何变化，则这一过程称为可逆过程。反之，则称为不可逆过程。

可逆过程的特征是：首先它应是准平衡过程，因为有限势差的存在必然导致不可逆。例如，两个不同温度的物体相互接触，高温物体会不断放热，低温物体会不断吸热，直到两者达到热平衡为止。要使两物体恢复原状，必须借助于外界的作用，这样外界就留下了变化，因此是一个不可逆过程。其次在可逆过程中不应包括诸如摩擦、电阻、磁阻等的耗散效应。如在气缸中压缩气体工质，活塞与气缸壁不能存在摩擦力，这样可让一定的力压缩气体，也可让气体以一定的力将活塞推回原来的位置。如果存在摩擦力，则不论是气体压缩还是膨胀，都要克服摩擦力做功，并转变成热。使外界的温度升高，而回不到原来的状态。

可逆过程的上述两个特征也是可逆过程实现的充要条件。即只有准平衡过程且过程中无任何耗散效应的过程才是可逆过程。

实际过程都或多或少地存在着各种不可逆因素，都是不可逆的。然而可逆过程是不引起任何能量损失的理想过程，它作为一切实际过程的理论极限，仍具有重要的实际意义。一方面，它可以作为一切热力设备力求接近的目标；另一方面，可通过计算，得出实际过程与理想过程的差距，为设备的设计、改造以及整个生产过程的改进等提供依据。

习　题

1-1　什么是工质？工质在能量传递与转换中起到什么作用？

1-2　什么是热力系、外界、边界？什么是封闭热力系、开口热力系、绝热热力系和孤立热力系？

1-3　什么是热力状态、状态参数？状态参数有何特征？常用的状态参数有哪几个？

1-4　什么是温度和温标？热力学温标与摄氏温标有何关系？

1-5　什么是表压力、绝对压力、真空度？它们三者之间有何关系？表压力和真空度是不是状态参数？

1-6　用来测量热力系压力的压力表或真空表的读数不变，能否说明热力系的压力保持不变？

1-7　一个容器中气体的体积为 $3m^3$，质量是 15kg，气体的温度为 20℃，大气压力等于 0.1MPa，用测压计测得的表压力为 4×10^5 Pa，求该容器内气体的热力学温度、绝对压力、密度和比体积。

1-8　从气压计上读到的大气压为 99.3kPa，试计算：

① 表压力为 2×10^5 Pa 时的绝对压力；

② 真空表上的读数为 4.4kPa 时的绝对压力；

③ 绝对压力为 78kPa 时的真空度；

④ 绝对压力为 0.2MPa 时的表压力。

1-9　什么是平衡状态？平衡状态需要满足什么条件？

1-10　准平衡过程与可逆过程有何区别？

1-11　判断下列过程是否是可逆过程，并简要说明理由。

① 对刚性容器内的水加热，使其在恒温下汽化。

② 通过搅拌器做功使水保持等温的汽化过程。

③ 对刚性容器中的空气缓慢加热，使其从 50℃升温到 100℃。

④ 100℃的蒸汽流与 25℃的水流绝热混合。

第二章

热力学第一定律

学习导引

热力学第一定律是工程热力学的理论基础。它是能量守恒定律在热力学上的应用，确定了热能和机械能之间相互转换时的数量关系，从能量“量”的方面揭示了能量转换的基本规律。本章以热力学第一定律为理论基础，建立封闭热力系和稳定流动开口热力系的能量方程，即热力学第一定律的数学表达式，它们是分析能量转换的基本关系式。正确、灵活地应用热力学第一定律是解决工程实际问题的重要基础和工具。

一、学习要求

本章重点是理解热力过程中能量转换的规律，针对封闭热力系、稳定流动开口热力系会运用热力学第一定律分析计算能量转换问题，通过学习应达到以下要求。

① 掌握能量、热力系统储存能、热力学能、热量和功量的概念，理解热量和功量是过程量而非状态参数。

② 掌握体积变化功、轴功、流动功和技术功的概念、计算及它们之间的关系。

③ 理解焓的定义式及其物理意义。

④ 熟练使用 p-v 图和 T-s 图，能在图上标出状态、过程和循环。

⑤ 理解热力学第一定律的实质——能量守恒定律。

⑥ 掌握封闭热力系的能量方程，能熟练运用能量方程对封闭热力系进行能量交换的分析和计算。

⑦ 掌握开口热力系的稳定流动能量方程，能熟练运用稳定流动能量方程对简单的工程问题进行能量交换的分析和计算。

⑧ 了解常用热工设备主要交换的能量及稳定流动能量方程的简化形式。

二、本章难点

① 对体积变化功、轴功、流动功和技术功的概念、计算及它们之间的关系理解起来会有一定的难度。

② 熟练运用热力学第一定律的表达式——能量方程对实际工程问题进行能量交换的分析和计算需要一定的技巧，有一定的难度，应结合例题与习题加强练习。

第一节 热力系统储存能

能量是物质运动的度量，物质处于不同的运动形态，便有不同的能量形式。储存于热力系统的能量称为热力系统储存能，包括两部分，一是取决于热力系本身的热力状态的能量，称为热力学能，又称为内部储存能，简称为内能；二是与热力系宏观运动速度有关的宏观动能和热力系在重力场中所处位置有关的重力位能，它们又称为外部储存能。

一、热力学能

热力学能是指组成物质的微观粒子本身所具有的能量，它包括两部分：一是分子热运动的动能，称为内动能；二是分子之间由于相互作用力而具有的位能，称为内位能。

根据分子运动论，分子的内动能取决于工质的温度，温度越高，内动能越大；内位能与分子间的距离有关，故取决于工质的比体积。

通常用 U 表示 $m$kg 工质的热力学能，单位为 J 或 kJ。用 u 表示 1kg 工质的热力学能，称为比热力学能，单位为 J/kg 或 kJ/kg。由于热力学能取决于工质的温度和比体积，故可以用以下函数式表示，即

$$u=f(T,v) \tag{2-1}$$

上式表明热力学能是状态参数 T 和 v 的函数，显然热力学能也是工质的状态参数。在确定的热力状态下，热力系内工质具有确定的热力学能；在状态变化过程中，工质热力学能的变化量只取决于工质的初态和终态，与过程的途径无关。

到目前为止，还没有一种办法能直接测定物质的热力学能。不过在实际分析和计算中，通常只需计算热力过程中工质热力学能的变化量。因此，可以任意选取计算热力学能的基本状态，比如取 0℃或 0K 时气体的热力学能为零。

二、外部储存能

热力系的外部储存能包括宏观动能和重力位能，分别用 E_k、E_p 表示，单位为 J 或 kJ。

质量为 m 的工质若运动速度为 c_f，则热力系的宏观动能为

$$E_k=\frac{1}{2}mc_f^2 \tag{2-2}$$

质量为 m 的工质，由于重力的作用而具有的重力位能为

$$E_p=mgz \tag{2-3}$$

式中 g——重力加速度，取 $g=9.81\text{m/s}^2$；

z——工质在参考坐标系中的高度，m。

三、热力系统的总储存能

热力系统的总储存能 E 为热力学能与外部储存能之和，即

$$E=U+E_k+E_p \tag{2-4}$$

对于 1kg 工质的总储存能称为比总储存能 e

$$e=u+e_k+e_p \tag{2-5}$$

第二节　热力系与外界传递的能量

在热力过程中，热力系与外界交换的能量包括热量、功量以及随工质流动传递的能量。

一、热量

当两个温度不同的物体相互接触时，高温物体温度降低，而低温物体温度升高，即在接触过程中，有一部分能量从高温物体传到低温物体。热力学将这种热力系和外界之间仅仅由于温度不同而通过边界传递的能量称为热量。因此，热量是在热传递中物体能量改变的量度。热量不是状态参数，而是与过程紧密相关的一个过程量。对于热力系的某个状态，可以说它具有多少能量，而不能说具有多少热量，只能说热力系与外界交换了多少热量。

在热力学中，热量用符号 Q 表示，单位为 J 或 kJ。单位质量工质与外界交换的热量用 q 表示，单位为 J/kg 或 kJ/kg。由于热量是过程量而不是状态量，因此微元过程中热力系与外界交换的微小热量用 δQ 或 δq 表示，而不用 dQ 和 dq。

热力学中规定：热力系吸热时，热量值取为正，放热时，热量值取为负。

由于热量是热力系与外界间因存在温差而传递的能量，因此状态参数温度 T 便是热量传递的推动力，只要热力系与外界间存在微小的温度差，就有热量的传递，相应地也必然存在某一状态参数，它的变化量可以作为热力系与外界间有无热量传递以及热量传递方向的标志，定义这个状态参数为熵，用符号 S 表示，单位为 J/K 或 kJ/K。单位质量工质所具有的熵称为比熵，用符号 s 表示，单位为 J/(kg·K) 或 kJ/(kg·K)。对于微元可逆过程，热力系与外界传递的热量可表示为

$$\delta q = T\mathrm{d}s \tag{2-6}$$

或

$$\delta Q = T\mathrm{d}S \tag{2-7}$$

对于可逆热力过程 1-2 中热力系与外界传递的热量为

$$q = \int_1^2 T\mathrm{d}s \tag{2-8}$$

或

$$Q = \int_1^2 T\mathrm{d}S \tag{2-9}$$

由于 $T>0$，当 $\mathrm{d}s>0$ 时，$q>0$，热力系吸热；当 $\mathrm{d}s<0$ 时，$q<0$，热力系放热；当 $\mathrm{d}s=0$ 时，$q=0$，热力系与外界无热量传递。

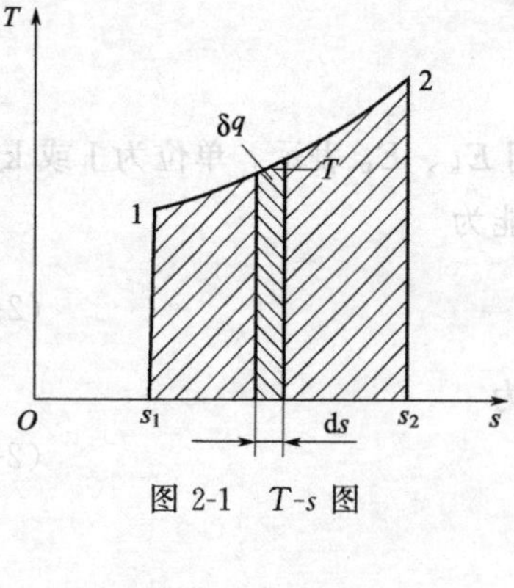

图 2-1　T-s 图

以热力学温度 T 为纵坐标，以比熵 s 为横坐标构成 T-s 图（温熵图），如图 2-1 所示。可以看出，在 T-s 图中，热量 q 的值为过程曲线下的面积 $12s_2s_11$，因此，又称 T-s 图为示热图。从图中分析可知，热力系的初、终状态相同，但经历的过程不同，其传热量也不相同。再次说明热量是过程量，它与过程特性有关。

二、功量

在力差作用下，热力系与外界发生的能量交换就是功量。功量也是一个过程量，只有伴

随过程的进行才能发生。过程停止，热力系与外界的功量传递也相应停止。

外界功源有不同的形式，如电、磁、机械装置等，相应地，功也有不同的形式，如电功、磁功、膨胀功、轴功等。工程热力学主要研究的是热能与机械能的转换，而体积变化功是热转换为功的必要途径。另外，热工设备的机械功往往是通过机械轴来传递的。因此，体积变化功与轴功是工程热力学主要研究的两种功量形式。

1. 体积变化功

由于热力系体积发生变化（增大或缩小）而通过边界向外界传递的机械功称为体积变化功（膨胀功或压缩功）。用符号 W 表示，单位为 J 或 kJ，1kg 工质传递的体积变化功用符号 w 表示，单位为 J/kg 或 kJ/kg。热力学中一般规定：热力系体积增大，热力系对外做膨胀功，功量为正值；热力系体积减小，外界对热力系做压缩功，功量为负值。

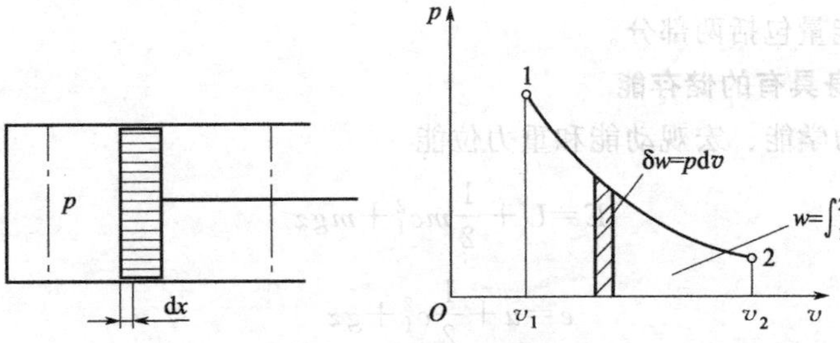

图 2-2　体积变化功

下面通过图 2-2 所示热力系来推导可逆过程体积变化功的计算式。假设质量为 1kg 的气体工质在气缸中进行一个可逆膨胀过程。缸内气体压力为 p，活塞的截面积为 A，则工质作用于活塞上的力为 pA。活塞在某一瞬间移动 dx 的微小位移，则工质对活塞所做微元功可表示为

$$\delta w = pA\,dx = p\,dv \tag{2-10}$$

对于整个热力过程的功量

$$w = \int_1^2 \delta w = \int_1^2 p\,dv \tag{2-11}$$

这一过程可在 p-v 图上用曲线 1-2 表示，如图 2-2 所示。根据式(2-11)，功的数值可用曲线下的面积 $12v_2v_11$ 表示。因此 p-v 图又称为示功图，不同的过程曲线对应的膨胀功的数值是不同的，所以功量也是一个过程量。

对于气体质量为 $m$kg 的热力系，其体积变化功为

$$W = mw = \int_1^2 p\,dV \tag{2-12}$$

2. 轴功

热力系通过机械轴与外界交换的功量称为轴功。轴功用符号 W_s 表示，单位为 J 或 kJ，1kg 工质传递的轴功用符号 w_s 表示，单位为 J/kg 或 kJ/kg。热力学中一般规定：热力系向外输出的轴功为正值；外界输入的轴功为负值。

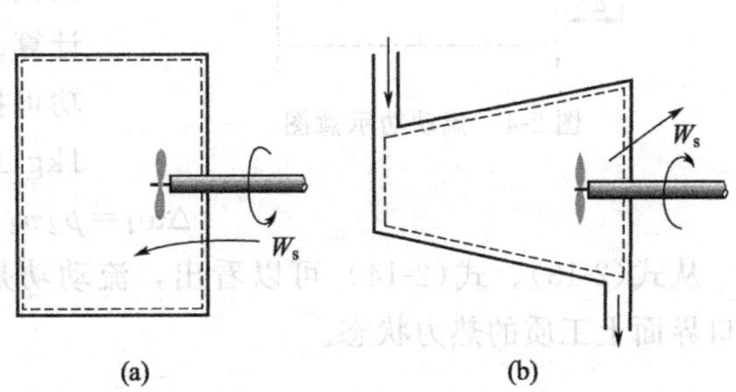

图 2-3　轴功示意图

轴功在不同的热力系中特点不同。如

图 2-3(a) 所示，外界功源向刚性绝热封闭热力系输入轴功，通过摩擦，该轴功转换成热量而被热力系工质吸收，使热力系的热力学能增加。由于刚性容器中的工质不能膨胀，热量不可能自动地转换成机械功，所以刚性绝热封闭热力系不可能向外界输出轴功。

开口热力系与外界可以任意地交换轴功，即热力系既可接受输入的轴功，也能向外输出轴功，如图 2-3(b) 所示。常见的叶轮式机械，例如，燃气轮机、蒸汽轮机向外界输出轴功，而风机、压缩机则接受外界输入轴功。

在工程上，为了比较热机的做功能力，常用单位时间所做的功，这就是功率。功率的单位是 W 或 kW，有 1W=1J/s。

三、随工质流动传递的能量

开口热力系在运行时，存在工质的流入、流出，它们在经过边界时携带有一部分能量同时流过边界，这类能量包括两部分。

1. 流动工质本身具有的储存能

包括工质的热力学能、宏观动能和重力位能

$$E=U+\frac{1}{2}mc_{\mathrm{f}}^{2}+mgz$$

或

$$e=u+\frac{1}{2}c_{\mathrm{f}}^{2}+gz$$

2. 流动功（推动功）

工质在流动过程中必然会对其前面的流体产生一定的推力，从而对其做功。这样工质在通过控制体界面时，热力系与外界就会有功量交换，这部分功就称为流动功或推动功。因此，流动功是为推动工质通过控制体界面而传递的机械功，它是维持工质正常流动所必须传递的能量。流动功用符号 W_{f} 表示，单位为 J 或 kJ，1kg 工质所做流动功用 w_{f} 表示，单位为 J/kg 或 kJ/kg。

如图 2-4 所示，假设有微元质量为 dm 的工质将要进入控制体，在控制体界面 1-1 处流体的状态参数为压力 p，比体积 v，管道截面积为 A，当工质流过界面 1-1 时必将从 1-1 左面的流体得到一定数量的流动功。根据力学中功的概念：流动功=力×位移，则

$$\delta W_{\mathrm{f}}=pA\,\mathrm{d}x=p\,\mathrm{d}V=pv\,\mathrm{d}m$$

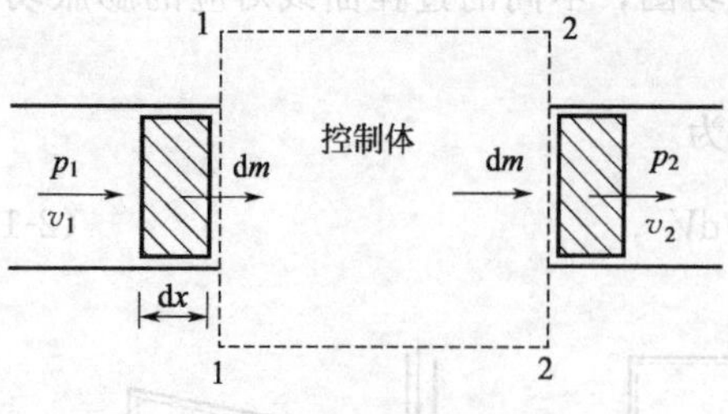

图 2-4　流动功示意图

对于单位质量工质而言

$$w_{\mathrm{f}}=\frac{\delta W_{\mathrm{f}}}{\mathrm{d}m}=pv \tag{2-13}$$

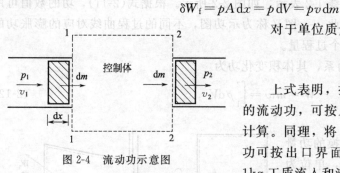

上式表明，推动 1kg 工质进入控制体内所需的流动功，可按入口界面处的状态参数 p_1v_1 来计算。同理，将 1kg 工质推出控制体所需的流动功可按出口界面处状态参数 p_2v_2 来计算。则 1kg 工质流入和流出控制体的净流动功为

$$\Delta w_{\mathrm{f}}=p_2v_2-p_1v_1 \tag{2-14}$$

从式(2-13)、式(2-14) 可以看出，流动功是一种特殊的功，其数值取决于控制体进、出口界面上工质的热力状态。

四、焓及其物理意义

流动工质传递的总能量应包括工质本身储存能和流动功两部分，即

$$U+\frac{1}{2}mc_f^2+mgz+pV$$

或

$$u+\frac{1}{2}c_f^2+gz+pv$$

其中 u 和 pv 取决于工质的热力状态，为了简化计算，热力学中引入一个新的物理量——焓。令

$$H=U+pV \tag{2-15}$$

或

$$h=u+pv \tag{2-16}$$

式中，H 称为焓，单位为 J 或 kJ；h 称为比焓，单位为 J/kg 或 kJ/kg。由于 u、p、v 都是状态参数，因此焓也是状态参数。

焓在热力学中是一个非常重要而常用的状态参数。在开口热力系、流动工质，焓是热力学能和流动功之和，它表示工质在流动过程中携带的由其热力状态决定的那部分能量；在封闭热力系中，由于没有工质的流进和流出，pv 不代表流动功，所以，焓只表示由热力学能、压力和比体积组成的一个复合状态参数。

引入状态参数焓后，流动工质传递的能量可表示为

$$H+\frac{1}{2}mc_f^2+mgz$$

或

$$h+\frac{1}{2}c_f^2+gz$$

第三节 热力学第一定律

一、热力学第一定律的实质

热力学第一定律，即能量守恒定律在热力学中的应用。能量守恒定律是自然界的基本规律之一，它可以概述为：自然界中一切物质都具有能量，能量既不能被消灭，也不能被创造，但各种不同形式的能量都可以从一个物体传递到另一个物体，也可以从一种形式转换成另一种形式，且在传递和转换的过程中，它们的总量保持不变。将这一定律应用到涉及热现象的能量传递和转换过程中，即是热力学第一定律，它可以表述为：热能和机械能在传递和转换时，能量的总量必定守恒。它确定了热力过程中热量和功量的数量之间的相互关系，即热量和功可以相互转换，消耗一定量的功必定产生相应数量的热量；反之，为了要获取一定量的功，必须消耗相应数量的热量。

历史上，有人曾幻想制造一种可以不消耗能量而连续做功的机器，称“第一类永动机”，由于它违反热力学第一定律，就注定了其失败的命运。因此热力学第一定律也可以表述为：第一类永动机是不存在的。

热力学第一定律适用于一切热力系统和热力过程，无论是开口热力系还是封闭热力系，热力学第一定律都可表示为

进入热力系的能量－离开热力系的能量＝热力系储存能的变化　(2-17)

二、封闭热力系的能量方程

能量方程是热力学第一定律的定量表达式，反映参与热力系能量转换的各项能量之间的数量关系。

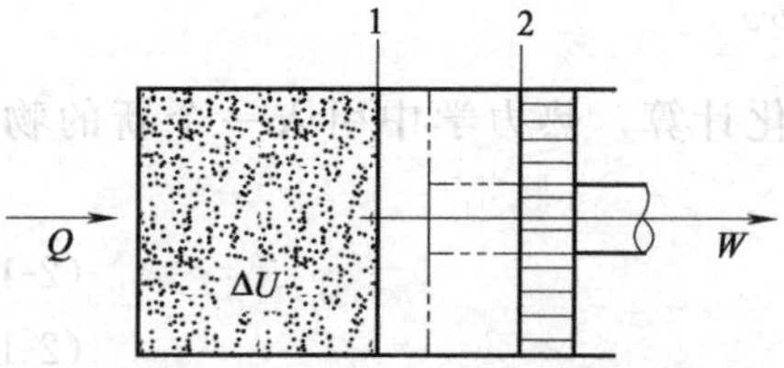

图 2-5　封闭热力系的能量转换

一般而言，凡有工质流动的过程，按开口热力系分析；而工质不流动的过程，则按封闭热力系分析。在封闭热力系状态变化的过程中，通常宏观动能和重力位能的变化为零。

如图 2-5 所示，取气缸内的工质为热力系，这时是一个封闭热力系。假设工质从 1 状态变化到 2 状态时，热力系从外界吸收热量 Q，对外做功 W，热力系储存能的变化等于其热力学能变化 ΔU。根据式(2-17) 建立能量方程

$$Q-W=\Delta U$$

或
$$Q=\Delta U+W \tag{2-18}$$

对于 1kg 工质的能量方程
$$q=\Delta u+w \tag{2-19}$$

对于微元过程
$$\delta Q=\mathrm{d}U+\delta W \tag{2-20}$$

或
$$\delta q=\mathrm{d}u+\delta w \tag{2-21}$$

上述各式适用于封闭热力系的任何工质进行的一切热力过程。它表示加给热力系的热量一部分用来对外膨胀做功，另一部分用来增加工质的热力学能，储存于工质内部。式(2-18)、式(2-19) 中各项的取值可正可负。q 与 w 的取值按照前面的规定。对于热力系来讲，如果热力学能增加，$\Delta u>0$；如果热力学能减少，$\Delta u<0$；如果热力学能不变，$\Delta u=0$。

对于可逆过程，由于 $\delta w=p\,\mathrm{d}v$ 或 $w=\int_1^2 p\,\mathrm{d}v$，则有

$$\delta q=\mathrm{d}u+p\,\mathrm{d}v \tag{2-22}$$

或
$$q=\Delta u+\int_1^2 p\,\mathrm{d}v \tag{2-23}$$

【例 2-1】 对于 12kg 的气体在封闭热力系中吸热膨胀，吸收的热量为 140kJ，对外做了 95kJ 的膨胀功。问该过程中气体的热力学能是增加还是减少？每千克气体热力学能变化多少？

解： 根据公式(2-18) 得

$$\Delta U=Q-W=140-95=45\ (\mathrm{kJ})$$

由于 $\Delta U=45\mathrm{kJ}>0$，故气体的热力学能增加。

每千克气体热力学能的增加量为

$$\Delta u=\frac{\Delta U}{m}=\frac{45}{12}=3.75\ (\mathrm{kJ/kg})$$

图 2-6　例 2-2 图

【例 2-2】 对定量的气体提供热量 100kJ，使其由状态 1 沿 A 途径变化至状态 2（图 2-6），同时对外做功 60kJ。若外界对该气体做功 40kJ，迫使它从状态 2 沿 B 途径返回至状态 1，问返回过程中工质吸热还是放热？其量为多少？又若返回时不沿 B 途径而沿 C 途径，此时

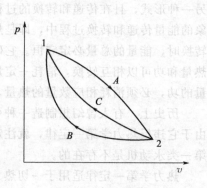

压缩气体的功为 50kJ，问 C 过程中是否吸收热量？

解： ① 气体由$1A2$沿$2B1$返回时与外界交换的热量Q_{2B1}的计算。

对于每一个热力过程，满足能量方程 $Q=\Delta U+W$，对于一个循环，因为热力学能是状态参数，满足$\oint dU=0$或$\oint\delta Q=\oint\delta W$。则

$$Q_{1A2}+Q_{2B1}=W_{1A2}+W_{2B1}$$

$$Q_{2B1}=W_{1A2}+W_{2B1}-Q_{1A2}=60-40-100=-80\ (\mathrm{kJ})$$

② 由过程$1A2$和$2C1$组成循环时，气体与外界交换的热量Q_{2C1}的计算。

与上述同理

$$Q_{1A2}+Q_{2C1}=W_{1A2}+W_{2C1}$$

$$Q_{2C1}=W_{1A2}+W_{2C1}-Q_{1A2}=60-50-100=-90\ (\mathrm{kJ})$$

计算所得热量均为负值，表示气体在两种不同的返回过程中均放出热量，且压缩气体的功越大，放热量越多。

三、开口热力系的稳定流动能量方程

1. 稳定流动

在加热器、冷凝器、蒸发器、压缩机、锅炉和汽轮机等热工设备运行的时候，工质总是不断地流进和流出，以实现连续的能量传递和转换。此类热工设备就是热力学中的开口热力系，开口热力系总是与工质的流动有关。大多数情况下，工程中所用的热工设备都在外界影响不变的条件下稳定运行。这时工质的流动状况不随时间而改变，即流道中任意截面上工质的状态参数不随时间改变，也即意味着单位时间内热力系与外界传递的热量和功量不随时间而改变。同时，各流通截面工质的质量流量相等、且不随时间而改变。这种流动称为稳定流动。

2. 开口热力系的稳定流动能量方程

假定图 2-7 中虚线所示热力系满足稳定流动的条件；假定工质在热力系进出口的流动速度为c_{f1}和c_{f2}，比热力学能为u_1和u_2，进出口截面中心相对基准面的高度为z_1和z_2。对于 1kg 工质而言，工质进入热力系带进的能量$e_1=u_1+\frac{1}{2}c_{f1}^2+gz_1$，流动功$p_1v_1$，工质流出热力系带出的能量$e_2=u_2+\frac{1}{2}c_{f2}^2+gz_2$，流动功$p_2v_2$。

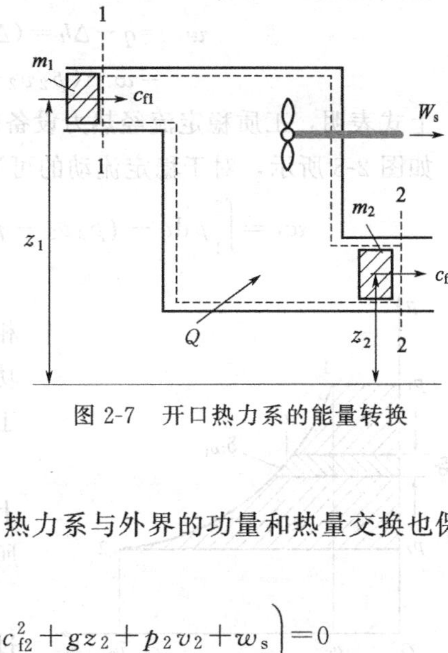

图 2-7 开口热力系的能量转换

又假定 1kg 工质流经热力系时从外界吸入的热量为q，通过热力系对外界输出的轴功为w_s。由于研究对象为稳定流动，热力系储存的能量保持不变，热力系与外界的功量和热量交换也保持不变，根据式(2-17)建立能量方程

$$\left(u_1+\frac{1}{2}c_{f1}^2+gz_1+p_1v_1+q\right)-\left(u_2+\frac{1}{2}c_{f2}^2+gz_2+p_2v_2+w_s\right)=0$$

整理得

$$u_1+p_1v_1-(u_2+p_2v_2)+\frac{1}{2}(c_{f1}^2-c_{f2}^2)+g(z_1-z_2)+q-w_s=0$$

上式可简化为

$$q=h_2-h_1+\frac{1}{2}(c_{f2}^2-c_{f1}^2)+g(z_2-z_1)+w_s$$

$$=\Delta h+\frac{1}{2}\Delta c_f^2+g\Delta z+w_s \quad (2\text{-}24)$$

对于微元热力过程

$$\delta q=dh+\frac{1}{2}dc_f^2+g\,dz+\delta w_s \quad (2\text{-}25)$$

上述各式适用于开口热力系稳定流动的各种热力过程。

四、技术功

稳定流动能量方程中的动能变化$\frac{1}{2}\Delta c_f^2$，位能变化 $g\Delta z$，轴功 w_s 都属于机械能，是热力过程中可被直接利用来做功的能量，统称为技术功，用符号 w_t 表示，即

$$w_t=\frac{1}{2}\Delta c_f^2+g\Delta z+w_s \quad (2\text{-}26)$$

对于微元热力过程

$$\delta w_t=\frac{1}{2}dc_f^2+g\,dz+\delta w_s \quad (2\text{-}27)$$

于是式(2-24)、式(2-25) 可写成

$$q=\Delta h+w_t \quad (2\text{-}28)$$

及

$$\delta q=dh+\delta w_t \quad (2\text{-}29)$$

由式(2-28)，可得

$$w_t=q-\Delta h=(\Delta u+w)-(\Delta u+p_2v_2-p_1v_1)$$

$$=w-(p_2v_2-p_1v_1) \quad (2\text{-}30)$$

上式表明，工质稳定流经热力设备时所做的技术功等于体积变化功减去净流动功。

如图 2-8 所示，对于稳定流动的可逆过程 1—2

$$w_t=\int_1^2 p\,dv-(p_2v_2-p_1v_1)=\int_1^2 p\,dv-\int_1^2 d(pv)=-\int_1^2 v\,dp \quad (2\text{-}31)$$

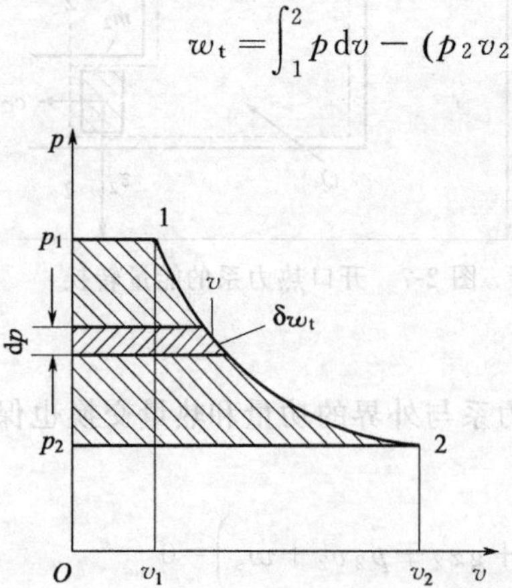

图 2-8 技术功

式中，v 恒为正值，负号表示技术功的正负与 dp 相反，即：过程中压力降低时，技术功为正，对外做功；反之若工质的压力增加，技术功为负，则外界对工质做功。

由式(2-31) 看出，可逆过程技术功 w_t 在 p-v 图上可以用过程曲线与纵坐标之间的面积表示，如图2-8所示。

将式(2-31) 代入式(2-28)、式(2-29)，可得可逆过程稳定流动能量方程为

$$q=\Delta h-\int_1^2 v\,dp \quad (2\text{-}32)$$

对于微元可逆过程

$$\delta q = dh - v dp \tag{2-33}$$

五、稳定流动能量方程的应用

在许多热工设备中，工质的流动都可视为稳定流动，因此可以利用稳定流动能量方程式来分析它们的能量关系。针对不同的条件，能量方程可以简化成不同的形式。

1. 动力机械

动力机械是将热能转化为机械能，为生产提供动力的设备，如汽轮机等。当工质流经动力机械时，膨胀做功，压力降低并对外输出轴功。进口和出口速度相差不多，动能差很小，可以忽略；由于采用了良好的保温措施，通过设备外壳的散热量很小，近似认为 $q \approx 0$；位能差极微，也可以忽略。于是稳定流动能量方程式可简化为

$$w_s = h_1 - h_2 \tag{2-34}$$

上式表明，动力机械对外输出的轴功等于工质的焓降。若已知工质的质量流量为 $q_m$kg/s，则其理论功率为

$$P = q_m w_s = q_m (h_1 - h_2) \tag{2-35}$$

2. 泵与风机

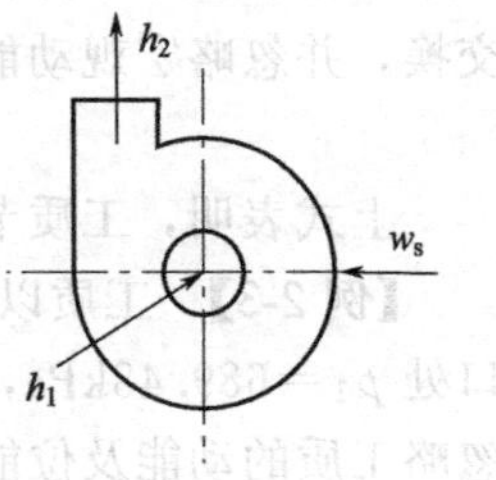

图 2-9 泵与风机

泵与风机是用来输送工质的设备，通过消耗轴功提高工质的压力，如图 2-9 所示。工质流经泵与风机时外界对工质做功（$-w_s$）。工质流过的时间很短，散热少，而且不从外界吸热，$q=0$；进出口动能差和位能差都很小，可以忽略。于是稳定流动能量方程式可简化为

$$-w_s = h_2 - h_1 \tag{2-36}$$

上式表明，工质流经泵与风机，消耗的轴功等于焓的增加。

3. 压缩机

压缩机是通过消耗机械功而使气体压力增大的设备。一般情况下，进出口气流的动能差和位能差可以忽略。

如果无专门冷却措施，气体对外界有散热，但数值不大，即 $q \approx 0$，这样稳定流动能量方程的简化式与式(2-36) 相同；如果散热 q 不能忽略，则

$$-w_s = h_2 - h_1 - q \tag{2-37}$$

4. 换热器

以热量交换为主要工作方式的设备称为热交换设备，简称换热器，例如锅炉、蒸发器、冷凝器、各种加热器、散热器等。如图 2-10 所示，当工质流过换热器时，热力系与外界没有功量交换，且动能、位能的变化很小，可以忽略。于是稳定流动能量方程式可简化为

$$q = h_2 - h_1 \tag{2-38}$$

上式表明，工质在换热器中吸收的热量等于焓的增加。

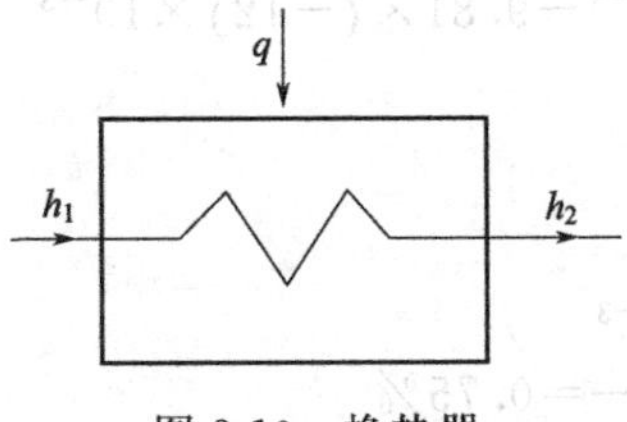

图 2-10 换热器

5. 喷管与扩压管

喷管是通过流体的膨胀而获得高速流体的一种设备，扩压管是利用流体的动能降低来获得高压流体的一种设备，两者的作用恰好相反。如图 2-11 所示，工质流经喷管或扩压管时未做轴功，$w_s=0$；位能差很小，可以忽略；工质的流速极高，来不及与外界交换热量，$q \approx 0$。于是稳定流动能量

方程式可简化为

$$\frac{1}{2}(c_{f2}^2-c_{f1}^2)=h_1-h_2 \quad (2\text{-}39)$$

上式表明，工质流经喷管或扩压管时，动能的增加等于焓的减少。

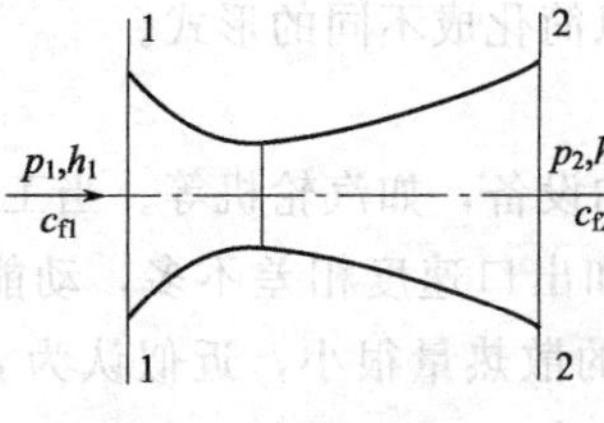

图 2-11　喷管与扩压管

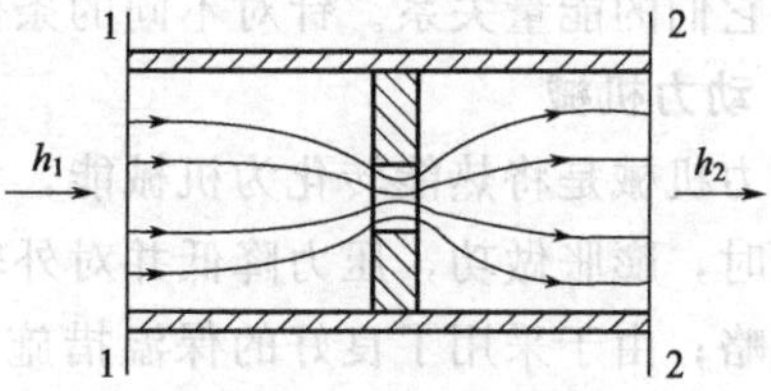

图 2-12　节流装置

6. 节流装置

节流装置用于降低工质的压力，如图 2-12 所示。在节流时，工质与外界无功量、热量交换，并忽略宏观动能、重力位能的变化。于是稳定流动能量方程式可简化为

$$h_2-h_1=0 \quad (2\text{-}40)$$

上式表明，工质节流前后的焓值不变。

【例 2-3】 工质以 $c_{f1}=3\text{m/s}$ 的速度通过截面 $A_1=45\text{cm}^2$ 的管道进入动力机械。已知进口处 $p_1=689.48\text{kPa}$，$v_1=0.3373\text{m}^3/\text{kg}$，$u_1=2326\text{kJ/kg}$，出口处 $h_2=1395.6\text{kJ/kg}$。若忽略工质的动能及位能的变化，且不考虑散热，求该动力机械输出的理论功率。

解：工质的质量流量为

$$q_m=\frac{c_{f1}A_1}{v_1}=\frac{3\times45\times10^{-4}}{0.3373}=0.04\ (\text{kg/s})$$

进口比焓为

$$h_1=u_1+p_1v_1=2326+689.48\times0.3373=2558.6\ (\text{kJ/kg})$$

动力机械输出的理论功率为

$$P=q_m(h_1-h_2)=0.04\times(2558.6-1395.6)=46.5\ (\text{kW})$$

【例 2-4】 某蒸汽轮机，进口蒸汽参数为 $p_1=9.0\text{MPa}$，$t_1=500℃$，$h_1=3386.4\text{kJ/kg}$，$c_{f1}=50\text{m/s}$；出口蒸汽参数为 $p_2=0.004\text{MPa}$，$h_2=2226.9\text{kJ/kg}$，$c_{f2}=140\text{m/s}$，进出口高度差为 12m，每千克蒸汽经汽轮机散热 15kJ。试求：①每千克蒸汽流经汽轮机时所输出的轴功；②进、出口动能差、位能差忽略时，对输出功的各自影响；③散热忽略时，对输出功的影响；④若蒸汽流量为 220t/h，汽轮机的理论功率是多少？

解：汽轮机的工作属于开口热力系的稳定流动。

① 由开口热力系的稳定流动能量方程得

$$w_s=q-(h_2-h_1)-\frac{1}{2}(c_{f2}^2-c_{f1}^2)-g(z_2-z_1)$$

$$=-15-(2226.9-3386.4)-\frac{1}{2}\times(140^2-50^2)\times10^{-3}-9.81\times(-12)\times10^{-3}$$

$$=1133.9\ (\text{kJ/kg})$$

② 忽略进、出口动能差的影响

$$\varepsilon_k=\frac{\left|\frac{1}{2}(c_{f2}^2-c_{f1}^2)\right|}{w_s}=\frac{\frac{1}{2}\times(140^2-50^2)\times10^{-3}}{1133.9}=0.75\%$$

忽略进、出口位能差的影响

$$\varepsilon_p=\frac{|g(z_2-z_1)|}{w_s}=\frac{9.81\times12\times10^{-3}}{1133.9}=0.01\%$$

③ 忽略散热的影响

$$\varepsilon_q=\frac{|q|}{w_s}=\frac{15}{1133.9}=1.3\%$$

④ 汽轮机的理论功率

$$P=q_m w_s=\frac{220\times10^3}{3600}\times1133.9=6.93\times10^4\ (\text{kW})$$

讨论

① 本题的数据具有实际意义。从计算中可以看到，忽略蒸汽进出口的动能差、位能差以及散热损失，对输出轴功的影响均小于2%，因此在实际计算中可以忽略不计。这同时说明，类似汽轮机的叶轮机械可视为绝热系统。

② 计算中涉及蒸汽热力性质，题目不但给出了 p_1，t_1 和 p_2，而且给出了 h_1 和 h_2。事实上，如掌握了蒸汽热力性质后，给出 h_1 和 h_2 就是多余的，它们可以由 p_1，t_1 和 p_2 及热力过程特点查图、表解决。

习 题

2-1 热力学能、热量和功量有何异同之处？

2-2 什么是焓？它的物理意义是什么？为什么说它是工质的状态参数？

2-3 简述热力学第一定律的实质以及能量方程中各项参数的物理意义。

2-4 判断下列说法是否正确，并说明理由。

① 对于热力系而言，能量守恒就是进入热力系的能量与离开热力系的能量相等。

② 体积变化功就是热力系与外界交换的功。只有工质体积变化时，才能与外界交换功量。

③ 气体吸热后一定膨胀，热力学能一定增加。

④ 热力过程中，工质向外界放热，其温度必然降低。

2-5 体积变化功、流动功、轴功和技术功有何区别和联系？试在 p-v 图上表示它们。

2-6 气缸内储有完全不可压缩的流体，气缸的一端被封闭，另一端是活塞。气缸是绝热静止的。试问：

① 活塞能否对流体做功？

② 若使用某种方法把流体压力从 0.2MPa 提高到 4MPa，热力学能有无变化？焓有无变化？

2-7 封闭热力系中定量气体在热力过程中对外膨胀做功 50kJ，同时热力学能减少 70kJ，问该过程是吸热还是放热过程，换热量是多少？

2-8 封闭热力系经历一热力过程，从外界吸取热量 60kJ，同时热力学能增加了 100kJ，问此过程是膨胀过程还是压缩过程？气体与外界交换的功量是多少？

2-9 容器中的气体工质从外界吸热 200kJ，对外做了 140kJ 的功，问容器中的气体热力学能的变化量是多少？温度是升高还是降低？

2-10 如图 2-13 所示，封闭热力系中定量工质经历由三个热力过程组成的循环。1-2 过程压力不变，对外膨胀做功 80kJ，热力学能增加 40kJ，2-3 过程体积不变，对外放热 100kJ，3-1 为绝热过程，试求该过程的体积变化功。

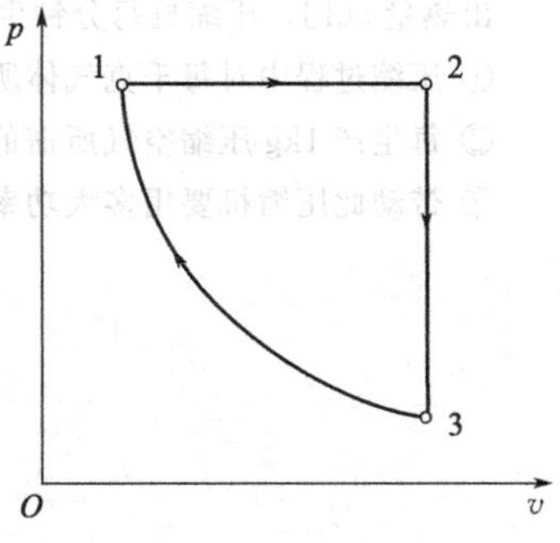

图 2-13 习题 2-10 图

2-11 定量工质经历一个由四个过程组成的循环。试填充下表中所缺数据。

过　程	Q/kJ	W/kJ	ΔU/kJ
1-2	1390	0	
2-3	0		−395
3-4	−1000	0	
4-1	0		

2-12　如图 2-14 所示，封闭热力系从状态 1 沿 1—2—3 途径到状态 3，传递给外界的热量为 47.5kJ，而热力系对外做功为 30kJ。

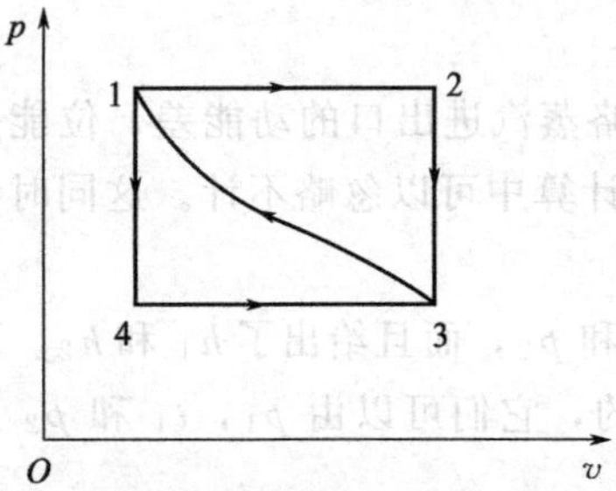

图 2-14　习题 2-12 图

① 若沿 1—4—3 途径变化时。热力系对外做功 15kJ，求过程中热力系与外界传递的热量？

② 若热力系从状态 3 沿图示曲线途径到达状态 1，外界对热力系做功 6kJ，求该过程中热力系与外界传递的热量？

③ 若 $U_2=175$kJ，$U_3=87.5$kJ，求过程 2-3 传递的热量及状态 1 的热力学能？

2-13　说明下列能量方程的适用条件：

① $q=\Delta u+w$

② $q=\Delta u+\int_1^2 p\mathrm{d}v$

③ $q=\Delta h+\frac{1}{2}\Delta c_{\mathrm{f}}^2+g\Delta z+w_{\mathrm{s}}$

④ $q=\Delta h-\int_1^2 v\mathrm{d}p$

2-14　已知蒸汽轮机进口处蒸汽的比焓 $h_1=3200$kJ/kg，流速 $c_{\mathrm{f1}}=50$m/s，出口处蒸汽的比焓 $h_2=2000$kJ/kg，流速 $c_{\mathrm{f2}}=120$m/s，散热损失及位能变化忽略不计。求：

① 每千克蒸汽流经汽轮机时所输出的轴功；

② 若蒸汽流量为 10t/h，汽轮机的理论功率是多少？

2-15　某汽轮机蒸汽流量为 634t/h，进口处蒸汽的比焓 $h_1=3476$kJ/kg，出口处蒸汽的比焓 $h_2=2227$kJ/kg。试求：

① 汽轮机的理论功率；

② 若蒸汽进口流速 $c_{\mathrm{f1}}=50$m/s，出口流速 $c_{\mathrm{f2}}=100$m/s，考虑动能差对汽轮机理论功率有多大影响？

③ 若考虑汽轮机进出口高度差 10m，对汽轮机理论功率有多大影响？

④ 若考虑汽轮机向外界散热 9.5×10^6kJ/h，对汽轮机理论功率有多大影响？

2-16　空气在某压缩机中被压缩，压缩前空气的参数为 $p_1=100$kPa，$v_1=0.845\mathrm{m^3/kg}$；压缩后空气的参数为 $p_2=800$kPa，$v_2=0.175\mathrm{m^3/kg}$。在压缩过程中每千克空气的热力能增加 150kJ，同时向外界放出热量 50kJ，压缩机每分钟生产压缩空气 10kg。试求：

① 压缩过程中对每千克气体所做的体积变化功；

② 每生产 1kg 压缩空气所需的轴功；

③ 带动此压缩机要用多大功率的电动机？

第三章

理想气体的热力性质和热力过程

学习导引

理想气体是一种假想的物理模型，对于研究热力现象具有重要意义。本章的主要内容分为两大部分：理想气体的热力性质，包括理想气体状态方程、理想气体的比热容及热量计算、理想气体的热力学能和焓变化量的计算；理想气体的热力过程，包括基本热力过程和多变过程的过程方程式、状态参数变化规律、能量交换规律及在 p-v 图和 T-s 图上的表示。

一、学习要求

本章的重点是理想气体的状态方程、比热容和基本热力过程，通过学习应达到以下要求。

① 理解理想气体的含义，熟练掌握并正确应用理想气体的状态方程。

② 理解比热容的物理意义以及影响比热容的主要因素；理解真实比热容、定值比热容和平均比热容的含义，能正确使用定值比热容和平均比热容计算过程热量。

③ 掌握理想气体热力学能和焓变化量的计算。

④ 掌握理想气体基本热力过程的过程方程式和基本状态参数变化的关系式，能正确计算理想气体基本热力过程的热量和功量。

⑤ 知道多变过程是热力过程从特殊到一般的更普遍的表达式，会运用多变过程的规律进行过程的分析、计算。

⑥ 能将理想气体的各种热力过程表示在 p-v 图和 T-s 图上。

二、本章难点

① 比热容的种类较多，理解起来有一定的难度。应注意各种比热容的区别与联系。在利用比热容计算过程热量及热力学能和焓的变化量时应注意选取正确的比热容，不要相互混淆，应结合例题与习题加强练习。

② 理想气体各种热力过程的初、终态基本状态参数间的关系式以及过程中热力系与外界交换的热量和功量的计算式较多，如何记忆和运用是一难点，应结合例题与习题加强练习。

第一节　理想气体及状态方程

一、理想气体与实际气体

由于工质大多为气体，所以需对气体的性质、运动规律要有所了解。根据气体分子运动论，大量的气体分子不停地进行热运动。气体分子的热运动是无规则的。分子本身具有一定的体积，气体分子之间还存在着相互作用力。所以，气体的性质是非常复杂的。为了研究问题的方便，提出了理想气体的概念。

所谓理想气体是一种经过科学抽象的假想气体，这种气体必须符合两个假定：

① 气体的分子是一些弹性的、不占体积的质点；

② 分子间没有相互作用力。

凡是不符合这两个条件的气体为实际气体。

热力学引入理想气体的概念可使问题简化，各状态参数之间可以得出简单的函数关系。虽然理想气体是一种抽象的假想气体，但却有较大的实用价值。实验证明，当气体的压力不太高，温度不太低时，气体分子间的作用力及分子本身的体积可以忽略，此时这些气体可以看作理想气体。例如，在常温下，只要压力不超过 5MPa，工程上常用的 O_2、N_2、H_2、CO 等及其混合物，都可以作为理想气体处理。另外，大气或燃气中所含的少量水蒸气，由于其分压力很低，比体积很大，也可作为理想气体处理。当压力较高或温度较低或接近于液态时，气体的比体积小，分子之间的距离较小，分子本身体积以及分子之间的相互作用力不能忽视。如蒸汽动力装置中的水蒸气、制冷系统中的制冷剂蒸气等均不能作为理想气体看待。

二、理想气体状态方程

当理想气体处于任一平衡状态时，三个基本状态参数之间的数学关系为

$$pv=R_gT \tag{3-1}$$

式中　p——气体的绝对压力，Pa；

v——气体的比体积，m^3/kg；

T——气体的热力学温度，K；

R_g——气体常数，J/(kg·K)。

上式称为理想气体状态方程，1834 年由克拉贝龙首先导出，因此也称为克拉贝龙方程。它简单明了地反映了平衡状态下理想气体基本状态参数之间的具体函数关系。当已知某理想气体两个基本状态参数时，根据式(3-1) 可以很方便地求出另外一个基本状态参数值。

气体常数 R_g 的数值只与气体的种类有关而与气体的状态无关。对于同一种气体，R_g 为一个常数，不同气体的气体常数不同。

除了式(3-1) 外，理想气体状态方程还有其他形式。对质量为 $m$kg 的理想气体，状态方程可写成

$$pV=mR_gT \tag{3-2}$$

式中　V——质量为 $m$kg 气体的体积，m^3。

国际单位中，物质的量以 mol(摩尔) 为单位，1mol 物质的质量称为摩尔质量，用符号

M 表示，单位为 kg/mol。1kmol 物质的质量在数值上等于该物质的相对分子质量。1mol 物质的体积称为摩尔体积，用符号 V_m 表示，单位为 m^3/mol，$V_m = Mv$。由式(3-1) 可得

$$pV_m = MR_gT$$

若令 $R = MR_g$，则有

$$pV_m = RT \tag{3-3}$$

式中　R——摩尔气体常数（习惯上又称为通用气体常数），J/(mol・K)。

根据阿佛加德罗定律，在同温、同压力下，所有气体的摩尔体积 V_m 都相等。所以由式(3-3) 可得，所有气体的 R 都相等，其值是和气体的状态无关，也是和气体的性质无关的常量。可由任意气体在任一状态下的参数确定。已知在标准状态（压力为 101325Pa，温度为 273.15K）下，1kmol 任何气体所占有的体积为 22.41410m^3，代入式（3-3）可得

$$R = \frac{p_0 V_{m0}}{T_0} = \frac{101325 \times 22.4141 \times 10^{-3}}{273.15} = 8.314\ [\text{J/(mol・K)}]$$

对于不同气体的气体常数 R_g 可按下式求得

$$R_g = \frac{R}{M} \tag{3-4}$$

利用摩尔气体常数，质量为 $m$kg 的理想气体的状态方程式（3-2）还可以写成

$$pV = nRT \tag{3-5}$$

式中　$n = \dfrac{m}{M}$，n 称为物质的量，单位为 mol。

【例 3-1】 氧气瓶内装有氧气，其体积为 0.025m^3，压力表读数为 0.5MPa，若环境温度为 20℃，当地的大气压力为 0.1MPa，求：①氧气的比体积；②氧气的物质的量。

解： ① 瓶中氧气的绝对压力为

$$p = (0.5 + 0.1) \times 10^6 = 0.6 \times 10^6\ (\text{Pa})$$

气体的热力学温度为

$$T = 273.15 + 20 = 293.15\ (\text{K})$$

气体常数为

$$R_g = \frac{R}{M} = \frac{8.314}{32 \times 10^{-3}} = 259.8\ [\text{J/(kg・K)}]$$

根据公式(3-1) 得氧气的比体积为

$$v = \frac{R_g T}{p} = \frac{259.8 \times 293.15}{0.6 \times 10^6} = 0.127\ (\text{m}^3/\text{kg})$$

② 根据公式(3-5) 得氧气物质的量为

$$n = \frac{pV}{RT} = \frac{0.6 \times 10^6 \times 0.025}{8.314 \times 293.15} = 0.6 \times 10^6 = 6.154\ (\text{mol})$$

第二节　理想气体的比热容及热量计算

一、比热容的定义和单位

在热力学计算中，经常需要计算工质吸收或放出的热量。对不同的物质加热，使它们升

高同样的温度所需的热量是不同的。

物体温度变化1K(或1℃)所需要吸收或放出的热量称为该物体的热容。1kg物质的热容称为该物质的比热容或质量热容，用符号c表示，单位为J/(kg·K)或kJ/(kg·K)；1mol物质的热容称为该物质的摩尔热容，用符号C_m表示，单位为J/(mol·K)或kJ/(mol·K)；标准状态下$1m^3$物质的热容称为该物质的体积热容，用符号c'表示，单位为J/(m^3·K)或kJ/(m^3·K)。三者之间存在着下列关系

$$C_m = Mc = 0.0224c' \tag{3-6}$$

二、影响比热容的主要因素

不同种类的气体，由于其物理性质不同，比热容的值不同。即使是同种气体，比热容的值还与气体所经历的热力过程和温度有关。下面简单介绍影响比热容的主要因素。

1. 热力过程特性对比热容的影响

热量是一个过程量，比热容是用来表示过程中物质吸收（或放出）热量多少的物性参数，所以气体的比热容也与热力过程的特性有关。在热力过程中，最常见的情况是在容积不变或压力不变的条件下加热，分别称为定容加热过程或定压加热过程。因此，比热容相应的分为比定容热容和比定压热容。

单位质量气体在定容过程中（即容积不变）温度变化1K(或1℃)所需要吸收或放出的热量称为比定容热容，也称为质量定容热容，用符号c_V表示。其表达式为

$$c_V = \frac{\delta q_V}{dT} \quad 或 \quad c_V = \frac{\delta q_V}{dt} \tag{3-7}$$

单位质量气体在定压过程中温度变化1K(或1℃)所需要吸收或放出的热量称为比定压热容，也称为质量定压热容，用符号c_p表示。其表达式为

$$c_p = \frac{\delta q_p}{dT} \quad 或 \quad c_p = \frac{\delta q_p}{dt} \tag{3-8}$$

在一定的温度下，同一种气体的c_V和c_p的值，并不相等，且c_p总比c_V大一些。在定容过程中，气体不能膨胀做功，加入的热量完全用来增加气体分子的热力学能，使气体温度升高；在定压过程中，气体可以膨胀做功，加入的热量除用来增加气体分子的内动能外，还应克服外力而做功。显然对同样质量的气体升高同样的温度，在定压过程中所需加入的热量要比定容过程多。

理想气体比定压热容与比定容热容之间的关系为

$$c_p - c_V = R_g \tag{3-9}$$

将上式两边同乘以摩尔质量M，可得

$$C_{p,m} - C_{V,m} = R \tag{3-10}$$

$C_{p,m}$、$C_{V,m}$分别称为摩尔定压热容和摩尔定容热容，二者的差值等于摩尔气体常数。式(3-9)、式(3-10)这就是著名的迈耶公式。

此外，理想气体比定压热容与比定容热容的比值在热力学理论研究和工程计算方面是一个重要的参数，以κ表示，称为等熵指数。

$$\kappa = \frac{c_p}{c_V} = \frac{C_{p,m}}{C_{V,m}} \tag{3-11}$$

2. 温度对比热容的影响

实验和理论证明，当温度不同时，气体的比热容也不相同。例如空气在定压下加热过程

中，100℃时，$c_p=1.006\text{kJ/(kg·K)}$；而1000℃时，$c_p=1.09\text{kJ/(kg·K)}$。比热容与温度之间的关系可表示为一曲线关系。

$$c=f(t)=a_0+a_1t+a_2t^2+\cdots \tag{3-12}$$

式中，系数 a_0、a_1、a_2 等是与气体的性质有关的常数。可从物性手册中查到。

相应于每一确定温度下的比热容称为气体的真实比热容。

三、利用比热容计算热量

当气体的种类和加热过程确定后，比热容就只随温度的变化而变化。由比热容的定义式可得

$$\delta q=c\mathrm{d}t \tag{3-13}$$

这样，温度从 t_1 变到 t_2 所需的热量为

$$q=\int_{t_1}^{t_2}c\mathrm{d}t=\int_{t_1}^{t_2}f(t)\mathrm{d}t \tag{3-14}$$

若以气体的真实比热容 c 为纵坐标，以温度 t 为横坐标建立坐标系，将 $c=f(t)$ 表示在图上。如图 3-1 所示。热力过程 1-2 吸收的热量 $q=\int_{t_1}^{t_2}c\mathrm{d}t$ 可用过程曲线与对应横坐标围成的曲边梯形的面积 $12t_2t_11$ 表示。

由于真实比热容与温度是曲线关系，所以利用真实比热容计算热量比较复杂。工程上为了简化计算，常使用气体的定值比热容和平均比热容来计算它所吸收或放出的热量。

1. 用定值比热容计算热量

在精度要求不高或温度变化范围不大时，可将比热容看成是与温度无关的常数，这种比热容称为定值比热容。

根据分子运动论，对于理想气体，凡是原子数目相同的气体，其定值摩尔热容是相同的，其数值见表 3-1。

表 3-1　理想气体的定值摩尔热容

定值摩尔热容	单原子气体	双原子气体	多原子气体
$C_{V,\mathrm{m}}$	$\frac{3}{2}R$	$\frac{5}{2}R$	$\frac{7}{2}R$
$C_{p,\mathrm{m}}$	$\frac{5}{2}R$	$\frac{7}{2}R$	$\frac{9}{2}R$

知道了定值摩尔热容，根据式(3-6)可换算出气体的定值质量热容和定值体积热容。则，单位质量气体定压过程和定容过程的换热量为

$$q_p=\int_{t_1}^{t_2}c_p\mathrm{d}t=c_p(t_2-t_1) \tag{3-15}$$

$$q_V=\int_{t_1}^{t_2}c_V\mathrm{d}t=c_V(t_2-t_1) \tag{3-16}$$

对于 $m$kg 质量的气体，换热量为

$$Q_p=mc_p(t_2-t_1) \tag{3-17}$$

$$Q_V=mc_V(t_2-t_1) \tag{3-18}$$

热工计算中，还常采用温度为 298K 时气体的真实比热容作为定值比热容的值。

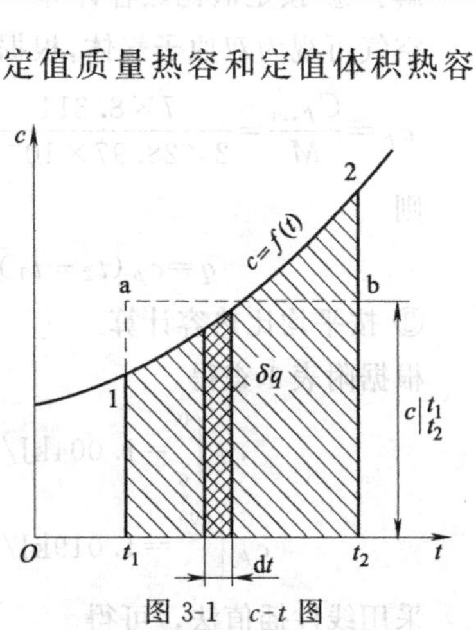

图 3-1　c-t 图

2. 用平均比热容计算热量

平均比热容是指在一定的温度范围内真实比热容的平均值，即一定温度范围内单位数量气体吸收或放出的热量与该温度差的比值。气体在 $t_1 \sim t_2$ 这一温度范围内的平均比热容用符号 $c\Big|_{t_1}^{t_2}$ 表示，即

$$c\Big|_{t_1}^{t_2}=\frac{q_{1\text{-}2}}{t_2-t_1}=\frac{\int_{t_1}^{t_2} c\,\mathrm{d}t}{t_2-t_1} \tag{3-19}$$

故

$$q_{1\text{-}2}=c\Big|_{t_1}^{t_2}(t_2-t_1)=\int_{t_1}^{t_2} c\,\mathrm{d}t \tag{3-20}$$

显然，平均比热容是一个假想的概念，其实质是在某一确定的温度范围内，用一个数值不变的比热容去代替温度变化的真实比热容进行热量计算，所得结果与按真实比热容进行计算的结果相同。平均比热容的几何意义，可以从比热容与温度的关系曲线中看出，如图 3-1 所示。在 c-t 图上，取一矩形面积 abt_2t_1a，使其等于曲边梯形的面积 12$t_2t_1$1，则该矩形面积表示的热量就是真实比热容计算的热量，它可以用矩形的高乘以温差（t_2-t_1）表示。则该矩形的高对应的比热容值就是 $t_1 \sim t_2$ 温度范围内的平均比热容。

由于单位质量气体从 t_1 加热至 t_2 所需要的热量 $q_{1\text{-}2}$ 在数值上等于从 0℃加热至 t_2 所需要的热量 $q_{0\text{-}2}$ 与从 0℃加热至 t_1 所需要热量 $q_{0\text{-}1}$ 的差，即

$$q_{1\text{-}2}=q_{0\text{-}2}-q_{0\text{-}1}=\int_0^{t_2} c\,\mathrm{d}t-\int_0^{t_1} c\,\mathrm{d}t=c\Big|_0^{t_2} t_2-c\Big|_0^{t_1} t_1 \tag{3-21}$$

对于 $m$kg 质量的气体，从 t_1 加热至 t_2 所需要的热量为

$$Q_{1-2}=m\left(c\Big|_0^{t_2} t_2-c\Big|_0^{t_1} t_1\right) \tag{3-22}$$

因此，只要有了从 0℃至 t_1 和 t_2 温度之间的平均比热容，就可以求出 t_1 至 t_2 之间的换热量。工程中，已将常用气体工质从 0℃到某一温度 t 之间的平均比热容列成表格，以供查用，如本书附表 1 和附表 2 所示。使用这些表格常常要插值计算。

【例 3-2】 某锅炉利用排放的烟气对空气进行加热，空气在换热器中定压地由 27℃升至 327℃。分别按定值比热容和平均比热容求 1kg 空气的吸热量。

解： ① 按定值比热容计算

空气可视为双原子气体，根据表 3-1 及式(3-6) 得

$$c_p=\frac{C_{p,\mathrm{m}}}{M}=\frac{7\times 8.314}{2\times 28.97\times 10^{-3}}=1.0045\times 10^3[\mathrm{J/(kg\cdot K)}]=1.0045\ [\mathrm{kJ/(kg\cdot K)}]$$

则

$$q=c_p(t_2-t_1)=1.0045\times(327-27)=301.35\ (\mathrm{kJ/kg})$$

② 按平均比热容计算

根据附表 1 查得

$$c_p\Big|_0^{0}=1.004\mathrm{kJ/(kg\cdot K)} \qquad c_p\Big|_0^{100}=1.006\mathrm{kJ/(kg\cdot K)}$$

$$c_p\Big|_0^{300}=1.019\mathrm{kJ/(kg\cdot K)} \qquad c_p\Big|_0^{400}=1.028\mathrm{kJ/(kg\cdot K)}$$

采用线性插值法，可得

$$t_1=27℃\quad c_p\Big|_0^{27}=c_p\Big|_0^{0}+\frac{c_p\Big|_0^{100}-c_p\Big|_0^{0}}{100-0}\times(27-0)$$

$$=1.004+\frac{1.006-1.004}{100}\times 27=1.00454\text{kJ/(kg}\cdot\text{K)}$$

$$t_2=327℃\quad c_p\Big|_0^{327}=c_p\Big|_0^{300}+\frac{c_p\Big|_0^{400}-c_p\Big|_0^{300}}{400-300}\times(327-300)$$

$$=1.019+\frac{1.028-1.019}{100}\times 27=1.02143\text{kJ/(kg}\cdot\text{K)}$$

代入式(3-21) 得

$$q=c_p\Big|_0^{t_2}t_2-c_p\Big|_0^{t_1}t_1$$

$$=1.02143\times 327-1.00454\times 27=306.89\ (\text{kJ/kg})$$

讨论

利用工程图表时，常会遇到表中不能直接查到的参数值，此时需要运用插值的方法。常用的最简单的插值为线性插值。

以平均比热容计算的结果为基准，可求得按定值比热容计算结果的相对偏差 ε。

$$\varepsilon=\left|\frac{306.89-301.35}{306.89}\right|=1.81\%$$

可见，在温度变化范围不大时，采用平均比热容和采用定值比热容计算所得结果相差不大，而采用定值比热容计算较为简单。

第三节　理想气体热力学能和焓变化量的计算

在热力过程的分析计算中，一般并不需要确定热力学能和焓的绝对值，只需计算它们在热力过程中的变化量。

理想气体状态方程和比热容确定后，利用热力学第一定律就可以方便地求得理想气体热力学能和焓变化量的计算式。

一、理想气体热力学能变化量的计算

气体的热力学能包括内动能和内位能。如前所述，理想气体的分子间没有相互作用力，故理想气体的热力学能中没有内位能，只有内动能，而内动能取决于温度，因此，理想气体的热力学能仅仅是温度的函数，对应一定的温度就有确定的热力学能值。即

$$u=f_u(T) \tag{3-23}$$

对于同一种理想气体，无论经历什么过程，只要初态温度同为 T_1，终态温度同为 T_2，则热力学能的变化量就相同。根据这一特点，选择容积不变的可逆过程来导出理想气体温度从 T_1 变到 T_2 时，其热力学能变化量的计算公式。

根据热力学第一定律微元可逆过程

$$\delta q=\mathrm{d}u+p\,\mathrm{d}v$$

对于定容过程 $\mathrm{d}v=0$，联合式(3-7)，可得

$$du = c_V dT \tag{3-24}$$

则比热力学能的变化量为

$$\Delta u = \int_1^2 c_V dT \tag{3-25}$$

式(3-25)适用于理想气体的任意过程，计算时可以选用平均比定容热容或定值比定容热容。

二、理想气体焓变化量的计算

根据焓的定义式 $h = u + pv$，对于理想气体，因 $pv = R_g T$，所以

$$h = u + R_g T = f_h(T) \tag{3-26}$$

可见，理想气体的焓也仅仅是温度的函数。与热力学能一样，对应于一定的温度就有确定的焓值。且同一种理想气体，在具有相同初、终态温度的任意过程中，其焓的变化量都相同。根据这一特点，选择压力不变的可逆过程来导出理想气体温度从 T_1 变到 T_2 时，其焓变化量的计算公式。

根据热力学第一定律微元可逆过程

$$\delta q = dh - v dp$$

对于定压过程 $dp = 0$，联合式(3-8)，可得

$$dh = c_p dT \tag{3-27}$$

则比焓的变化量为

$$\Delta h = \int_1^2 c_p dT \tag{3-28}$$

式(3-28)适用于理想气体的任意过程，计算时可以选用平均比定压热容或定值比定压热容。

【例 3-3】 某种理想气体初态时 $p_1 = 520\text{kPa}$、$V_1 = 0.1419\text{m}^3$，经放热、膨胀过程，终态 $p_2 = 170\text{kPa}$、$V_2 = 0.2744\text{m}^3$，过程中焓的变化量 $\Delta H = -67.95\text{kJ}$。设该种气体的比定压热容 $c_p = 5.2\text{kJ/(kg·K)}$。试求：①该过程的热力学能变化量；②该气体的比定容热容以及气体常数。

解： ① 热力学能的变化量

由 $\Delta H = \Delta U + \Delta(pV)$

$$\Delta U = \Delta H - \Delta(pV) = \Delta H - (p_2 V_2 - p_1 V_1)$$
$$= -67.95 - (170 \times 0.2744 - 520 \times 0.1419) = -40.8\ (\text{kJ})$$

② 气体的比定容热容

由 $\Delta H = mc_p(T_2 - T_1)$

$$m(T_2 - T_1) = \frac{\Delta H}{c_p} = \frac{-67.95}{5.2} = -13.067$$

$$\Delta U = mc_V(T_2 - T_1)$$

$$c_V = \frac{\Delta U}{m(T_2 - T_1)} = \frac{-40.8}{-13.067} = 3.12\ [\text{kJ/(kg·K)}]$$

气体常数 $R_g = c_p - c_V = 5.2 - 3.12 = 2.077\ [\text{kJ/(kg·K)}]$

第四节 理想气体的热力过程

在热力设备中，热能与机械能间的相互转换及工质状态参数的变化规律都是通过热力过程来实现的，研究分析热力过程的目的和任务就在于揭示不同的热力过程中工质状态参数的变化规律和能量在过程中相互转换的数量关系。研究分析热力过程，通常采用抽象、简化的方法，将复杂的不可逆过程简化为可逆过程来处理，然后，借助于某些经验系数进行修正。

本节只讨论理想气体的可逆热力过程，分析热力过程主要解决以下问题：

① 根据过程的特征和热力性质，建立过程方程式 $p=f(v)$；

② 根据过程方程式并结合理想气体状态方程式，确定不同状态下基本状态参数 p、v、T 之间的关系；

③ 计算过程中热力系与外界之间的热量和功量交换；

④ 绘制过程曲线，即 p-v 图和 T-s 图，以便于用图示方法进行定性分析。

一、基本热力过程

基本热力过程是指热力系保持某一状态参数（比体积 v、压力 p、温度 T 与比熵 s 等）不变的热力过程。

1. 定容过程

工质在状态变化中保持比体积不变的热力过程称为定容过程。在工程上某些热力设备中的气体工质的加热过程中，由于过程进行得非常快，体积几乎来不及发生改变，就可以看成是定容过程，如炸药的爆炸过程、内燃机工作时气缸内汽油与空气的混合物的爆燃过程等。在这种过程中，气体的压力和温度突然升高很多，这种过程可以看成是定容过程。

(1) 过程方程式　定容过程的特征是工质的比体积始终保持不变，因此定容过程方程式为

$$v=\text{定值} \tag{3-29}$$

(2) 初、终状态基本状态参数关系式　定容过程气体初、终状态基本状态参数之间的关系，可根据理想气体状态方程 $pv=R_gT$，结合过程方程得到

$$\frac{p_2}{p_1}=\frac{T_2}{T_1} \tag{3-30}$$

可见，定容过程中理想气体的压力与热力学温度成正比。

(3) 功量与热量的计算　因为 $dv=0$，定容过程的体积变化功为零，即

$$w=\int_1^2 p\,dv=0 \tag{3-31}$$

定容过程的技术功为

$$w_t=-\int_1^2 v\,dp=v(p_1-p_2) \tag{3-32}$$

根据热力学第一定律的能量方程可得定容过程换热量为

$$q=\Delta u+w=\Delta u=\int_1^2 c_V\,dT \tag{3-33}$$

可见，定容过程中工质体积变化功为零，加给工质的热量全部转变为工质热力学能的增加。

此结论直接由热力学第一定律推得，故适用于任何工质。

另外，热量也可以利用比热容定义式求得，当比热容取定值时，定容过程换热量为

$$q=c_V(T_2-T_1) \tag{3-34}$$

(4) 过程曲线　定容过程在 p-v 图上是一条垂直于 v 轴的直线，在 T-s 图上是一条指数曲线，如图 3-2 所示。其中 1—2 为定容加热过程；1—2′为定容放热过程。T-s 图中 1—2 和 1—2′曲线下面积表示定容过程中热力系与外界交换的热量。

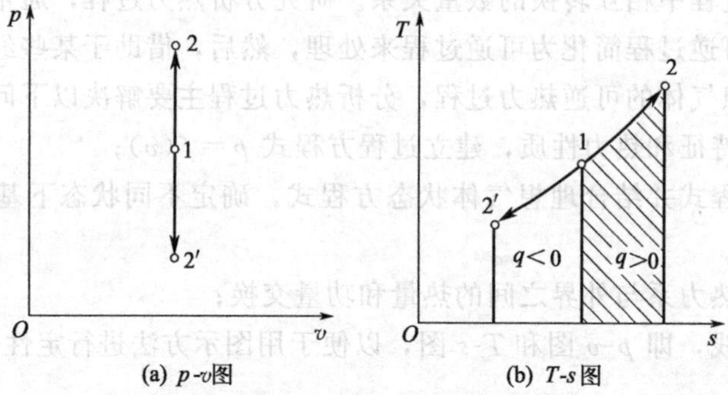

图 3-2　定容过程的 p-v 图及 T-s 图

2. 定压过程

工质在状态变化中保持压力不变的热力过程称为定压过程。实际热力设备中的很多吸热或放热过程是在接近定压的情况下进行的。如制冷剂蒸气在冷凝器中的凝结过程、水在锅炉中的汽化过程等都可看成是定压过程。

(1) 过程方程式　定压过程的过程方程式为

$$p=\text{定值} \tag{3-35}$$

(2) 初、终状态基本状态参数关系式　定压过程气体初、终状态基本状态参数之间的关系，可根据理想气体状态方程 $pv=R_gT$，结合过程方程得到

$$\frac{v_2}{v_1}=\frac{T_2}{T_1} \tag{3-36}$$

可见，定压过程中理想气体的比体积与热力学温度成正比。

(3) 功量与热量的计算　在定压过程中，由于 p=定值，故体积变化功为

$$w=\int_1^2 p\,\mathrm{d}v=p(v_2-v_1)=R_g(T_2-T_1) \tag{3-37}$$

当 $T_2-T_1=1\text{K}$ 时，$\{R_g\}=\{w\}$，说明理想气体的气体常数 R_g 在数值上等于 1kg 质量的理想气体在可逆定压过程中温度升高 1K 所做的体积变化功。

定压过程的技术功为

$$w_t=-\int_1^2 v\,\mathrm{d}p=0 \tag{3-38}$$

根据热力学第一定律的能量方程可得定压过程换热量为

$$\begin{aligned} q&=\Delta u+w=u_2-u_1+p(v_2-v_1)\\ &=(u_2+p_2v_2)-(u_1+p_1v_1)=h_2-h_1=\Delta h \end{aligned} \tag{3-39}$$

定压过程中工质所吸收的热量等于工质焓的增量，此结论直接由热力学第一定律推得，故适用于任何工质。

定压过程的换热量还可以用比定压热容来计算，当比定压热容取定值时，有

$$q=\int_1^2 c_p \mathrm{d}T = c_p(T_2-T_1) \tag{3-40}$$

(4) *过程曲线*　定压过程在 p-v 图上是一条水平线，在 T-s 图上也是一条指数曲线，但斜率小于定容过程曲线，如图 3-3 所示。定压加热时，温度升高，比体积增大，比熵增大，是吸热升温膨胀过程，过程曲线如图中 1—2 线所示；反之，是放热降温压缩过程，如图中 1—2′线所示。

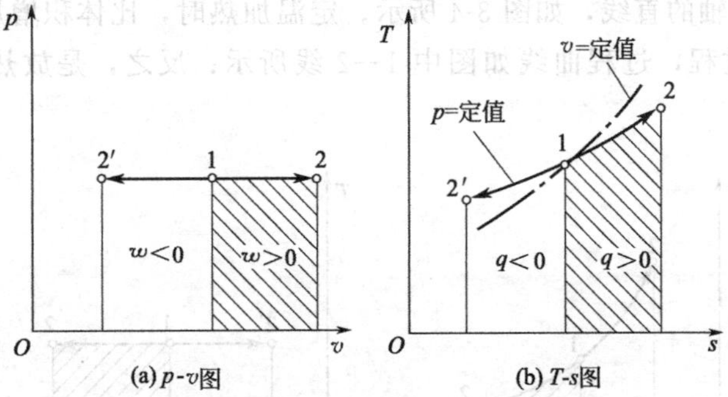

图 3-3　定压过程的 p-v 图及 T-s 图

3. 定温过程

工质在状态变化中保持温度不变的热力过程称为定温过程。

(1) *过程方程式*　由 T=定值、$pv=R_gT$ 得定温过程的过程方程式为

$$pv=\text{定值} \tag{3-41}$$

(2) *初、终状态基本状态参数关系式*　由过程方程式得定温过程初、终状态基本状态参数关系为

$$\frac{p_2}{p_1}=\frac{v_1}{v_2} \tag{3-42}$$

可见，定温过程中理想气体的绝对压力与比体积成反比。

(3) *功量与热量的计算*　在定温过程中，由于 pv=定值，故体积变化功为

$$w=\int_1^2 p\,\mathrm{d}v=\int_1^2 pv\frac{\mathrm{d}v}{v}=pv\ln\frac{v_2}{v_1}$$

$$=R_gT\ln\frac{v_2}{v_1}=R_gT\ln\frac{p_1}{p_2} \tag{3-43}$$

根据热力学第一定律的能量方程 $q=\Delta u+w$，及理想气体的定温过程的 $\Delta u=0$，可得定温过程换热量为

$$q=w=pv\ln\frac{v_2}{v_1}=R_gT\ln\frac{p_1}{p_2} \tag{3-44}$$

定温过程中热力学能变化为零，工质所吸收的热量全部用于对外做膨胀功；反之，如果是工质被压缩，则外界所消耗的功全部转换为热量向外放出。对于定温过程，给人的第一感觉是由于温度改变值为零，所以定温过程没有热量的传递，因为热量传递必须存在温差。但是定温过程是指热力系本身的温度没有改变，并不是说热力系与外界没有温差。而热力系的温度没有变化，是因为热力系所吸收的热量全部用于对外做功。可逆定温过程则要求热力系与外界之间温差极小。对于实际的定温过程热力系与外界自然会有温差，为了保持热力系温

度不变，可以使用冷却水来降低热力系的温度使之保持温度不变。

根据稳定流动能量方程 $q=\Delta h+w_t$ 及理想气体的定温过程的 $\Delta h=0$ 可知，定温过程的技术功为

$$w_t=q \tag{3-45}$$

因此，在理想气体的定温过程中，体积变化功、技术功和热量三者相等。

(4) 过程曲线　根据过程方程可知，定温过程在 p-v 图上为一条等轴双曲线，在 T-s 图上是一条平行于 s 轴的直线，如图 3-4 所示。定温加热时，比体积增加，压力下降，比熵增加，是吸热膨胀过程，过程曲线如图中 1—2 线所示；反之，是放热压缩过程，如图中 1—2′线所示。

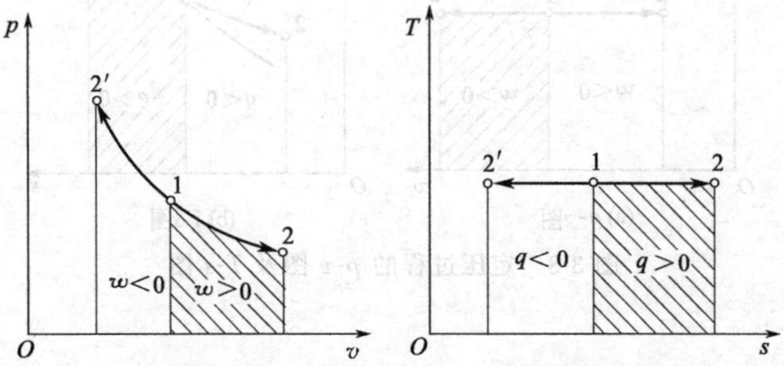

(a) p-v图　　(b) T-s图

图 3-4　定温过程的 p-v 图及 T-s 图

4. 绝热过程

工质在状态变化中与外界没有热量传递的热力过程称为绝热过程。在绝热过程中，不仅热力系与外界的总热量交换为零，而且在过程进行的每一瞬间，热力系与外界的热量交换也为零。实际上不存在这样的热力过程，但是通过为热力系加上良好的保温材料，使之与外界隔绝，或过程进行得非常快，热力系来不及与外界交换热量都可以近似地看成绝热过程。例如汽轮机、燃气轮机中气缸的工质膨胀过程及气体在气缸中的压缩过程等。

在绝热过程中，$\delta q=0$ 及 $q=0$，根据式(2-6) $\delta q=T\mathrm{d}s$，对可逆绝热过程有

$$\mathrm{d}s=\frac{\delta q}{T}=0$$

故

$$s=\text{定值}$$

所以可逆绝热过程又称为定熵过程。

(1) 过程方程式　根据热力学第一定律表达式经推导可得理想气体可逆绝热过程方程式为

$$pv^{\kappa}=\text{定值} \tag{3-46}$$

式中　κ——等熵指数。对于理想气体，单原子气体 $\kappa=1.67$；双原子气体 $\kappa=1.4$；多原子气体 $\kappa=1.29$。

(2) 初、终状态基本状态参数关系式　由过程方程式及理想气体状态方程式经整理可得

$$\frac{p_2}{p_1}=\left(\frac{v_1}{v_2}\right)^{\kappa} \tag{3-47}$$

$$\frac{T_2}{T_1}=\left(\frac{v_1}{v_2}\right)^{\kappa-1}=\left(\frac{p_2}{p_1}\right)^{\frac{\kappa-1}{\kappa}} \tag{3-48}$$

(3) 功量与热量的计算　绝热过程，热力系与外界无热量交换，即

$$q=0 \tag{3-49}$$

可逆绝热过程的体积变化功为

$$w=\int_1^2 p\,\mathrm{d}v=\int_1^2 \frac{p_1 v_1^\kappa}{v^\kappa}\mathrm{d}v=\frac{1}{\kappa-1}(p_1v_1-p_2v_2)=\frac{R_g}{\kappa-1}(T_1-T_2) \tag{3-50a}$$

由初、终状态参数关系式经整理又可得

$$w=\frac{R_gT_1}{\kappa-1}\left[1-\left(\frac{v_1}{v_2}\right)^{\kappa-1}\right]=\frac{R_gT_1}{\kappa-1}\left[1-\left(\frac{p_2}{p_1}\right)^{\frac{\kappa-1}{\kappa}}\right] \tag{3-50b}$$

绝热过程的体积变化功还可以直接由热力学第一定律能量方程 $q=\Delta u+w$ 导出

$$q=\Delta u+w=0$$

故

$$w=-\Delta u=u_1-u_2 \tag{3-50c}$$

可见，绝热过程中工质所做的膨胀功等于热力系热力学能的减少；而外界对热力系做的压缩功则全部转换成热力系热力学能的增加。

理想气体在可逆绝热稳定流动过程中所做的技术功，可由 $w_t=-\int_1^2 v\,\mathrm{d}p$ 和 $pv^\kappa=$定值求得

$$w_t=\kappa w=\frac{\kappa}{\kappa-1}R_g(T_1-T_2)=\frac{\kappa}{\kappa-1}R_gT_1\left[1-\left(\frac{p_2}{p_1}\right)^{\frac{\kappa-1}{\kappa}}\right] \tag{3-51}$$

绝热过程的技术功还可根据稳定流动能量方程 $q=\Delta h+w_t$ 求得

$$w_t=q-\Delta h=-\Delta h=h_1-h_2 \tag{3-52}$$

可见，在绝热流动过程中，流动工质所做的技术功全部来自其焓降。

式(3-50c) 和式(3-52) 都是由热力学第一定律直接推导出的，因此它们既适用于可逆绝热过程，又适用于不可逆绝热过程，既适用于理想气体，又适用于其他任何工质。

当比热容取定值时，对于理想气体绝热过程的体积变化功和技术功还可分别有下面的表达式

$$w=-\Delta u=c_V(T_1-T_2) \tag{3-53}$$

$$w_t=-\Delta h=c_p(T_1-T_2) \tag{3-54}$$

(4) 过程曲线　根据过程方程可知，定熵过程在 p-v 图上为一条高次双曲线。由于等熵指数 κ 值总是大于 1，定熵线斜率的绝对值大于定温线斜率的绝对值，即定熵曲线较定温曲线陡，如图 3-5(a) 所示。

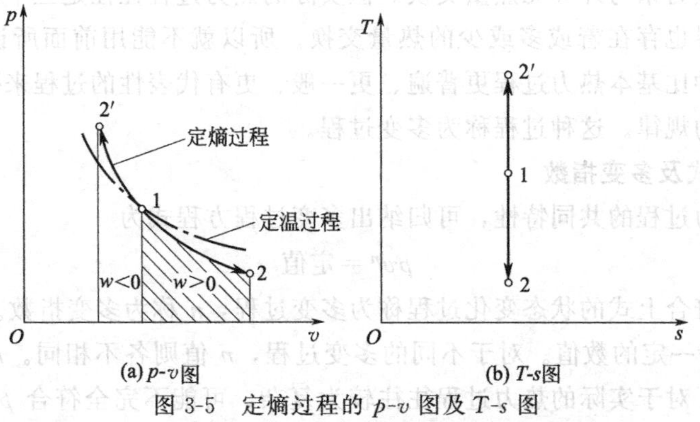

图 3-5　定熵过程的 p-v 图及 T-s 图

因定熵过程中状态参数熵保持不变，故定熵过程在 T-s 图上是一条垂直于 s 轴的直线，如图 3-5(b) 所示。

图中 1—2 过程为定熵膨胀降温降压过程；1—2′过程为定熵压缩升温升压过程。

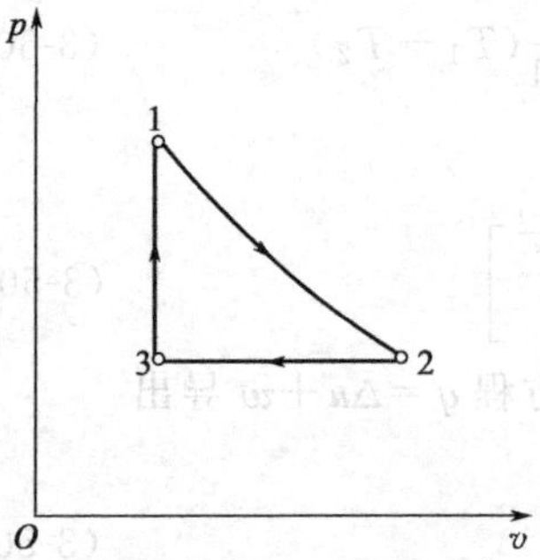

图 3-6 例 3-4 图

【例 3-4】 如图 3-6 所示，0.9kg 空气从初态 $p_1=0.2\text{MPa}$，$t_1=300℃$定温膨胀到 $V_2=1.8\text{m}^3$。随后将空气定压压缩，再在定容下加热，使它重新回到初始状态。试求每一过程中热力学能和焓的变化量？定压过程所耗的功？定容过程的加热量？已知空气的 $c_p=1.004\text{kJ/(kg·K)}$，$c_V=0.717\text{kJ/(kg·K)}$，$R_g=287\text{J/(kg·K)}$。

解： 由理想气体状态方程得

$$V_1=\frac{mR_gT_1}{p_1}=\frac{0.9\times287\times(273+300)}{0.2\times10^6}=0.74\ (\text{m}^3)$$

因为 $V_3=V_1$，$T_2=T_1$，$\frac{T_3}{T_2}=\frac{V_3}{V_2}$

所以 $T_3=\frac{V_3}{V_2}T_2=\frac{0.74}{1.68}(273+300)=252.39\ (\text{K})$

① 定温过程 1→2

$$\Delta U=0$$
$$\Delta H=0$$

② 定压过程 2→3

$$\Delta U=mc_V(T_3-T_2)=0.9\times0.717\times(252.39-573)=-206.89\ (\text{kJ})$$
$$\Delta H=mc_p(T_3-T_2)=0.9\times1.004\times(252.39-573)=-289.7\ (\text{kJ})$$
$$W=mR_g(T_3-T_2)=0.9\times287\times(252.39-573)=-82.81\times10^3(\text{J})=-82.81\ (\text{kJ})$$

③ 定容过程 3→1

$$\Delta U=mc_V(T_1-T_3)=0.9\times0.717\times(573-252.39)=206.89\ (\text{kJ})$$
$$\Delta H=mc_p(T_1-T_3)=0.9\times1.004\times(573-252.39)=289.7\ (\text{kJ})$$
$$Q=\Delta U=206.89\ (\text{kJ})$$

二、多变过程

前面讨论的是几种特殊的热力过程。它们的特点是在这些基本热力过程中，有一个状态参数保持不变或热力系与外界无热量交换。但实际的热力过程往往是三个状态参数都发生改变，热力系与外界也存在着或多或少的热量交换。所以就不能用前面所讲的热力过程来分析。因此需要一种比基本热力过程更普遍、更一般、更有代表性的过程来研究，并且这种过程需要满足一定的规律。这种过程称为多变过程。

1. 过程方程式及多变指数

结合基本热力过程的共同特性，可归纳出多变过程方程式为

$$pv^n=\text{定值} \tag{3-55}$$

热力学中将符合上式的状态变化过程称为多变过程，n 称为多变指数。在某一特定的多变过程中，n 保持一定的数值。对于不同的多变过程，n 值则各不相同。n 可以是从 $-\infty$ 到 $+\infty$ 的任何实数。对于实际的热力过程往往较为复杂，可能不完全符合 $pv^n=$定值的规律，

但当 n 值变化不大时，则可用一个不变的平均值近似取代实际变化的 n 值；而当 n 值变化较大时，可以将实际过程分为 n 值不同的几个热力过程，在每一个阶段中，以 n 值保持不变来进行分析。

多变过程概括了所有的热力过程，所以前面所讨论的四个基本热力过程也可用多变过程来表示。将多变过程与各基本热力过程比较，可以看出：

当 $n=0$ 时，$p=$定值，为定压过程；

当 $n=1$ 时，$pv=$定值，为定温过程；

当 $n=\kappa$ 时，$pv^{\kappa}=$定值，为绝热过程；

当 $n=\pm\infty$时，$v=$定值，为定容过程（因 $pv^n=$定值可写作 $p^{1/n}v=$定值，故 $v=$定值）。

因此，四个基本热力过程可以看成是多变过程的特例。只是在习惯上多变过程是指除四个基本热力过程以外的其他热力过程。

多变过程的指数范围从$-\infty$到$+\infty$，但在热力设备中只讨论 n 为正值的情况。

当 n 为定值时，根据式(3-55) 可得

$$\frac{p_2}{p_1}=\left(\frac{v_1}{v_2}\right)^n$$

对上式取对数可得多变指数 n 为

$$n=\frac{\ln(p_2/p_1)}{\ln(v_1/v_2)} \tag{3-56}$$

上式表明，多变指数 n 值可以根据初、终两个状态来求得。

2. 初、终状态基本状态参数关系式及功量与热量的计算

很容易看出，多变过程与可逆绝热过程的过程方程式具有相同的形式，只是用指数 n 代替了κ。因此，在分析多变过程时，初、终状态基本状态参数关系式、体积变化功及技术功的计算式也只需要用 n 代替κ 便可得到。

多变过程的初、终状态基本状态参数关系为

$$\frac{p_2}{p_1}=\left(\frac{v_1}{v_2}\right)^n \tag{3-57}$$

$$\frac{T_2}{T_1}=\left(\frac{v_1}{v_2}\right)^{n-1}=\left(\frac{p_2}{p_1}\right)^{\frac{n-1}{n}} \tag{3-58}$$

多变过程的体积变化功为

$$w=\frac{1}{n-1}(p_1v_1-p_2v_2)=\frac{R_g}{n-1}(T_1-T_2)=\frac{R_gT_1}{n-1}\left[1-\left(\frac{p_2}{p_1}\right)^{\frac{n-1}{n}}\right] \tag{3-59}$$

多变过程的技术功为

$$w_t=nw=\frac{n}{n-1}R_g(T_1-T_2)=\frac{n}{n-1}R_gT_1\left[1-\left(\frac{p_2}{p_1}\right)^{\frac{n-1}{n}}\right] \tag{3-60}$$

当比热容取为定值时，多变过程中热力系与外界交换的热量为

$$q=\Delta u+w=c_V(T_2-T_1)+\frac{R_g}{n-1}(T_1-T_2)=\left(c_V-\frac{R_g}{n-1}\right)(T_2-T_1) \tag{3-61}$$

式中，$\left(c_V-\frac{R_g}{n-1}\right)$为理想气体多变过程的比热容，称为多变比热容，以符号 c_n 表示，即

$$c_n=c_V-\frac{R_g}{n-1}=c_V-\frac{c_p-c_V}{n-1}=c_V\left(1-\frac{\kappa-1}{n-1}\right)=c_V\frac{n-\kappa}{n-1} \tag{3-62}$$

当 n 取不同的数值时，c_n 也有不同的数值，分别代表不同的热力过程。

3. 过程曲线及特性分析

(1) 过程曲线的分布规律　由前面分析可知，四个基本的热力过程是多变过程的特例，借助于四个基本热力过程在坐标图上的相对位置，便可以确定任意值的多变过程线的大致位置。图 3-7 所示为从同一状态点 1 出发的四种基本热力过程。显然，过程线在 p-v 图和 T-s 图上的分布是有规律的，n 值按顺时针方向逐渐增大，由 $-\infty\to0\to1\to\kappa\to+\infty$。当 n 值不同时，多变过程的特性则不同，当 $1<n<\kappa$ 时，即介于定温过程和定熵过程之间的多变过程是热机和制冷机中常遇到的过程。

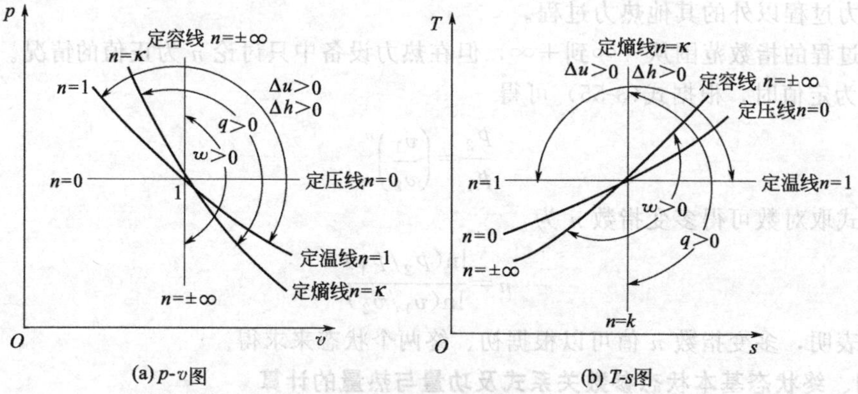

图 3-7　多变过程的 p-v 图及 T-s 图

(2) 过程特性的判定　多变过程线在坐标图上的位置一经确定后，便可直观地判定状态参数的变化趋势以及过程中能量的转换情况。如图 3-7 所示。

热量的正负是以定熵线为基准。位于定熵线右上区域（p-v 图）或右侧区域（T-s 图）的各热力过程，$\Delta s>0$，$q>0$ 为吸热过程；反之则 $\Delta s<0$，$q<0$ 为放热过程。

体积变化功的正负是以定容线为基准。位于定容线右侧区域（p-v 图）或右下区域（T-s 图）的各热力过程，$\Delta v>0$，$w>0$ 为膨胀过程，热力系对外输出功；反之则 $\Delta v<0$，$w<0$ 为压缩过程，热力系消耗外功。

技术功的正负是以定压线为基准。位于定压线下方区域（p-v 图）或右下区域（T-s 图）的各热力过程，$w_t>0$；反之则 $w_t<0$。

热力学能（或焓）的增减是以等温线为基准。位于定温线右上区域（p-v 图）或上侧区域（T-s 图）的各热力过程，$\Delta T>0$，$\Delta u>0$，$\Delta h>0$ 为工质热力学能及焓增加的过程；反之则 $\Delta T<0$，$\Delta u<0$，$\Delta h<0$ 为工质热力学能及焓减少的过程。

习　题

3-1　什么是理想气体和实际气体？实际气体在什么条件下接近理想气体？蒸汽动力装置中的水蒸气及制冷系统中的制冷剂蒸气是否可视为理想气体？

3-2　气体常数的数值与气体的种类和气体所处的状态有无关系？气体常数如何计算？摩尔气体常数与气体的种类有无关系？

3-3　当理想气体温度和密度不变时，仅增加其数量，是否会导致其压力的提高？

3-4　求空气在压力为 0.2MPa，温度为 120℃时的比体积、密度。

3-5　利用压缩机将空气压入体积为 $5m^3$ 的储气箱中，压缩机每分钟吸入温度为 20℃的空气 $0.2m^3$，当地大气压为 $p_b=100kPa$，充气前箱内压力 $p_1=0.16MPa$，温度 $t_1=30℃$，问多长时间可将箱内压力提高到 $p_2=0.6MPa$，温度升至 $t_2=50℃$。

3-6　容量为 $0.027m^3$ 的刚性气筒装有压力为 0.7MPa、20℃的空气。筒上装有一排气阀，压力达到 0.875MPa 时开启，压力降为 0.84MPa 时才关闭。若由于外界加热的原因，造成阀门的开启，问：

① 当阀门开启时，筒内温度为多少？

② 因加热而失掉多少空气？（设筒内空气温度在排气过程中保持不变）。

3-7　某电厂有三台锅炉合用一个烟囱，每台锅炉每秒产生烟气（标准状态）$73m^3$。烟囱出口处的烟气温度为 100℃，压力近似等于 1.0133×10^5Pa，烟气流速为 30m/s，求烟囱出口处直径。

3-8　理想气体的（c_p-c_V）以及 c_p/c_V 是否在任何温度下都是常数？

3-9　有两种原子数目相等的理想气体，其定值质量热容是否相同？定值体积热容是否相同？

3-10　利用平均比热容计算所得热量与真实比热容是否一致？

3-11　从相同的状态出发，分别进行定压膨胀过程和定容膨胀过程到达相同的终态温度，这两个过程哪一个吸入的热量较多？为什么？

3-12　当空气在管路中流动时，温度由 200℃降低到 100℃时，管道阻力引起压降相对于气体的绝对压力很小，可忽略不计。分别按定值比热容和平均比热容求 1kg 空气管壁散失的热量。

3-13　空气流经电加热器加热。温度由 $t_1=0℃$ 升至 $t_2=30℃$，假如电加热器的功率为 3kW，求空气的流量是多少？

① 以平均比热容计算。

② 以定值比热容计算。

3-14　试分别用定值比热容和平均比热容计算 1kg 氧气由 300℃加热到 400℃时焓的变化量。

3-15　1kg 空气由初状态 $p_1=0.1MPa$、$T_1=450K$，定压加热至 $T_2=560K$。求：

① 过程中热力学能和焓的变化量；

② 若空气由初态经由另一途径到 $T_2=560K$、$p_2=0.05MPa$，试问热力学能和焓的变化量又是多少？

3-16　定温过程是定热力学能和定焓过程，这一结论对任意工质都成立吗？

3-17　是否可以说：绝热过程就是定熵过程？

3-18　6kg 的空气，由初态 $p_1=0.3MPa$、$t_1=30℃$经下列不同过程膨胀到同一终压 $p_2=0.1MPa$：

① 定温；

② 定熵；试比较不同过程中空气对外做的膨胀功、交换的热量和终温。

3-19　压缩机将外界空气绝热压缩至 0.5MPa，已知空气温度为 20℃，大气压力为 0.101MPa。试求压缩 10kg 空气所需消耗的功。

3-20　某理想气体气缸内进行可逆绝热膨胀，当容积变为原来的 2 倍时，温度由 40℃降为−36℃，同时气体对外做功 60kJ/kg，设比热容为定值，试求比定压热容与比定容热容。

3-21　有 1kg 空气，初始状态为 $p_1=0.5MPa$，$v_1=0.24m^3/kg$。经过一个可逆多变过程后状态变化为 $p_2=0.1MPa$，$v_2=0.82m^3/kg$。试求该过程的多变指数、气体所做的体积变化功、所吸收的热量以及热力学能、焓的变化。

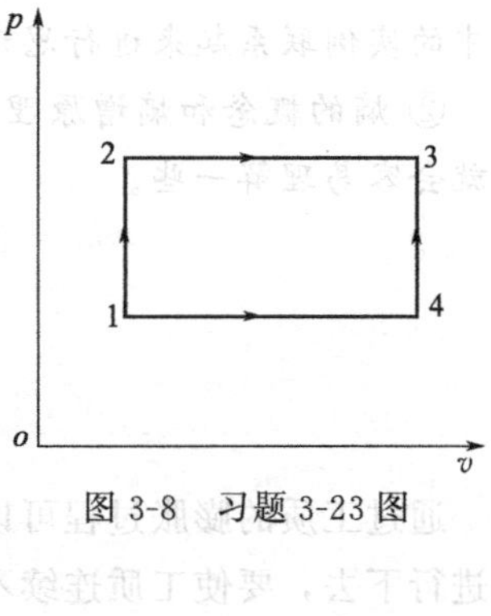

图 3-8　习题 3-23 图

3-22　在理想气体的 p-v 图及 T-s 图上，如何判断过程线的 q、Δu、Δh、w 和 w_t 正负？

3-23　图 3-8 中，1—2、4—3 各为定容过程，1—4、2—3 各为定压过程，设工质为理想气体，过程均可逆，试画出相应的 T-s 图，并确定 q_{123} 和 q_{143} 哪个大？

第四章 热力学第二定律

学习导引

热力学第一定律阐明了能量传递与转换过程中数量上的守恒关系，而热力学第二定律揭示了能量传递与转换过程进行的方向、条件和限度。热力学第一定律与第二定律是热力学的两个最基本定律，共同组成了热力学的理论基础。本章主要讲述了热力学第二定律的实质和表述，阐述了热力循环、卡诺循环、卡诺定律、熵的基本概念及熵增原理等有关知识。

一、学习要求

本章的重点是热力学第二定律的实质和表述，卡诺循环和卡诺定律，通过学习应达到以下要求。

① 了解热力循环、正向循环、逆向循环的概念，掌握评价循环经济性的指标：热效率 η_t、制冷系数 ε、制热系数 ε'。

② 理解热力学第二定律的实质和表述；明确热力学第二定律在判断热力过程方向上的重要作用。

③ 掌握卡诺循环、逆卡诺循环、卡诺定律及其对工程实际的指导意义。

④ 了解熵的基本概念和熵增原理。

二、本章难点

① 热力学第二定律比较抽象，较难理解。学习中应将抽象的表述与日常生活及工程实际中的实例联系起来进行思考，这样就会容易理解一些。

② 熵的概念和熵增原理比较抽象，较难理解。学习中应结合不可逆因素进行思考，这样就会容易理解一些。

第一节 热力循环

通过工质的膨胀过程可以将热能转变为机械能。然而任何一个膨胀过程都不可能无限制地进行下去，要使工质连续不断地做功，就必须使膨胀后的工质回复到初始状态，如此反复循环。

工质经过一系列状态变化后，又回复到原来状态的全部过程称为热力循环，简称循环。

若组成循环的全部过程均为可逆过程，则该循环为可逆循环；否则，为不可逆循环。可见，可逆循环可以表示在状态参数坐标图上，并且是一条封闭的曲线，如图 4-1 所示。

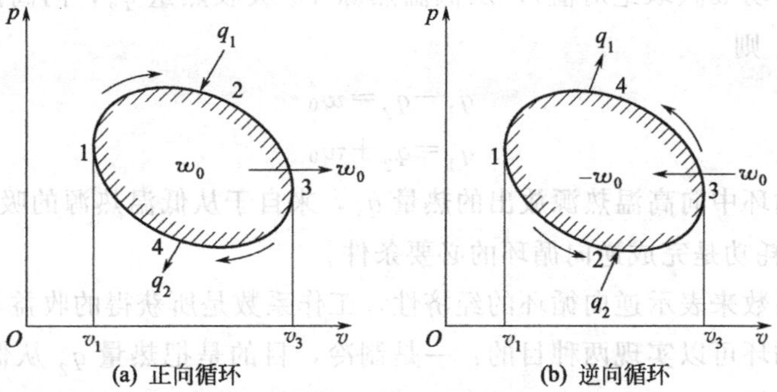

图 4-1　热力循环

根据热力循环所产生的不同效果，可分为正向循环和逆向循环。

一、正向循环和热效率

将热能转变为机械能的循环称为正向循环。一切热力发动机都是按正向循环工作的。所以，正向循环又称为动力循环或热机循环。

设 1kg 工质在热机中进行一个正向循环 12341，如图 4-1(a) 所示。1—2—3 为膨胀过程，所做的膨胀功在 p-v 图上以面积 $123v_3v_11$ 表示；3—4—1 为压缩过程，所消耗的压缩功在 p-v 图上以面积 $341v_1v_33$ 表示。正向循环所做的净功 w_0 为膨胀功与压缩功之差，即循环所包围的面积 12341(正值)。这一热力循环在 p-v 图上是按顺时针方向进行的，因此，称为正向循环。

如图 4-2(a) 所示，热机在工作过程中，从高温热源 T_1 吸收热量 q_1(1kg 工质所吸收的热量)，使工质膨胀经过 1—2—3 过程；然后工质向低温热源 T_2 放出热量 q_2(1kg 工质所放出的热量，取绝对值)，使工质压缩经过 3—4—1 过程，回到初态。根据热力学第一定律可知，在循环过程中，工质从高温热源吸收的热量 q_1 与向低温热源放出的热量 q_2 的差值必然等于循环所得到的净功 w_0，即

$$w_0=q_1-q_2 \tag{4-1}$$

上式表明，在正向循环中，工质从热源得到的热量不能全部转变为机械能，所获得的机械能与所付出的热量的比值称为热效率，用符号 η_t 表示。其定义式为

$$\eta_t=\frac{w_0}{q_1}=\frac{q_1-q_2}{q_1}=1-\frac{q_2}{q_1} \tag{4-2}$$

热效率反映了热能转变为机械能的程度。热效率越大，热能转变为机械能的百分数越大，循环的经济性就越好。但是，由于向低温热源放出的热量 q_2 不能为零，所以热效率 η_t 总是小于 1。

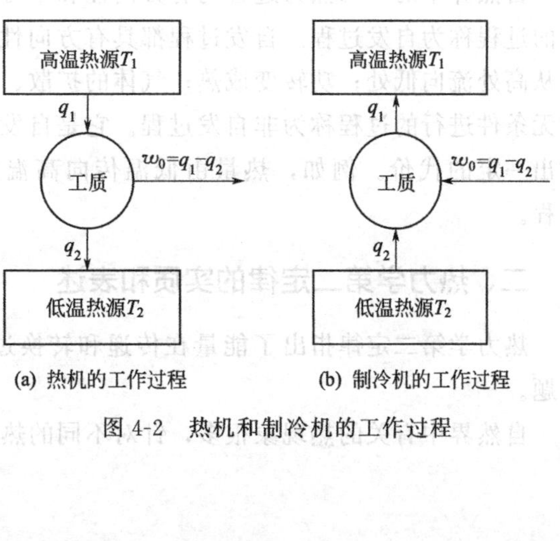

图 4-2　热机和制冷机的工作过程

二、逆向循环和工作系数

逆向循环是消耗机械能（或其他能量），将热量从低温热源传递到高温热源

的循环。例如，制冷装置和供暖的工作循环。由于逆向循环要消耗机械能，所以其循环净功 $w_0<0$。逆向循环原理如图 4-1(b) 所示，工作过程如图 4-2(b) 所示。若 1kg 工质完成一次逆向循环，消耗净功 w_0(取绝对值)，从低温热源 T_2 吸收热量 q_2，向高温热源 T_1 放出热量 q_1(取绝对值)，则

$$q_1-q_2=w_0 \tag{4-3}$$

或

$$q_1=q_2+w_0 \tag{4-4}$$

可见，逆向循环中向高温热源放出的热量 q_1，来自于从低温热源的吸热量 q_2 和消耗的循环净功 w_0。消耗功是完成逆向循环的必要条件。

通常用工作系数来表示逆向循环的经济性，工作系数是所获得的收益与所花费的代价之比值。对于逆向循环可以实现两种目的：一是制冷，目的是把热量 q_2 从低温热源取走，即低温热源获得了冷量 q_2，这就是制冷装置；另一种则为供热，目的是向高温热源输送热量 q_1，这就是热泵装置。

制冷装置的工作系数称为制冷系数，用 ε 表示

$$\varepsilon=\frac{q_2}{w_0}=\frac{q_2}{q_1-q_2} \tag{4-5}$$

热泵装置的工作系数称为制热系数，用 ε′表示

$$\varepsilon'=\frac{q_1}{w_0}=\frac{q_1}{q_1-q_2} \tag{4-6}$$

对于逆向循环来说，无论是用于制冷还是供热，工作系数越大，循环的经济性越好。制冷系数 ε 可能大于、等于或小于 1，而制热系数 ε′总是大于 1。

必须指出，在以上推导热效率及工作系数的过程中，只用到了热力学第一定律，而热力学第一定律是普遍适用的，所以式(4-2)、式(4-5)、式(4-6) 适用于任何可逆循环与不可逆循环。

第二节 热力学第二定律

一、过程的方向性与不可逆性

自然界中的一切热力过程均有方向性和不可逆性。把不需要任何外界作用而可以自动进行的过程称为自发过程。自发过程都具有方向性。例如，热量从高温物体传递给低温物体；水从高处流向低处；功转变成热；气体的扩散、混合等现象均属于自发过程。反之，那些不能无条件进行的过程称为非自发过程。它是自发过程的逆过程，它的进行需要一定的条件，付出一定的代价。例如，热量由低温传向高温需要消耗功等。可见，自发过程是不可逆过程。

二、热力学第二定律的实质和表述

热力学第二定律指出了能量在传递和转换过程中有关传递方向、转化的条件和限度等问题。

自然界中有关的热现象很多，针对不同的热现象热力学第二定律有不同的表述，但其实

质是一样的，这里只介绍两种经典说法。

1. 克劳修斯（Clausius）表述

不可能把热量从低温物体传向高温物体而不引起其他变化。

这种说法指出了传热过程的方向性，是从热量传递过程来表达热力学第二定律的。它说明，热量从低温物体传至高温物体是一个非自发过程，要使之实现，必须花费一定的代价，即需要通过制冷机或热泵装置消耗能量进行补偿来实现。

2. 开尔文-普朗克（Kelvin-Plank）表述

不可能从单一热源取热，并使之完全转变为功而不产生其他影响。

这种说法是从热功转换过程来表述热力学第二定律的。它说明，从热源取得的热量不能全部变成机械能，因为这是非自发过程。但若伴随以自发过程作为补偿，那么热能变成机械能的过程就能实现。

人们把从单一热源取热并使之完全转变为功的热机称为“第二类永动机”。如果这样的热机存在，就可以无偿地利用大气环境和海洋中的能量转变为功而永不停息，这显然是不可能的，它没有违反热力学第一定律，没有创造能量，转变过程符合能量守恒，但它违反了热力学第二定律的开尔文-普郎克表述。

热力学第二定律说明，用于热功转换的热机至少要有高温、低温两个热源（即要有温度差）。为此，热力学第二定律也可以表述为“第二类永动机不可能实现”。

应注意：不能将热力学第二定律简单理解为“功完全可以转变为热，而热不能完全转变为功”。在热转变为功的过程中，热量由高温物体传给低温物体是它的补偿条件。但是，补偿条件并不是唯一的，在等温膨胀过程中，气体工质所吸收的热量完全转变为功，这里热转变为功的补偿条件是气体的压力降低，比体积增大。而气体变化的这种过程也是一个自发过程。所以并非热不能完全转变为功，而是在不发生其他变化的前提下，热不能完全转变为功。

上述两种说法是根据不同类型的过程所作出的特殊表述，热力学第二定律还有很多不同的说法，但实质上是完全等效的，都是说明能量的传递和转换过程是有方向性的。非自发过程必须在一定条件下才能进行。因此，如果其中一种说法不成立，则必然导致另一种说法也不成立。可以通过实例来进行说明：一个热机工作在高温热源和低温热源之间，它从高温热源吸收热量 Q_1，将其中的一部分转变为功 W_0，剩余的热量 $Q_2=Q_1-W_0$ 排向低温热源。如果可以把热量从低温物体传向高温物体而不引起其他变化（违反第一种说法），则 Q_2 可以自动地不付代价地回到高温热源。整个热力系运行的结果是高温热源放出热量 Q_1-Q_2，并全部转变为功 W_0，低温热源则没有改变。在实质上，这就等于从单一热源取热，并使之完全转变为功而不产生其他影响，这就违反了第二种说法。

能量不仅具有数量，而且还有品质上的区别，热功转换过程以及传热过程的方向性，反映了不同的能量有着质的区别。能量品质的高低，体现在它的转换能力上。机械能和电能可以不付代价地完全转变为热能，而热能却不能无偿地转变为机械能或电能。这说明机械能和电能的转换能力大于热能。也就是说，它们是一些更有价值的品质较高的能量形式（通常将机械能和电能称为高级能，热能称为低级能）。当机械能或电能转变为热能时，能量的数值并没有变化，但能的品质下降了，或者说能量贬值了。此外，即使同为热能，当它们储存的热源温度不同时，它们的品质也是不同的。储存于高温水平热源的热能品质较高。当热由高温物体自动地传向低温物体时，同样也使能的品质下降了。

热力学第二定律的实质是能量贬值原理，即在能量的传递和转换过程中，能量的品质只能降低不能增高。它是一个非守恒定律。

第三节 卡诺循环与卡诺定律

由热力学第二定律已知，热机的热效率不可能达到100%，那么在确定的工作条件下热机的工作效率可能达到的极限为多少呢？卡诺循环解决了这一问题。

一、卡诺循环及热效率

卡诺循环是法国工程师卡诺（Carnot）于1824年提出的一种理想热机循环。它是工作于两个恒温热源间的，由两个可逆定温过程和两个可逆绝热过程所组成的可逆正向循环。将卡诺循环表示在p-v图和T-s图上，如图4-3所示。图中，a—b为定温可逆吸热膨胀过程，1kg工质从高温热源T_1吸收热量q_1，在定温T_1下由状态a膨胀至状态b，并对外界做膨胀功；b—c为绝热可逆膨胀过程，工质由状态b膨胀至状态c，温度由T_1降至T_2，并对外界做膨胀功；c—d为定温可逆放热压缩过程，1kg工质由状态c在温度T_2下向同温度的低温热源T_2放出热量q_2被压缩成为状态d，外界对工质做压缩功；d—a为绝热可逆压缩过程，工质由状态d经可逆绝热压缩后回到初始状态a，温度由T_2升至T_1，外界对工质做压缩功。

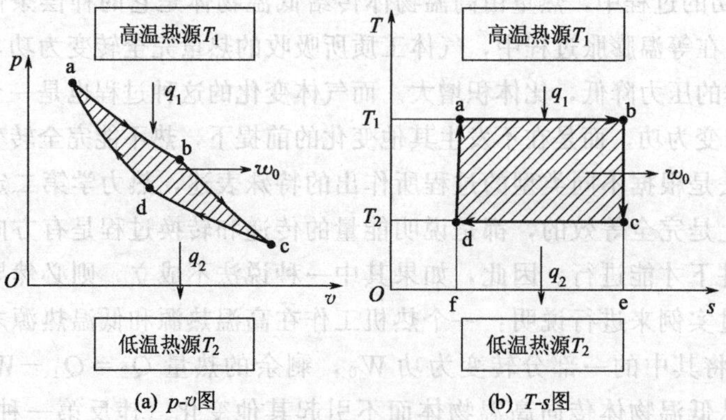

图 4-3 卡诺循环

由T-s图得出

$$q_1 = T_1(s_b - s_a)$$

$$q_2 = T_2(s_c - s_d)$$

代入式(4-2)，可得卡诺循环热效率η_c为

$$\eta_c = 1 - \frac{q_2}{q_1} = 1 - \frac{T_2(s_c - s_d)}{T_1(s_b - s_a)}$$

由于过程b—c、d—a为定熵过程，故

$$s_b - s_a = s_c - s_d$$

则

$$\eta_c = 1 - \frac{T_2}{T_1} \tag{4-7}$$

由上式可得出如下结论。

① 卡诺循环的热效率只取决于高温热源的温度 T_1 与低温热源的温度 T_2，而与工质的性质无关。提高高温热源的温度 T_1，或降低低温热源的温度 T_2，都可以提高热效率。

② 因为 $T_2>0$，所以热效率总小于1。

③ 若 $T_1=T_2$，则 $\eta_c=0$，即只有单一热源提供热量进行循环做功是不可能的。

二、逆卡诺循环

卡诺循环是可逆循环，故可使循环沿相反方向进行，称为逆卡诺循环。逆卡诺循环的效果与卡诺循环的效果正好相反，工质从低温热源吸热 q_2，向高温热源放热 q_1，并接受外界做功 w_0。逆卡诺循环表示在 p-v 图和 T-s 图上，如图4-4所示。

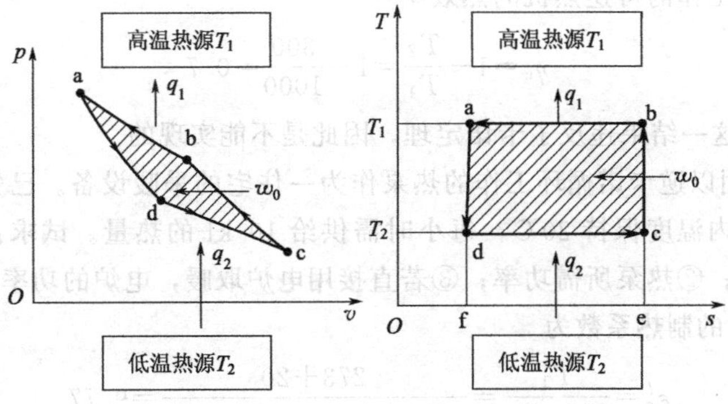

(a) p-v图　　(b) T-s图

图4-4　逆卡诺循环

逆卡诺循环是制冷循环和热泵循环的理想循环，其制冷系数 ε_c 和制热系数 ε_c' 分别为

$$\varepsilon_c=\frac{q_2}{q_1-q_2}=\frac{T_2(s_c-s_d)}{T_1(s_b-s_a)-T_2(s_c-s_d)}=\frac{T_2}{T_1-T_2} \tag{4-8}$$

$$\varepsilon_c'=\frac{q_1}{q_1-q_2}=\frac{T_1(s_b-s_a)}{T_1(s_b-s_a)-T_2(s_c-s_d)}=\frac{T_1}{T_1-T_2} \tag{4-9}$$

由式(4-8) 和式(4-9) 可得出如下结论。

① 逆卡诺循环的制冷系数和制热系数只取决于高温热源温度 T_1 和低温热源温度 T_2。且随高温热源温度 T_1 的降低或低温热源温度 T_2 的提高而增大。

② 逆卡诺循环的制热系数总是大于1，而其制冷系数可以大于1、等于1或小于1。在一般情况下，由于 $T_2>(T_1-T_2)$，所以制冷系数也是大于1的。

三、卡诺定律

卡诺定律可表述为：

① 在相同的高温热源和相同的低温热源间工作的一切热机，可逆热机的热效率最高；

② 在相同的高温热源和相同的低温热源间工作的一切可逆热机，其热效率相等。

应该注意，卡诺定理中所讲的热源都是温度均匀的恒温热源。卡诺定理又深刻地指明，两个热源的温度差是热动力的决定因素，它对热的传递和转化起着重要作用；而工作物质的选用却是无关紧要的，可逆热机的效率与工作物质性质无关。因此，在两个确定温度的高温热源和低温热源之间工作的一切可逆热机的热效率必然相等。

卡诺循环与卡诺定理在热力学的研究中具有重要的意义，它解决了热机热效率的极限问题，指出了提高热效率的途径。虽然卡诺循环在实际工程中无法实现，但它给实际热机的循环提供了改进方法和比较标准。

【例 4-1】 某热机在高温热源 1000K 和低温热源 300K 之间工作。问能否实现对外做功 1000kJ，向低温热源放热 200kJ。

解：计算该热机从高温热源吸热量

$$Q_1=Q_2+w_0=200+1000=1200\ (\text{kJ})$$

该热机的热效率

$$\eta_t=\frac{w_0}{Q_1}=\frac{1000}{1200}=0.833$$

在相同条件下工作的可逆热机的热效率

$$\eta_c=1-\frac{T_2}{T_1}=1-\frac{300}{1000}=0.7$$

$\eta_t>\eta_c$，显然这一结果违反了卡诺定理，因此是不能实现的。

【例 4-2】 利用以逆卡诺循环工作的热泵作为一住宅的采暖设备。已知室外环境温度为 -10℃，为使住宅内温度保持 20℃，每小时需供给 10^5kJ 的热量。试求：①该热泵每小时从室外吸取的热量；②热泵所需功率；③若直接用电炉取暖，电炉的功率应为多少？

解：① 该热泵的制热系数为

$$\varepsilon_c'=\frac{T_1}{T_1-T_2}=\frac{273+20}{(273+20)-(273-10)}=9.77$$

又由于

$$\varepsilon_c'=\frac{q_1}{q_1-q_2}=\frac{Q_1}{Q_1-Q_2}$$

故热泵每小时从室外的吸热量为

$$Q_2=Q_1-\frac{Q_1}{\varepsilon_c'}=\left(10^5-\frac{10^5}{9.77}\right)=89765\ (\text{kJ/h})$$

② 热泵所需功率为

$$P=Q_1-Q_2=(10^5-89765)=10235\ (\text{kJ/h})=2.84\text{kW}$$

③ 电炉采暖所需功率为

$$P_1=Q_1=10^5\,(\text{kJ/h})=27.78\text{kW}$$

第四节 熵与熵增原理

一、熵的基本概念

一切实际的热力过程都是不可逆的。过程的不可逆性不仅是过程本身的性质，而且反映了初态和终态某种确定的关系，孤立系统中发生的自发过程总是沿确定的方向进行。因此，在热力学中，很自然地希望能找到类似于力学中“势能”这样的状态函数。只要根据这个状态函数在初态和终态的数值，就能定量地判断自发过程应当向什么方向进行。这个状态函数就是熵。

如前所述，熵是热力学中一个重要的状态函数，用符号 S 表示。它的微分定义式为

$$dS=\frac{\delta Q_R}{T} \tag{4-10}$$

上式是熵差的普遍定义式，它适用于任何热力系的任何热力过程。该式表示在温度为 T 时进行一无限小的可逆过程，交换微热量 δQ_R，使热力系的熵变化无限小 dS，则 dS 等于 δQ_R 除以热力学温度 T。即在微元可逆过程中，工质与外界交换的热量除以工质的热力学温度所得的商为工质的熵的变化量。

在一个可逆过程中，热力系由状态 1 变到状态 2，那么 1、2 两平衡态的熵差为

$$S_2-S_1=\int_1^2\frac{\delta Q_R}{T} \tag{4-11}$$

上式只能定出两平衡态的熵差，而热力学问题寻求的正是过程初、终两态熵的变化。要想给出热力系在某一状态时熵的数值，必须先选定一个基准状态，并规定在这个状态时熵的数值等于某一常量或等于零。式(4-11) 是可逆过程热力学第二定律的数学表述的积分形式。

关于熵的概念，需指出以下几点。

① 熵是状态参数，当热力系平衡态确定后，熵就完全确定了，与通过什么路径（过程）到达这一平衡态无关。

② 由于熵的改变量只决定于初、终态，与过程无关，所以计算两个状态的熵差时，可选任一连接两状态的可逆过程，用式(4-11) 来进行计算。即使两状态间由一不可逆过程连接，只要初、终两态为平衡态，另外选一条连接此两状态的可逆过程，也能计算出两状态的熵差。

③ 熵具有可加性，热力系的熵等于热力系内各个部分熵的总和。

④ 熵在微观上也具有重要意义。从微观上看，熵与热力系内部分子运动的混乱程度有关。熵值较小的状态对应于较为有序的状态，熵值较大的状态，对应于较为无序的状态。因此，熵是热力系内部分子混乱程度的量度。例如，随着物质固→液→气的相变过程进行，熵是递增的，物质内部分子运动的混乱程度同样也是递增的。

二、熵增原理

在孤立热力系统中，一个可逆过程，又是绝热的，其 $Q=0$，则 $\Delta S=0$。这说明绝热可逆过程就是定熵过程。那么实际的不可逆过程呢？当热力系由初态 1 经过任一不可逆过程，到达终态 2 时，其熵的增量为

$$S_2-S_1>\int_1^2\frac{\delta Q}{T} \tag{4-12}$$

这就是不可逆过程的热力学第二定律的数学表达式。它说明，对于从初态到终态的任何一个不可逆过程，热温比的积分值，恒小于热力系终态和初态的熵值之差。将式(4-11) 和式(4-12) 联系起来，有

$$S_2-S_1\geqslant\int_1^2\frac{\delta Q}{T} \tag{4-13}$$

这就是普遍的热力学第二定律的数学表达式。式中等号适用于可逆过程，不等号适用于不可逆过程。

对于绝热过程来说，由于 $\delta Q=0$，式(4-13) 变为

$$S_2-S_1\geqslant 0 \tag{4-14}$$

这就是说，热力系从一平衡态经绝热过程到达另一平衡态，它的熵永不减少。若过程是可逆的，则熵不变；如果过程是不可逆的，则熵值增加。这就是熵增原理。也是用熵概念表述的热力学第二定律。

根据熵增原理可以作出判断：不可逆绝热过程总是向着熵增加的方向进行的，可逆绝热过程则是沿着等熵路径进行的。因此，可以利用熵的变化来判断自发过程进行的方向（沿着熵增加的方向）和限度（熵增加到极大值）。

习　题

4-1　什么是热力循环？什么是可逆循环？什么是不可逆循环？工质经过一个不可逆循环，能否回复原来状态？

4-2　什么是正向循环与逆向循环？它们的作用结果有何不同？在状态参数坐标图上的表示又有何不同？

4-3　循环的热效率越高，则循环净功就越多；反之，循环的净功越多，则循环的热效率也越高。这种说法对吗？为什么？

4-4　已知一个热机的热效率为 0.35，所输出的功率为 2.5kW，问该热机每小时需要从高温热源吸收多少热量？排给低温热源的热量又是多少？

4-5　什么是自发过程？什么是非自发过程？举一些例子说明。

4-6　叙述热力学第二定律的两种表述。热力学第二定律的实质是什么？它解决了什么问题？

4-7　下列说法是否成立？

① 功可以转变为热，但热不能转变为功。

② 自发过程是不可逆的，但非自发过程是可逆的。

③ 从任何具有一定温度的热源取热，都能进行热变功的循环。

4-8　第二类永动机是否违反热力学第一定律？它与第一类永动机有何区别？

4-9　卡诺循环由哪些过程组成？

4-10　循环热效率的计算公式 $\eta_t=1-\dfrac{q_2}{q_1}$ 和 $\eta_c=1-\dfrac{T_2}{T_1}$ 的适用范围有什么区别？

4-11　1kg 的某种气体工质在 2000K 的高温热源与 500K 的低温热源之间进行热力循环。循环中工质从高温热源吸收热量 2000kJ/kg。求：

① 循环最高热效率为多少？

② 循环中转变的比功是多少？

③ 如工质在循环中由于摩擦损失了 50kJ/kg 的循环功，此时的热效率是多少？

4-12　一个热机中的工质从 $t_1=2127$℃ 的高温热源吸热 2000kJ/kg，向低温热源 $t_2=327$℃ 放热 700kJ/kg。此热机中工质的循环能否实现？是否是可逆循环？

4-13　已知下列循环 A、B、C 的高温热源温度为 527℃，低温热源温度为 27℃。

① 填补下列表中各空格。

② 确定各循环是否可逆，是否可能？

循　环	Q_1/(kJ/h)	Q_2/(kJ/h)	W_0/kW	效率 η_t
A	1×10^6		220.65	
B	1×10^6	7×10^5		
C	1×10^6			62.5%

4-14　某 750000kW 的核动力厂，反应堆温度为 586K，利用 293K 的河水作冷却水。试求：

① 该厂的最高热效率和排向河水的最小热量。

② 若该厂的实际热效率为上述热效率的 60%，则排向河水的热量又为多少？

③ 若河水的体积流量为 $165m^3/s$，河水温度将上升为多少？已知水的比定压热容为 4.1816kJ/(kg·K)，且可视为常数。

4-15 比熵是状态参数吗？在相同的初、终态之间进行的可逆过程和不可逆过程相比较，不可逆过程比熵的变化量是否大于可逆过程比熵的变化量？

4-16 孤立热力系熵增原理的意义何在？

4-17 下列关于熵的说法是否正确？

① 热力系经历不可逆过程，熵值一定增大。

② 热力系熵值减小的过程无法实现。

③ 封闭绝热热力系的熵不可能减少。

④ 热力系吸热，熵值增大；热力系放热，熵值减小。

⑤ 热力系经历可逆循环，熵变为零；热力系经历不可逆循环，熵值增大。

第五章

水蒸气和蒸汽动力循环

学习导引

本章介绍了水蒸气的定压发生过程，水蒸气图表及其应用，蒸汽动力循环的系统组成、工作原理及循环在 T-s 图上的表示方法。

一、学习要求

本章的重点是正确应用蒸汽热力性质图表处理工程实际问题的方法，通过学习应达到以下要求。

① 掌握有关蒸汽的各种术语及其意义。如：汽化、凝结、饱和状态、未饱和液体、饱和液体、湿蒸汽、干饱和蒸汽、过热蒸汽、干度等概念及不同蒸汽状态的特征和关系。

② 了解蒸汽定压发生过程及其在 p-v 图与 T-s 图上的一点、二线、三区和五态。

③ 了解水蒸气图表的结构，能够熟练利用水蒸气图表查出水蒸气状态参数。

④ 掌握水蒸气基本热力过程的特点和热量、功量、热力学能的计算。

⑤ 掌握朗肯循环的基本装置、热力过程及热效率，了解蒸汽参数对朗肯循环热效率的影响。

⑥ 了解再热循环和回热循环的基本装置、热力过程及热效率，了解热电合供循环的基本思想和经济性指标。

二、本章难点

① 本章的基本概念较多，也比较抽象，较难理解。学习中应反复深入地思考，正确理解这些概念的物理意义，找出其间有机的联系，并在应用中加深理解。

② 熟练利用水蒸气图表进行相关工程计算在初始阶段会有一定难度，应结合例题与习题加强练习。

③ 朗肯循环的热效率计算有一定难度，分析蒸汽参数对朗肯循环热效率的影响，以及提高其热效率的方法理解起来也有一定难度。

第一节 水蒸气的定压发生过程

工程实际中使用的气态工质可分气体和蒸汽两类。蒸汽指刚刚脱离液态，或比较接近液态的气态物质，在被冷却或压缩时很容易回到液态。

工程上常用的蒸汽有水蒸气，制冷剂蒸气等。水蒸气具有良好的热力性质，来源丰富，易于获得，比热容大，传热性能好，且无毒无味、无污染，在热力工程中的使用极为广泛。例如，热电厂以水蒸气作为工质完成能量的转换；用水蒸气作为热源加热供热系统中的循环水；空调工程中用水蒸气对空气进行加热或加湿。

由于工程中作为工质的水蒸气离液态较近，且常有相态的变化，故不宜作为理想气体处理，因此在工程计算中常借助于水蒸气图表来分析，也可以通过计算机作高精度的计算。

一、基本概念

1. 汽化

物质由液态转变为气态的过程称为汽化。汽化有蒸发和沸腾两种形式。

(1) 蒸发　蒸发是在任何温度条件下发生在液体表面的汽化过程。由于液体中的分子在不停地做无规则运动，每个分子的动能大小不等，在液体表面一些动能大的分子克服邻近分子的引力而逸出液面，形成蒸汽，这就是蒸发。蒸发在日常生活中能经常见到，如放在敞口杯子里的酒精很快会蒸发掉、湿衣服的晾干等。液体的温度越高，蒸发表面积越大，液面上蒸汽的密度越小，则蒸发速度越快。

(2) 沸腾　在一定温度（沸点）下，液体内部和表面同时发生剧烈的汽化过程称为沸腾。在一定的压力（即液面上所承受的压力）下，液体的温度升高到一定的数值时，开始沸腾，这时的温度称为沸点。压力越高，沸点越高；反之，沸点越低。所以沸腾不仅可以通过加热的方法实现，也可以通过减压的方法实现。需要说明的是，对于不同的液体，在一定的压力下，沸点也不同。例如在压力为 0.1MPa 时，水的沸点为 99.634℃，氨的沸点为－32℃，酒精的沸点为 78℃，制冷技术上就是利用制冷剂液体低温沸腾的原理来达到制冷的目的。

从微观理论来说，不论是蒸发还是沸腾，都是动能较大的液体分子克服表面张力的作用飞入上面的汽相空间的过程。由于这一过程要消耗能量，所以汽化过程是吸热过程。

2. 凝结

物质由气态转变为液态的过程称为凝结。凝结是汽化的逆过程，在一定的压力下，蒸汽的凝结温度与液体的沸点相等。

从微观理论来说，凝结是汽相空间的蒸汽分子碰撞回到液面凝结成液体的过程。凝结是放热过程。凝结速度的快慢与汽相空间蒸汽分子的密度大小相关，即与蒸汽的压力有关，蒸汽压力越大，则凝结速度越快。

3. 饱和状态

若将液体放置于封闭真空容器中，液体汽化的同时，容器中的蒸汽分子不断碰撞回到液面，凝结成液体。由于在刚开始时汽相中蒸汽浓度低，液体汽化速度必大于凝结速度，随着汽化的进行，汽相中蒸汽分子密度不断增大，同时返回液体表面的蒸汽分子也不断增多，这时汽化速度逐渐下降，凝结速度逐渐增大，当汽化和凝结达到相同速度时，容器中的宏观汽化现象就会停止，此时气液两相的分子数保持一定的数量而处于动态平衡。这种气液两相动态平衡的状态就称为饱和状态。这时热力系具有确定的温度和蒸汽压力。饱和状态下的蒸汽压力称为饱和压力，用符号 p_s 表示；饱和状态下的温度称为饱和温度，用符号 t_s 表示；饱和状态的液体和蒸汽也分别称为饱和液体和饱和蒸汽。

饱和温度和饱和压力一一对应，改变饱和压力，饱和温度也会起相应的变化，饱和压力越高，饱和温度也越高。

4. 干度

饱和液体和饱和蒸汽的混合物称为湿饱和蒸汽，简称为湿蒸汽。相应地，不含有饱和液体的饱和蒸汽称为干饱和蒸汽，简称干蒸汽。为了确定湿蒸汽中所含饱和液体和饱和蒸汽的量，或确定湿蒸汽的状态，必须引入湿蒸汽特有的重要参数，即干度 x。

单位质量湿蒸汽中所含饱和蒸汽的质量称为湿蒸汽的干度。表达式为

$$x=\frac{m_v}{m_v+m_w} \tag{5-1}$$

式中 m_v——湿蒸汽中所含饱和蒸汽的质量，kg；

m_w——湿蒸汽中所含饱和液体的质量，kg。

干度 x 的取值范围为 0～1。当饱和蒸汽的含量为零时，此时处于饱和液体状态，即 $x=0$。同样，当饱和液体的含量为零时，即 $x=1$，此时为干饱和蒸汽状态。随着 x 值的增大，在湿蒸汽中液态的含量减少，此时湿蒸汽越接近干饱和蒸汽。

二、水蒸气定压发生过程的三个阶段和五种状态

工程中常用水蒸气大都是在锅炉中定压对水加热而获得的。为了分析问题方便，假设容器中有一定量的水，在容器的活塞上加载重物，然后通过容器壁在底部对水进行加热，使水在定压下汽化，其变化和状态如图 5-1 所示。水在相应的压力下呈现了三个阶段、五种状态的变化。

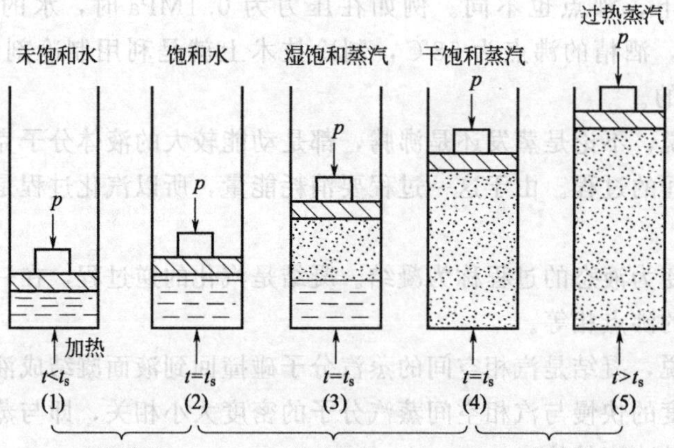

图 5-1 水蒸气的定压发生过程

(1) 水的预热阶段 在开始加热时如图 5-1 中的 (1) 所示，容器内的水温度一般都低于该压力下的饱和温度，这种状态称为未饱和水或过冷水。对未饱和水定压加热，水的温度逐渐升高，直到水的温度升高到该压力下所对应的饱和温度时为止，这就是液体的预热阶段。被加热到 t_s 的瞬间状态的水就是饱和水，如图 5-1 中的 (2) 所示。称该压力所对应的水饱和温度 t_s 与未饱和水温度 t 之差称为过冷度。

(2) 饱和水的汽化阶段 当水达到饱和状态后继续加热，这时温度 $t=t_s$ 保持不变。水开始沸腾产生蒸汽。容器中形成饱和水和饱和蒸汽的混合物——湿蒸汽。在湿蒸汽中饱和水

和饱和蒸汽的比例随汽化程度而变化，常用干度 x 表示。继续加热，水持续沸腾，湿蒸汽的干度会逐渐增大，最后饱和水全部汽化成温度为 t_s 下的水蒸气，即干饱和蒸汽，如图 5-1 中的（4）所示。饱和水定压加热为干饱和蒸汽的过程中，温度保持在 t_s 不变，比体积随蒸汽的增多而增大，在汽化过程中，由于体积膨胀，增加了蒸汽分子的位能，并对外做膨胀功，所以必须不断地加入热量。这一热量称为汽化潜热，用符号 r 表示，单位 kJ/kg，表示 1kg 的饱和水在一定温度下全部转变成同温度的水蒸气时吸收的热量。而 1kg 的水蒸气在一定温度下全部转变为同温度的水时放出的热量称为凝结潜热。同一工质在同一温度下的汽化潜热和凝结潜热数值相等。汽化潜热（凝结潜热）与工质的种类有关，还与饱和温度（或饱和压力）有关。

（3）**干饱和蒸汽的过热阶段** 对饱和蒸汽继续定压加热，蒸汽温度升高，比体积进一步增大，这就是蒸汽定压过热阶段，如图 5-1 中的（4）—（5）所示。过热蒸汽温度 t 与同压力下饱和温度 t_s 之差称为蒸汽的过热度。过热阶段所加入的热量就是过热量，过热度越大蒸汽离液态越远，越接近理想气体。

由此可见，水蒸气的定压发生过程经历了三个阶段：水的预热阶段、饱和水的汽化阶段和干饱和蒸汽的过热阶段及五种状态变化：未饱和水、饱和水、湿蒸汽、干饱和蒸汽和过热蒸汽。

三、水蒸气定压发生过程在 *p-v* 图与 *T-s* 图上的表示

将上述未饱和水定压加热为过热蒸汽的过程表示在 p-v 图和 T-s 图上就得到如图 5-2 所示的过程曲线。

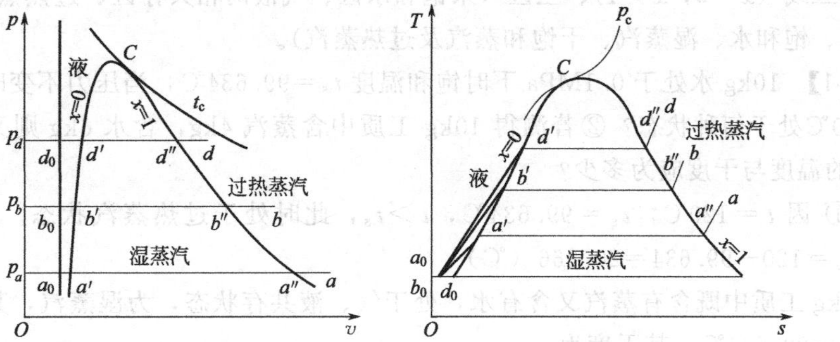

(a) p-v 图　　(b) T-s 图

图 5-2 水蒸气的定压发生过程的 p-v 图和 T-s 图

图中 a_0 是未饱和水状态点，a' 是饱和水状态点，a'' 是干饱和蒸汽状态点，a 是过热蒸汽状态点。a_0—a' 为水的预热；a'—a'' 为饱和水的汽化；a''—a 为干饱和蒸汽的过热。因为整个过程压力不变，在 p-v 图上该过程为一水平线。在 T-s 图上，水在预热中，由于吸热温度升高，则有 $dT>0$、$ds>0$，故 a_0—a' 是一条向右上方倾斜的指数曲线。在汽化中，由于压力不变、温度不变，所以 a'—a'' 为一条水平线。a'—a'' 下的面积就是汽化潜热 r。在过热中，温度升高且吸热，则有 $dT>0$、$ds>0$，故 a''—a 也是向右上方倾斜的指数曲线。

改变压力值 p，根据实验同样可作出相应的定压汽化过程线 b_0—b'—b''—b、d_0—d'—d''—d 等。若将各过程曲线上的相应状态点连接起来，就得到 a_0—b_0—d_0—…（在 T-s 图上重合为一点）；a'—b'—d'—…；a''—b''—d''—…。a_0—b_0—d_0—…代表温度 t 的未饱和

水状态，称为温度 t 的未饱和水线；a'—b'—d'—…代表饱和水状态，称为饱和水线或下界线($x=0$)；a''—b''—d''—…代表干饱和蒸汽状态，称为饱和蒸汽线或上界线（$x=1$)，如图5-2所示。

由于液体压缩性很小，不同压力下温度相同的水比体积基本相等，故在 p-v 图上 a_0—b_0—d_0—…基本为一条垂直于横轴的直线。由于饱和温度随压力升高而增大，饱和水比体积又随温度升高而增加，使得饱和水比体积随饱和压力的升高而增加，故饱和水线 a'—b'—d'—…随压力升高而向右倾斜。饱和蒸汽比体积随压力升高而减小，同时随温度升高而增加，但其比体积随压力升高而减小的程度大于随温度升高而增加的程度，使得饱和蒸汽比体积随饱和压力升高而减小，故饱和蒸汽线 a''—b''—d''—…随压力升高而向左倾斜。这样随着压力的升高，饱和水线和饱和蒸汽线将接近，汽化过程将变短，最终必交于一点 C。在 C 点汽液两相差异完全消失，汽化过程不再存在，汽液相变将在瞬间完成。该状态称为临界状态，C 点称为临界点，相应于 C 点的参数称为临界参数，记作 p_c、t_c、v_c 等。每种物质有不同的临界点和临界参数，这是由它们的性质所决定的。水的临界压力为 $p_c=22.064\text{MPa}$，临界温度为 $t_c=373.99℃$，临界比体积为 $v_c=0.003106\text{m}^3/\text{kg}$。在临界温度以上是不能用压缩的方法使蒸汽液化的。

在 T-s 图上同样也可得到饱和水线、饱和蒸汽线及临界点 C，如图5-2(b) 所示。相交于 C 点的上界线、下界线及临界定温线 t_C 将 p-v 图和 T-s 图分成三个区域：下界线左方和临界定温线的左下方为未饱和水区（或过冷水区)；上界线右上方和临界定温线的右下方为过热蒸汽区；上界线与下界线之间为湿蒸汽区，或称为气液两相共存区。

综上所述，水蒸气定压发生过程在 p-v 图和 T-s 图上所表示的规律可归纳为一点（临界点 C)、二线（$x=0$，$x=1$)、三区（未饱和水区、气液两相共存区、过热蒸汽区)、五态(未饱和水、饱和水、湿蒸汽、干饱和蒸汽及过热蒸汽)。

【例5-1】 10kg 水处于 0.1MPa 下时饱和温度 $t_s=99.634℃$，当压力不变时：①若其温度变为120℃处于何种状态？②若测得 10kg 工质中含蒸汽 4kg，含水 6kg 则又处于何种状态？此时的温度与干度应为多少？

解： ① 因 $t=120℃$，$t_s=99.634℃$，$t>t_s$，此时处于过热蒸汽状态。其过热度为：$\Delta t_s=t-t_s=120-99.634=20.366$（℃）

② 10kg 工质中既含有蒸汽又含有水，处于气、液共存状态，为湿蒸汽，其温度为饱和温度 $t=t_s=99.634℃$，其干度为

$$x=\frac{m_v}{m_v+m_w}=\frac{4}{4+6}=0.4$$

第二节　水蒸气表和图

水蒸气不同于理想气体，水蒸气的性质十分复杂。它在各相区呈现各异的热力性质，用一个理论状态方程统一描述其状态参数是做不到的。在实际研究中，水蒸气的参数总是通过实验和分析的方法求得，并结合热力学微分方程来推导不可测参数，列成数据表，以供工程计算查用。近代随着电子计算机技术的成熟和广泛的应用，水和水蒸气的热力性质得以进行大范围的较精确计算。

一、零点的规定

在工程计算中对于 u、h、s 等参数并不求其绝对值，而只需求出其变化量 Δu、Δh、Δs，所以可以规定任一起点为零点。

对于水蒸气图表，根据 1963 年第六届国际水蒸气会议的决定，选定水的三相点（即 273.16K 的液相水）作为基准点，规定在该点的液相水的 u、s 值为零，该基准点的参数为

$$t_0=0.01℃；p_0=611.659\text{Pa}；v_0'=0.00100021\text{m}^3/\text{kg}；$$

$$u_0'=0\text{kJ/kg}；s_0'=0\text{kJ/(kg·K)}；$$

$$h_0'=u_0'+p_0v_0'=0+611.659\times0.00100021=0.6117\ (\text{J/kg})\approx0\ (\text{kJ/kg})$$

可见，工程上将水基准点的焓视为零已足够精确。

对于制冷剂蒸汽图表，由于制冷循环工作温度较低，为了防止在工作温度范围内计算时出现 u、h、s 值为负值，所以也常将零点规定于 0℃以下。

二、水和水蒸气表

水和水蒸气表分为两类：饱和水与饱和蒸汽表；未饱和水与过热蒸汽表。为了使用方便，前者又分为按温度排列（参见附表 4）和按压力排列（参见附表 5）两种。这样可以根据已知的温度或压力，从附表中查出相应的状态参数。其中，以在参数右上角加“′”表示饱和液体参数，加“″”表示饱和蒸汽参数。未饱和水与过热蒸汽表（参见附表 6）可根据已知的压力和温度，查出相应的比体积、比焓和比熵的值。在未饱和水与过热蒸汽参数值之间，用一粗黑水平线分隔开，黑线上方是未饱和水的参数值，黑线下方是过热蒸汽的参数值。表头上的饱和水和饱和蒸汽参数供使用该表时参考。

以上三种表中未列出比热力学能参数，可通过 $u=h-pv$ 计算求得。表中没有列出的中间状态的参数，应当用线性插值法求出。

在水蒸气表中未列出湿蒸汽区内的参数，此时，$p=p_s$，$t=t_s$，若已知湿蒸汽的干度 x，则可通过下列计算式确定湿蒸汽的参数。

$$v_x=(1-x)v'+xv''=v'+x(v''-v') \tag{5-2}$$

$$h_x=(1-x)h'+xh''=h'+x(h''-h')=h'+xr \tag{5-3}$$

$$s_x=(1-x)s'+xs''=s'+x(s''-s')=s'+x\frac{r}{T} \tag{5-4}$$

$$u_x=h_x-pv_x \tag{5-5}$$

【例 5-2】 试判断下列情况下水处于什么状态，并确定其他各参数的值。① $p=0.1\text{MPa}$，$t=50℃$；② $p=0.5\text{MPa}$，$t=200℃$；③ $p=0.8\text{MPa}$，$v=0.22\text{m}^3/\text{kg}$；④ $p=1\text{MPa}$，$t=179.916℃$。

解： ① 查附表 5，$p=0.1\text{MPa}$，$t_s=99.634℃$。而 $t<t_s$，故第一种情况为未饱和水状态。查附表 6，当 $p=0.1\text{MPa}$，$t=50℃$时用线性插值法求得未饱和水的其他参数为

$$v=0.00101245\text{m}^3/\text{kg}，h=209.405\text{kJ/kg}，s=0.70175\text{kJ/(kg·K)}，$$

$$u=h-pv=209.405-0.1\times10^3\times0.00101245=209.304\ (\text{kJ/kg})$$

② 查附表 5，$p=0.5\text{MPa}$，$t_s=151.867℃$，而 $t>t_s$，故第二种情况为过热水蒸气状态。查附表 6，当 $p=0.5\text{MPa}$，$t=200℃$时，过热水蒸气的其他参数为

$$v=0.42487\text{m}^3/\text{kg}，h=2854.9\text{kJ/kg}，s=7.0585\text{kJ/(kg·K)}，$$

$$u = h - pv = 2854.9 - 0.5 \times 10^3 \times 0.42487 = 2642.465 \text{ (kJ/kg)}$$

③ 查附表 5，当 $p = 0.8\text{MPa}$ 时

$$v' = 0.0011148\text{m}^3/\text{kg},\ v'' = 0.24037\text{m}^3/\text{kg};\ h' = 721.2\text{kJ/kg},$$

$$h'' = 2768.86\text{kJ/kg};\ s' = 2.0464\text{kJ/(kg·K)},\ s'' = 6.6625\text{kJ/(kg·K)}$$

因为 $v = 0.22\text{m}^3/\text{kg}$，介于饱和水与干饱和水蒸气之间，即 $v' < v < v''$，故第三种情况为湿蒸汽状态。

由式 $v_x = v' + x(v'' - v')$ 可得干度

$$x = \frac{v_x - v'}{v'' - v'} = \frac{0.22 - 0.0011148}{0.24037 - 0.0011148} = 0.915$$

该状态下的其他参数为

$$t_x = t_s = 170.444℃$$

$$h_x = h' + x(h'' - h') = 721.2 + 0.915 \times (2768.68 - 721.2) = 2594.64 \text{ (kJ/kg)}$$

$$s_x = s' + x(s'' - s') = 2.0464 + 0.915 \times (6.6625 - 2.0464) = 6.2701 \text{ [kJ/(kg·K)]}$$

$$u_x = h_x - pv_x = 2594.64 - 0.8 \times 10^3 \times 0.22 = 2418.64 \text{ (kJ/kg)}$$

④ 查附表 5，$p = 1\text{MPa}$，$t_s = 179.916℃$，$t = t_s$。故第四种情况是饱和状态，但无法确定是饱和水，干饱和水蒸气还是湿蒸汽，其余参数也无法确定。

三、水蒸气的焓熵图

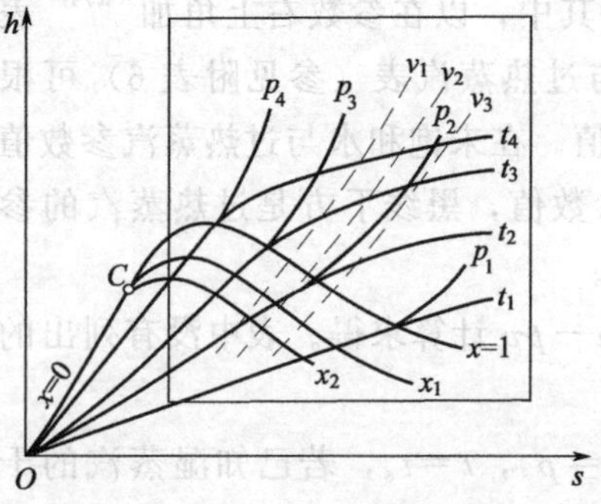

图 5-3 水蒸气 h-s 图的构成

利用水和水蒸气表可以查出状态参数，对过程或循环进行分析计算，其优点是数值的精确度高。但常要用到线性插值法，不太方便、也不直观。在热工计算中还常使用以比焓为纵坐标、以比熵为横坐标的 h-s 图，或称莫里尔图。

图 5-3 为 h-s 图的结构示意图。图上绘有上界线（$x = 1$）、下界线（$x = 0$）、临界点 C；以及定焓线、定熵线、定压线、定温线、定比体积线；在湿蒸汽区还有定干度线。定焓线是水平线。定熵线是垂直线。定压线在不同区内是不同的。在湿蒸汽区内压力与温度对应，所以定压线也是定温线，并且是一组倾斜的直线；在过热蒸汽区内，定压线为一组倾斜向上的曲线，其斜率随温度的升高而增大。在过热蒸汽区，定温线是一组比较平坦的自左向右延伸的曲线，且越往右越平坦，接近水平线。定干度线只有在湿蒸汽区内才有，是一组自临界点 C 起向右下方发散的曲线。定比体积线的延伸方向与定压线一致，只是其斜率较定压线斜率大，所以定比体积线较定压线陡。

由于工程上所用蒸汽多为干度较大的湿蒸汽、饱和蒸汽或过热蒸汽，实用的 h-s 图只绘出图 5-3 中方框内的部分，如附图 1 所示。

h-s 图是根据水蒸气表上的数据绘制的。它和其他状态参数坐标图一样，图上的一点表示一个确定的平衡状态。从通过该点的各定值线，可查得相应的各状态参数值。图上的一条线表示一个确定的热力过程，查取初、终态的参数值，就可对该过程进行热工计算。

但应注意的是在湿蒸汽区，定压线与定温线重合为同一条直线，所以查湿蒸汽状态时，已知温度、压力仅相当于已知一个参数，还必须已知另外一个参数才能确定状态点，从而查出其他参数。查干饱和蒸汽状态时，已知状态必定在干饱和蒸汽线上，相当于已知一个参

数，只需已知另一个参数即可。

四、水蒸气的基本热力过程

水蒸气热力性质的分析也与理想气体一样，归纳出基本热力过程，如定压过程、定容过程、定温过程、绝热过程等，这样对简化工程计算和分析是十分有益的。

水蒸气的热力过程分析计算一般按下列步骤进行。

① 根据已知初态的两个独立参数，在图上（或水蒸气表上）找到代表初态的点，并查出其他初态参数值。

② 根据过程条件（沿定压线、定容线、定温线、定熵线）和终态的一个参数值。找到终态的点，并查出终态的其他参数值（见图 5-4）。

③ 根据已求的初、终态参数，应用热力学第一和第二定律等基本方程计算工质与外界传递的能量，即 q，w 等。

下面对水蒸气的基本热力过程进行分析。

1. 定压过程

在锅炉中的水吸热而形成水蒸气的过程，水蒸气通过各种换热器进行热量交换的过程等，都可近似看作在定压下完成的。若忽略流动阻力等不可逆因素，上述过程可视为可逆定压过程，如图 5-4(a) 所示。

$$w_t=-\int_1^2 v\,\mathrm{d}p=0$$

$$q=\Delta h+w_t=\Delta h=h_2-h_1$$

$$\Delta u=u_2-u_1=h_2-h_1-p\,(v_2-v_1)$$

$$w=p\,(v_2-v_1)\text{或 } w=q-\Delta u$$

从图 5-4(a) 可以看出，定压过程沿 1—2 进行，吸热膨胀且温度升高；反之沿 2—1 进行，放热被压缩且温度降低。如果是湿蒸汽定压吸热膨胀，会使干度提高，最后会变为过热蒸汽；若是过热蒸汽定压放热，会被压缩向饱和蒸汽变化，最后可变为湿蒸汽。

2. 定容过程

如图 5-4(b) 所示，定容过程沿 1—2 进行，容积不发生变化，吸收的热量全部转化为热力学能，压力和温度均升高。

$$w=\int_1^2 p\,\mathrm{d}v=0$$

$$w_t=-\int_1^2 v\,\mathrm{d}p=v\,(p_1-p_2)$$

$$q=\Delta u=u_2-u_1=h_2-h_1-(p_2-p_1)\,v$$

3. 定温过程

如图 5-4(c) 所示，定温过程沿 1—2 进行，在状态点 1 时，处于湿蒸汽状态，在定温膨胀过程中，起初沿定压线（即定温线）变为干饱和蒸汽，并且保持压力不变。之后再膨胀则压力下降，并且变为过热蒸汽。

$$q=T\,(s_2-s_1)$$

$$\Delta u=h_2-h_1-(p_2v_2-p_1v_1)$$

$$w=q-\Delta u$$

$$w_t=q-\Delta h=T\,(s_2-s_1)-(h_2-h_1)$$

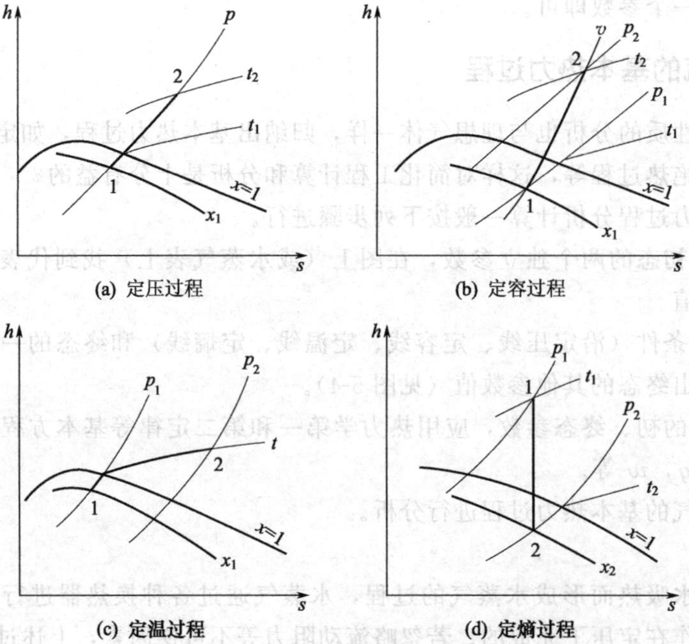

(a) 定压过程　(b) 定容过程

(c) 定温过程　(d) 定熵过程

图 5-4　水蒸气的基本热力过程

4. 绝热过程

对可逆绝热过程（定熵）如图 5-4(d) 所示。

绝热过程在工程中是常见的，例如水蒸气通过汽轮机膨胀而对外做功，若忽略散热及不可逆因素，则可视为可逆绝热过程；又如水蒸气通过喷管的过程等，都可视为绝热过程。

$$q=0$$

$$\Delta u=u_2-u_1=h_2-h_1-(p_2v_2-p_1v_1)$$

$$w=-\Delta u$$

$$w_t=-\Delta h=h_1-h_2$$

若过程不可逆，则确定过程变化方向和终态时，尚需知道不可逆过程的熵增 (s_2-s_1)，如图 5-5 所示。

从图 5-4(d) 和图 5-5 可以看出，若蒸汽初态为过热蒸汽，经绝热膨胀，过热度减小，逐渐变为干饱和蒸汽。若继续膨胀，则变为湿蒸汽，同时干度会随之减小。

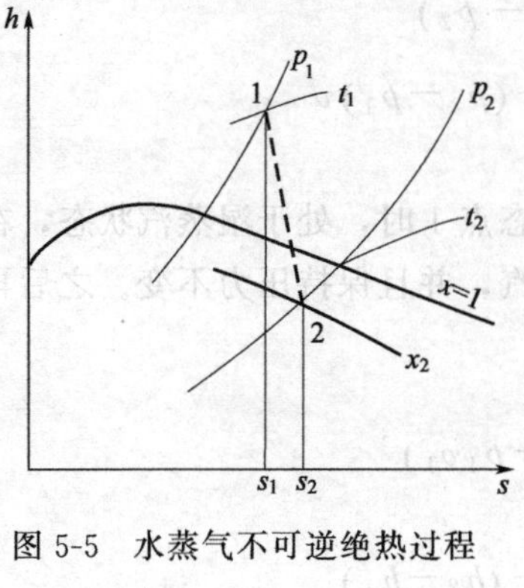

图 5-5　水蒸气不可逆绝热过程

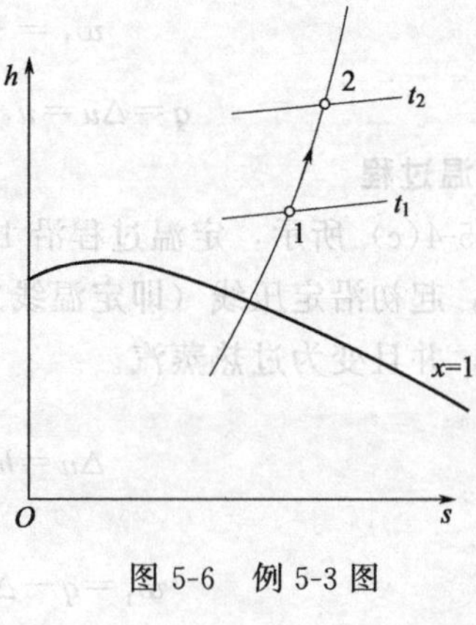

图 5-6　例 5-3 图

【例 5-3】 水蒸气在 0.2MPa 压力下从 150℃定压加热到 250℃，试求 1kg 水蒸气的吸热量、所做的膨胀功及热力学能增量。

解：在 h-s 图上，由 $p=0.2$MPa 的定压线与 $t_1=150$℃的定温线相交得初状态点 1，与 $t_2=250$℃的定温线相交得终状态点 2，如图 5-6 所示。查得

$$h_1=2772\text{kJ/kg},\ v_1=1\text{m}^3/\text{kg}$$

$$h_2=2973\text{kJ/kg},\ v_2=1.22\text{m}^3/\text{kg}$$

吸热量 $q=h_2-h_1=2973-2772=201$ (kJ/kg)

膨胀功 $w=p(v_2-v_1)=0.2\times10^3\times(1.22-1)=44$ (kJ/kg)

热力学能增量 $\Delta u=q-w=201-44=157$ (kJ/kg)

【例 5-4】 水蒸气由压力 $p_1=1$MPa，温度 $t_1=300$℃，可逆绝热膨胀至 0.1MPa，试求 1kg 水蒸气所做的膨胀功和技术功。(分别用 h-s 图和水蒸气表计算)

解：①用 h-s 图计算：在 h-s 图上，由 $p_1=1$MPa 的定压线与 $t_1=300$℃的定温线相交得点 1，如图 5-4(d) 所示。查得

$$h_1=3050\text{kJ/kg},\ v_1=0.26\text{m}^3/\text{kg}$$

并求得 $u_1=h_1-p_1v_1=3050-1\times10^3\times0.26=2790$ (kJ/kg)

过点 1 作定熵线与 $p_2=0.1$MPa 的定压线相交得点 2，查得

$$h_2=2590\text{kJ/kg},\ v_2=1.65\text{m}^3/\text{kg}$$

求得 $u_2=h_2-p_2v_2=2590-0.1\times10^3\times1.65=2425$ (kJ/kg)

故膨胀功和技术功为

$$w=u_1-u_2=2790-2425=365\ (\text{kJ/kg})$$

$$w_t=h_1-h_2=3050-2590=460\ (\text{kJ/kg})$$

② 用水和水蒸气表计算：根据 $p_1=1$MPa、$t_1=300$℃，查附表 6 未饱和水和过热蒸汽表，得

$$h_1=3050.4\text{kJ/kg},\ v_1=0.25793\text{m}^3/\text{kg},\ s_1=7.1216\text{kJ/(kg}\cdot\text{K)}$$

所以

$$u_1=h_1-p_1v_1=3050.4-1\times10^3\times0.25793=2792.5\ (\text{kJ/kg})$$

根据终压 $p_2=0.1$MPa，查附表 5 按压力排列的饱和水与饱和水蒸气表，得

$$t_s=99.634℃;\ v'=0.0010432\text{m}^3/\text{kg},\ v''=1.6943\text{m}^3/\text{kg};\ h'=417.52\text{kJ/kg},$$

$$h''=2675.14\text{kJ/kg};\ s'=1.3028\text{kJ/(kg}\cdot\text{K)},\ s''=7.3589\text{kJ/(kg}\cdot\text{K)}$$

因为 $s_2=s_1=7.1216$kJ/(kg·K)，$s'<s_2<s''$，所以状态 2 是湿蒸汽。先求 x_2。根据

$$s_x=s'+x(s''-s')$$

故
$$x_2=\frac{s_2-s'}{s''-s'}=\frac{7.1216-1.3028}{7.3589-1.3028}=0.96$$

$$h_2=h'+x_2(h''-h')=417.52+0.96\times(2675.14-417.52)=2584.8\ (\text{kJ/kg})$$

$$v_2=v'+x_2(v''-v')=0.0010432+0.96\times(1.6943-0.0010432)=1.6266\ (\text{m}^3/\text{kg})$$

$$u_2=h_2-pv_2=2584.84-0.1\times10^3\times1.6266=2422.2\ (\text{kJ/kg})$$

故膨胀功和技术功为

$$w=u_1-u_2=2792.5-2422.2=370.3\ (\text{kJ/kg})$$

$$w_t=h_1-h_2=3050.4-2584.8=465.6\ (\text{kJ/kg})$$

第三节　蒸汽动力循环

动力循环是将热能转变为机械能的循环。按工质不同，动力循环可分为两类，即以水蒸气为工质的蒸汽动力循环和以混合气体（也称为燃气）为工质的燃气动力循环。它们的原动机分别是蒸汽机、汽轮机和内燃机、燃气轮机，下面将以蒸汽动力循环为例，根据热力学原理，从热功转换效果上分析循环的完善性，并讨论提高循环热效率的途径。

水蒸气是应用最早最广泛的动力循环工质。由于水和水蒸气本身不会燃烧，只能从外源吸收热量，所以蒸汽循环需要锅炉设备给它加热。蒸汽循环因燃料不在工质中燃烧，这样相对于在机体内部实施燃烧过程的内燃机，蒸汽动力装置又称为外燃式动力装置。蒸汽动力装置比较笨重，但便于使用固、液、气态各种燃料及核燃料，也便于利用太阳能、地热等资源。蒸汽机是最早的原动机，但由于其效率低、工作不连续、转矩不均匀等原因，已经逐渐被淘汰。汽轮机有结构紧凑、效率较高、转运均匀、运转平稳可靠、单机功率大等优点，在固定式动力装置中，汽轮机得到广泛应用。

一、朗肯循环及热效率

朗肯循环是在实际蒸汽动力循环的基础上经简化处理得到的最简单、最基本的理想蒸汽动力循环，是研究其他复杂的蒸汽动力循环的基础。其装置原理图及 T-s 图如图 5-7 所示。一般蒸汽动力装置主要设备包括四部分：蒸汽锅炉、蒸汽轮机、凝汽器、水泵。朗肯循环由以下四个过程组成。

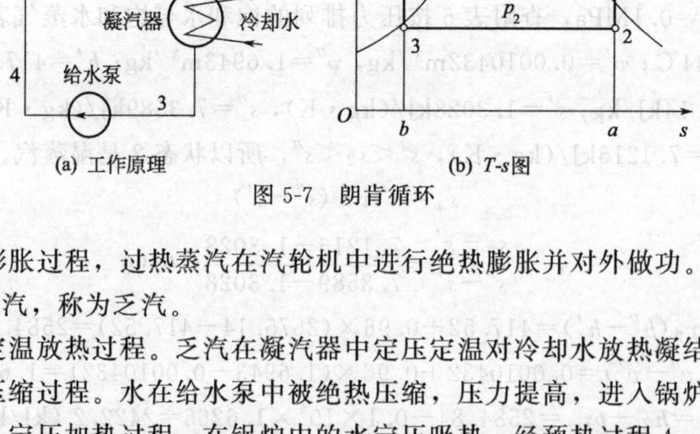

图 5-7　朗肯循环

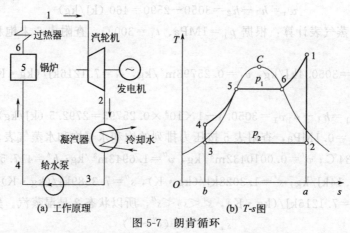

1—2　绝热膨胀过程，过热蒸汽在汽轮机中进行绝热膨胀并对外做功。膨胀终了的状态 2 为低压下的湿蒸汽，称为乏汽。

2—3　定压定温放热过程。乏汽在凝汽器中定压定温对冷却水放热凝结为饱和水。

3—4　绝热压缩过程。水在给水泵中被绝热压缩，压力提高，进入锅炉。

4—5—6—1　定压加热过程。在锅炉中的水定压吸热，经预热过程 4—5，汽化过程 5—6，过热过程 6—1 最后成为过热蒸汽。

忽略不可逆因素，可将上述循环表示在 T-s 图上，如图 5-7(b) 所示。图中各状态点与

图 5-7(a) 中各点相对应。

在朗肯循环中，每千克蒸汽对外所做的净功 w_0 应等于蒸汽流过汽轮机所做的功 $w_{s,t}$ 与给水在给水泵内被绝热压缩所消耗的功 $w_{s,p}$ 之差。根据稳定流动能量方程式

$$w_{s,t}=h_1-h_2,\ w_{s,p}=h_4-h_3$$

于是

$$w_0=(h_1-h_2)-(h_4-h_3)$$

锅炉（包括过热器）中每千克蒸汽的定压吸热量为

$$q_1=h_1-h_4$$

凝汽器中，每千克蒸汽的定压放热量为

$$q_2=h_2-h_3$$

注意，q_2 与 $w_{s,p}$ 均取其绝对值。

根据循环热效率的定义式(4-2)，可得朗肯循环的热效率为

$$\eta_t=\frac{w_0}{q_1}=\frac{(h_1-h_2)-(h_4-h_3)}{h_1-h_4} \tag{5-6}$$

由于给水泵消耗的功与汽轮机做的功相比甚小，一般情况下可忽略不计，即 $h_4-h_3\approx 0$。于是式(5-6) 可简化为

$$\eta_t=\frac{h_1-h_2}{h_1-h_4} \tag{5-7}$$

实际上由于水的不可压缩性，经水泵压缩后水的温度变化极小，在 T-s 图上点 4 与点 3 非常接近，水的定压加热过程线 4—5 与下界线也非常接近。通常可认为点 4 与点 3 重合、朗肯循环在 T-s 图上可表示为图 5-7(b) 中的 1—2—3—5—6—1。

二、蒸汽参数对朗肯循环热效率的影响

朗肯循环热效率很低，实际上大、中型蒸汽动力装置均不直接采用朗肯循环，而是采用对朗肯循环加以改造后得到的实用循环。这些实用循环所采取的改进措施，是根据朗肯循环热效率分析得到的，所以研究蒸汽参数对朗肯循环热效率的影响十分重要。

蒸汽的初温和初压以及乏汽的终压确定后，整个朗肯循环也就确定了。蒸汽参数对朗肯循环热效率的影响，也就是指初温、初压和终压对朗肯循环热效率的影响。

1. 蒸汽初温对热效率的影响

在相同的初压及终压下，提高蒸汽的初始温度可以使朗肯循环的热效率提高。如图 5-8 所示，保持初压 p_1 和终压 p_2 不变，将初温由 T_1 提高到 $T_{1'}$，则新的循环 1′—2′—3—4—5—6—1′与原循环 1—2—3—4—5—6—1 相比，输出循环净功增加（面积 1′2′211′），吸热量也增加（面积 1′a′a11′），但后者的增加比率小于前者，循环热效率必然提高。另外，提高蒸汽初温可使乏汽干度得以提高，即 $x_{2'}>x_2$，这对汽轮机的安全运行有利。

需要说明的是，蒸汽的最高温度受到装置材料耐热性的限制，在目前的火力发电厂中，最高初温一般在 550℃左右。

2. 蒸汽初压对热效率的影响

在相同的初温及终压下，提高蒸汽的初压 p_1 可以使朗肯循环的热效率提高。如图 5-9 所示，保持初温 T_1 和终压 p_2 不变，将初压提高到 $p_{1'}$，则新的循环 1′—2′—3—4′—5′—6′—1′与原循环 1—2—3—4—5—6—1 相比，输出循环净功增加不大（面积 1′6′5′4′456c1′与面积 122′c1 的差值），但吸热量有明显减少（面积 1aa′c1 与面积 1′6′5′4′456c1′的差值），

其循环热效率有明显提高。但随蒸汽初压的提高，乏汽的干度将降低，即 $x_{2'}<x_2$。因而乏汽中所含水分增加，这将会冲击和腐蚀汽轮机最后几级叶片，同时使汽轮机内部摩擦损失增大，影响汽轮机安全运行和使用寿命。可见，单纯地提高初压弊大于利，如果在提高初压的同时提高初温，可以避免乏汽干度下降或下降太多。

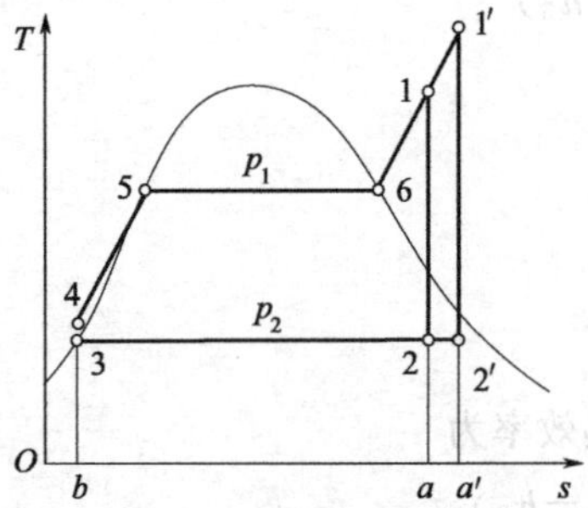

图 5-8　蒸汽初温的影响

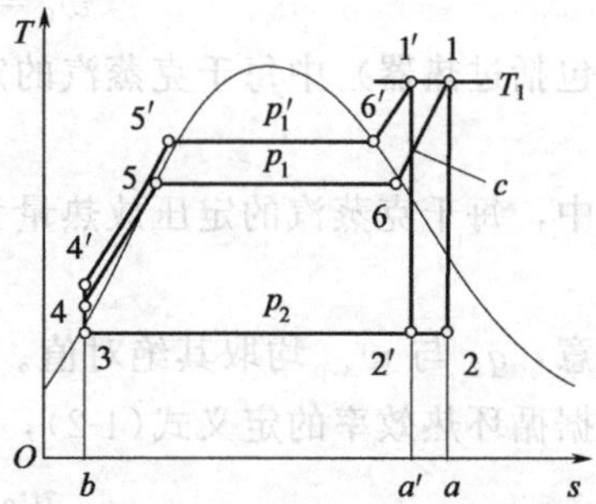

图 5-9　蒸汽初压的影响

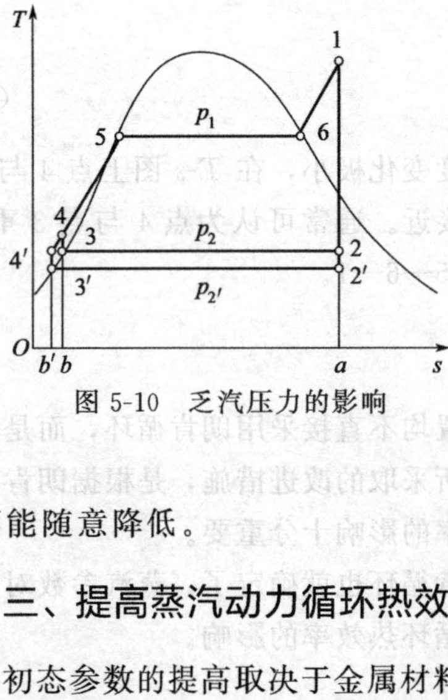

图 5-10　乏汽压力的影响

3. 乏汽压力的影响

在相同的初温及初压下，降低乏汽压力 p_2 可以使朗肯循环的热效率提高。如图 5-10 所示，保持初温 T_1 和初压 p_1 不变，将乏汽压力降低到 $p_{2'}$，则新的循环 1—2′—3′—4′—5—6—1 与原循环 1—2—3—4—5—6—1 相比，输出循环净功增加较大（面积 $2344'3'2'2$），吸热量增加很少（面积 $4bb'4'4$），其循环热效率有所提高。降低乏汽压力会使乏汽的干度减小，同时还受到冷源温度及凝汽器传热温差的限制，所以，乏汽压力不能随意降低。

三、提高蒸汽动力循环热效率的其他途径

初态参数的提高取决于金属材料耐高温高压的性能，同时要考虑设备投资和运行费用的增加；而降低终态参数又受环境温度的限制。为了提高蒸汽动力循环的热效率和改善运行效果，在朗肯循环的基础上，人们开发了一些较复杂的循环，如再热循环、回热循环和热电合供循环等。

1. 采用再热循环

将汽轮机中膨胀到某中间压力的蒸汽又引回锅炉再热器中或其他换热设备，重新加热升温，然后送回汽轮机中继续膨胀做功，这就是再热循环。其装置原理图和理论循环 T-s 图如图 5-11 所示。显然只要选择适当的再热压力，就可增加高温段的吸热过程，使再热循环的平均吸热温度高于朗肯循环，从而提高循环的热效率。

在图 5-11 所示再热循环中，若忽略水泵所消耗的功量，其循环净功为

$$w_0=(h_1-h_a)+(h_b-h_2)$$

循环中总吸热量为

$$q_1=(h_1-h_3)+(h_b-h_a)$$

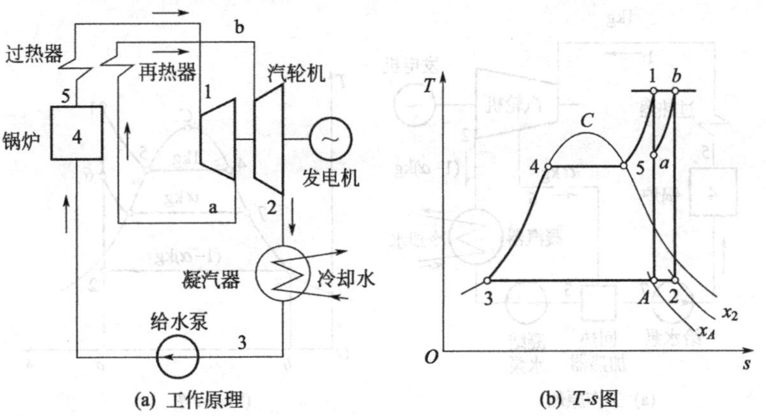

图 5-11 再热循环

再热循环的热效率为

$$\eta_t=\frac{w_0}{q_1}=\frac{(h_1-h_a)+(h_b-h_2)}{(h_1-h_3)+(h_b-h_a)} \tag{5-8}$$

最初采用再热循环的主要目的是为了提高汽轮机乏汽干度，以改善汽轮机的运行条件。现在实现再热已经成为大型蒸汽动力装置提高热效率的必要措施。高参数的大型现代蒸汽动力厂均毫无例外地采用再热循环，一般再热压力为初态压力的20%～30%；再热温度等于初态温度，即 $t_b=t_1$。通常一次再热可使热效率提高2%～3.5%。由于实现再热循环的实际设备和管路都比较复杂，投资费用也很大，一般只有大型火力发电厂且蒸汽初压 p_1 在13MPa以上时才采用。现代大型机组很少采用二次再热，因为再热次数增多，不仅增加设备费用，且给运行带来不便。

2. 回热循环

回热循环是利用蒸汽的回热对水进行加热，消除朗肯循环中4—5段（见图5-7）在较低温度下预热的不利影响，以提高热效率。如果利用蒸汽来加热给水，显然可以有效地提高平均吸热温度而使热效率提高。

工程上实际采用的蒸汽回热循环是分级抽汽吸热循环。即在不同压力下，从汽轮机中抽出部分已经在一定程度上做过功的蒸汽，分别在不同的回热器中加热给水，以提高给水温度，减少水在低温时从高温热源的吸热量。现代蒸汽动力循环中普遍采用了回热循环。

图5-12所示为一级抽汽蒸汽回热循环的原理图和理论循环的 T-s 图。1kg压力为 p_1 的过热蒸汽进入汽轮机膨胀做功，当其压力降到 p_6 时，从汽轮机中抽出 αkg($\alpha<1$) 蒸汽引入回热加热器，凝结放热；其余 $(1-\alpha)$kg蒸汽在汽轮机中继续膨胀做功直至乏汽压力 p_2，然后进入凝汽器被冷凝成水，经凝结水泵升压进入回热加热器，接受 αkg抽汽凝结时放出的潜热并与之混合成为抽汽压力下的1kg饱和水。最后经给水泵加压后，送入锅炉，吸收热量又成为1kg新的过热蒸汽，从而完成一个循环。

一级抽汽回热循环的理论循环 T-s 图见图5-12(b)，该图是在忽略水泵耗功的前提下而得到的简化图形。应当注意的是，图上有些过程线并不代表1kg工质，详见图中过程线上的标示。

回热循环中的回热器，是完成抽汽加热给水的换热设备。一般有两种类型：表面式和混合式。在表面式回热器中，蒸汽和水互不接触，通过传热壁面交换热量；在混合式回热器

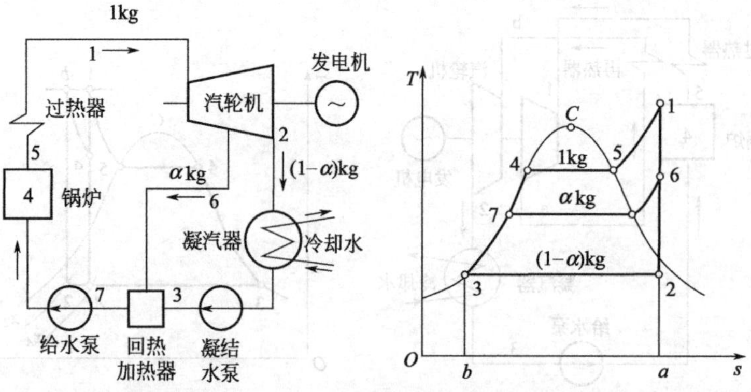

(a) 工作原理　　　　(b) T-s图

图 5-12　一级抽汽回热循环

中，蒸汽与水直接接触、相互混合加热。图 5-12 中所示的回热器为混合式。

α 称为回热抽汽系数，可根据回热器的能量方程平衡关系求出。由图 5-13，可列出能量平衡关系式为

$$\alpha h_6+(1-\alpha)h_3=h_7$$

故

$$\alpha=\frac{h_7-h_3}{h_6-h_3} \tag{5-9}$$

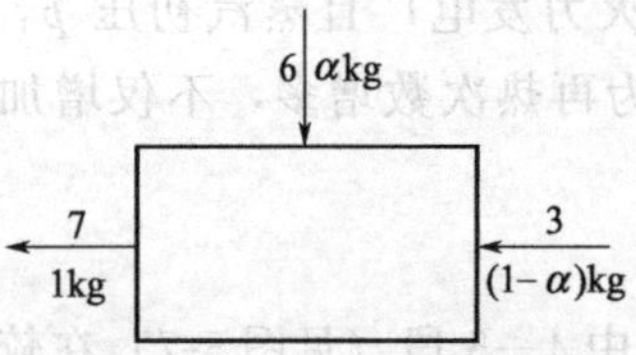

图 5-13　混合式回热器

若忽略水泵消耗的功，一级抽汽回热循环热效率为

$$\eta_t=\frac{w_0}{q_1}=\frac{\alpha(h_1-h_6)+(1-\alpha)(h_1-h_2)}{h_1-h_7}$$

$$=\frac{(h_1-h_6)+(1-\alpha)(h_6-h_2)}{h_1-h_7} \tag{5-10}$$

抽汽压力的选择是必须考虑的问题，它取决于锅炉前给水温度的高低，过高或过低都达不到提高循环热效率的目的。理论和实践表明，对于一级抽汽回热循环，给水回热温度以选定新蒸汽饱和温度与乏汽饱和温度的中间平均值较好，并由此确定抽汽压力。不同压力下抽汽次数（回热级数）越多，给水回热温度和热效率越高，但设备投资费用将相应增加。因此，小型火力发电厂回热级数一般为 1～3 级，中大型火力发电厂一般为 4～8 级。

3. **热电合供循环**

从朗肯循环的分析中可知，有大量的热由乏汽在冷凝器中排出，被冷却水带走而散失于大气中。这是造成循环热效率低的主要原因。蒸汽动力装置即使采用了高参数蒸汽和回热、再热等措施，循环热效率仍不足 50%，即燃料所发出的热量中有 50% 以上没有得到利用而被乏汽带走并损失掉了。由于这部分热的温度水平很低（接近于环境温度），很难利用来进一步转化为机械能，但是适当提高乏汽温度就可以进行热利用。因此，热电合供循环就成为蒸汽动力循环中很有价值的一种循环。

热电合供循环实际上是在适当提高乏汽压力的条件下使乏汽温度提高，通过换热器或直接向用户供热，这样就可大大减少排向冷源的损失。由于热电合供既要发电又要供热，对背

压式汽轮机来说必须解决好电热负荷的匹配。同时又由于热用户要求不同，加上生产不均衡，用热负荷变化较多。故常常不采用背压式汽轮机而使用抽汽式汽轮机来供热。现在常用把抽气与背压结合的抽气背压式汽轮机，使基本热负荷用背压汽解决，而用抽气进行调节。

对热电合供循环来讲，除了仍可用循环热效率来衡量其经济性外，还必须采用能量利用系数来考核其经济性，并且把两者结合起来。

能量利用系数 K 定义为

$$K=\frac{\text{已被利用的热量}}{\text{工质从热源吸收的热量}}$$

从理论上说，理想的情况下能量利用系数 K 可达到 1，但实际上由于各种损失以及热电负荷之间的不协调，一般 K 值约为 0.65～0.7 左右。

习　题

5-1　汽化和凝结的含义是什么？汽化的方式有哪几种？各有何特点？

5-2　什么是饱和状态？饱和状态时压力与温度有何关系？

5-3　湿饱和蒸汽和干饱和蒸汽有何区别？什么是干度？

5-4　什么是过冷液体？过冷液体的温度是否一定很低？什么是过热蒸汽？过热蒸汽的温度是否一定很高？

5-5　将未饱和水定压加热至饱和水时，加入热量会使水温升高。而定压加热饱和水至干饱和蒸汽时，加入的热量并不使温度升高，为什么？

5-6　水在定压汽化过程中温度维持不变，有人认为过程中热量等于膨胀功，对不对？为什么？

5-7　水蒸气定压发生过程包含了哪几个阶段？跨越了哪几个状态？水蒸气定压发生过程在 p-v 图与 T-s 图上可划分出几个区？

5-8　有没有 400℃的水？为什么？

5-9　试判断下列几种情况下水处于什么状态，并确定其他各参数的值。(1) $p=0.04\text{MPa}$，$t=20℃$；(2) $p=0.2\text{MPa}$，$v=0.01\text{m}^3/\text{kg}$；(3) $p=1\text{MPa}$，$t=220℃$；(4) $p=4\text{MPa}$，$t=250.394℃$。

5-10　水蒸气的 h-s 图中过热蒸汽区为何不标定干度线？湿蒸汽区为何不标定温线？在湿蒸汽区如何由压力查得它的温度？

5-11　在 h-s 图上，能否确定下列水和蒸汽的状态点？

① 焓为 h_1 的未饱和水；

② 焓为 h_1 的饱和水；

③ 参数为 p_1、t_1 的湿蒸汽；

④ 压力为 p_1 的干饱和蒸汽及过热蒸汽。

5-12　利用水蒸气图表，填充下表空白

p/MPa	t/℃	h/(kJ/kg)	t_s/℃	x	工质状态
0.1	20				
0.4		604.67			
1				0.9	
	10	2519.9			
1		2776.5			

5-13　湿蒸汽的 $x=0.9$，$p=1\text{MPa}$，先应用水蒸气表求 t_s、h_x、v_x、s_x、u_x，再利用 h-s 图求上述参数。

5-14　过热蒸汽，$p=3\text{MPa}$，$t=400℃$，根据水蒸气表求 h、v、s、u 和过热度，再用 h-s 图求上述参数。

5-15　1kg 蒸汽，$p_1=3\text{MPa}$，$t_1=450℃$，绝热膨胀到 $p_2=0.05\text{MPa}$，试用 h-s 图求终点状态参数 t_2、h_2、s_2 和 u_2，并求过程膨胀功。

5-16　1kg 蒸汽，$p_1=2\text{MPa}$，$x_1=0.95$，定温膨胀到 $p_2=1\text{MPa}$，求终点状态参数 t_2、h_2、s_2 和 u_2，并求过程中蒸汽吸入的热量 q 和蒸汽对外界所做的膨胀功 w。

5-17　将 50℃的水，在压力为 0.1MPa 下定压加热至 300℃，求此过程中 1kg 水的加热量、膨胀功及热力学能增量。

5-18　蒸汽动力循环有哪些主要设备？各有何作用？

5-19　朗肯循环由哪几个主要过程组成？试绘出系统图和循环的 T-s 图。

5-20　试总结蒸汽参数对朗肯循环热效率的影响。

5-21　某蒸汽动力装置采用朗肯循环。已知汽轮机入口蒸汽压力 $p_1=3\text{MPa}$，温度 $t_1=450℃$；汽轮机乏汽压力 $p_2=0.004\text{MPa}$。求每 kg 蒸汽的循环净功、加热量、乏汽干度及热效率。

5-22　什么是再热循环？采用再热循环后，热效率及乏汽的干度与相同条件下的朗肯循环相比有何变化？

5-23　某蒸汽动力装置采用一次再热循环。$p_1=14\text{MPa}$，$t_1=500℃$的过热蒸汽在汽轮机中绝热膨胀到 3MPa 时进行再热，再热器出口温度与 t_1 相等，乏汽压力为 0.007MPa。若蒸汽流量为 200×10^3 kg/h，忽略水泵耗功。

① 试求再热循环热效率、汽轮机功率及乏汽干度；

② 与同参数的朗肯循环的热效率、乏汽干度相比较。

5-24　什么是回热循环？为什么采用回热循环能提高循环的热效率？

5-25　某蒸汽动力装置采用一级抽汽回热循环，已知蒸汽参数 $p_1=3\text{MPa}$，$t_1=400℃$，抽汽压力为 1MPa，乏汽压力为 0.005MPa，求回热循环的热效率并与朗肯循环的热效率相比较（均不计水泵耗功）。

5-26　热电合供的基本思想是什么？如何评价热电合供循环的经济性？

第六章 混合气体和湿空气

学习导引

本章实际上是前面内容的延伸，主要介绍了混合气体和湿空气中的一些相关概念和术语，同时介绍了相应的求解方法，其中湿空气的焓湿图是以后学习和工程应用的基础。

一、学习要求

本章的重点是湿空气的状态参数及焓湿图，通过学习应达到以下要求。

① 理解混合气体的分压力、分体积、成分表示、折合摩尔质量、折合气体常数等概念及意义。

② 掌握混合气体成分的换算、分压力和比热容的计算方法。

③ 理解湿空气、未饱和湿空气和饱和湿空气的概念和意义。

④ 掌握湿空气状态参数的意义及其计算方法。

⑤ 熟悉湿空气焓湿图的结构，能熟练应用焓湿图查取湿空气参数。

二、本章难点

① 湿空气的基本概念和状态参数较多，理解这些参数的物理意义以及在湿空气热力过程中的作用和计算方法有一定难度。

② 湿空气焓湿图上有较多的定值线簇，容易混淆，熟练应用焓湿图查取湿空气参数有一定难度，应结合例题与习题加强练习。

第一节 混合气体

由两种或两种以上不发生化学反应的气体组成的混合物称为混合气体。例如，燃料燃烧后产生的烟气主要是由二氧化碳、氮气、氧气和水蒸气等组成的混合气体。空气也是常见的混合气体，主要由氧气和氮气组成，还含有二氧化碳、水蒸气及微量的惰性气体。当混合气体中的每一种组成气体都是理想气体时，由它们组成的混合气体也可以看作是理想气体，即符合理想气体方程式，具有理想气体的一切特性。

一、混合气体的分压力和分体积

处于平衡状态的混合气体，内部各处温度均匀一致。因此每一种组成气体的温度都相等，都等于混合气体的温度。同样，每一种组成气体的分子都均匀地分布在混合气体的体积中，即各组成气体的体积都相等，都等于混合气体的体积。任何一种组成气体的分子都对容器壁产生一定的压力。

1. 分压力

每一种组成气体在混合气体的温度下，单独占有整个体积 V 时，所产生的压力称为该组成气体的分压力，用符号 p_i 表示，其中 $i=1, 2, 3, \cdots, n$，如图 6-1 所示。

道尔顿分压定律指出，混合气体的压力等于各组成气体分压力之和，即

$$p=p_1+p_2+\cdots+p_n=\sum_{i=1}^{n} p_i \tag{6-1}$$

道尔顿分压定律仅适用于理想气体，这是因为理想气体分子本身不占有容积，分子在运动时，相互之间没有影响，好像单独存在一样，它们各自对容器壁作用的总结果也就是各组分单独作用的总和。而对于实际气体，由于分子本身占有体积，分子之间有相互作用力，分子之间将发生相互影响，所以混合气体的总压力与各组成气体分压力之间就不具备几何相加的关系。

2. 分体积

每一种组成气体处于混合气体的温度、压力条件下时，单独占据的体积，称为该组成气体的分体积，用符号 V_i 表示。如图 6-2 所示。

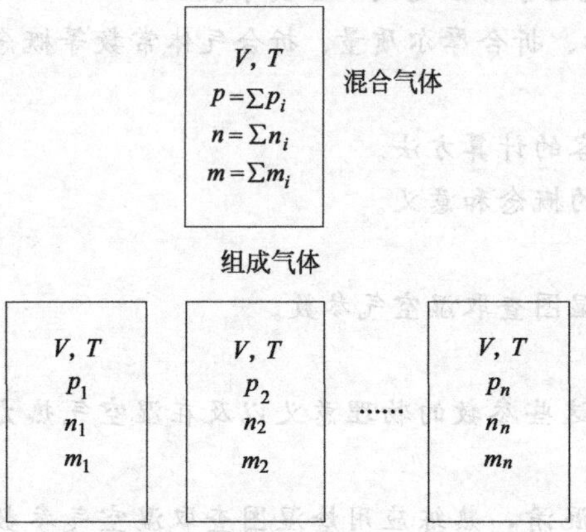

图 6-1　混合气体的分压力

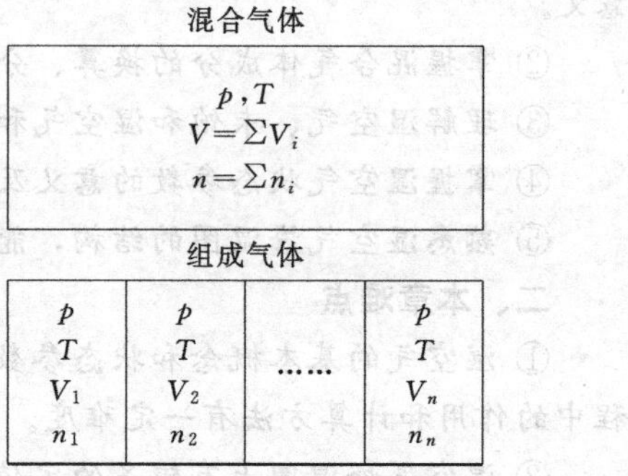

图 6-2　混合气体的分体积

亚美格分体积定律指出，混合气体的总体积 V，等于各组成气体分体积 V_i 之和。即

$$V=V_1+V_2+\cdots+V_n=\sum_{i=1}^{n} V_i \tag{6-2}$$

上式可以使用理想气体状态方程和道尔顿定律推导出来，也只适用于理想混合气体。

二、混合气体的成分表示方法与换算

混合气体的性质不仅取决于热力学参数，如压力、温度等，还取决于混合气体的组成成分。混合气体的成分是指混合气体中各组成气体的含量与混合气体总量的比值。按物理量单位的不同，混合气体的成分通常有三种表示方法：质量分数、体积分数和摩尔分数。

1. 质量分数

混合气体中某组成气体的质量 m_i 与混合气体总质量 m 的比值，称为该组成气体的质量

分数，用符号 g_i 表示，于是有

$$g_i=\frac{m_i}{m} \tag{6-3}$$

因为混合气体的总质量等于各组成气体的质量之和，即 $m=\sum_{i=1}^{n}m_i$，所以各组成气体的质量成分之和等于 1，即

$$g_1+g_2+\cdots+g_n=\sum_{i=1}^{n}g_i=1 \tag{6-4}$$

2. 体积分数

混合气体中某组成气体的分体积 V_i 与混合气体的总体积 V 的比值，称为该组成气体的体积分数，用符号 r_i 表示，于是有

$$r_i=\frac{V_i}{V} \tag{6-5}$$

根据分体积定律，混合气体的总体积等于各组成气体分体积之和，即 $V=\sum_{i=1}^{n}V_i$，所以

$$r_1+r_2+\cdots+r_n=\sum_{i=1}^{n}r_i=1 \tag{6-6}$$

3. 摩尔分数

混合气体中某组成气体的摩尔数 n_i 与混合气体总摩尔数 n 的比值，称为该组成气体的摩尔分数，用符号 x_i 表示，于是有

$$x_i=\frac{n_i}{n} \tag{6-7}$$

因为混合气体的总摩尔数，等于各组成气体摩尔数之和，即 $n=\sum_{i=1}^{n}n_i$，所以

$$x_1+x_2+\cdots+x_n=\sum_{i=1}^{n}x_i=1 \tag{6-8}$$

经证明，混合气体各成分之间的换算关系如下：

体积分数与摩尔分数在数值上相等，即

$$r_i=x_i \tag{6-9}$$

质量分数与体积分数（或摩尔分数）的换算关系为

$$g_i=r_i\frac{M_i}{M}=x_i\frac{M_i}{M} \tag{6-10}$$

式中，M_i 和 M 分别表示某组成气体与混合气体的摩尔质量。

三、混合气体的折合摩尔质量和折合气体常数

混合气体没有固定的化学分子式，所以也没有真正的摩尔质量。混合气体的摩尔质量是一种折合摩尔质量，也就是平均摩尔质量，它取决于组成气体的种类和成分。混合气体的气体常数亦然。

1. 折合摩尔质量

如果已经知道了各组成气体的摩尔分数（或体积分数）和各组成气体的摩尔质量，那么

根据定义，折合摩尔质量 M 为

$$M=\frac{m}{n}=\frac{\sum_{i=1}^{n} n_i M_i}{n}=\sum_{i=1}^{n} x_i M_i=\sum_{i=1}^{n} r_i M_i \quad (\text{kg/mol}) \tag{6-11}$$

式(6-11) 表明，混合气体的折合摩尔质量等于各组成气体的摩尔分数（或体积分数）与该组成气体的摩尔质量乘积之总和。

另一种情况，如果已知各组成气体的质量分数和摩尔质量时，则

$$M=\frac{m}{n}=\frac{m}{\sum_{i=1}^{n} n_i}=\frac{1}{\sum_{i=1}^{n}\frac{m_i}{M_i}\times\frac{1}{m}}=\frac{1}{\sum_{i=1}^{n}\frac{g_i}{M_i}} \quad (\text{kg/mol}) \tag{6-12}$$

2. 混合气体的折合气体常数

已知混合气体的折合摩尔质量，则可求得混合气体的折合气体常数 R_g 为

$$R_g=\frac{R}{M}=\frac{8.314}{M} \quad [\text{J/(kg} \cdot \text{K)}] \tag{6-13}$$

四、分压力的确定

根据理想气体状态方程，对于某组成气体的分压力和分体积，有

$$p_i V=m_i R_{gi} T$$

$$p V_i=m_i R_{gi} T$$

于是，可以得

$$p_i=\frac{V_i}{V}p=r_i p \tag{6-14}$$

上式表明，某组成气体的分压力等于混合气体的总压力与该组成气体体积分数的乘积。

五、混合气体的比热容

混合气体的比热容也与其组成成分有关。混合气体温度升高（或降低）时，气体所吸收（或放出）的热量，等于各组成气体温度升高（或降低）时所吸收（或放出）的热量之和。由此可以得到混合气体比热容的计算公式。

设组成气体的质量热容为 c_1、c_2、c_3、…、c_n，质量分数分别为 g_1、g_2、g_3、…、g_n，则混合气体的质量热容为

$$c=g_1c_1+g_2c_2+g_3c_3+\cdots+g_nc_n=\sum_{i=1}^{n} g_i c_i \tag{6-15}$$

同理可得混合气体的体积热容

$$c'=r_1c'_1+r_2c'_2+r_3c'_3+\cdots+r_nc'_n=\sum_{i=1}^{n} r_i c'_i \tag{6-16}$$

【例 6-1】 某烟气按体积成分分析如下：二氧化碳 10%，氧气 5%，氮气 75%，水蒸气 10%。烟气的总压力为 101.3kPa。试求该烟气的气体常数及各组成气体的分压力。

解： 根据式(6-11) 可求出烟气的折合摩尔质量为

$$M=\sum_{i=1}^{n} r_i M_i$$

$$= (0.1\times44+0.05\times32+0.75\times28+0.1\times18)\times10^{-3}$$
$$=28.8\times10^{-3}\ (\text{kg/mol})$$

所以，该烟气的气体常数为

$$R_g=\frac{R}{M}=\frac{8.314}{M}=\frac{8.314}{28.8\times10^{-3}}=288.68\ [\text{J/(kg·K)}]$$

又由式(6-14)，可得各组成气体的分压力为

$$p_{CO_2}=r_{CO_2}p=0.1\times101.3=10.13\ (\text{kPa})$$
$$p_{O_2}=r_{O_2}p=0.05\times101.3=5.065\ (\text{kPa})$$
$$p_{N_2}=r_{N_2}p=0.75\times101.3=75.975\ (\text{kPa})$$
$$p_{H_2O}=r_{H_2O}p=0.1\times101.3=10.13\ (\text{kPa})$$

第二节 湿空气

含有水蒸气的空气称为湿空气，不含水蒸气的空气则称为干空气。由于地球表面的水分蒸发，大气中总是含有一些水蒸气的。因此自然界中存在的空气都是干空气与水蒸气的混合物，即湿空气。

存在于湿空气中的干空气，由于其组成成分不发生变化，所以可将其当作一个整体，并可视为理想气体；存在于湿空气中的水蒸气，由于其分压力很低，比体积很大，一般处于过热状态，所以也可视为理想气体。因此，由干空气和水蒸气组成的湿空气，可视为理想混合气体。它仍然遵循理想气体的有关规律，其状态参数之间的关系，也可用理想气体状态方程来描述。

由于湿空气中水蒸气的含量很低，所以在一般工程中可以忽略其影响。但是制冷工程、供热通风与空气调节、物料干燥、水冷却塔、精密仪器仪表、电绝缘和热绝缘材料的防潮等工程，都与空气中所含水蒸气的状态和含量有密切关系，不能将水蒸气的影响忽略，必须对湿空气中的水蒸气的含量及性质进行分析研究和计算。本节主要介绍湿空气的有关性质及焓湿图。

一、湿空气的总压力和分压力

根据道尔顿分压定律，湿空气的总压力 p 等于干空气分压力 p_a 和水蒸气分压力 p_v 之和，即

$$p=p_a+p_v \tag{6-17a}$$

式中，下标 v 代表水蒸气，a 代表干空气。

在采暖和空气调节等工程中所处理的湿空气就是大气，因此，湿空气的总压力 p 即为当地大气压力 p_b，这时有

$$p_b=p_a+p_v \tag{6-17b}$$

根据湿空气中水蒸气所处状态（p_v，t）的不同，可以把湿空气分为饱和湿空气和未饱和湿空气。

如果湿空气中所含的水蒸气为干饱和蒸汽，则湿空气为饱和湿空气；如果湿空气中所含的水蒸气为过热蒸汽，则湿空气为未饱和湿空气。一定温度时湿空气中水蒸气的分压力 p_v

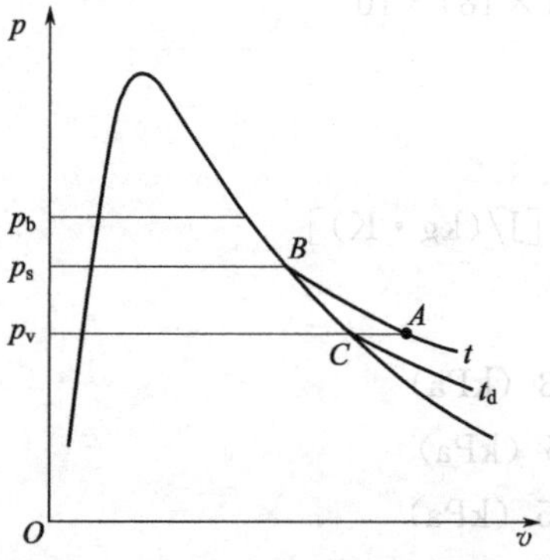

图 6-3　湿空气中的水蒸气 p-v 图

如果等于该温度下水蒸气的饱和压力 p_s，那么此时的水蒸气为饱和蒸汽，湿空气为饱和湿空气；如湿空气中水蒸气的分压力 p_v 小于同样温度下水蒸气的饱和压力 p_s，则此时的水蒸气为过热蒸汽，湿空气为未饱和湿空气。

在 p-v 图上可以表示湿空气中水蒸气的状态，如图 6-3 所示。图中 A 点表示温度为 t 的水蒸气，其分压力为 p_v，对应于 t 的饱和水蒸气的分压力为 p_s，由于 $p_v<p_s$，此时的水蒸气为过热蒸汽，湿空气为未饱和湿空气。

如果湿空气的温度 t 保持不变，增加水蒸气的含量，则水蒸气的分压力 p_v 也相应增大，水蒸气状态沿等温线 A—B 移动到 B 点而达到饱和状态，此时水蒸气的分压力为 $p_v=p_s$，水蒸气为饱和水蒸气，相应的湿空气为饱和湿空气。在饱和湿空气中水蒸气的含量达到最大限度，除非湿空气的温度升高，否则水蒸气的含量不会再增加。当湿空气的温度升高，则相应温度下的水蒸气的饱和压力也相应升高，即湿空气中饱和水蒸气的分压力也随之增加，此时的湿空气已不是饱和湿空气。所以，饱和湿空气中水蒸气的含量达到最大值，不可能再增加。如果增加则将以水滴的形式分离出来。

综上所述，湿空气中可容纳的水蒸气的数量是有限的。在一定温度下，水蒸气分压力越大，则湿空气中水蒸气的数量越多，湿空气越潮湿，所以湿空气中水蒸气分压力的大小直接反映了湿空气的干湿程度。

实际上除了在接近水面的地方或潮湿的草地处且空气流动不好的情况下，大气中水蒸气分压力 p_v 一般总是小于对应温度下的水蒸气饱和压力 p_s，所以，平常接触的湿空气一般都是未饱和湿空气。

二、湿空气的湿度

湿空气中水蒸气的含量称为湿度。空气的湿度有绝对湿度、相对湿度和含湿量三种表示方法。

1. 绝对湿度

$1m^3$ 湿空气中所含水蒸气的质量，称为绝对湿度。由于湿空气中的水蒸气也充满了湿空气的整个体积，所以绝对湿度在数值上等于在湿空气的温度和水蒸气的分压力 p_v 下水蒸气的密度 ρ_v，单位为 kg/m^3。其定义式为

$$\rho_v=\frac{m_v}{V}$$

根据理想气体状态方程，可得

$$\rho_v=\frac{p_v}{R_{g,v}T} \tag{6-18}$$

式中　$R_{g,v}$——水蒸气的气体常数，$R_{g,v}=461.5J/(kg\cdot K)$。

绝对湿度只能说明湿空气中实际所含水蒸气的多少，而不能说明湿空气的干、湿程度或吸湿能力的大小。为此，引入了相对湿度的概念。

2. 相对湿度

湿空气的绝对湿度与同温度下饱和湿空气的绝对湿度之比称为相对湿度，用符号 φ 表

示。其定义式为

$$\varphi=\frac{\rho_v}{\rho_s} \tag{6-19}$$

相对湿度反映了未饱和湿空气接近同温度下饱和湿空气的程度，或湿空气中水蒸气接近饱和状态的程度，因此又称为饱和度。

显然，相对湿度是一个位于0～1之间的数值。其大小反映了湿空气的干、湿程度或吸湿能力。φ 值越小，湿空气越干燥，吸湿能力越强；相反，φ 值越大，湿空气越潮湿，吸湿能力越弱；当 $\varphi=1$ 时，为饱和湿空气，不具有吸湿能力。

根据理想气体状态方程，可得

$$\rho_v=\frac{p_v}{R_{g,v}T}$$

$$\rho_s=\frac{p_s}{R_{g,v}T}$$

于是，有

$$\varphi=\frac{p_v}{p_s} \tag{6-20}$$

由上式可知，在一定温度下，水蒸气的分压力越大，相对湿度也就越大，湿空气越接近饱和湿空气。

3. **含湿量**

在湿空气的处理过程中，往往干空气的质量不发生变化，变化的是水蒸气的质量，因此为了计算方便，常常以1kg的干空气为计算标准。为此，引出了含湿量的概念。

含有1kg干空气的湿空气中所含有的水蒸气质量称为含湿量或比湿度，它是湿空气中水蒸气的质量 m_v 与干空气的质量 m_a 的比值。用符号 d 表示，单位为kg/kg(干空气)，即

$$d=\frac{m_v}{m_a} \tag{6-21}$$

根据理想气体状态方程，可得 $m_a=\frac{p_aV}{R_{g,a}T}$ 及 $m_v=\frac{p_vV}{R_{g,v}T}$，代入上式，并将 $R_{g,a}=287\mathrm{J/(kg\cdot K)}$ 和 $R_{g,v}=461.5\mathrm{J/(kg\cdot K)}$ 代入，有

$$d=0.622\frac{p_v}{p_a} \tag{6-22}$$

若湿空气为大气，由于 $p_a=p_b-p_v$，则有

$$d=0.622\frac{p_v}{p_b-p_v} \tag{6-23}$$

由上式可知，当大气压力 p_b 一定时，含湿量取决于水蒸气的分压力，因此，含湿量与水蒸气的分压力不是相互独立的状态参数。

又由于 $p_v=\varphi p_s$，于是有

$$d=0.622\frac{\varphi p_s}{p_b-\varphi p_s} \tag{6-24}$$

由上式可知，当大气压力 p_b 和湿空气的温度 t 一定时，d 随 φ 增大而增加。

含湿量在过程中的变化量 Δd，表示1kg干空气组成的湿空气在过程中所含水蒸气质量的改变，也即湿空气在过程中吸收或析出的水分。

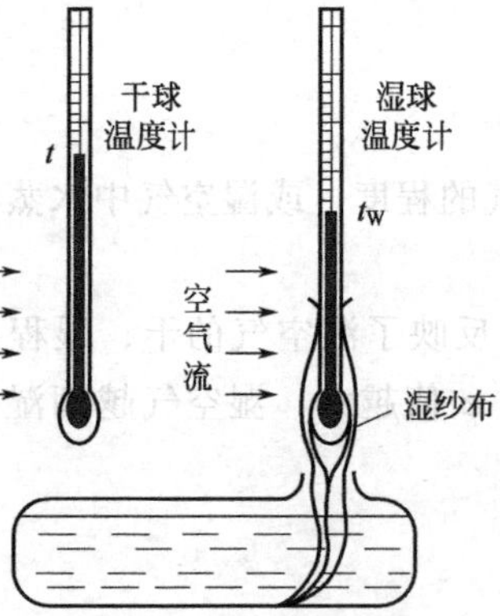

图 6-4 干湿球温度计

三、湿空气的温度

1. 干球温度

干球温度可以直接由普通温度计在空气中测得，是指将温度计的测温头（感温部分）直接暴露于空气中所测得的温度，也称为湿空气的真实温度，以符号 t 表示。

干球温度只能反映湿空气的测量温度，并不能反映出湿空气中水蒸气含量的多少和湿空气是否还具有吸收水蒸气的能力。

2. 湿球温度

如图 6-4 所示为一干湿球温度计。其中没有包纱布的温度计是干球温度计，它所测的是湿空气的干球温度 t。另一支温度计的感温部分包有浸于水中的湿纱布，该温度计称为湿球温度计。将湿球温度计置于温度和湿度均不变的空气流中，且保持纱布的湿润状态，当达到稳定状态时，温度计指示的温度称为湿球温度，以符号 t_w 表示。

湿球温度的测量原理如下：如果湿空气是未饱和的，湿纱布中的水将向空气中蒸发而吸收水的热量使水温降低，形成空气与水之间的传热温差，热量将由空气传给湿纱布中的水，若水蒸发所需的热量大于空气向水传递的热量时，则水温继续下降，直到纱布表面水蒸发所需的热量正好等于空气向水传递的热量时，纱布中的水温则不再下降，达到平衡，这个稳定的温度就称为湿球温度。整个蒸发和传热过程可以近似看作是定焓过程。由此可以看出，湿球温度的高低取决于湿空气的温度和湿度。当空气的温度一定时，湿度越大，测得的湿球温度越接近空气的干球温度，当空气中的水蒸气达到饱和状态时，测得的湿球温度与干球温度相等。

为保证测量准确，空气的流速不应低于 5m/s。

3. 露点温度

对未饱和的湿空气，保持其含湿量不变，即保持 p_v 不变，逐渐降低温度，其状态将沿等压线变化。如图 6-3 中，由 $A \rightarrow C$，这时的温度即对应于水蒸气分压力 p_v 下的饱和温度，也即，此时水蒸气的分压力 p_v 等于该温度下水蒸气的饱和压力 p_s，水蒸气达到饱和状态，湿空气也成为饱和湿空气。如果继续降温，则湿空气中的水蒸气将开始凝结成水滴从湿空气中分离出来，称为结露。开始结露时的温度称为露点温度，简称为露点，用符号 t_d 表示。所以露点温度就是湿空气中水蒸气分压力 p_v 所对应的饱和温度。空气中水蒸气的含量高时水蒸气分压力 p_v 就大，它所对应的饱和温度即露点温度 t_d 就高；反之空气中的水蒸气含量低，则 t_d 就低。

无论在工程中还是生活中，结露现象都是普遍存在的。秋天早晨室外花草树叶上的露水，冬天房屋窗玻璃内侧的水雾，空调机组蒸发器表面的水珠等，都是由于湿空气遇到了低于其露点温度的冷表面时，其中水蒸气凝结为水的结露现象。在空气调节中，常常利用露点来控制空气的干、湿程度，如果空气太潮湿，就可将其温度降至其露点温度以下，使多余的水蒸气凝结为水析出去，从而达到去湿的目的。这一结露过程就是湿空气处理过程中的冷却干燥过程。

当露点温度 t_d 低于 0℃时，如湿空气的温度等于露点温度，那么水蒸气就直接凝固为冰，称为结霜。因此，根据露点温度可以预报是否有霜冻。露点温度 t_d 是湿空气的一个重要参数。

4. 干球温度、湿球温度与露点温度之间的关系

除干球温度外，湿球温度、露点温度都与湿空气中的水蒸气的含量有关，所以当空气为不饱和湿空气时，$t>t_w>t_d$；当空气为饱和湿空气时，$t=t_w=t_d$。

四、湿空气的焓

在工程上湿空气基本上都是在稳定流动的情况下工作，而在稳定流动中外界与热力系的热量交换可用比焓来直接计算。所以比焓是一个很重要的状态参数。知道了湿空气焓的变化量，就可以知道湿空气与外界交换的热量值。

湿空气的焓等于干空气的焓与水蒸气的焓之和，即

$$H=H_a+H_v=m_a h_a+m_v h_v$$

湿空气的比焓通常也以 1kg 干空气为计算基准，也就是 $(1+d)$kg 湿空气的焓，仍用 h 表示，单位为 kJ/kg(干空气)。将上式除以 m_a 可得

$$h=h_a+\frac{m_v}{m_a}h_v=h_a+dh_v \tag{6-25}$$

式中 h——湿空气的比焓，kJ/kg(干空气)；

h_a——干空气的比焓，kJ/kg(干空气)；

h_v——水蒸气的比焓，kJ/kg(水蒸气)；

d——含湿量，kg/kg(干空气)。

在工程中，取 0℃干空气的焓为零，并且由于湿空气过程中所涉及温度变化范围不大，干空气的定压比热容可取定值，即 $c_p=1.005$kJ/(kg·K)。这样

$$h_a=c_p\Delta t=1.005(t-0)=1.005t \tag{6-26}$$

式中 t——湿空气的温度，亦即干球温度，℃。

湿空气中水蒸气的比焓值，可以有以下两种方法求取。

1. 查表法

若已知湿空气的温度 t 以及湿空气中水蒸气的分压力 p_v(如果已知湿空气的压力和湿空气的含湿量，也可以换算出水蒸气的分压力)，则由附表 6 未饱和水与过热水蒸气的热力性质表直接查得在温度为 t，水蒸气压力为 p_v 的水蒸气的比焓值 h_v。如：当湿空气的温度为 60℃，湿空气中水蒸气的分压力为 5kPa 的水蒸气的比焓值为 2611.8kJ/kg。

利用查表的方法可以直接快速地求取一定温度及一定水蒸气分压力下水蒸气的比焓值。如果暂时缺少水蒸气表的相关数据，也可以用公式计算的方法求出湿空气中水蒸气的比焓值。

2. 公式法

利用公式计算湿空气中水蒸气的比焓值时，使用的是与第五章相同的计算基准，即水的三相点为基准。当水蒸气的温度为 t(也就是湿空气的温度) 时，其比焓值可以通过如下计算途径计算出湿空气中水蒸气的比焓值。

因为 $$\Delta h=h_3-h_1=h_3=\Delta h_1+\Delta h_2=2501+c'_p(t-t_1)\approx 2501+c'_p t$$

所以 $$h_v=2501+c'_p t=2501+1.859t \tag{6-27}$$

式中 2501——0.01℃时水蒸气的比焓值，kJ/kg；

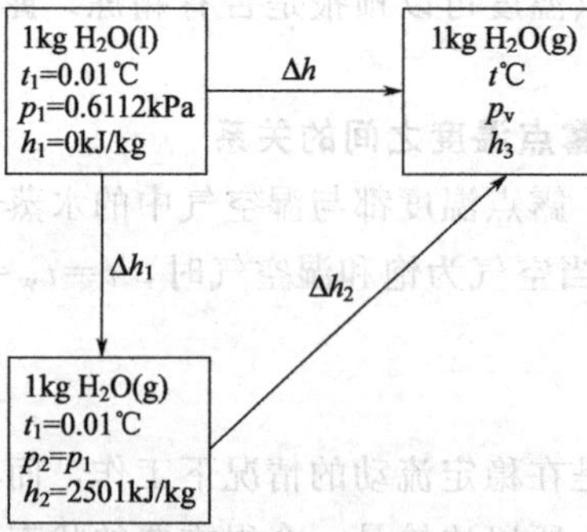

c'_p——水蒸气在常温低压下的比定压热容，kJ/(kg·K)，在工程计算中常将其作为常数，其数值一般为 1.859，近似计算时可用 1.86。

于是，以 1kg 干空气为计算基准的湿空气的比焓为

$$h=1.005t+d(2501+1.859t) \tag{6-28}$$

【例 6-2】 已知湿空气的总压力 $p_b=0.1\text{MPa}$，温度 $t=27℃$，其中水蒸气的分压力 $p_v=0.00283\text{MPa}$。求该湿空气的含湿量 d、相对湿度 φ、绝对湿度 ρ_v 及比焓 h。

解： 湿空气的含湿量为

$$d=0.622\frac{p_v}{p_b-p_v}=0.622\times\frac{0.00283}{0.1-0.00283}=1.81\times10^{-2}\ [\text{kg/kg(干空气)}]$$

查附表 4，当 $t=27℃$时，$p_s=0.003572\text{MPa}$

于是湿空气的相对湿度为

$$\varphi=\frac{p_v}{p_s}=\frac{0.00283}{0.003572}\times100\%=79.2\%$$

湿空气的绝对湿度为

$$\rho_v=\frac{1}{v_v}=\frac{p_v}{R_{g,v}T}=\frac{0.00283\times10^6}{461.5\times(273+27)}=0.204\ (\text{kg/m}^3)$$

湿空气的比焓为

$$\begin{aligned}h&=1.005t+d(2501+1.859t)\\&=1.005\times27+1.81\times10^{-2}\times(2501+1.859\times27)\\&=73.31\ [\text{kJ/kg(干空气)}]\end{aligned}$$

五、湿空气的焓湿图

在工程计算中，应用公式较为麻烦。为方便分析和计算，工程中常采用根据湿空气状态参数间的关系绘制成的焓湿图。利用焓湿图可以很方便地确定湿空气的状态参数，分析计算湿空气的热力工程。

在一定大气压力 p_b 下，以湿空气的焓和含湿量的计算公式为基础，以 1kg 的干空气组成的湿空气为基准，分别以焓 h 和含湿量 d 为纵、横坐标绘制成湿空气状态坐标图，称为焓湿图（h-d 图）。在图中绘出了湿空气的比焓、含湿量、温度、相对湿度、水蒸气分压力等主要参数的定值线簇。其结构示意图如图 6-5 所示。

1. 焓湿图的构成

如图 6-5 所示，为使图线清晰，采用了两坐标夹角为 135°的坐标系，图中共有下列五种线簇。

(1) 定含湿量线　定含湿量线是一组与纵坐标轴平行的直线，其数值在辅助横轴上读出（下方水平轴上，也有的在上方水平轴上）。从纵轴为 $d=0$ 的定含湿量线开始，自左向右含湿量值逐渐增加。

(2) 定焓线　定焓线是一组与纵坐标轴成 135°（与横坐标轴平行）的直线。即图 6-5 中从左至右下方的斜线。在同一条定焓线上的不同点所代表的湿空气的状态尽管不同，但都具有相同的焓值。通过含湿量 $d=0$ 及温度 $t=0$℃交点的定焓线，其焓值 $h=0$，向上的定焓线焓值为正值，向下的定焓线焓值为负值，且自下而上焓值逐渐增加。

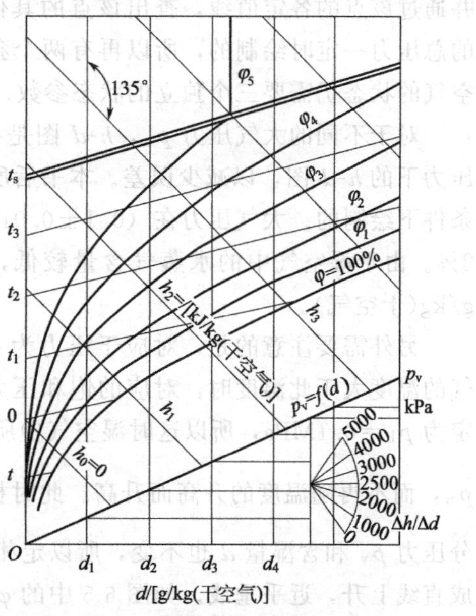

图 6-5　湿空气的焓湿图

(3) 定温线　定温线也称定干球温度线，是根据式(6-28) 绘制的。当 t 为定值时，h 和 d 之间为线性关系，其斜率为 $2501+1.859t$。对于不同的温度而言，该直线有不同的斜率，所以定温线是一组互不平行的，方向为自左至右上方的直线。随着温度的升高，定温线的斜率增大。

根据前面的规定，0℃干空气的焓为零，那么当 $h=0$ 时，必然有 $t=0$、$d=0$。这样 0℃的定温线必然通过焓和含湿量的零点。

(4) 定相对湿度线　定相对湿度线是根据式(6-24) 绘制的一组由左下至右上的上凸曲线。当湿空气的压力 p_b 和温度 t 给定时，水蒸气的饱和压力 p_s 也就确定了。在定温线上的各点对应不同的含湿量 d，就有不同的相对湿度 φ，将不同定温线上的相对湿度 φ 值相等的点连接起来，即为定相对湿度线。$\varphi=0$ 线是干空气线，此时 $d=0$，即与纵坐标轴重合。定相对湿度线中，最靠下的一条（$\varphi=100\%$）是饱和湿空气线，它把 h-d 图分为两部分，$\varphi=100\%$线以上的各点表示湿空气中的水蒸气是过热的，湿空气为未饱和湿空气。$\varphi=100\%$线以下的部分则没有实用意义，湿空气中多余的水蒸气会以水滴的形式析出，湿空气仍保持饱和状态（$\varphi=100\%$）。

(5) 水蒸气分压力线　水蒸气分压力线表示的是湿空气中含湿量 d 与水蒸气分压力 p_v 之间的关系。由式(6-23) 可得

$$p_v=\frac{p_b d}{0.622+d} \tag{6-29}$$

该式表明，湿空气的总压力 p_b 不变时，p_v 与 d 有一一对应关系，又由于 $p_b \gg p_v$，使得 $p_v=f(d)$ 的关系近似于直线关系。如图 6-5 中，在 $\varphi=100\%$线的下方，有一条自左下向右上方倾斜的线，即为水蒸气分压力线 $p_v=f(d)$。一般把与 d 相对应的 p_v 值表示在图右下方的纵坐标轴上，将水蒸气分压力线与已知状态点的定焓线相交，从交点处向右作水平线与右边纵坐标轴相交，即可读出已知点状态下的水蒸气分压力。也有的 h-d 图根据 p_v 与 d 的关系，将分压力 p_v 标在图的上方坐标上。

湿空气的 h-d 图与其他坐标图一样，图上的点可表示一个确定的湿空气状态。在一定的大气压力下，只要知道湿空气的任意两个独立参数，就可根据焓湿图确定湿空气的状态，

并通过该点的各定值线，查出该点的其他各参数。应当注意，湿空气的 h-d 图是在湿空气的总压力一定时绘制的，所以再有两个独立参数就可在 h-d 图上确定其状态。显然确定湿空气的状态仍需要三个独立的状态参数。

对于不同的大气压力 p_b，h-d 图是有所区别的。在工程中应当选择相应或相近的大气压力下的 h-d 图，以减少误差。本书后所附 h-d 图（附图 2）是在大气压力 $p_b=0.1$MPa 的条件下绘制的。大气压力在（0.1 ± 0.01）MPa 的范围内时，按此图计算引起的误差不超过 2%。由于湿空气中的水蒸气含量较低，通常采用小 1000 倍的单位，附图中 d 的单位为 g/kg(干空气)。

另外需要注意的是，对应于压力为 0.1MPa 的水蒸气的饱和温度为 99.634℃，当湿空气的温度大于此温度时，对应的饱和压力 p_s 将大于 0.1MPa。由于已经将湿空气的总压力定为 $p_b=0.1$MPa，所以这时湿空气中所含的水蒸气的最大分压力就等于大气压力，即 $p_s=p_b$，而不再随温度的升高而升高。此时相对湿度 $\varphi=\dfrac{p_v}{p_s}=\dfrac{p_v}{p_b}$。相对湿度 φ 不变，则水蒸气分压力 p_v 和含湿量 d 也不变，所以定相对湿度线在与 $t=99.634$℃的定温线相交后，即折成直线上升，近乎垂线。如图 6-5 中的 φ_5。

2. 湿空气焓湿图的应用

（1）*确定状态参数* 焓湿图上的任意一点都代表湿空气的某一状态。当大气压力 p_b 确定时，只要已知湿空气的状态参数 d、h、t、φ、p_v 中的任意两个状态参数就可在相应的 h-d 图中确定湿空气的状态点，并查出其余的参数。

（2）*确定露点温度* 露点温度 t_d 是湿空气定湿（水蒸气分压力不变）冷却至饱和湿空气（$\varphi=100\%$）时的温度，因此不同状态的湿空气，只要其含湿量 d 相同，则具有相同的露点。如图 6-6 所示，在焓湿图上，可从初态点 A 向下作定含湿量线与 $\varphi=100\%$ 的饱和湿空气线相交于 B 点，过 B 点的定温线对应的温度 t_B 即为处于状态点 A 的露点温度 $t_{A,d}$。

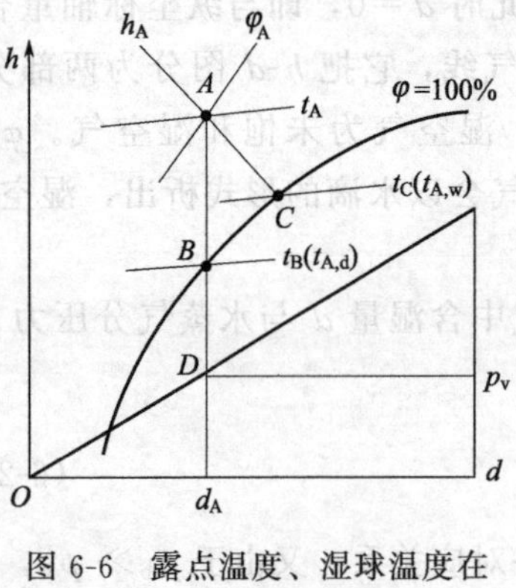

图 6-6 露点温度、湿球温度在 h-d 图上的表示

（3）*确定湿球温度* 在湿球温度的形成过程中，由于饱和湿空气传给湿纱布中水的显热全部以汽化潜热的形式返回到空气中，所以可以认为湿空气的焓值基本保持不变。因此湿球温度的形成过程可看成绝热过程，也即定焓过程。湿空气的湿球温度 t_w 也即是定焓冷却至饱和湿空气（$\varphi=100\%$）时的温度。从而，不同状态的湿空气只要其 h 相同，则具有相同的湿球温度。

如图 6-6 所示，在焓湿图上，可从初态点 A 作定焓线与 $\varphi=100\%$的饱和湿空气线相交于 C 点，过 C 点的定温线对应的温度 t_C 即为处于状态点 A 的湿球温度 $t_{A,w}$。

（4）*表示和计算湿空气的状态变化过程* 利用焓湿图还可以很方便地表示和计算湿空气的各种不同类型的状态变化过程，这是空气调节中常用的方法。具体的内容将在后续课程中介绍。

【例 6-3】 设大气压力为 101325Pa，温度为 30℃，相对湿度 $\varphi_1=60\%$，试分别用解析法和查 h-d 图来确定湿空气各参数：露点温度、含湿量、水蒸气分压力、比焓和湿球温度。

解：①解析法。

湿空气中水蒸气的分压力：根据空气温度 $t=30$℃，查附表 4，得到饱和压力 $p_s=$

0.0042451MPa，那么此时湿空气中水蒸气的压力

$$p_v=\varphi p_s=0.6\times0.0042451=0.002547\ (\text{MPa})$$

露点温度：按 $p_v=0.002547$MPa，查附表 5，得到露点温度为 20.7℃。

含湿量

$$d=0.622\frac{p_v}{p_b-p_v}=0.622\times\frac{0.002547}{0.101325-0.002547}$$
$$=0.016\ [\text{kg/kg(干空气)}]=16\ [\text{g/kg(干空气)}]$$

湿空气的比焓为

$$h=1.005t+d(2501+1.859t)$$
$$=1.005\times30+0.016\times(2501+1.859\times30)$$
$$=71.06\ [\text{kJ/kg(干空气)}]$$

湿球温度：按 $h=71.06$kJ/kg 查附表 7 得湿球温度为 23.6℃。

② 查 h-d 图法。

如图 6-7 所示，由 $t=30$℃的定温度线和 $\varphi_1=60\%$的定相对湿度线在 h-d 图上找到交点 1，即为湿空气的状态。由书后所附 h-d 图查得

$$h_1=71.7\text{kJ/kg(干空气)}$$
$$d_1=16.3\text{g/kg(干空气)}$$

过 1 点作定 h 线与 $\varphi=100\%$线相交于 2 点，查出 $t_{w1}=24.0$℃。过 1 点作定 d 线与 $\varphi=100\%$线相交于 3 点，查出 $t_{d1}=21.4$℃；再向下与 $p_v=f(d)$ 线相交于 4 点，通过 4 点向右侧纵坐标读得 $p_{v1}=2.5$kPa。

【例 6-4】 已知干湿球温度计的读数为 $t=30$℃，$t_w=15$℃，大气压力 $p_b=0.1$MPa，试在 h-d 图上确定湿空气的状态点。

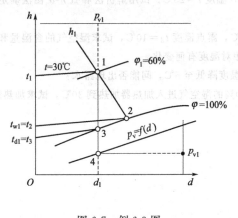

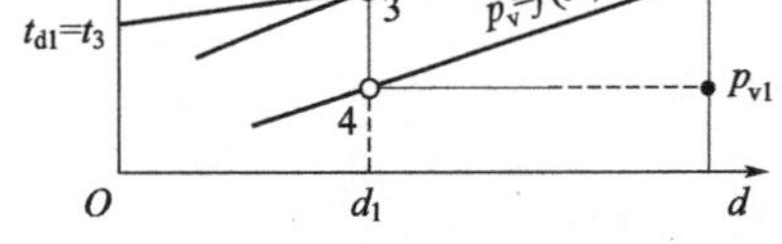

图 6-7 例 6-3 图

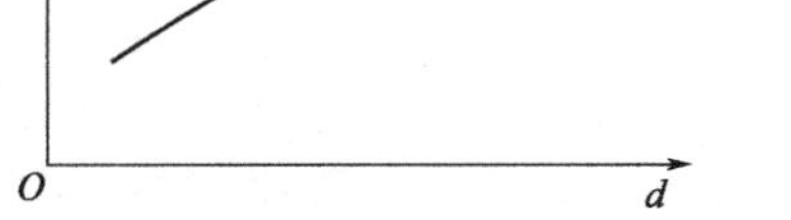

图 6-8 例 6-4 图

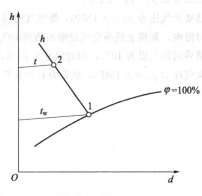

解： 如图 6-8 所示，由 $t_w=15$℃的定温线与 $\varphi=100\%$线相交得 1 点，过 1 点作定 h 线与 $t=30$℃的定温线相交得 2 点，2 点即为湿空气的状态点。

习 题

6-1 什么是混合气体？其分压力和总压力之间的关系是什么？

6-2 如何表示混合气体的组成成分，它们之间有何关系？

6-3 若将空气中的稀有气体忽略，则其质量分数为 $g_{O_2}=23.2\%$，$g_{N_2}=76.8\%$，试计算空气的折合摩尔质量、体积分数和标准状态下的密度。

6-4 燃烧1kg重油产生燃气20kg，其中 CO_2 为3.16kg，O_2 为1.15kg，H_2O(将水蒸气视为理想气体)为1.24kg，其余为 N_2。试求：①该燃气该组成气体的质量分数；②燃气的折合气体常数和折合摩尔质量；③燃气在标准状态下的体积。

6-5 什么是饱和湿空气？什么是未饱和湿空气？

6-6 什么是露点温度？对于未饱和湿空气，湿球温度、干球温度和露点温度哪个比较大？对于饱和湿空气，三者的关系又将如何？

6-7 为什么晴天晒衣服容易干，而阴雨天则不容易干？

6-8 湿空气的含湿量越大相对湿度越大，这种说法正确吗？若湿空气的含湿量不变，湿空气温度越高则越干燥吗？

6-9 解释下列现象：

① 夏天自来水管外表面的出现水珠现象；

② 寒冷地区冬季人在室外呼出的气是白色的。

6-10 已知大气压 $p_b=0.1$MPa，试查 h-d 图来确定下表中湿空气的其余参数。

t/℃	φ	h/[kJ/kg(干空气)]	d/[g/kg(干空气)]	t_w/℃	t_d/℃	p_v/kPa
30				30		
		56	10			
10	75%					
		73.5			20	
	70%					1.3
				14	8	

6-11 已知大气压力为 $p_b=0.1$MPa，相对湿度 $\varphi=50\%$，温度 $t=25$℃。试用解析法和查 h-d 图法确定其状态参数 p_v、t_d、d、h。

6-12 已知大气压力 $p_b=0.1$MPa，湿空气的温度 $t=20$℃，露点温度 $t_d=10$℃，试求湿空气的含湿量和相对湿度。如将上述湿空气定湿加热到40℃时，其相对湿度有何变化。

6-13 黄昏时的气温为10℃，相对湿度为80%，若夜间温度降低至5℃，问能否出现露水？

6-14 大气压力 $p_b=0.1$MPa，状态为 $t_1=10$℃，$\varphi_1=60\%$ 的湿空气进入加热器加热到30℃，试求加热量。

第七章 气体和蒸汽的流动

学习导引

在热工设备中，有时需要借助于变截面短管，将气体和蒸汽的压力能（动能）转变为动能（压力能），产生高速气流（高压气流），保证热工设备的正常运转。前者称喷管，后者称扩压管。本章介绍了描述气体和蒸汽流动的三个基本方程，并以此为依据分析了气体和蒸汽在喷管和扩压管中流动的特性变化、能量转换规律及影响流动的外部条件，同时对热力工程中常用的绝热节流也做了简要介绍。

一、学习要求

本章的重点是气体和蒸汽在喷管内可逆绝热流动时参数变化规律、流速及流量的计算，通过学习应达到以下要求。

① 理解绝热稳定流动的含义，及其稳定流动的基本方程式。掌握声速、马赫数的定义式。

② 了解气体在喷管、扩压管中的流动情况，如流量的变化与压力变化的关系，管道截面变化的规律。

③ 了解临界状态、临界压力比的概念，会运用这些概念分析简单的工程问题。

④ 掌握喷管中流量、流速的计算公式，会进行相关的工程计算。了解喷管中有摩阻时应考虑的内容。

⑤ 了解绝热节流的概念及其特点。

二、本章难点

① 气体和蒸汽在喷管内可逆绝热流动时参数的变化规律理解起来有一定难度。

② 喷管中流速及流量的计算有一定难度，应结合例题与习题加强练习。

在工程中，经常遇到气体和蒸汽在喷管及扩压管内的流动问题。例如，在汽轮机中，蒸汽通过喷管后流速增大，然后高速蒸汽推动汽轮机的叶轮旋转而对外做功；在叶轮式压缩机中，气体在高速旋转的叶片推动下加速，然后高速气体通过扩压管，流速降低而压力升高，从而达到压缩气体的目的；在引射器中，高压的工作流体首先通过喷管，流速提高而压力降低，可把被引射流体吸引上来，并在混合室混合，然后一起通过扩压管，流速降低而压力升高，达到压缩的目的。可见，气体和蒸汽通过喷管和扩压管的流动过程是一种具有状态变化、流速变化和能量转换的特殊热力过程。

第一节 绝热稳定流动基本方程

一、绝热稳定流动

工程中气体和蒸汽在管道内的流动可视为稳定流动，为了简化起见，可认为垂直于管道轴向的任一截面上的各种力学参数、热力学参数都相同，气流参数只沿管道轴向（气流流动方向）发生变化，称为一维稳定流动。此外，由于气流在喷管或扩压管内的流动时间较短，与外界几乎没有热量交换，可认为是绝热流动。因此，气流在喷管或扩压管内的流动为一维绝热稳定流动。

二、绝热稳定流动基本方程

研究气体和蒸汽的一维稳定流动主要有三个基本方程。即连续性方程、绝热稳定流动能量方程和定熵过程方程。

1. 连续性方程

在一维稳定流动的流道中，取截面 1—1、2—2、……根据质量守恒定律，可导出一个基本关系式。在稳定流动通道内任一固定点上的参数不随时间的改变而改变，各截面处的质量流量都相等。即

$$q_{m1}=q_{m2}=\cdots=q_m=\frac{A_1c_{f1}}{v_1}=\frac{A_2c_{f2}}{v_2}=\cdots=\frac{Ac_f}{v}=\text{定值} \tag{7-1}$$

式中 q_{m1}，q_{m2}，…，q_m——各截面处的质量流量，kg/s；

A_1，A_2，…，A——各截面处的截面积，m^2；

c_{f1}，c_{f2}，…，c_f——各截面处的气体流速，m/s；

v_1，v_2，…，v——各截面处的气体的比体积，m^3/kg。

对于微元稳定流动过程，对上式微分可得

$$\frac{dc_f}{c_f}+\frac{dA}{A}-\frac{dv}{v}=0 \tag{7-2}$$

式(7-1)、式(7-2) 为稳定流动连续性方程。它适用于任何工质的可逆与不可逆的稳定流动过程。

2. 绝热稳定流动能量方程

由能量守恒定律可知，气体和蒸汽的稳定流动过程必然符合稳定流动能量方程，即

$$q=(h_2-h_1)+\frac{1}{2}(c_{f2}^2-c_{f1}^2)+g(z_2-z_1)+w_s$$

气体和蒸汽在管道内流动时，一般情况下，由 $z_1\approx z_2$，$w_s=0$，绝热流动时，$q=0$，因此上式可简化为

$$\frac{1}{2}(c_{f2}^2-c_{f1}^2)=h_1-h_2 \tag{7-3}$$

对于微元绝热稳定流动过程，可写成

$$c_f dc_f = -dh \tag{7-4}$$

式(7-3)、式(7-4) 为绝热稳定流动能量方程。说明气体和蒸汽在绝热稳定流动过程中，其动能的增加等于焓的减少。它适用于任何工质的可逆与不可逆绝热稳定流动过程。

3. 定熵过程方程

气体在管道内进行的绝热流动过程，若是可逆的，就是定熵过程。气体的状态参数变化符合理想气体定熵过程方程式，即

$$pv^{\kappa} = 定值 \tag{7-5}$$

对于微元可逆绝热流动过程，可写成

$$\frac{dp}{p} + \kappa \frac{dv}{v} = 0 \tag{7-6}$$

式(7-5)、式(7-6) 只适用于比热容为定值（即 κ 为定值）的理想气体的可逆绝热流动过程。对于蒸汽在定熵过程中状态参数的变化，可通过蒸汽的图表查得。

三、声速和马赫数

在气体高速流动的分析中，声速和马赫数是十分重要的两个参数。

声速是微弱扰动产生的压力波在连续介质中传播的速度，用符号 c 表示。压力波在气体或蒸汽中的传播过程可视为定熵过程，因此气体或蒸汽的声速计算公式为

$$c = \sqrt{\left(\frac{\partial p}{\partial \rho}\right)_s} = \sqrt{-v^2 \left(\frac{\partial p}{\partial v}\right)_s}$$

对于理想气体的定熵过程有

$$c = \sqrt{\kappa p v} = \sqrt{\kappa R_g T} \tag{7-7}$$

显然，声速不是一个常数，它取决于气体的性质及所处的状态。所以声速通常是指某一状态（即某一截面）下的声速，称为当地声速。例如，在 0.1MPa 下，0℃的空气中的声速为 331m/s；20℃的空气中的声速为 343m/s。

在讨论气体和蒸汽流动特性时，流体的流动速度 c_f 和当地声速 c 的比值，称为马赫数，用符号 Ma 表示，即

$$Ma = \frac{c_f}{c} \tag{7-8}$$

马赫数 Ma 是一个重要的无因次数，用于气体和蒸汽流动特征的研究之中。根据马赫数的大小可将气体和蒸汽的流动分为：$Ma<1$，即 $c_f<c$，称为亚声速；$Ma=1$，即 $c_f=c$，称为声速；$Ma>1$，$c_f>c$，称为超声速。

第二节 气体和蒸汽在喷管和扩压管中的定熵流动

一、流速变化与压力变化的关系

对于定熵流动过程，由式(2-33) 可得

$$dh = v dp$$

代入式(7-4) 可得

$$c_f dc_f = -v dp \quad (7\text{-}9)$$

上式表明，定熵流动中，如果气体流速增大（$dc_f>0$），则气体的压力必降低（$dp<0$）；如果气体流速减小（$dc_f<0$），则气体的压力必增高（$dp>0$）。这就是喷管和扩压管的流动特征。也就是说，喷管的目的是使气体和蒸汽降压增速；而扩压管的目的是增压减速。为了更好地实现这一目的，还需要有管道截面的变化来配合。

二、管道截面变化的规律

利用上述绝热稳定流动的三个基本方程及声速与马赫数的关系式经整理可得

$$\frac{dA}{A}=(Ma^2-1)\frac{dc_f}{c_f} \quad (7\text{-}10)$$

该式称为管内流动的特征方程，它说明了管内流动时速度变化所需要的几何条件。

对于喷管，气流速度是增大（$dc_f>0$）的，当 $Ma<1$，进入喷管的气体是亚声速流动时，$dA<0$，喷管的截面应收缩，称为渐缩喷管。当 $Ma>1$，超声速流动时，$dA>0$，喷管的截面应扩张，称为渐扩喷管。若要使进入喷管的气体由亚声速连续增至超声速流动时，喷管的截面要做成渐缩渐扩式，称为渐缩渐扩喷管（缩放形喷管），或称拉伐尔喷管。

对于扩压管，气流速度是减小的（$dc_f<0$），当 $Ma>1$，即超声速流动时，$dA<0$，扩压管的截面应收缩，称为渐缩扩压管。当 $Ma<1$，即亚声速流动时，截面应是渐扩形，称为渐扩扩压管。如果气流由超声速连续降至亚声速时，则截面要先缩小再扩大，称为渐缩渐扩扩压管。喷管和扩压管的种类见表 7-1。

表 7-1 喷管和扩压管截面积变化与流速的关系

管道形状 \ 管道种类	流动状态		
	$Ma<1$	$Ma>1$	渐缩渐扩喷管 $Ma<1$ 转 $Ma>1$ 渐缩渐扩扩压管 $Ma>1$ 转 $Ma<1$
喷管 ($dc_f>0, dp<0$)	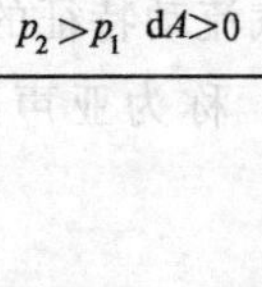	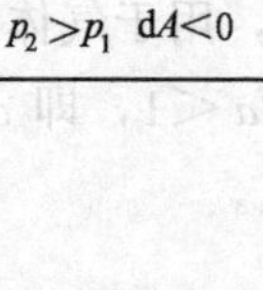	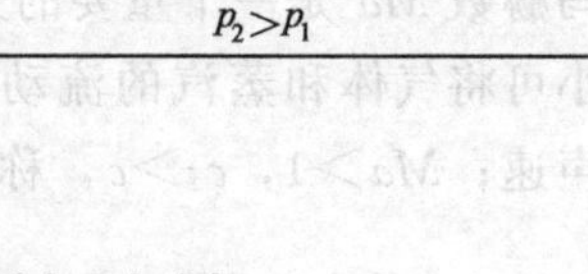
扩压管 ($dc_f<0, dp>0$)	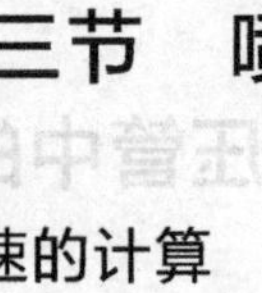	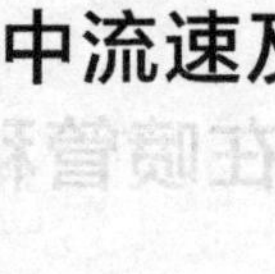	

第三节 喷管中流速及流量的计算

一、喷管出口流速的计算

根据绝热稳定流动能量方程式(7-3) 可求得喷管出口截面处气体的流速为

$$c_{f2}=\sqrt{2(h_1-h_2)+c_{f1}^2}\ (\text{m/s}) \quad (7\text{-}11)$$

式中 c_{f1}——喷管进口截面上的气体流速，m/s；

h_1，h_2——喷管进出口截面上气流的比焓值，J/kg。

一般情况下喷管进口气体流速 c_{f1} 与出口流速 c_{f2} 相比小得多，可以忽略不计。所以气体出口流速可用进、出口焓值 h_1、h_2 近似表达为

$$c_{f2}=\sqrt{2(h_1-h_2)} \tag{7-12}$$

式(7-11)、式(7-12) 是直接根据能量方程导出的，因此适用于任何工质的可逆和不可逆过程。

对于蒸汽流过喷管，可利用蒸汽图表查得焓值 h_1、h_2，代入式(7-12) 便可求出出口流速。如果是理想气体，取定比热容时，$h_1-h_2=c_p(T_1-T_2)$，$c_p=\dfrac{\kappa R_g}{\kappa-1}$代入上式，可求得出口流速计算式为

$$\begin{aligned}c_{f2}&=\sqrt{2(h_1-h_2)}=\sqrt{2c_p(T_1-T_2)}\\&=\sqrt{2\frac{\kappa}{\kappa-1}R_g(T_1-T_2)}=\sqrt{2\frac{\kappa}{\kappa-1}R_gT_1\left(1-\frac{T_2}{T_1}\right)}\\&=\sqrt{2\frac{\kappa}{\kappa-1}R_gT_1\left[1-\left(\frac{p_2}{p_1}\right)^{\frac{\kappa-1}{\kappa}}\right]}\\&=\sqrt{2\frac{\kappa}{\kappa-1}p_1v_1\left[1-\left(\frac{p_2}{p_1}\right)^{\frac{\kappa-1}{\kappa}}\right]}\end{aligned} \tag{7-13}$$

由上式可知，出口气体流速 c_{f2} 大小决定于气体等熵指数 κ，进口参数 p_1、v_1 和喷管进口、出口气体的压力比 p_2/p_1。出口气体流速 c_{f2} 与喷管出口截面积 A_2 大小无关，出口截面积 A_2 大小仅决定喷管的质量流量 q_m。

【例 7-1】 干饱和水蒸气在喷管中流动时，喷管进口压力 $p_1=0.5\text{MPa}$。绝热膨胀至 $p_2=0.4\text{MPa}$，水蒸气的质量流量 $q_m=0.56\text{kg/s}$，试求渐缩喷管出口处水蒸气流速及出口截面积。

解： 由水蒸气 h-s 图查得喷管进、出口处水蒸气参数值为

$$h_1=2745\text{kJ/kg},\ h_2=2705\text{kJ/kg},\ v_2=0.45\text{m}^3/\text{kg}$$

由式(7-12) 求得喷管出口处水蒸气流速为

$$c_{f2}=\sqrt{2(h_1-h_2)}=\sqrt{2\times(2745-2705)\times10^3}=283\ (\text{m/s})$$

由连续性方程可得出口截面积为

$$A_2=\frac{q_mv_2}{c_{f2}}=\frac{0.56\times0.45}{283}=8.83\times10^{-4}\ (\text{m}^2)\ =8.83\ (\text{cm}^2)$$

二、临界压力比与临界流速

1. 临界压力比与临界流速的计算

由前面的分析可知在渐缩渐扩喷管的喉部（最小截面处），$Ma=1$，该截面称为临界截面，该截面处的压力为临界压力 p_c，流速为临界流速 c_{fc}（等于当地声速）。临界压力 p_c 与喷管进口压力 p_1 比值 p_c/p_1，称为临界压力比，用符号 ε_c 表示。由式(7-7) 和式(7-13) 可得临界流速

$$c_{fc}=c_c=\sqrt{2\frac{\kappa}{\kappa-1}p_1v_1\left[1-\left(\frac{p_c}{p_1}\right)^{\frac{\kappa-1}{\kappa}}\right]}=\sqrt{\kappa p_cv_c} \tag{7-14}$$

根据定熵过程方程 $p_1v_1^{\kappa}=p_cv_c^{\kappa}$，由上式可求得临界压力比为

$$\varepsilon_c=\frac{p_c}{p_1}=\left(\frac{2}{\kappa+1}\right)^{\frac{\kappa}{\kappa-1}} \tag{7-15}$$

上式表明临界压力比仅取决于气体的等熵指数 κ，这样可根据 κ 值求得 ε_c 值，从而临界压力 $p_c=\varepsilon_c p_1$。

式(7-15) 所确定的临界压力比是从理想气体定熵过程推导出来的，因此适用定比热容的理想气体定熵流动过程。水蒸气一般不符合理想气体定熵过程方程式，并且在水蒸气的定熵流动过程中，可能从过热蒸汽变为饱和蒸汽或湿蒸汽，这些都使得水蒸气的定熵流动过程比较复杂。为使问题简化，假定水蒸气也符合 $pv^{\kappa}=$定值的关系式，但此时$\kappa\neq\frac{c_p}{c_V}$，而是一个纯经验值。这样可将经验值 κ 代入式(7-15) 从而求得水蒸气的临界压力比 ε_c 值。

水蒸气的经验值 κ 和理想气体的等熵指数 κ，以及将它们代入式(7-15) 而计算出的 ε_c 值，均列于表 7-2 中。临界压力比是一个很重要的参数，根据它才能计算出在一定的进口条件下，气体压力下降到多少时流速恰好等于当地声速，达到临界状态。由表 7-2 中的数值可看出各类工质的 ε_c 大约为 0.5 左右，这说明当工质的压力大约降到喷管进口压力的一半时，就会出现临界状态。另外还要指出，水蒸气在定熵流动过程中，可能从过热蒸汽变为饱和蒸汽或湿蒸汽，而这三种不同的蒸汽状态有不同 κ 值和 ε_c 值。在工程上一般规定以水蒸气的进口状态为准，选择相应的 κ 值和 ε_c 值。

表 7-2　气体的 κ 值和 ε_c 值

气体种类	κ	ε_c	气体种类	κ	ε_c
单原子气体	1.67	0.487	过热蒸汽	1.3	0.546
双原子气体	1.4	0.528	饱和蒸汽	1.135	0.577
多原子气体	1.3	0.546	湿蒸汽	$1.035+0.1x$	

将式(7-15) 代入式(7-14) 中可得理想气体临界流速计算式为

$$c_{fc}=\sqrt{2\frac{\kappa}{\kappa+1}p_1v_1}=\sqrt{2\frac{\kappa}{\kappa+1}R_gT_1} \tag{7-16}$$

上式是从理想气体性质推导出来的，故只适用于理想气体等熵流动中临界流速的计算。显然该临界流速也是渐缩喷管中所能达到的最大出口流速。

若用临界焓 h_c 代替式(7-12) 中的出口焓 h_2，则临界流速也可由下式计算

$$c_{fc}=\sqrt{2(h_1-h_c)} \tag{7-17}$$

式(7-17) 适用于任何工质的可逆和不可逆绝热稳定流动过程。

水蒸气的临界流速计算，可根据表 7-2 中所列的临界压力比 ε_c 值，求出相应的临界压力 $p_c=\varepsilon_c p_1$。这样在 h-s 图上 p_c 等压线与通过进口状态点 1 的定熵线的相交点，即为临界状态点。从而可查出其余临界参数 h_c 等。最后由式(7-17) 求出其临界流速。

2. 根据临界压力确定喷管形状

如前所述，对于渐缩喷管，工质在其中降压增速时，出口流速最大只能达到临界流速 c_{fc}，出口压力最低只能降到临界压力 p_c。因此，当喷管出口外界压力（简称背压）p_b 大于临界压力 p_c（$p_b>p_c$）时，喷管出口截面处的压力 $p_2=p_b$，出口速度小于当地声速，$Ma<1$。随着背压 p_b 的降低，当 $p_b=p_c$ 时，$p_2=p_b=p_c$，出口速度可达到 $Ma=1$。若背压 p_b 继续降低，当 $p_b<p_c$ 时，喷管出口截面处的压力仍等于临界压力而不等于背压，即

$p_2=p_c$，出口流速仍为声速，由临界压力 p_c 降到背压 p_b 的膨胀在喷管外面完成，这种现象称为膨胀不足。

对于缩放喷管，由于有渐扩部分保证了气流在达到临界流速后的继续膨胀，因此可以获得超声速气流。

为充分利用喷管进口压力 p_1 和出口外的背压 p_b 之间的压差来降压增速，在选择喷管时，可以根据喷管出口外的背压与喷管进口工质初压之比值 p_b/p_1 和临界压力比 ε_c 相比较，从而决定选用哪一种形式的喷管。

当 $p_b/p_1 \geqslant \varepsilon_c$，即 $p_b \geqslant p_c$ 时，应选渐缩形喷管；当 $p_b/p_1 < \varepsilon_c$，即 $p_b < p_c$ 时，应选缩放形喷管。

三、喷管流量的计算

渐缩喷管与渐缩渐扩喷管的质量流量都是受最小截面积所控制，所以渐缩喷管按出口截面积 A_2 计算质量流量，渐缩渐扩喷管按喉部截面积 A_{min} 计算质量流量。

1. 渐缩喷管质量流量的计算

由式(7-1) 可知喷管质量流量为

$$q_m=\frac{A_2 c_{f2}}{v_2} \quad (\mathrm{kg/s})$$

对水蒸气等实际气体通过喷管的质量流量可按焓差计算，即

$$q_m=\frac{A_2 c_{f2}}{v_2}=\frac{A_2}{v_2}\sqrt{2(h_1-h_2)} \quad (\mathrm{kg/s}) \tag{7-18}$$

式中 A_2——喷管出口截面积，$\mathrm{m^2}$；

c_{f2}——喷管出口截面上气体的流速，m/s；

v_2——喷管出口截面上气体的比体积，$\mathrm{m^3/kg}$；

h_1，h_2——喷管进出口截面上气体的比焓值，J/kg。

对于理想气体定熵流动过程，质量流量为

$$q_m=\frac{A_2 c_{f2}}{v_2}=\frac{A_2}{v_2}\sqrt{2\frac{\kappa}{\kappa-1}p_1 v_1\left[1-\left(\frac{p_2}{p_1}\right)^{\frac{\kappa-1}{\kappa}}\right]}$$

$$=A_2\sqrt{2\frac{\kappa}{\kappa-1}\frac{p_1}{v_1}\left[\left(\frac{p_2}{p_1}\right)^{\frac{2}{\kappa}}-\left(\frac{p_2}{p_1}\right)^{\frac{\kappa+1}{\kappa}}\right]} \tag{7-19}$$

由上式可知，当 A_2 及 p_1、v_1 一定时，质量流量 q_m 取决于喷管进口、出口压力比 $\frac{p_2}{p_1}$。质量流量随压力比 $\frac{p_2}{p_1}$ 的变化关系如图 7-1 所示。

需要指出的是，式(7-19) 中的 p_2 是喷管出口截面处的压力，只有在背压 $p_b>p_c$ 时，p_2 才等于 p_b；当背压 $p_b \leqslant p_c$ 时，则 $p_2=p_c$ 而保持不变。所以实际中的气体质量流量 q_m 随压力比 $\frac{p_b}{p_1}$ 的变化如图 7-1 中的 a—b—c 所示。

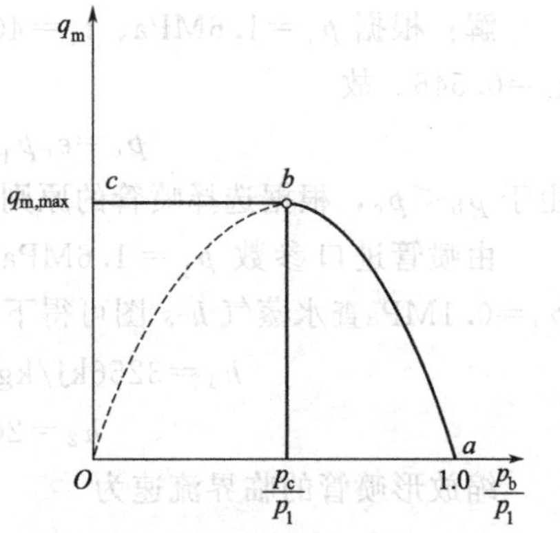

图 7-1 质量流量随压力比的变化

当背压 $p_b > p_c$ 时，则 $p_2 = p_b$。若 $p_2 = p_1$，在进口气流速度 $c_{f1} = 0$ 时，质量流量 $q_m = 0$，说明当喷管进、出口压力相等时，气体不会流动，对应图 7-1 中 a 点。随背压 p_b 降低，p_2 相应降低，并始终保持 $p_2 = p_b$，直至 $p_2 = p_c$。当 $p_2 = p_c$ 时，此时出口压力 p_2 与进口压力 p_1 之比就是临界压力比 $\varepsilon_c = \frac{p_c}{p_1} = \frac{p_2}{p_1}$，$q_m$ 达到最大值 $q_{m,max}$（图 7-1 中点 b），这一变化过程如曲线a—b所示。若背压 p_b 继续降低（$p_b < p_c$），则 p_2 不再降低而保持不变，即 $p_2 = p_c$，所以质量流量 q_m 也保持不变，如图 7-1 中 b—c 所示。

将式(7-15) 代入式(7-19) 可求得渐缩喷管的最大流量 $q_{m,max}$，即临界流量

$$q_{m,max} = A_2 \sqrt{2\frac{\kappa}{\kappa+1}\left(\frac{2}{\kappa+1}\right)^{\frac{2}{\kappa-1}}\frac{p_1}{v_1}} \tag{7-20}$$

式(7-20) 适用于理想气体定熵流动过程。

也可应用临界流速 c_{fc}和连续性方程计算临界流量$q_{m,max}$

$$q_{m,max} = \frac{A_2 c_{fc}}{v_c} \tag{7-21}$$

式(7-21) 适用于任何工质任何过程。

2. 渐缩渐扩喷管质量流量的计算

渐缩渐扩喷管喉部（最小截面积 A_{min}）处所对应的参数为临界值，所以无论喷管出口压力比临界压力低多少，只要进口气体参数与临界参数不变，质量流量将保持 $q_{m,max}$。所以渐缩渐扩喷管的质量流量可按喉部截面积 A_{min}计算，即

$$q_{m,max} = A_{min} \sqrt{2\frac{\kappa}{\kappa+1}\left(\frac{2}{\kappa+1}\right)^{\frac{2}{\kappa-1}}\frac{p_1}{v_1}} \tag{7-22}$$

和

$$q_{m,max} = \frac{A_{min} c_{fc}}{v_c} \tag{7-23}$$

对于实际水蒸气等实际气体可用焓差计算

$$q_{m,max} = \frac{A_{min} c_{fc}}{v_c} = \frac{A_{min}}{v_c}\sqrt{2(h_1 - h_c)} \tag{7-24}$$

【例 7-2】 有压力 $p_1 = 1.6\text{MPa}$，温度 $t_1 = 400℃$ 的水蒸气，经喷管射入压力为 $p_b = 0.1\text{MPa}$ 的容器中，为保证水蒸气在喷管中充分定熵膨胀，应选择何种形式的喷管？当水蒸气质量流量 $q_m = 4.5\text{kg/s}$ 时，求该喷管出口处水蒸气的流速及喷管的主要截面积。

解：根据 $p_1 = 1.6\text{MPa}$、$t_1 = 400℃$ 查附表 5 知水蒸气处于过热蒸汽状态，查表 7-2 得 $\varepsilon_c = 0.546$。故

$$p_c = \varepsilon_c p_1 = 0.546 \times 1.6 = 0.874\ (\text{MPa})$$

由于 $p_b < p_c$，根据选择喷管的原则，应选缩放形喷管。

由喷管进口参数 $p_1 = 1.6\text{MPa}$，$t_1 = 400℃$，临界参数 $p_c = 0.874\text{MPa}$，及出口参数 $p_2 = 0.1\text{MPa}$查水蒸气 h-s 图可得下列参数值

$$h_1 = 3256\text{kJ/kg},\ h_c = 3072\text{kJ/kg},\ v_c = 0.3\text{m}^3/\text{kg},$$
$$h_2 = 2640\text{kJ/kg},\ v_2 = 1.68\text{m}^3/\text{kg}$$

缩放形喷管的临界流速为

$$c_{fc} = \sqrt{2(h_1 - h_c)} = \sqrt{2 \times (3256 - 3072) \times 10^3} = 606.6\ (\text{m/s})$$

喉部截面积为

$$A_{\min}=\frac{q_m v_c}{c_{fc}}=\frac{4.5\times0.3}{606.6}=0.0022\ (\mathrm{m}^2)$$

出口流速为

$$c_{f2}=\sqrt{2(h_1-h_2)}=\sqrt{2\times(3256-2640)\times10^3}=1110\ (\mathrm{m/s})$$

出口截面为

$$A_2=\frac{q_m v_2}{c_{f2}}=\frac{4.5\times1.68}{1110}=0.0068\ (\mathrm{m}^2)$$

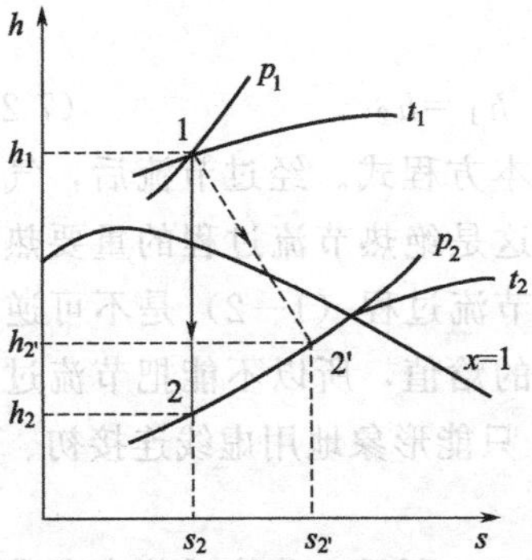

图 7-2 有摩阻的绝热流动过程

四、喷管内有摩阻的绝热流动

前面对工质在喷管内绝热流动的讨论均认为是可逆绝热流动，即图 7-2 所示的定熵过程 1—2。而工质在实际流动过程中存在内部摩擦以及工质与管壁的摩擦，这样使一部分动能重新转化为热能而被工质吸收，所以实际的喷管内流动过程是不可逆绝热过程，工质的熵是增大的，其过程在 h-s 图上不是定熵线而是一条增熵线。如图 7-2 中虚线所示的 1—2′过程即为管内工质经历的实际绝热流动过程线。

由图 7-2 可知，有摩擦的绝热流动过程与可逆绝热流动过程相比，工质虽然经历了相同的压力降 (p_1-p_2)，但焓降减小 $[(h_1-h_{2'})<(h_1-h_2)]$，根据能量方程式(7-3)可知，必然使喷管出口的动能减小，即工质的实际出口流速 $c_{f2'}$ 小于可逆绝热流动时的出口流速 c_{f2}。

工程上常用速度系数 φ 或能量损失系数 ζ 来表示气流出口速度的下降和动能的减少，即

$$\varphi=\frac{c_{f2'}}{c_{f2}} \tag{7-25}$$

$$\zeta=\frac{\text{损失动能}}{\text{理想动能}}=\frac{\frac{1}{2}c_{f2}^2-\frac{1}{2}c_{f2'}^2}{\frac{1}{2}c_{f2}^2}=1-\varphi^2 \tag{7-26}$$

速度系数通常由实验确定，其大小与气体性质、喷管形式、喷管尺寸、壁面粗糙度等因素有关，其数值一般在 0.92～0.98 之间。工程上常按可逆绝热过程先求出 c_{f2}，再根据经验估算 φ 值而求得 $c_{f2'}$，即

$$c_{f2'}=\varphi c_{f2}=\varphi\sqrt{2(h_1-h_2)} \tag{7-27}$$

第四节 绝热节流

流体在管道内流动时，当流经阀门、孔板等截面突然缩小的设备时，由于截面突变，流体局部受阻，使流体的压力明显降低的现象，称为节流。如果节流时流体与外界没有热量交换，就称为绝热节流，也简称为节流。

绝热节流是典型的不可逆过程。因为流体在缩孔处产生了强烈的摩擦和扰动，造成流体压力的降低，使其做功能力减小。但在距缩孔一定距离的地方，如图 7-3 中截面 1—1 和 2—2，流体仍处于平衡状态，应用稳定流动能量方程可得

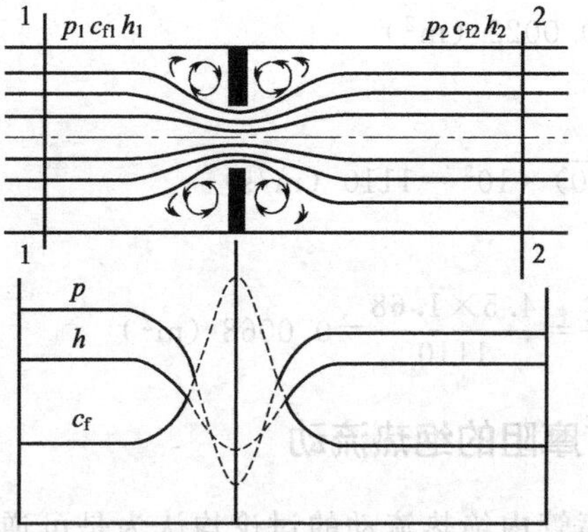

图 7-3 绝热节流

$$q=(h_2-h_1)+\frac{1}{2}(c_{f2}^2-c_{f1}^2)+g(z_2-z_1)+w_s$$

由于绝热节流过程中，$q=0$，$w_s=0$，$z_2-z_1=0$，$c_{f1}\approx c_{f2}$，故

$$h_1=h_2 \tag{7-28}$$

该式为绝热节流的基本方程式。经过节流后，气体和蒸汽的焓值不变，这是绝热节流过程的重要热力学特征。但由于绝热节流过程（1—2）是不可逆过程，不能确定各截面的焓值，所以不能把节流过程看成是定焓过程，也就无法在状态图中绘出真实的过程曲线，只能形象地用虚线连接初、终状态点来近似表示。

理想气体和水蒸气绝热节流前后的状态参数变化情况如图 7-4 所示。节流后状态参数的变化为：压力下降 $p_2<p_1$；比体积增大，$v_2>v_1$，比熵增大，$s_2>s_1$。对于理想气体，由 $h=f(T)$，焓值不变所以温度也不变，即 $T_2=T_1$。对于水蒸气等实际气体，问题较复杂，焓虽不变，但温度却可以降低、升高，也可以不变。若节流后温度升高，$T_2>T_1$，称为热效应；若节流前后的温度不变，$T_2=T_1$，称为零效应；若节流后温度降低，$T_2<T_1$，称为冷效应。大多数气体节流后温度是降低的，因此利用这一特性可使气体通过节流获得低温和使气体液化。

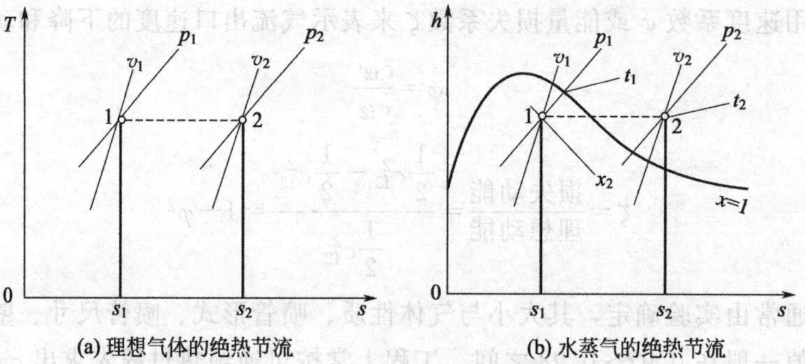

图 7-4 绝热节流前后的状态参数变化

绝热节流而引起流体温度变化的现象称为绝热节流温度效应，或称焦耳-汤姆逊效应。在制冷技术中可以利用节流阀来调节工质的压力，还可以利用孔板前后的压差来测定工质的流量。另外，还可以利用节流提高和测量湿蒸汽的干度。

【例 7-3】 过热水蒸气由 $p_1=2\text{MPa}$，$t_1=250℃$绝热节流至 $p_2=0.2\text{MPa}$，求水蒸气在节流后的温度。

解： 由题意，在水蒸气 h-s 图中可查得节流后的水蒸气温度为

$$t_2=220℃$$

可见，节流后温度降低，属于冷效应。

习　题

7-1 何谓喷管与扩压管？两者各起什么作用？

7-2 研究气体和蒸汽绝热稳定流动时应掌握哪些基本方程式？

7-3 何谓声速与马赫数？声速随哪些因素变化？

7-4 在定熵流动中，当气流速度分别处于亚声速和超声速时，图 7-5 所示形状的管道宜作为喷管还是扩压管？

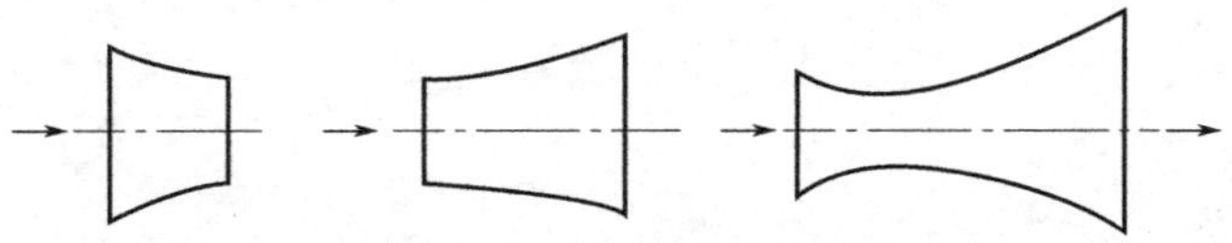

图 7-5　习题 7-4 图

7-5 促使流体流经喷管时流速增大的条件是什么？主要是通道形状还是气流本身的状态变化？

7-6 初态为 $p_1=3.5\mathrm{MPa}$、$t_1=350℃$的水蒸气，在喷管中绝热膨胀到 $p_2=0.1\mathrm{MPa}$。已知流经喷管的质量流量 $q_m=10\mathrm{kg/min}$，试求渐缩喷管出口处水蒸气流速及出口截面积。

7-7 什么是临界压力比？为什么在渐缩喷管中气流只能膨胀到临界压力？

7-8 压缩空气进入喷管时的压力 $p_1=0.3\mathrm{MPa}$、$t_1=50℃$，渐缩喷管的出口截面积 $A_2=10\mathrm{cm}^2$，若喷管的出口压力 $p_2=0.1\mathrm{MPa}$，求流经喷管的质量流量是多少？

7-9 已知压力为 $p_1=0.4\mathrm{MPa}$ 的干饱和蒸汽经渐缩喷管绝热膨胀进入背压为 0.3MPa 的空间中，蒸汽流量为 4kg/s，求出口流速及出口截面积。若外界背压降到 0.3MPa，喷管出口流速如何变化？

7-10 有压力 $p_1=2\mathrm{MPa}$、温度 $t_1=300℃$的水蒸气经一渐缩渐扩喷管流入压力为 0.1MPa 的大空间中，喷管的喉部截面面积 $A_{\min}=25\mathrm{cm}^2$；试求临界速度、出口速度、质量流量及出口截面积。

7-11 参数为 $p_1=2\mathrm{MPa}$、$t_1=300℃$的水蒸气，经过一拉伐尔喷管流入压力为 0.1MPa 的空间中，喷管的最小截面积 $A_{\min}=20\mathrm{cm}^2$，求临界速度、出口速度、质量流量及出口截面积。

7-12 过热水蒸气从 $p_1=1\mathrm{MPa}$、$t_1=300℃$绝热节流至 $p_2=0.5\mathrm{MPa}$，试求水蒸气在节流后的温度。

7-13 压力为 $p_1=0.8\mathrm{MPa}$、干度为 $x_1=0.9$ 的湿饱和水蒸气经节流阀后进入 $p_2=0.12\mathrm{MPa}$ 的蒸汽管路，求低压管路中水蒸气的状态参数 t_2、v_2、h_2 和 s_2，并将绝热节流过程表示在 h-s 图上。

第二篇 流体力学

流体力学是以理论分析与实践相结合的方法，研究流体平衡和运动的规律，并运用这些规律解决实际工程问题的学科。

流体力学包括流体静力学和流体动力学两部分。 流体静力学是研究流体在静止状态下的力学规律以及这些规律在工程上的应用；流体动力学则是研究流体的运动规律及应用。

流体力学的研究和其他自然科学的研究一样，是随着人类社会生产技术的发展需要而发展起来的。 它在工农业生产、城市建设和国防等各个领域有着广泛的应用。它是能源、机械、化工、交通、环境、土木、国防等诸多工程技术的重要的基础理论。 本篇主要讲述：流体的性质和流体静力学基础知识，一元流体动力学基础知识，流动阻力和能量损失以及管路计算。

第八章

流体性质和流体静力学基础

学习导引

液体和气体统称为流体，流体区别于固体的基本特性是具有流动性。工质的流动性是实现能量传递的先决条件，因此在制冷及热能与动力设备中使用的工质均为流体。本章的内容较多，也很重要。主要内容分为两大部分：第一部分阐述了流体的力学定义及流体的基本特性，引入了流体连续性假定，分析了流体的主要力学性质，最后简单介绍了作用于流体上的力；第二部分主要分析了流体处于静止状态时，其内部压力的分布规律及特性，进而推导出了流体静力学基本方程，并举例分析了流体静力学基本方程的工程应用。

一、学习要求

本章的重点是流体的主要力学性质和流体静力学基本方程，通过学习应达到以下要求。

① 理解流体的概念和基本特性，了解流体连续性假定。

② 掌握流体的主要力学性质，了解表面力和质量力的概念。

③ 理解流体静压力的基本概念和基本特性。

④ 掌握流体静力学基本方程，理解连通器与等压面的概念和特性，能熟练运用流体静力学基本方程对简单的实际工程问题进行分析和计算。

二、本章难点

① 流体的黏滞性概念比较抽象，较难理解。黏滞性表现出阻碍流体流动的趋势，学习中结合流层间的速度分布图会有较为直观的理解。

② 流体的表面张力特性较难理解。学习中结合日常生活及工程实际中的实例联系起来进行思考就会容易理解一些。

③ 熟练运用流体静力学基本方程对实际工程问题进行分析和计算需要一定的技巧，会有一定的难度，应结合例题与习题加强练习。

第一节　流体的主要力学性质

一、流体及其基本特性

通常讲能流动的物质称为流体。从力学的特征讲，在任何微小剪切力的持续作用下，能够产生连续变形的物质称为流体。只要这种力持续作用，流体就将连续变形流动，只有外力停止作用，变形才会停止。这种无限制的变形就是流动。流体不能抵抗剪切变形，只能抵抗变形速度，即对变形速度呈现一定的阻力。流体具有极易变形的这种基本特性叫做流动性。

自然界中物质的存在形式一般有三种：固体、液体和气体。从宏观的外在现象看，它们之间的主要区别是：固体具有一定的体积和形状；液体具有一定的体积，但没有一定的形状，很容易流动，其形状随容器形状而异，并能形成自由表面；气体没有固定的体积，也没有一定的形状，能充满容纳它的空间。这就是说，液体和气体容易变形，具有易流动性，故称为流体。固体和液体能承受一定的压力，不容易被压缩变形，而气体则容易被压缩变形。

液体、气体和固体所具有的不同的力学特性，从微观来讲，是由分子之间的距离和分子之间的吸引力不同造成的。固体的分子排列最紧密，分子间的距离很小，分子间的吸引力很大，抵抗变形的能力也很大，所以固体具有抗拉、抗切、抗压的能力；液体的分子排列较松散，分子间的距离较大，分子间的吸引力较小；气体与液体比较起来，分子间的距离更大，因此分子之间的吸引力更小，它不能约束分子的自由运动，所以气体没有固定不变的体积，总是能够充满它所占据的整个空间。液体分子之间的相互作用表现为无一定方向和周期的无规则振动，虽然分子之间能够做相对移动，但不能作自由运动。因此，液体有固定的体积，能够承受巨大的压力，不容易被压缩。当液体和气体接触时，气液间便会形成一交界面，这种交界面称为液体的自由表面。

二、流体连续性假定

从微观结构上看，流体都是由大量离散的、不断运动的分子组成，分子之间有间隙，也就是说，流体实质上是不连续的。如果要考虑这种微观上物质不连续，并从每一个分子的运动出发，去研究整个流体平衡与运动规律，则将是很困难的。而且工程上只需研究流体宏观表现出的性质就够了。因此，流体力学中引入了流体具有连续性的假定：认为流体是由彼此之间没有间隙的无数流体微团（又称为流体质点）所组成，是一个内部没有间隙的连续体。事实说明，引入这样一个假定是合理的，这是因为在工程实际中所要解决的流体力学问题都有较大的特征尺寸，其最小尺寸也远大于分子之间的距离，分子之间的距离比起工程尺寸极其微小，完全可以忽略，可以将流体看作无间隙的连续体。这样流体力学所研究的流体就是一种连续介质，它使得流体一切的力学性质都可以被看作变量的连续函数，因而在解决流体力学实际问题时，就能用连续函数这一有力的数学工具去分析和研究。

这里必须指出：并不是在任何情况下都可以将流体视为连续介质，如高度真空下的气体，连续性假定就不再适用。

三、流体的主要力学性质

1. 压缩性和膨胀性

当流体温度不变，压力变化时，流体体积发生变化，这种性质称为流体的压缩性。当流体压力不变时，流体体积随温度变化的性质称为流体的膨胀性。液体和气体的压缩性和膨胀性差别很大。

(1) 液体的压缩性和膨胀性　液体压缩性的大小一般用体积压缩系数 β_p 表示。体积压缩系数的定义为：增加单位压力时，液体体积或密度的相对变化率，即

$$\beta_p=-\frac{1}{V}\times\frac{\Delta V}{\Delta p} \tag{8-1}$$

或

$$\beta_p=\frac{1}{\rho}\times\frac{\Delta\rho}{\Delta p} \tag{8-2}$$

式中　β_p——体积压缩系数，m^2/N；

V——压缩前液体体积，m^3；

ΔV——液体体积变化量，m^3；

Δp——作用在液体上的压力变化量，Pa；

ρ——压缩前液体密度，kg/m^3；

$\Delta\rho$——液体的密度变化量，kg/m^3。

负号表示 ΔV 与 Δp 的变化方向相反。

液体膨胀性的大小以体积膨胀系数 α_V 表示，它是指在压力不变的条件下，温度每变化一个单位时，液体体积或密度的相对变化量，即

$$\alpha_V\frac{1}{V}\times\frac{\Delta V}{\Delta T} \tag{8-3}$$

或

$$\alpha_V=-\frac{1}{\rho}\times\frac{\Delta\rho}{\Delta T} \tag{8-4}$$

式中　α_V——液体体积膨胀系数，K^{-1}；

ΔT——温度变化量，K。

实验表明，液体的体积压缩系数和体积膨胀系数都很小，除特殊情况（如有压管路的水击、热水管路系统等）外，在大多数实际工程计算中都不予考虑。

(2) 气体的压缩性和膨胀性　与液体不同，气体由于其分子运动的特点，在温度、压力变化时，体积变化较大。在压力不很高，温度不太低的情况下，气体的密度、压力与温度之间的关系可用理想气体状态方程表示。尽管气体具有较大的压缩性和膨胀性，但是在许多工程实际问题中，只要气体速度远小于声速，密度变化不大，即$\left(\frac{\rho_2-\rho_1}{\rho_1}\times100\%\right)\leqslant20\%$时，也可将气体作为不可压缩流体处理。如在空调系统的风道中流动的空气，其压力、温度变化较小，可以将空气的密度视为常数。按照不可压缩流体的有关理论进行计算。

2. **黏滞性**

流体具有流动性，但不同的流体之间其流动性是有差异的，比如水比油流得快。这种现象说明流体存在着一种性质，即黏滞性，由于水的黏滞性较小，所以流动较快；而油的黏滞性较大，所以流动较慢。

(1) 黏滞性的概念　黏滞性是指流体各流层间或质点间因相对运动而产生内摩擦力以抵抗其相对运动的性质，简称黏性。由于有黏滞性，要使一层流体与另一层流体相对滑动，就需要力的作用。

图 8-1 所示为两块相距较近的平行板，其间充满了某种流体。假定 A 板固定，B 板以某一速度 v_0 向右移动。由于流体与板间的附着力，紧贴 B 板的流体层附着在板上，以速度 v_0 随 B 板向右运动，而紧贴 A 板的一层流体将如 A 板一样静止不动。介于两板之间的各层流体速度将自上而下逐层递减，呈直线分布。这就表明，相邻流体层因流速不同产生相对运动

时，快层对慢层有个拖力使它加速，而慢层对快层有个阻力使它减速。拖力和阻力是同时出现的大小相等、方向相反的一对力，且分别作用在相邻流体层的接触面上。因为这一对力产生于流体内部，所以称内摩擦力，也称为黏滞力。

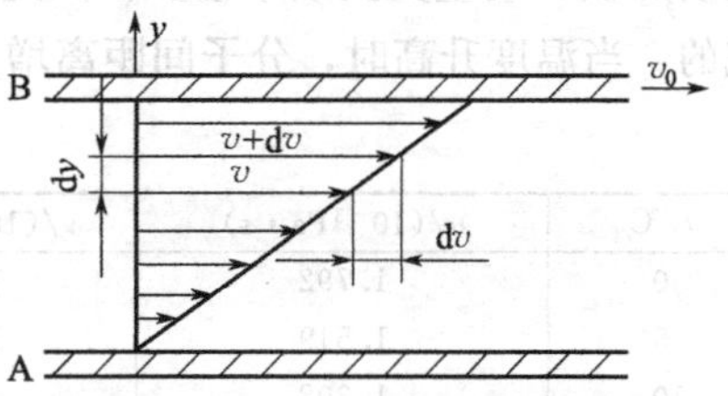

图 8-1　平板间流体速度分布

流体的黏滞性是在流动中体现出来的，由于流体的流动，各质点间存在着不同的流动速度，流动速度小的质点，对流动速度大的流体质点必然存在着阻碍作用，对于不同种类的流体这种阻碍作用的大小是不同的。

(2) 牛顿内摩擦定律　在大量实验研究的基础上，牛顿提出了关于流体内摩擦力的牛顿内摩擦定律，即流体的内摩擦力的大小与流体的物理性质有关，与流体层的接触面积和接触面法线方向的速度梯度成正比。其关系可用下式表示

$$F=\mu A\ \frac{dv}{dy} \tag{8-5}$$

式中　F——流体的内摩擦力，N；

μ——表示流体物理性质的比例系数，称为动力黏度，简称黏度，Pa·s；

A——流体层间的接触面积，m^2；

$\frac{dv}{dy}$——速度梯度，即流体层速度在流动方向上的法向变化率，1/s。

单位面积上的内摩擦力可表示为

$$\tau=\frac{F}{A}=\mu\ \frac{dv}{dy} \tag{8-6}$$

式中　τ——单位面积上的内摩擦力，也称切应力，Pa。

式(8-5) 和式(8-6) 两表达式称为牛顿内摩擦定律。流体静止时，$dv/dy=0$，所以不呈现内摩擦力。对于运动的流体，凡遵循牛顿内摩擦定律的流体称为牛顿型流体，如空气和水等低分子流体；凡不遵循牛顿内摩擦定律的流体均称为非牛顿型流体，如油脂、牙膏、水泥浆和高分子化合物溶液等。本书只限于讨论牛顿型流体。

(3) 流体的黏度及其影响因素　流体的黏度是流体的一个重要的物理性质，在 A 和 dv/dy 一定时，动力黏度 μ 越大，其内摩擦力越大。因此动力黏度在数值上可看为是当速度梯度 $dv/dy=1$ 时，由于黏性引起的流体层间单位面积上的内摩擦力。由此也可推出，流体的黏度越大，在相同的流动条件下，所产生的流动阻力也就越大。

在 SI 单位制中，动力黏度的单位为 Pa·s；在 cgs 单位制中，动力黏度的单位为 P(泊) 或 cP(厘泊)，1P=100cP，它与 Pa·s 之间的换算关系为

$$1Pa\cdot s=10P=1000cP$$

不同的流体具有不同的黏度，同一种流体的黏度在不同的温度和压力下数值也不相同。液体的黏度随温度升高而减小，而压力的影响则可忽略；气体的黏度随温度升高而增大，当压力变化范围较大时，要考虑压力变化的影响，一般是随压力增大而增大。当气体的压力变化不大时，一般情况下也可忽略其影响。水和常压空气在不同温度下的黏度见表 8-1 和表 8-2。温度对气体和液体黏度的影响是截然不同的，这是因为气体和液体产生黏性的主要因素不同。气体的黏性主要是由分子不规则热运动的动量交换形成的。当温度升高时，分子热

运动加快，动量交换频率增多，因此气体的黏度增大。液体的黏性主要是由分子间的吸引力形成的。当温度升高时，分子间距离增大，分子间的吸引作用减弱，因此，液体的黏度减小。

表 8-1 水的黏度

t/℃	$\mu/(10^{-3}\text{Pa}\cdot\text{s})$	$\nu/(10^{-6}\text{m}^2/\text{s})$	t/℃	$\mu/(10^{-3}\text{Pa}\cdot\text{s})$	$\nu/(10^{-6}\text{m}^2/\text{s})$
0	1.792	1.792	40	0.656	0.661
5	1.519	1.519	45	0.599	0.605
10	1.308	1.308	50	0.549	0.556
15	1.140	1.140	60	0.469	0.477
20	1.005	1.007	70	0.406	0.415
25	0.894	0.897	80	0.357	0.367
30	0.801	0.804	90	0.317	0.328
35	0.723	0.727	100	0.284	0.296

表 8-2 一个大气压下空气的黏度

t/℃	$\mu/(10^{-3}\text{Pa}\cdot\text{s})$	$\nu/(10^{-6}\text{m}^2/\text{s})$	t/℃	$\mu/(10^{-3}\text{Pa}\cdot\text{s})$	$\nu/(10^{-6}\text{m}^2/\text{s})$
0	0.0172	13.7	60	0.0201	19.6
10	0.0178	14.7	70	0.0204	20.5
20	0.0183	15.7	80	0.0210	21.7
30	0.0187	16.6	90	0.0216	22.9
40	0.0192	17.6	100	0.0218	23.6
50	0.0196	18.6	200	0.0259	35.8

在流体力学中，经常出现动力黏度 μ 与密度 ρ 的比值，这个比值通常用符号 ν 来表示，称为运动黏度。

$$\nu=\frac{\mu}{\rho} \tag{8-7}$$

运动黏度的单位在 SI 制中为 m^2/s，在 cgs 制中为 cm^2/s，简写为 st(stoket)，1st=100cst(centistokes)。

综上所述，黏性是产生流动阻力的内在原因，它对流体运动有着重要的影响。但由于黏性的存在，往往给流体运动的研究带来了极大的困难，为了简化分析，在流体力学中引入了理想流体的概念。所谓理想流体是指一种假想的无黏性流体，是一种流动时没有阻力的流体。当然这种流体实际上是不存在的。引入理想流体概念后，可以大大简化理论分析过程，比较容易得出一些结果。在流体力学研究中，如果实际流体在流动过程中黏性的影响很小，可将其视为理想流体；如果实际流体黏性影响必须考虑时，则可先按理想流体进行分析，得出主要结论，然后再通过实验方法考虑黏性影响，对分析结果加以修正和补充，使问题得到解决。

最后，必须指出，黏性只有在流体运动时才显示出来，而对处于静止时的流体，黏性不表现出任何作用。

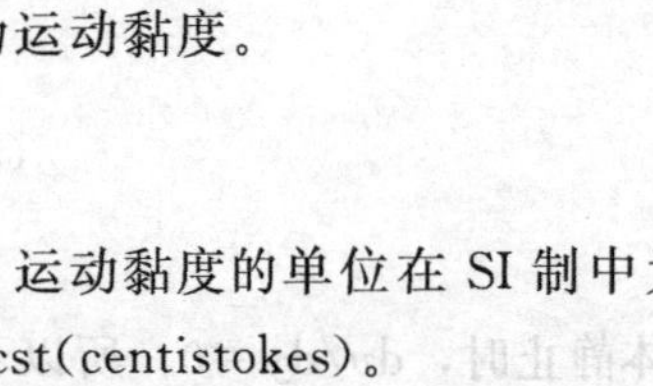

图 8-2 例 8-1 图

【例 8-1】 如图 8-2 所示，液压缸内壁的直径为 $D=10\text{cm}$，活塞的直径为 $d=9.96\text{cm}$，活塞的长度 $L=10\text{cm}$，活塞与液压缸之间充满了 $\mu=0.1\text{Pa}\cdot\text{s}$ 的润滑油，若活塞以 $v=1\text{m/s}$ 的速度往复运动，求活塞受到的黏滞力。

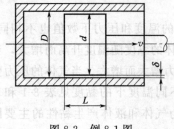

解：因为间隙 δ 值很小，因此，其间油层的速度分

布可视为直线分布，故

$$\frac{dv}{dy}=\frac{v-0}{\delta}=\frac{1}{0.5\times(10-9.96)\times10^{-2}}=5\times10^{3}\ (1/s)$$

又因为接触面积　$A=\pi dL=3.14\times0.0996\times0.1=0.03\ (m^2)$

所以活塞受到的黏滞力为

$$F=\mu A\frac{dv}{dy}=0.1\times0.03\times5\times10^{3}=15\ (N)$$

3. 表面张力特性

在液体和气体的分界面，液体表面部分可划出一表面层，处在表面层以下的液体分子，在各方向上受到周围分子的作用力（吸引力与排斥力）处于平衡状态，而处在表面层中的液体分子，受到内部液体分子的吸引力与其上部气体分子的吸引力不相平衡，其合力指向液体内部。在这个力的作用下，液体表面层中的分子有尽量挤入液体内部的趋势，因而液体要尽可能的缩小它的表面积。在宏观上，液体表面就好像是拉紧的弹性膜，使液体表面有尽量收缩的趋势，这种使液体表面有收缩趋势的力称为表面张力。液体在自由表面上能承受微小张力，这一特性称为表面张力特性。由于气体不能形成固定的自由表面，因此表面张力特性是液体特有的性质。

液体与固体壁面接触时，若液体间的吸引力小于液体与固体壁面的附着力，就会产生液体能润湿固体壁面的现象，如图 8-3(a) 所示；反之，则不能湿润固体壁面，如图 8-3(b) 所示。

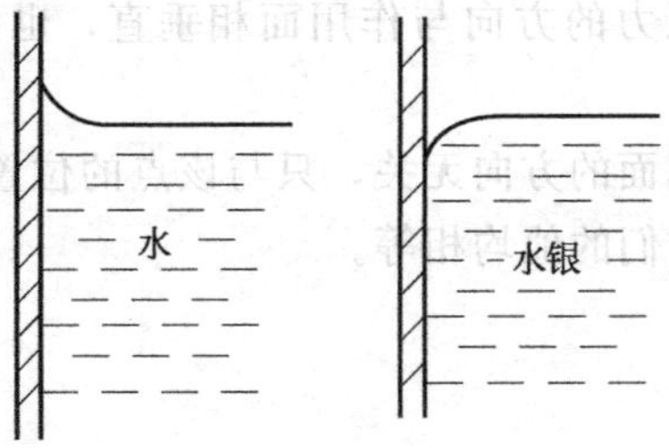

(a) 水　　(b) 水银

图 8-3　液体润湿固体现象

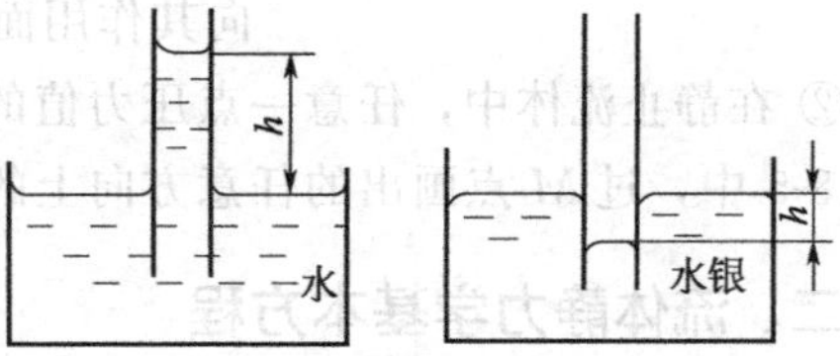

图 8-4　毛细管现象

表面张力在曲面上会产生一个附加压力，这个附加压力将参与液体的受力平衡，使液体的平衡状态发生变化。例如，当将一根两端敞口的细玻璃管竖立在液体中时，液面为曲面(玻璃管很细)，表面张力在垂直方向产生一个附加压力，在该压力下，液体便会在细管内上升或下降一定的高度，如图 8-4 所示。这种现象又称毛细管现象。

自然界中存在着许多表面张力作用的现象。一般情况下，其影响可不予考虑。但在液滴、气泡的形成等问题中，表面张力起着重要作用，因此不可忽略。

四、作用于流体上的力

1. 表面力

表面力是指作用在流体表面并与作用面积大小成正比的力。在工程实际中是指作用在液体表面上的压力。

2. 质量力

质量力是作用在流体内部每一个质点上的力，与流体质量成正比。

作用在流体上的质量力有两种：一种是流体自身的重力；另一种是流体由于加速运动而产生的力，称为惯性力。

第二节　流体静力学基础

一、流体静压力及其特性

1. 流体静压力

在热力学中已经熟悉了“压力”，这是工质的状态参数，指工质对单位面积的容器壁面上所施加的垂直作用力。实际上流体即便在静止的时候也承受着流体其他部分施加的压力。流体静压力是指流体单位面积上承受的垂直于该表面的力。

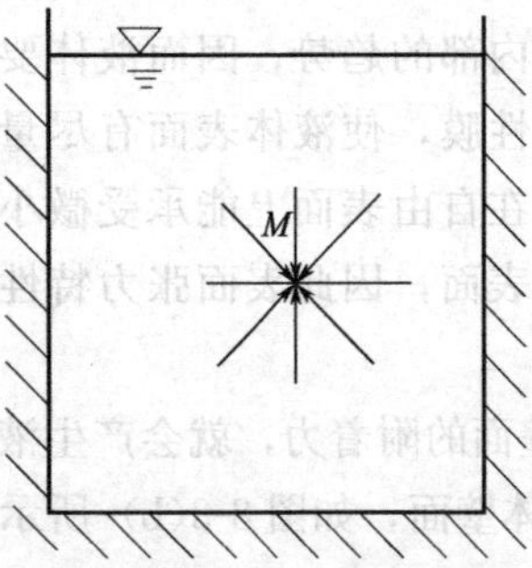

图 8-5　流体内某点的静压力

2. 流体静压力的基本特性

流体静压力有如下两个重要基本特性。

① 流体静压力的方向总是与作用面相垂直，并指向作用面。对于静止流体，流体各部分没有相对运动，切向力为零，所以作用在流体上的表面力只有法向力，静压力为单位面积上的法向力，所以静压力的方向与作用面相垂直，也必然指向其作用面。

② 在静止流体中，任意一点压力值的大小与作用面的方向无关，只与该点的位置有关。如图 8-5 中，过 M 点画出的任意方向上的静压力，它们的值均相等。

二、流体静力学基本方程

1. 流体静力学基本方程式推导

作用在流体上的质量力有重力和惯性力，由于所研究的流体处于静止状态，流体所受到的质量力只有重力。用于描述重力作用下流体内部压力变化规律的数学表达式称为流体静力学基本方程式。此方程式的推导如下：

设重力作用下的静止液体如图 8-6 所示，在液体中取一垂直的小液体柱，其截面积为 A，高度为 h，上表面与自由表面重合，压力为 p_0，下底面压力为 p。

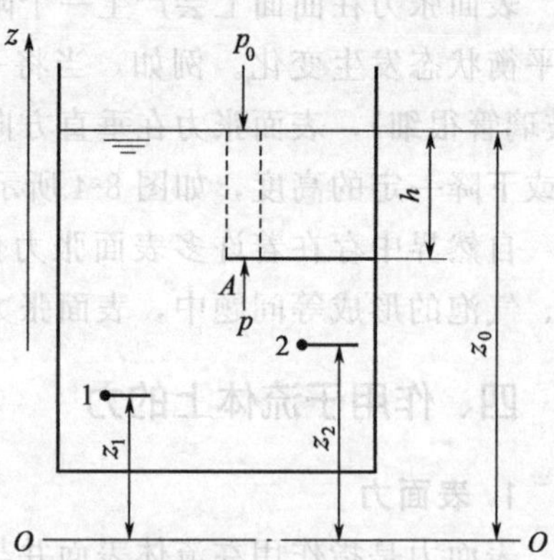

图 8-6　流体静力学基本方程式推导

因为液体柱处于静止状态，也就是处于平衡状态，根据受力平衡条件，液体柱所受到的一切外力，在空间任意一轴上投影的代数和等于零。现取 z 轴为投影轴，向上的作用力为正，则液体柱所受到的外力在 z 轴上的投影如下。

液体柱受到的表面力有：

上表面的总压力为 $-p_0A$；

下底面的总压力为 pA。

液体柱受到的质量力有：

重力为$-\rho ghA$。

液体柱侧面上的流体静压力方向与侧面垂直，即与 z 轴垂直，因而在轴 z 上的投影为零。

由受力平衡条件：$\sum F_z=0$，有

$$pA-p_0A-\rho ghA=0$$

化简得

$$p=p_0+\rho gh \tag{8-8}$$

式中 h——某点在液面下的深度，m；

p——液体内深度为 h 点的压力，Pa；

p_0——液面上气体的压力，Pa；

ρ——液体的密度，kg/m^3；

g——重力加速度，$g=9.81m/s^2$。

式(8-8) 就是流体静力学基本方程式，它表明了在重力作用下静止流体内部压力的变化规律。流体静力学基本方程式还可表示成另一种形式。如图 8-6 所示，$O-O$ 面为任意选定的水平面，作为基准面。从静止液体中任选 1、2 两点，相对于基准面的高度分别为 z_1 和 z_2，则有

$$p_1=p_0+\rho g(z_0-z_1)$$

$$p_2=p_0+\rho g(z_0-z_2)$$

上两式同除以 ρg，整理后得

$$z_1+\frac{p_1}{\rho g}=z_0+\frac{p_0}{\rho g}$$

$$z_2+\frac{p_2}{\rho g}=z_0+\frac{p_0}{\rho g}$$

两式联立得

$$z_1+\frac{p_1}{\rho g}=z_2+\frac{p_2}{\rho g}$$

由于 1、2 两点是任选的，所以上述关系式可以推广到整个液体，得出具有普遍意义的规律，即

$$z+\frac{p}{\rho g}=C\ (\text{常数}) \tag{8-9}$$

2. 流体静力学基本方程的讨论

① 在静止液体内部，压力随深度直线变化，且越深的地方压力值越大。

② 静止液体中任意一点的压力等于液面压力 p_0 和该点深度 h、液体密度 ρ、重力加速度 g 乘积之和。当 p_0、ρ 和 h 不变时，该点的压力值就不变。也即：静压力的大小与容器形状无关。

③ 当液面上的压力 p_0 有变化时，液体内部各点的压力也发生同样大小的改变，这就是著名的帕斯卡原理。该原理在水压机、液压传动等水利机械中得到广泛应用。

④ 式(8-8) 可改写为$\frac{p-p_0}{\rho g}=h$，说明压力差的大小也可以用一定高度的液体柱来表示，这就是压力的单位可以用液柱高度来表示的依据。必须注意的是：当用液柱高度来表示压力或压力差时，必须注明是何种液体，否则就失去了意义。

⑤ 式(8-9) 中 z 表示单位重量液体的势能，$\frac{p}{\rho g}$表示单位重量液体的压力能，两项之和为常数，表明在各不相同位置处单位重量液体所具有的机械能总和是相等的。这些将在流体动力学中详细讨论。

⑥ 以上方程是由液体推导而来，液体的压缩性和膨胀性都很小。密度可按常数处理；对于可压缩流体，在有限的高度范围内，压力变化很小，密度可取其平均值而可视为常数。由于气体密度很小，ρgh 一项通常可以忽略，认为 $p=p_0$，如蒸汽锅炉或氧气瓶内压力，均可看作是各点相等。

这里需要强调的是：上述的方程式只能适用于静止连通着的同一种连续的流体，否则由于密度不同，应分别应用各自的方程。

三、流体静力学基本方程式的应用

1. 连通器与等压面

(1) 连通器　所谓连通器就是两个或多个相互连通的液体容器。连通器内流体具有如下特点：

① 连通器中同一种连续液体相同高度的两个液面压力相等；

② 连通器的两段液柱间有气体时，应注意到气体空间各点压力相等；

③ 连通器中若装有相同的液体，但两边液面上的压力不等，则承受压力较高的一侧液面位置较低，承受压力较低的一侧液面位置较高。

如图 8-7 所示，连通的两个容器Ⅰ、Ⅱ内装有同种密度为 ρ 的液体，但表面压力不相等，设 $p_{01}>p_{02}$，计算 A 点来自左、右两侧的压力

$$p_{A1}=p_{01}+\rho gh_1$$

$$p_{A2}=p_{02}+\rho gh_2$$

因液体为平衡状态，所以 $p_{A1}=p_{A2}$

$$p_{01}+\rho gh_1=p_{02}+\rho gh_2$$

即
$$p_{01}-p_{02}=\rho g(h_2-h_1)$$

因为 $p_{01}>p_{02}$，所以有 $h_2>h_1$。上式说明了Ⅰ、Ⅱ两容器由于表面压力不相等，液面高度也不相等。

④ 连通器中装有密度不同而又互不相混的两种液体，且两侧液面上压力相等时，装有密度较小液体的一侧液面较高，装有密度较大液体的一侧液面较低。

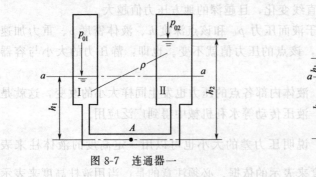

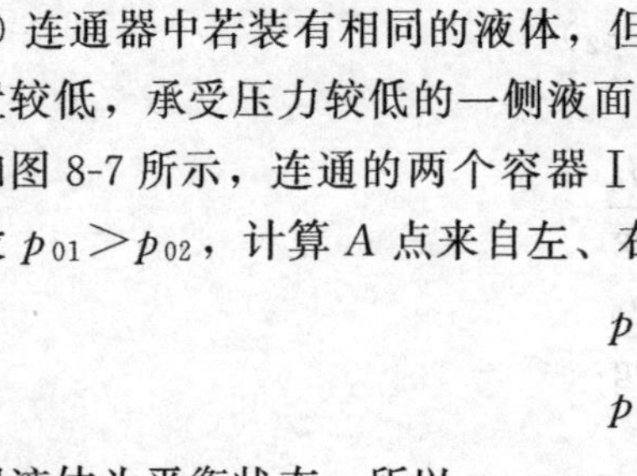

图 8-7　连通器一

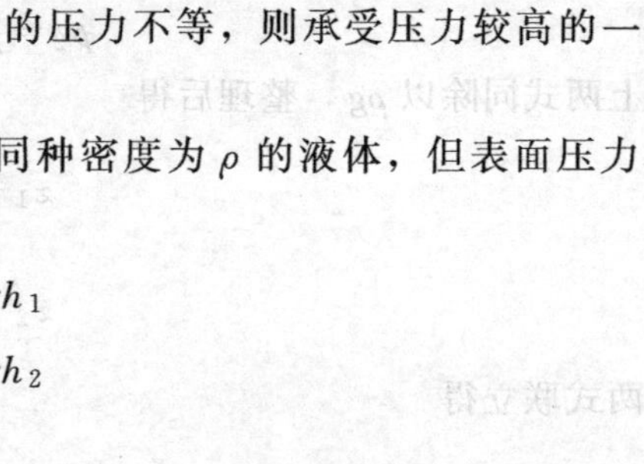

图 8-8　连通器二

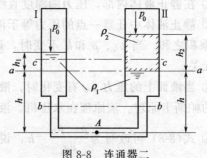

如图 8-8 所示，连通的两容器Ⅰ、Ⅱ内装有不相混合的两种液体，设 $\rho_1>\rho_2$，表面压力

相等，均为 p_0，计算 A 点来自左、右两侧的压力

$$p_{A1}=p_0+\rho_1 gh_1+\rho_1 gh$$

$$p_{A2}=p_0+\rho_2 gh_2+\rho_1 gh$$

由于 $p_{A1}=p_{A2}$，因此有

$$\rho_1 gh_1=\rho_2 gh_2$$

即

$$\frac{\rho_1}{\rho_2}=\frac{h_2}{h_1}$$

因为 $\rho_1>\rho_2$，所以有 $h_2>h_1$。上式表明，当连通器内装有两种互不相混的液体时，液体的密度与自分界面算起的液体高度成反比。利用这一原理可以用来测定液体密度或进行液柱高度换算。

(2) 等压面　在静止液体中，由压力相等的各点组成的面称为等压面。容器中液体的自由表面是等压面。根据公式(8-8) 可知，深度相同的各点静压力均相等，所以液面下任一水平面都是等压面。

对于连通器，如图 8-7 中 $a—a$ 面是等压面，它以下的水平面都是等压面。图 8-8 中，$a—a$ 面、$b—b$ 面是等压面，而 $c—c$ 面则不是等压面。因为它不在同一种液体中。

综上，可得出以下结论：在静止、同种、连续的液体中，水平面是等压面。三个条件缺一不可。等压面的概念对于分析解决液体平衡问题很有用，应熟练掌握。

【例 8-2】 判断图 8-9 中，$A—A(a、b、c、d)$，$B—B$，$E—E$ 是否为等压面，并说明理由。

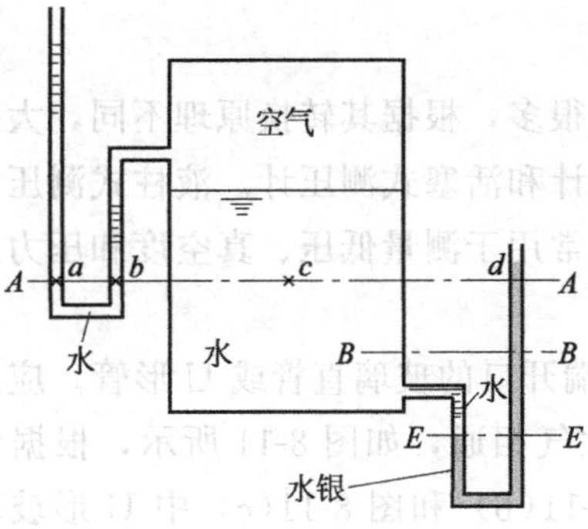

图 8-9　例 8-2 图

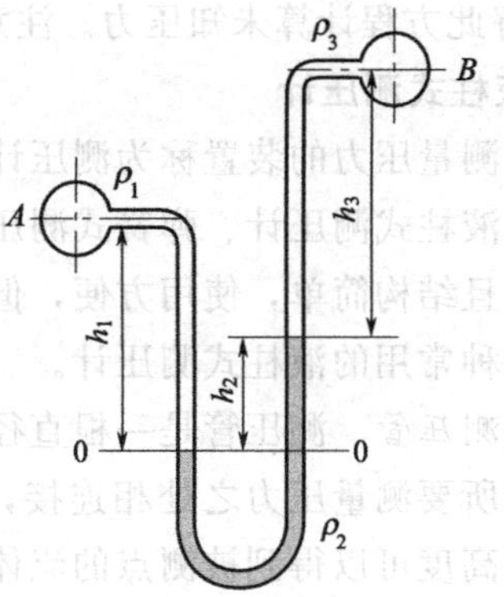

图 8-10　例 8-3 图

答　$A—A$ 面：a、b 两处压力相等

$$p_a=p_b\neq p_c\neq p_d$$

b 与 c 处虽然都是水，为同种液体，但不连续，中间有空气隔开；c 与 d 处不是同种液体，所以压力不相等。

$B—B$ 面：不是等压面，因为不是同种液体。

$E—E$ 面：是等压面，因为满足静止、同种、连续的三个条件。

【例 8-3】 如图 8-10，液体 1 和液体 3 的密度相等，$\rho_1 g=\rho_3 g=8.14\text{kN/m}^3$，液体 2 的 $\rho_2 g=133.3\text{kN/m}^3$。已知：$h_1=16\text{cm}$，$h_2=8\text{cm}$，$h_3=12\text{cm}$。①当 $p_B=68950\text{Pa}$ 时，p_A 等于多少？②当 $p_A=137900\text{Pa}$ 时，且大气压力计的读数为 95976Pa 时，求 B 点的表压力为多少？

解：①根据静止、同种、连续的液体中，水平面是等压面的原则，选定等压面0—0，等压面左右两侧的压力分别是

$$p_0=p_A+\rho_1 gh_1$$

$$p_0=p_B+\rho_3 gh_3+\rho_2 gh_2$$

上两式相等，得

$$p_A=p_B+\rho_3 gh_3+\rho_2 gh_2-\rho_1 gh_1$$
$$=68950+8.14\times10^3\times0.12+133.3\times10^3\times0.08-8.14\times10^3\times0.16$$
$$=79288.4\ (\text{Pa})$$

②根据两侧等压面的压力关系，B 点的表压力为

$$p_{gB}=p_A+\rho_1 gh_1-\rho_3 gh_3-\rho_2 gh_2-p_b$$
$$=137900+8.14\times10^3\times0.16-8.14\times10^3\times0.12-133.3\times10^3\times0.08-95976$$
$$=31585.6\ (\text{Pa})$$

由以上例题可知解题步骤如下。

① 选择正确的等压面。选择等压面是解决问题的关键，根据等压面的条件，选择包含已知条件和未知量的符合条件的水平面为等压面，一般选在两种液体的分界面或气液分界面上。

② 根据具体情况，列出每个等压面的压力表达式，从而把等压面压力与已知点压力、未知点压力联系起来。

③ 令等压面压力相等，得到求解未知点压力的方程式。

④ 解此方程计算未知压力。注意单位的换算。

2. 液柱式测压计

用于测量压力的装置称为测压计。测压计的种类很多，根据其转换原理不同，大致可分为四类：液柱式测压计、弹簧式测压计、电气式测压计和活塞式测压计。液柱式测压计的精度较高，且结构简单，使用方便，但量程较小，所以常用于测量低压、真空度和压力差。下面介绍几种常用的液柱式测压计。

(1) 测压管　测压管是一根直径不小于5mm两端开口的玻璃直管或U形管。应用时一端和流体所要测量压力之处相连接，另一端开口与大气相通，如图8-11所示，根据管中液面上升的高度可以得到被测点的流体静压力值。图8-11(b) 和图8-11(c) 中U形玻璃管内装有密度为 ρ_i 的工作液体（又称指示液）。

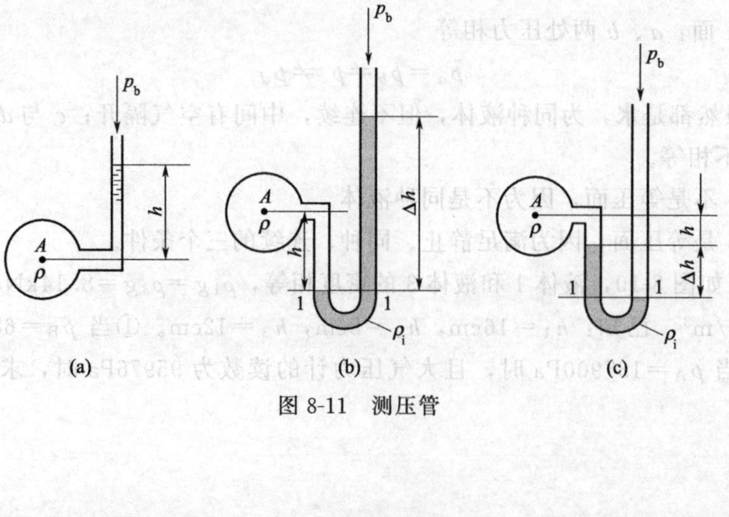

图 8-11　测压管

在图 8-11(a) 中，A 点的绝对压力和表压力分别为

$$p_A = p_b + \rho g h \tag{8-10}$$

$$p_{gA} = \rho g h \tag{8-11}$$

在图 8-11(b) 中，A 点的压力大于大气压力。取 1—1 面为等压面，则

$$p_A + \rho g h = p_b + \rho_i g \Delta h$$

故 A 点的绝对压力和表压力分别为

$$p_A = p_b + \rho_i g \Delta h - \rho g h \tag{8-12}$$

$$p_{gA} = \rho_i g \Delta h - \rho g h \tag{8-13}$$

在图 8-11(c) 中，A 点的压力小于大气压力。取 1—1 面为等压面，则

$$p_A + \rho g h + \rho_i g \Delta h = p_b$$

故 A 点的绝对压力和真空度分别为

$$p_A = p_b - (\rho_i g \Delta h + \rho g h) \tag{8-14}$$

$$p_{vA} = \rho_i g \Delta h + \rho g h \tag{8-15}$$

必须注意的是，图 8-11(b) 和图 8-11(c) 中 U 形玻璃管内指示液的密度要大于被测流体的密度，且两种液体不能互溶。常用的指示液有水银、水、酒精和四氯化碳。当被测流体为气体时，由于气体的密度远小于液体的密度，一般容器中的气柱高度又不太大，因此可以忽略气柱高度所产生的压力，认为静止气体充满的空间各点压力相等，计算时可略去式(8-12)至式(8-15) 中的 $\rho g h$ 一项。

(2) U 形管压差计　压差计是用来测量流体两点间压力差的仪器，常用 U 形玻璃管制成，只是两端均需接到被测流体 A、B 两处，如图 8-12 所示。按 U 形管中指示液的高度差可计算出 A、B 两处的压力差。

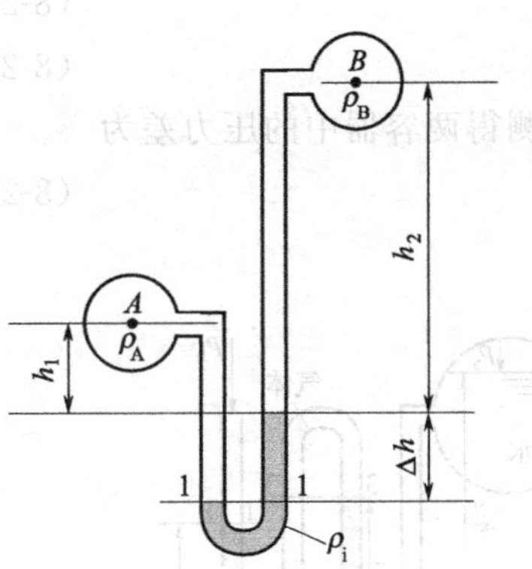

图 8-12　正 U 形管压差计

在图 8-12 中，取 1—1 面为等压面，则有

$$p_A + \rho_A g (h_1 + \Delta h) = p_B + \rho_B g h_2 + \rho_i g \Delta h$$

故 A、B 两处的压力差为

$$p_A - p_B = (\rho_i - \rho_A) g \Delta h + \rho_B g h_2 - \rho_A g h_1 \tag{8-16}$$

如果 A、B 两处为同种液体，即 $\rho_A = \rho_B = \rho$，则

$$p_A - p_B = (\rho_i - \rho) g \Delta h + \rho g (h_2 - h_1) \tag{8-17}$$

如果 A、B 两处为同种液体，且在同一水平面上，即 $h_1 = h_2$，则

$$p_A - p_B = (\rho_i - \rho) g \Delta h \tag{8-18}$$

如果 A、B 两处被测流体均为气体，则

$$p_A - p_B = \rho_i g \Delta h \tag{8-19}$$

当 A、B 两处压差较小，可用如图 8-13 所示的倒 U 形管压差计来测量。倒 U 形管压差计的指示液密度比被测流体密度要小。取 1—1 面为等压面，则有

$$p_A - \rho_A g (h_1 + \Delta h) = p_B - \rho_B g h_2 - \rho_i g \Delta h$$

故 A、B 两处的压力差为

$$p_A - p_B = \rho_A g h_1 - \rho_B g h_2 + (\rho_A - \rho_i) g \Delta h \tag{8-20}$$

如果 A、B 两处为同种液体，即 $\rho_A = \rho_B = \rho$，则

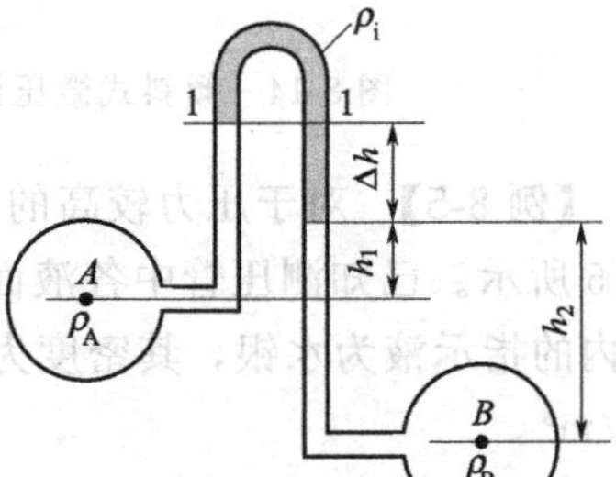

图 8-13　倒 U 形管压差计

$$p_A-p_B=(\rho-\rho_i)g\Delta h-\rho g(h_2-h_1) \quad (8\text{-}21)$$

如果 A、B 两处为同种液体，且在同一水平面上，即 $h_1=h_2$，则

$$p_A-p_B=(\rho-\rho_i)g\Delta h \quad (8\text{-}22)$$

【例 8-4】 用正 U 形管压差计测定某水平水管两截面的压力差，压差计内的指示液为水银，其密度为 13600kg/m³。经测量后，读数 Δh 仅为 5mm，现要放大读数，拟安装一例 U 形管压差计，以煤油为指示液，密度为 900kg/m³。试求水管两截面的压差为多少 Pa？倒 U 形管压差计中的读数 $\Delta h'$ 为多少 mm？水的密度为 1000kg/m³。

解： 对正 U 形管压差计，两测压点处于同一水平面上，$h_1=h_2$，由式(8-18) 得压差为

$$p_A-p_B=(\rho_i-\rho)g\Delta h=(13600-1000)\times 9.81\times 0.005=618 \text{ (Pa)}$$

当使用倒 U 形管压差计测量时，两截面上的压差仍为 618Pa，由式(8-22) 得

$$\Delta h'=\frac{p_A-p_B}{(\rho-\rho_i)g}=\frac{618}{(1000-900)\times 9.81}=0.63 \text{ (m)}=630 \text{ (mm)}$$

$$\frac{630}{5}=126$$

采用倒 U 形管压差计后，可将读数放大 126 倍，可见此时精度已经很高。

(3) 倾斜式微压计　在测定较小压力（或压差）时，为了提高测量精度，可以采用斜式微压计，如图 8-14 所示。微压计一般用于测量气体压力，测量时容器 A 要与被测点处相连，测压管 B 与水平方向夹角为 α。设容器中的液面与测压管液面高度差为 h，测量读值为 l，则被测点的绝对压力和表压力分别为

$$p=p_b+\rho gl\sin\alpha \quad (8\text{-}23)$$

$$p_g=p-p_b=\rho gl\sin\alpha \quad (8\text{-}24)$$

若将微压计 A、B 两端分别与 1、2 两容器相连，则可测得两容器中的压力差为

$$p_1-p_2=\rho gl\sin\alpha \quad (8\text{-}25)$$

改变倾角 α 或测量介质密度 ρ，可以提高测量精度。

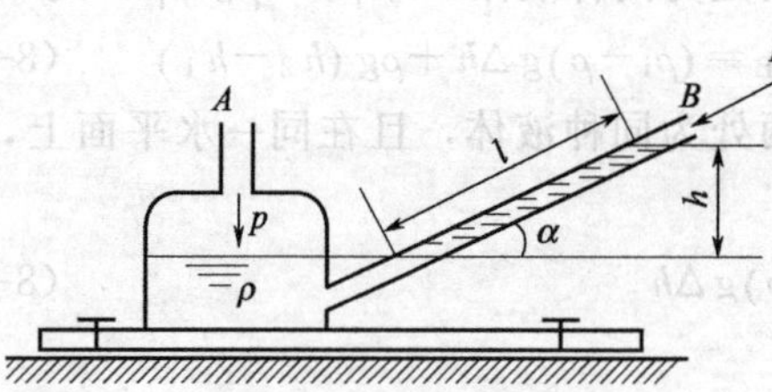

图 8-14　倾斜式微压计

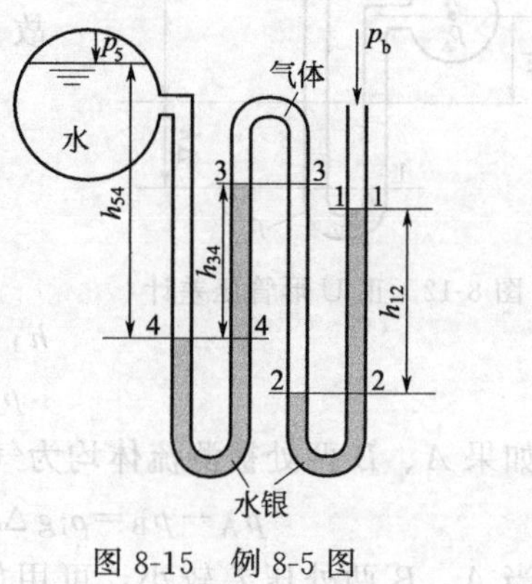

图 8-15　例 8-5 图

【例 8-5】 对于压力较高的密封容器，为了增加量程，可以采用复式水银压差计，如图 8-15 所示。已知测压管中各液面的相对高度为 $h_{12}=1.3$m，$h_{34}=0.8$m，$h_{54}=1.7$m。压差计内的指示液为水银，其密度为 13600kg/m³。试求容器水面上的表压力。水的密度为 1000 kg/m³。

解： 取等压面 2—2、3—3 及 4—4，则

$$p_2=p_b+\rho_i gh_{12}$$

由于气体密度远小于液体密度。所以面 2—2 与面 3—3 间由气柱产生的压力可忽略不计，即认为 $p_2=p_3$，于是

$$p_4=p_3+\rho_i g h_{34}=p_2+\rho_i g h_{34}=p_b+\rho_i g(h_{12}+h_{34})$$

容器水面上的绝对压力为

$$p_5=p_4-\rho_{H_2O} g h_{54}=p_b+\rho_i g(h_{12}+h_{34})-\rho_{H_2O} g h_{54}$$

容器水面上的表压力为

$$\begin{aligned}p_{g5}&=p_5-p_b=\rho_i g(h_{12}+h_{34})-\rho_{H_2O} g h_{54}\\&=13600\times9.81\times(1.3+0.8)-1000\times9.81\times1.7\\&=263496.6\ (\text{Pa})\end{aligned}$$

习　题

8-1　什么是流体？流体的基本特性是什么？气体和液体有何区别？

8-2　什么是流体的连续性假定？引入连续性假定有何实际意义？

8-3　什么是流体的压缩性和膨胀性？它们对液体的密度有何影响？

8-4　“液体就是不可压缩流体，气体就是可压缩流体”，这句话对吗？为什么？

8-5　什么是流体的黏滞性？它对流体的运动有何影响？动力黏度和运动黏度之间有何区别与联系？温度升高，液体和气体的黏度如何变化？为什么？

8-6　1m^3 的液体的所受重力为 9.71kN，动力黏度为 $1.61\times10^{-3}\text{Pa}\cdot\text{s}$，求其运动黏度。

8-7　如图 8-16 所示为一水平方向运动的木板，其速度为 1m/s。平板浮在油面上，油层厚度 $\delta=10\text{mm}$，油的动力黏度 $\mu=0.09807\text{Pa}\cdot\text{s}$。求作用于平板单位面积上的阻力。

8-8　一直径 $d=200\text{mm}$，长 $L=900\text{mm}$ 的柱塞，同心地装在内壁直径为 $D=200.6\text{mm}$ 的液压缸内，柱塞与液压缸之间充满了 $\nu=5.6\text{cm}^2/\text{s}$ 的润滑油，油的密度 $\rho=918\text{kg/m}^3$。若柱塞以 $v=0.3\text{m/s}$ 的速度移动，需要多大的推力。

8-9　什么是理想流体？引入这一概念有何意义？

8-10　什么是毛细管现象？毛细管现象是如何产生的？

8-11　作用于流体上的力有哪些？

8-12　什么是流体静压力？它有哪些特性？

8-13　若海平面上大气压力为 98.1kPa，试求水深 30m 处的绝对压力和表压力。

8-14　什么是连通器？连通器内流体具有何特点？

8-15　什么是等压面？选择等压面的条件是什么？试指明图 8-17 中 1—1、2—2、3—3、4—4 水平面是否为等压面。

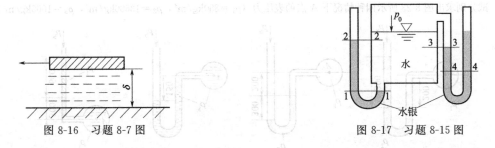

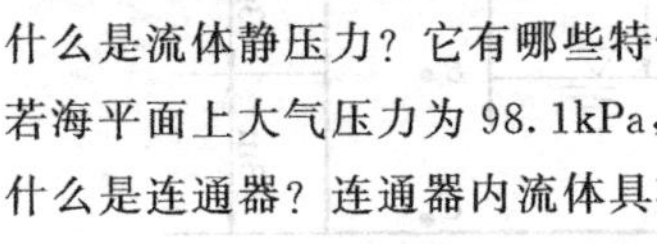

图 8-16　习题 8-7 图

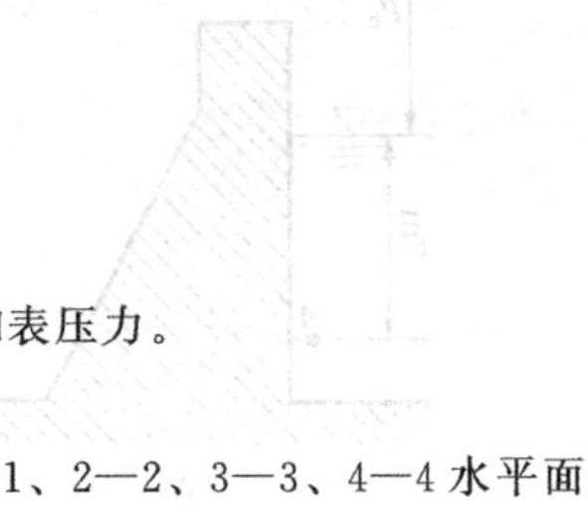

图 8-17　习题 8-15 图

8-16　如图 8-18 所示，几种不同形状的储液容器的水面至底面的垂直高度均为 h，容器的底面积 A 相等，试问：

① 各容器底面上受到的静压力是否相同？它与容器形状有无关系？

② 容器底面所受到的总压力是否相等？它与容器所盛水体的重量有无关系？

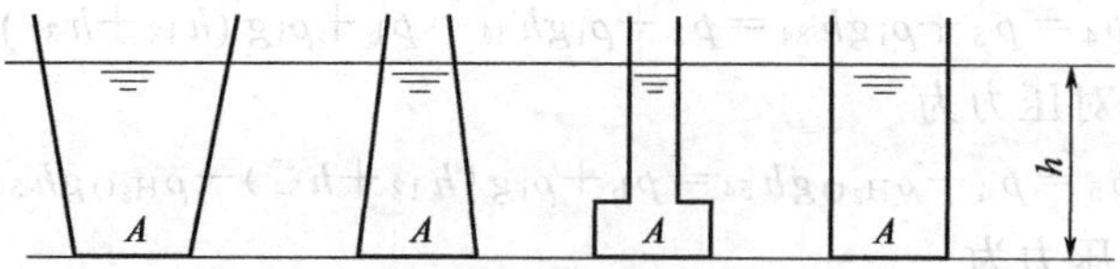

图 8-18　习题 8-16 图

8-17　如图 8-19 所示，密度不同不相混合的两种液体置于同一容器中，$\rho_1<\rho_2$，试问甲、乙两根测压管中的液面哪一个高？哪一个液面和容器中的液面高度相等。

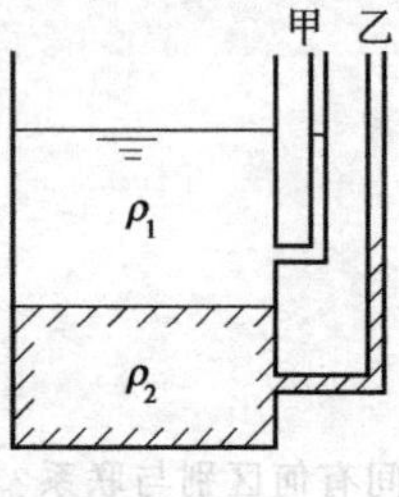

图 8-19　习题 8-17 图

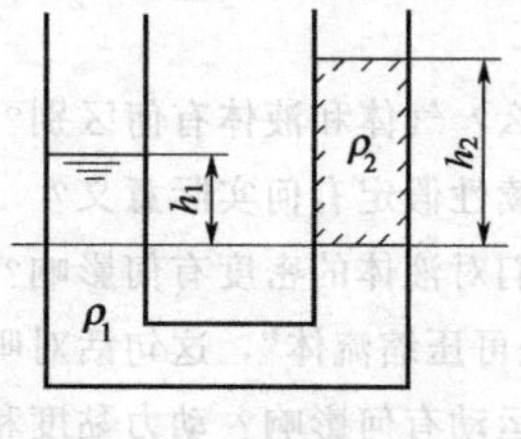

图 8-20　习题 8-18 图

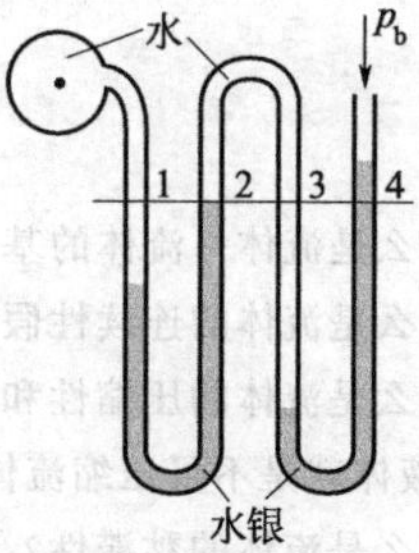

图 8-21　习题 8-19 图

8-18　如图 8-20 所示，有一连通器，装有两种不相混合的液体，一种是水 $\rho_1=1000\text{kg/m}^3$，另一种是油，密度为 ρ_2，若 $h_1=0.5\text{m}$、$h_2=0.7\text{m}$，试求油的密度 ρ_2 为多少？

8-19　水管上安装一复式水银测压计，如图 8-21 所示，试比较同一水平面上 1、2、3、4 各点压力的大小。

8-20　试求图 8-22 中 A、B、C 各点的表压力。已知当地大气压 $p_b=98.1\text{kPa}$，水的密度为 1000kg/m^3。

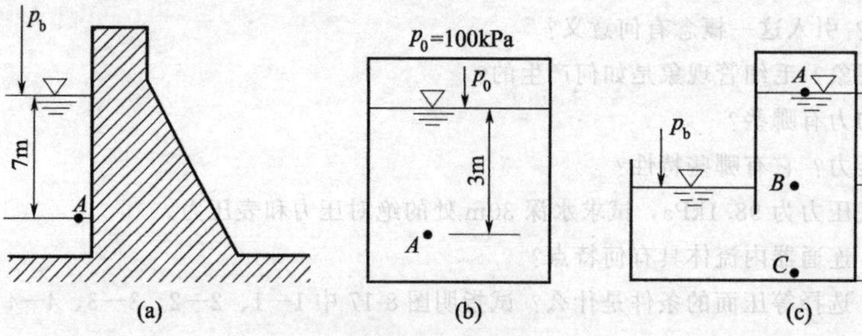

图 8-22　习题 8-20 图

8-21　试分别求出图 8-23 所示四种情况下 A 点的表压力（$\rho_1=850\text{kg/m}^3$，$\rho_2=13600\text{kg/m}^3$，$\rho_3=1000\text{kg/m}^3$）。

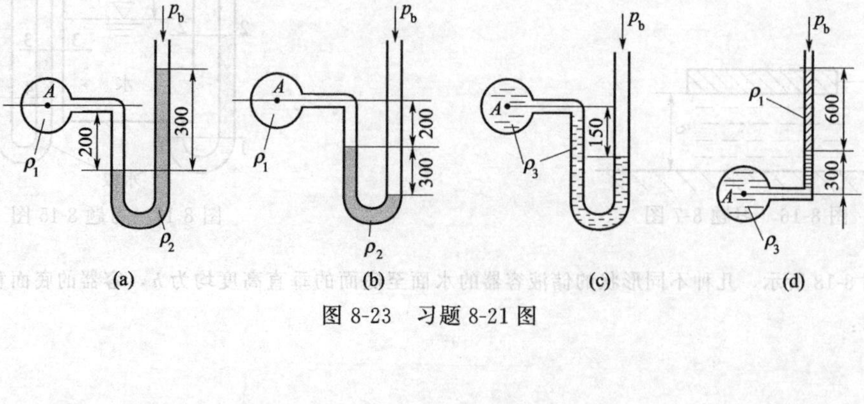

图 8-23　习题 8-21 图

8-22　封闭水箱如图 8-24 所示，若测压管中水银柱高度差 $\Delta h=100\text{mm}$，求水深 $h=2.5\text{m}$ 处的压力表 M 的读数。

8-23　如图 8-25 所示，在水泵的进口截面 1 和出口截面 2 处安装水银压差计，测得 $\Delta h=120\text{mm}$，问：水经过水泵后压力增加多少？若管道中通过的不是水，而是空气，并将水泵改为风机，则经过此风机后，空气压力增加了多少？

8-24　两根高度差为 200mm 的水管，与一个倒 U 形管压差计相连，压差计两臂指示液的高度差 $\Delta h=100\text{mm}$，如图 8-26 所示。试求下列两种情况的压力差：

① 指示液密度 ρ_i 为 1.2kg/m^3 的空气；

② 指示液密度 ρ_i 为 917kg/m^3 的油。

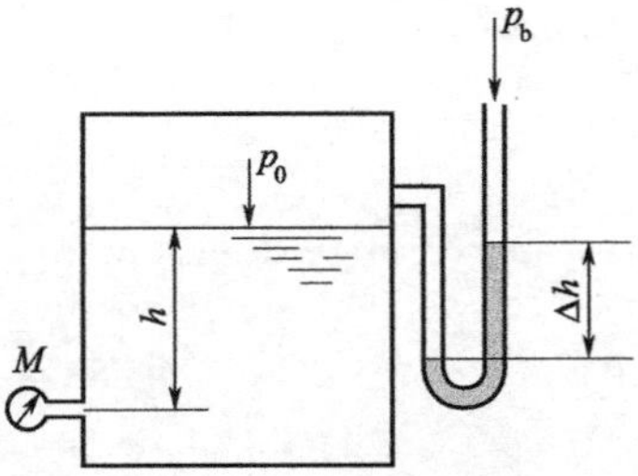

图 8-24　习题 8-22 图

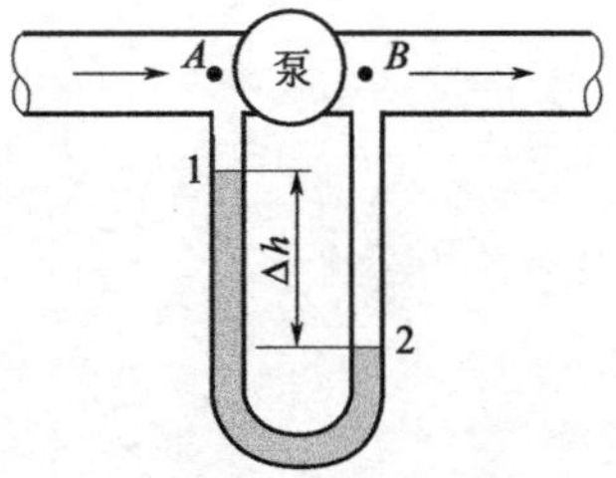

图 8-25　习题 8-23 图

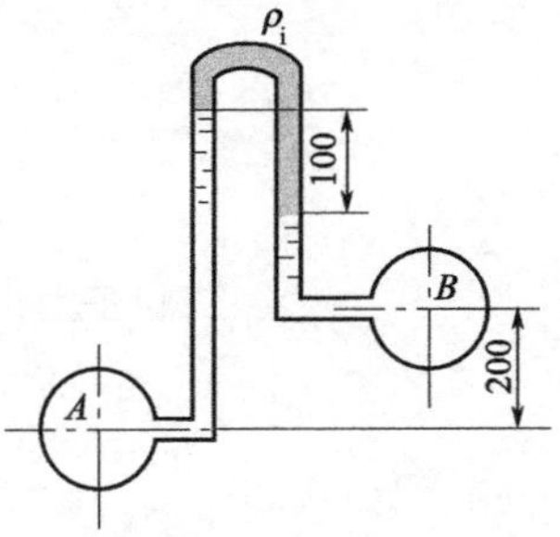

图 8-26　习题 8-24 图

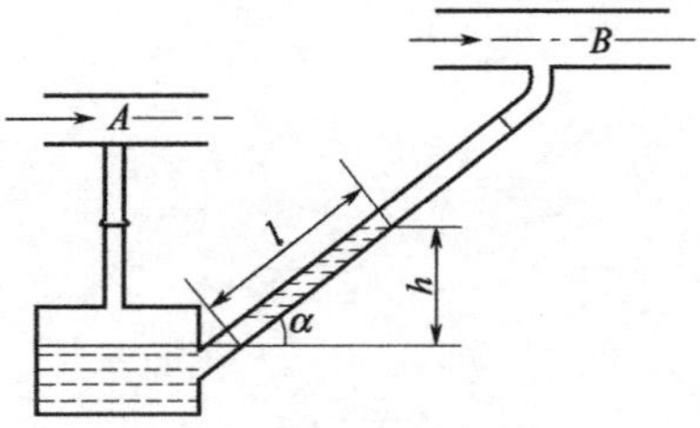

图 8-27　习题 8-25 图

8-25　用倾斜微压计来测量两个通风管道断面 A 和 B 的压差，如图 8-27 所示。

① 若微压计内的液体为水，倾角 $\alpha=45°$，$l=0.2\text{m}$，A 和 B 的压差为多少？

② 若微压计内为酒精（$\rho=789\text{kg/m}^3$），倾角 $\alpha=30°$，风管 A、B 间的压差不变，问这时 l 值应为多少？

8-26　如图 8-28 所示，密闭容器用橡皮管从 C 点连通容器Ⅱ，并在 A、B 两点各接一测压管，试问：

① A、B 两测压管液面高度是否相同？若相同，A、B 两点压力是否相等？

② 若将容器Ⅱ提高后，p_0 值是增大还是减小？两测压管中液面如何变化？

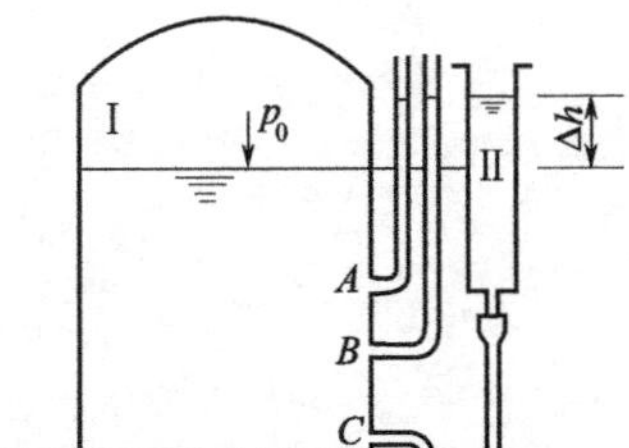

图 8-28　习题 8-26 图

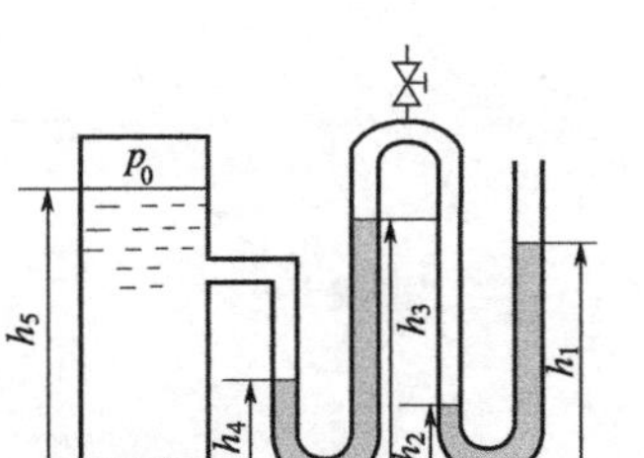

图 8-29　习题 8-27 图

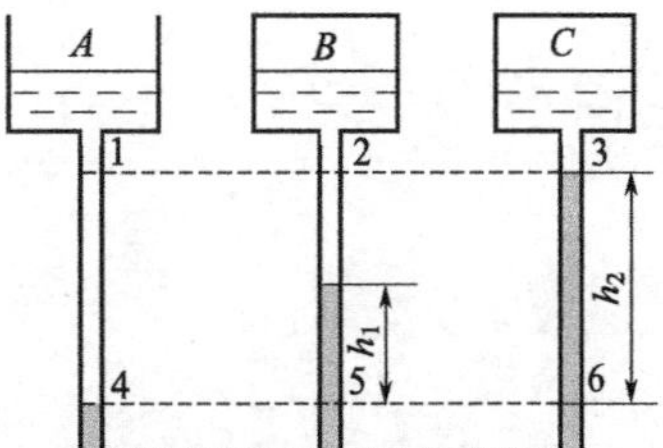

图 8-30　习题 8-28 图

8-27 某蒸汽锅炉用一复式 U 形管压差计测量液面上方的蒸汽压，如图 8-29 所示。已知水银液面离水平基准面距离分别为 $h_1=2.3\text{m}$、$h_2=1.2\text{m}$、$h_3=2.5\text{m}$、$h_4=1.4\text{m}$，两 U 形管间的连接管内充满了水。锅炉中水面与基准面间的垂直距离 $h_5=3.0\text{m}$，当地大气压为 745mmHg。试求锅炉上方水蒸气的压力 p_0 为多少 Pa?

8-28 如图 8-30 所示的测压管与三个设备 A、B、C 相连通，连通管下部为水银，上部为水，三个设备内的水面处于同一个水平面。问：

① 1、2、3 三处的压力是否相同?

② 4、5、6 三处的压力是否相同?

③ 若 $h_1=100\text{mm}$，$h_2=200\text{mm}$，A 设备液面通大气（当地大气压为 750mmHg），试求 B、C 两设备液面的压力分别为多少 Pa?

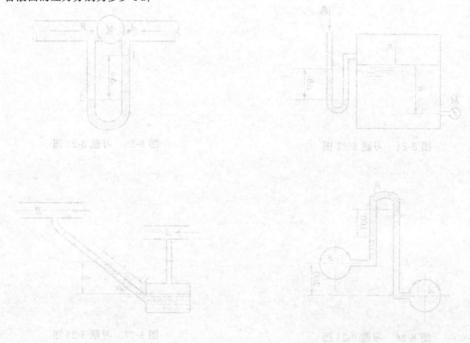

第九章

一元流体动力学基础

学习导引

在自然界或工程实际中，流体多处于运动状态，研究流体的运动规律具有更重要、更普遍的意义。流体由于具有流动性，所以其流动规律与刚体或质点运动有很大区别。但流体流动属于机械运动范围，符合质量守恒、能量守恒等定律。流体动力学的任务就是从这些定律出发研究流体在外力作用下的运动规律及这些规律在工程上的应用。

本章首先介绍描述流体流动的一些基本概念，然后讨论反映流体流动规律的基本方程——连续性方程和伯努利方程，并且阐明了两个基本方程在工程应用上的分析计算方法。

一、学习要求

本章的重点是连续性方程和伯努利方程，通过学习应达到以下要求。

① 理解稳定流动与非稳定流动的概念及与工程实际中流动现象的关系。

② 理解流量和平均流速的定义，掌握它们之间的计算关系。

③ 掌握连续性方程的形式、使用条件，并能熟练应用于求解工程实际问题。

④ 理解伯努利方程的推导过程，掌握实际流体伯努利方程的三种表示形式、使用条件和注意事项，并能熟练应用于求解工程实际问题。

二、本章难点

应用连续性方程和伯努利方程求解工程实际问题需要掌握方程的适用条件，基准面和计算截面的选取有一定的灵活性。巧妙地选取基准面和计算截面可以减少未知量数目，从而使计算简化。有时更需要间接计算，这方面也会有一定难度。应结合例题与习题加强练习。

第一节 流体流动的基本概念

一、流量和流速

1. 流量

单位时间内流经设备或管道任一截面的流体数量，称为流量。根据衡量流体数量单位的不同，流量有两种表示方法。

(1) 体积流量 q_V　单位时间内流经任一截面的流体体积量，称为体积流量，用符号 q_V 表示，单位为 m^3/s 或 m^3/h。

(2) 质量流量 q_m　单位时间内流经任一截面的流体质量，称为质量流量，用符号 q_m 表示，单位为 kg/s 或 kg/h。

体积流量与质量流量之间的关系为

$$q_m = \rho q_V \tag{9-1}$$

式中　ρ——流体的密度，kg/m^3。

由于气体的体积随压力和温度的变化而变化，故当气体流量以体积流量表示时，应注明温度和压力。

2. 流速

(1) 管道截面　管道截面是指与流体流动方向垂直的管道截平面。

(2) 平均流速　流速是指流体质点在单位时间内、在流动方向上所流经的距离。实验证明，由于流体具有黏性，流体流经管道任一截面上各点的速度是不同的，工程上为计算方便，通常以管道截面上的平均流速来表示流体在管道中的流速，从而使研究流动过程简单化。平均流速的定义是：流体的体积流量 q_V 除以管道截面积 A，以符号 v 表示，单位为 m/s。

体积流量与流速（即平均流速）关系为

$$v = \frac{q_V}{A} \tag{9-2}$$

从而

$$q_V = vA \tag{9-3}$$

式中　A——管道截面面积，m^2。

质量流量与平均流速的关系为

$$q_m = \rho q_V = \rho v A \tag{9-4}$$

工程中，常见的管道流通截面为圆形，若以 d_i 表示管道的内径，则式(9-2) 可变为

$$v = \frac{q_V}{\frac{\pi}{4} d_i^2}$$

于是管道内径为

$$d_i = \sqrt{\frac{4 q_V}{\pi v}} \tag{9-5}$$

流体输送管路的直径可根据流量和流速，用式(9-5) 进行计算。流量一般由工艺条件所决定，所以确定管径的关键在于选择合适的流速。

(3) 质量流速　单位时间内流经管道单位面积的流体质量，称为质量流速，以符号 v_m 表示，单位为 $kg/(m^2 \cdot s)$。

质量流速与质量流量及流速之间的关系为

$$v_m = \frac{q_m}{A} = \frac{\rho v A}{A} = \rho v \tag{9-6}$$

由于气体的体积流量随压力和温度的变化而变化，其流速亦将随之变化，但流体的质量流量和质量流速是不变的。对气体，采用质量流速计算较为方便。

二、稳定流动与非稳定流动

在流体流动过程中，任一截面上流体的物理性质（如密度、黏度等）和运动参数（如流速、流量和压力）均不随时间发生变化，这种流动称为稳定流动；若流动过程中任一截面上流体的这些物理性质和运动参数随时间发生变化，这种流动称为非稳定流动。

严格地讲，稳定流动在自然界是不存在的。但工程上的许多流动，其流动参数随时间变化很小，以至可以忽略不计。如图 9-1(a) 所示的输水系统，水箱底部有一根由直径不同的几段管子组成的排水管路，在排水过程中水箱上面不断补充水，并用溢流管保持水箱中的水面高度恒定。实验发现，排水管中不同直径截面上水的平均流速虽然不同，压力也不相等，但同截面上的平均流速及压力是恒定的，并不随时间发生变化，这种情况属于稳定流动，即 $v=f(x,y,z)$。

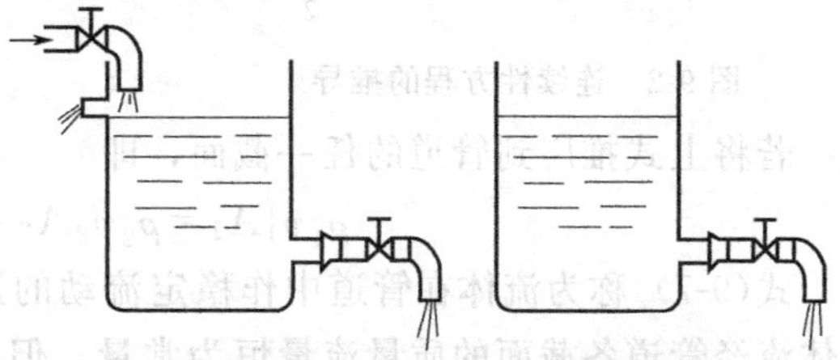
(a) 稳定流动　(b) 非稳定流动

图 9-1　稳定流动与非稳定流动

若排水过程中不向水箱中补充水，如图 9-1(b) 所示，则水箱液面不断下降，各截面上水的平均流速和压力值也随之下降，各截面上的流速和压力值不仅随位置的变化而变化，也随时间的推移而变化，这种情况属于非稳定流动，$v=f(x,y,z,t)$。

在制冷与热能工程中，严格来讲，流体的流动都是非稳定流动，但工程上认为，在连续操作相当长的一段时间内，只要流体的流速、压力等流动参数变化不大，都可以近似按稳定流动处理。但在设备启动、调节或停机时应按非稳定流动处理。本篇只研究稳定流动。

三、三元、二元、一元流动

在流体稳定流动过程中，若运动参数是 x，y，z 三维空间的函数，则此流动为三元流动，又称为空间流动。若运动参数的变化仅是二个坐标变量的函数，而与另一坐标变量无关，这种流动称为二元流动。若运动参数的变化仅与一个坐标变量有关，则称为一元流动。对于管道中的流体流动，在工程实际中，常近似认为同一截面上所有流体质点都以相同的平均流速运动，其流速只沿管道长度方向有变化，因此，管内流动可视为一元流动。

本章重点讨论一元稳定流动问题。

第二节　稳定流动的物料衡算——连续性方程

自然界中一切物质运动都遵循质量守恒定律，流体流动也不例外。稳定流动连续性方程是质量守恒定律在流体力学中的具体表现形式，它反映了流体截面平均流速沿流动方向的变化规律。

一、稳定流动连续性方程的基本形式

如图 9-2 所示，进入管道截面 1—1 以及由截面 2—2 流出的流体质量流量 q_{m1} 和 q_{m2} 分别为：

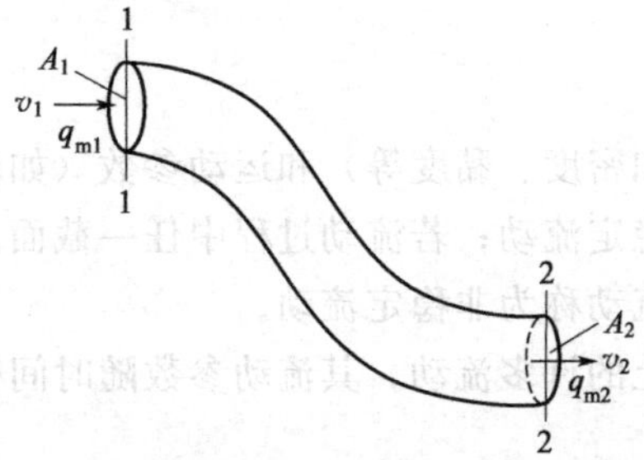

图 9-2 连续性方程的推导

$$q_{m1}=\rho_1 q_{V1}=\rho_1 v_1 A_1$$
$$q_{m2}=\rho_2 q_{V2}=\rho_2 v_2 A_2$$

由于流体在管道内作稳定的连续性流动，不可能从管壁流出，在管内也不可能出现任何缝隙。根据质量守恒定律，进入截面 1—1 的流体质量与从截面 2—2 流出的流体质量相等，因此有

$$\left.\begin{array}{c} q_{m1}=q_{m2} \\ \rho_1 v_1 A_1=\rho_2 v_2 A_2 \end{array}\right\} \tag{9-7}$$

若将上式推广到管道的任一截面，即

$$\rho_1 v_1 A_1=\rho_2 v_2 A_2=\cdots=\rho v A=\text{常数}$$

式(9-7) 称为流体在管道中作稳定流动的连续性方程。该方程表示在稳定流动系统中，流体流经管道各截面的质量流量恒为常量，但各截面的流体流速则随管道截面积 A 的不同和流体密度 ρ 的不同而变化。

对于不可压缩流体，其密度在管道各截面上均相同，即 $\rho_1=\rho_2$，连续性方程又可写为

$$\left.\begin{array}{c} q_{V1}=q_{V2} \\ v_1 A_1=v_2 A_2 \end{array}\right\} \tag{9-8}$$

上式说明不可压缩流体流经管路各截面的质量流量相等，体积流量亦相等，任意两截面上的平均流速与其截面积成反比，截面积越小，流速越大，反之，截面积越大，流速越小。

对于圆形管道，因 $A_1=\frac{\pi}{4}d_1^2$ 及 $A_2=\frac{\pi}{4}d_2^2$（d_1 及 d_2 分别为 1—1 截面和 2—2 截面处的管内径），式(9-8) 可写成

$$\frac{v_1}{v_2}=\left(\frac{d_2}{d_1}\right)^2 \tag{9-9}$$

上式说明不可压缩性流体在圆形管道中的流速与管道内径的平方成反比。

【例 9-1】 水在圆形管道中作稳定流动，如图 9-3所示，由细管流入粗管。已知粗管为 ϕ89mm×4mm，细管为 ϕ57mm×3.5mm，细管中水的流速为 $v_1=2.8$m/s，试求粗管中水的流速 v_2。

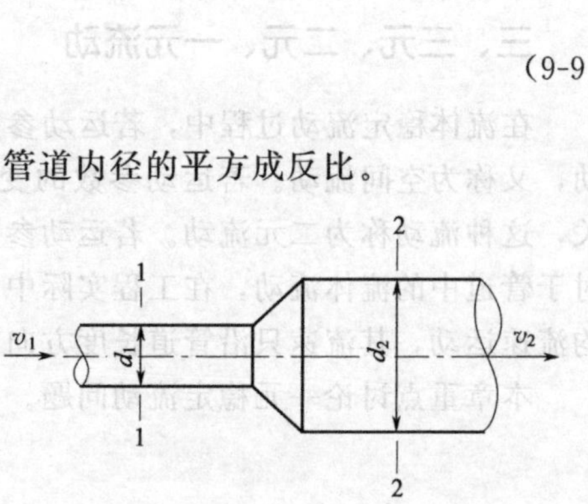

图 9-3 例 9-1 图

解： 由题意知

$$d_1=57-2\times3.5=50\ (\text{mm})$$
$$d_2=89-2\times4=81\ (\text{mm})$$

由式(9-9) 得

$$v_2=v_1\left(\frac{d_1}{d_2}\right)^2=2.8\times\left(\frac{50}{81}\right)^2=1.07\ (\text{m/s})$$

二、有分流和合流时的连续性方程

前面所列连续性方程，反映了只有一个入口和一个出口的管道上质量守恒。当有多个入口和多个出口时，流体的流动仍遵循质量守恒定律。对于 n 个入口和 m 个出口的管道，不可压缩流体的连续性方程为

$$\sum_{i=1}^{n} q_{Vi} = \sum_{j=1}^{m} q_{Vj} \tag{9-10}$$

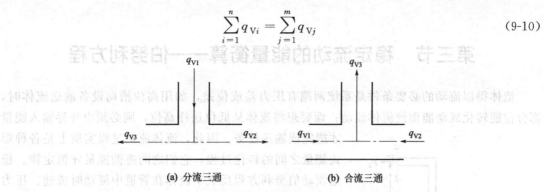

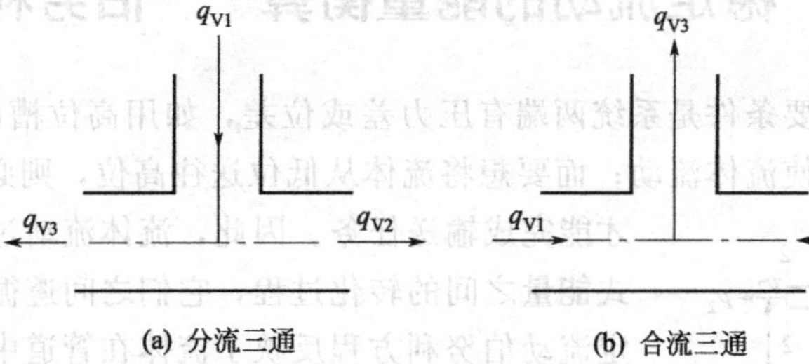

图 9-4 分流和合流

式(9-10)表明，流向分合点的流量之和等于自分合点流出的流量之和。

工程上常遇到的分流和合流情况是流体通过三通和四通时的流动。对于图 9-4 所示的分流和合流三通中的流动，若流体可看成是不可压缩的，则分流和合流情况下的连续性方程分别为

$$q_{V1} = q_{V2} + q_{V3}$$

$$q_{V1} + q_{V2} = q_{V3}$$

【例 9-2】 截面为 500mm×400mm 的矩形送风道，通过 a、b、c、d 四个 300mm×300mm 的送风口向室内输送冷空气，如图 9-5 所示。若送风口的平均流速均为5m/s，求通过 1—1，2—2，3—3 截面上的风量和风速。

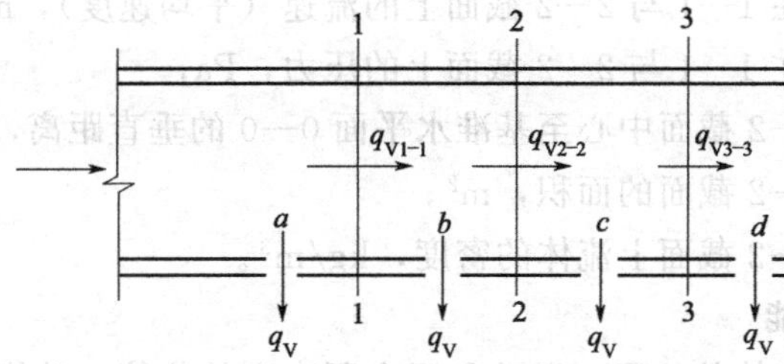

图 9-5 例 9-2 图

解：每一送风口的送风量

$$q_V = v_A = 5\times0.3\times0.3 = 0.45\ (\mathrm{m^3/s})$$

根据分流连续性方程，有

$$q_{V3-3} = q_V = 0.45\ (\mathrm{m^3/s})$$

$$q_{V2-2} = 2q_V = 2\times0.45 = 0.9\ (\mathrm{m^3/s})$$

$$q_{V1-1} = 3q_V = 3\times0.45 = 1.35\ (\mathrm{m^3/s})$$

根据流速与流量间的关系，有

$$v_{3-3} = \frac{q_{V3-3}}{A} = \frac{0.45}{0.5\times0.4} = 2.25\ (\mathrm{m/s})$$

$$v_{2-2} = \frac{q_{V2-2}}{A} = \frac{0.9}{0.5\times0.4} = 4.5\ (\mathrm{m/s})$$

$$v_{1-1} = \frac{q_{V1-1}}{A} = \frac{1.35}{0.5\times0.4} = 6.75\ (\mathrm{m/s})$$

第三节 稳定流动的能量衡算——伯努利方程

流体得以流动的必要条件是系统两端有压力差或位差，如用高位槽向设备输送流体时，部分位能转化成动能而使流体流动；而要想将流体从低位送往高位，则必须由外界输入能量才能完成输送任务。因此，流体流动过程实质上是各种形式能量之间的转化过程，它们之间遵循能量守恒定律。稳定流动伯努利方程反映了流体在管道中流动时流速、压力和位差之间的变化关系，在工程上有广泛的应用价值。

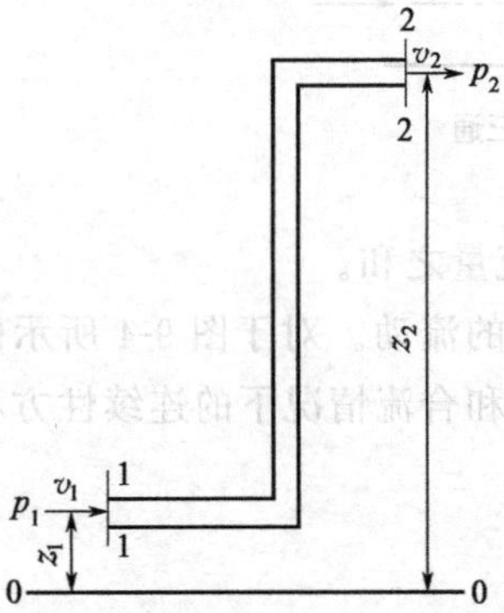

图 9-6 伯努利方程的推导示意图

一、理想流体稳定流动时的机械能衡算

理想流体无黏性，在流动过程中无摩擦损失。现讨论理想流体在管内作稳定流动中各种机械能之间的转换关系，这就需要进行能量衡算。如图 9-6 所示，理想流体从截面 1—1 流入，从截面 2—2 流出。

衡算范围：管路的内壁面、截面 1—1 与截面 2—2 之间。

基准水平面：0—0 水平面（可任意选定）。

设：

v_1，v_2——流体分别在 1—1 与 2—2 截面上的流速（平均速度），m/s；

p_1，p_2——流体分别在 1—1 与 2—2 截面上的压力，Pa；

z_1，z_2——1—1 与 2—2 截面中心至基准水平面 0—0 的垂直距离，m；

A_1，A_2——1—1 与 2—2 截面的面积，m^2；

ρ_1，ρ_2——1—1 与 2—2 截面上流体的密度，kg/m^3。

1. 流体所具有的机械能

流体的机械能是指由流体的位置、运动和压力所决定的位能、动能和压力能，单位为 J 或 kJ。

（1）位能　流体因处于地球重力场内而具有的能量称为位能。质量为 m 的流体，若质量中心在坐标中的高度为 z，则位能等于将质量为 m 的流体自基准水平面升举到 z 高度所做的功，即

$$位能=mgz$$

位能是个相对值，依所选的基准水平面位置而定。基准水平面上流体的位能为零，在基准水平面上方的位能为正值，以下的为负值。

（2）动能　动能是流体因以一定的流速运动时而具有的能量。当质量为 m 的流体平均流速为 v 时，所具有的动能为

$$动能=\frac{mv^2}{2}$$

（3）压力能　压力能又称为静压能，是流体因存在一定的静压力而具有的能量。在静止流体内部，任一点都有一定的静压力，同样，在流动流体的内部，任一处也存在着一定的静压力。如图 9-7 所示，在一内部有液体流动的管壁上开孔并连接一根垂直玻璃管，液体就会

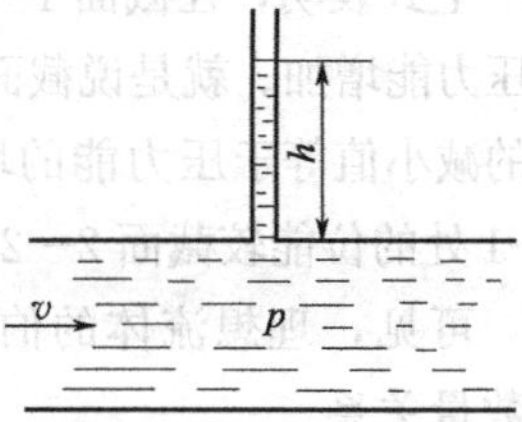

图 9-7　压力能的表现

在玻璃管内上升到一定的高度，这就是液体静压力作用的结果，液体上升的高度可以衡量运动的流体在该截面处的静压力的大小。质量为 m 的流体，若压力为 p、密度为 ρ，则

$$压力能=\frac{mp}{\rho}$$

1kg 流体所具有的位能、动能和压力能分别称为比位能、比动能和比压力能，单位为J/kg或 kJ/kg。其中，比位能 $=gz$；比动能 $=\frac{v^2}{2}$；比压力能 $=\frac{p}{\rho}$。

2. 理想流体稳定流动的机械能衡算——伯努利方程

根据以上分析可得出 1kg 流体带入 1—1 截面的总机械能为

$$E_{入}=gz_1+\frac{v_1^2}{2}+\frac{p_1}{\rho_1}$$

1kg 流体在 2—2 截面处带出的总机械能为

$$E_{出}=gz_2+\frac{v_2^2}{2}+\frac{p_2}{\rho_2}$$

根据能量守恒定律，对稳定流动系统应有 $E_{入}=E_{出}$，即

$$gz_1+\frac{v_1^2}{2}+\frac{p_1}{\rho_1}=gz_2+\frac{v_2^2}{2}+\frac{p_2}{\rho_2} \tag{9-11}$$

对于不可压缩的理想流体，其密度为常数，即 $\rho_1=\rho_2=\rho$，式(9-11) 又可写成

$$gz_1+\frac{v_1^2}{2}+\frac{p_1}{\rho}=gz_2+\frac{v_2^2}{2}+\frac{p_2}{\rho} \tag{9-12}$$

式(9-12) 即为著名的伯努利 (Bernoulli) 方程，也称能量方程。根据伯努利方程的推导过程可知，该式仅适用于不可压缩的理想流体作稳定流动，以及流体在流动过程中，系统 (两截面范围内) 与外界无能量交换的情况。

3. 流体机械能之间的相互转换

式(9-12) 说明理想流体作稳定流动且与外界无能量交换时，在任一截面上，单位质量流体的总机械能 (即该截面上比位能、比动能和比压力能之和) 恒为常量，但各个截面上的同一种形式的能量并不一定相等，即各种形式的机械能可以互相转换。例如，某理想流体在一水平管道中 (位能没有变化) 作稳定流动，若某处的截面积缩小，根据连续性方程可知该处流速必增大，即一部分压力能转变为动能，以保证机械能恒定；反之，当另一处截面积增大时，该处流速将减小，即部分动能转变成压力能，但两种能量的总和值恒定。

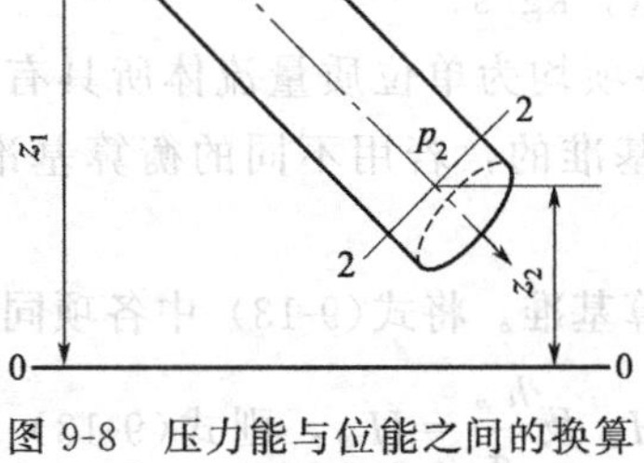

图 9-8　压力能与位能之间的换算

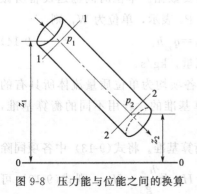

又如图 9-8 所示的内径相同的倾斜直管中，理想流体在截面 1—1 处和截面 2—2 处的流速相等，即

$$v_1=v_2$$

对截面 1—1 和截面 2—2 之间作机械能衡算，可得

$$gz_1+\frac{p_1}{\rho}=gz_2+\frac{p_2}{\rho}$$

由于 $z_1>z_2$，可得

$$\frac{p_1}{\rho}<\frac{p_2}{\rho}$$

上式表明，在截面 1—1 和截面 2—2 处的动能相同，但因流体从高向低处流动，位能减小，而压力能增加。就是说截面 1—1 处流体的位能到截面 2—2 处有一部分转化为压力能了，且其位能的减小值等于压力能的增加值。若图 9-8 中的流体流动方向与原来相反，同理可得知，截面 1—1 处的位能较截面 2—2 处增大，压力能减小，且其位能增大值恰好等于压力能减小值。

可见，理想流体的伯努利方程揭示了理想流体在稳定流动中各种形式的机械能互相转换的数量关系。

二、实际流体稳定流动时的机械能衡算

理想流体是一种假想的流体，实际中并不存在，由于这种假想流体没有黏性，所以流动时不产生摩擦，不消耗能量。实际流体的机械能衡算，除了考虑各截面的机械能（位能、动能、压力能）外，还要考虑以下两项能量。

1. 损失能量

因实际流体具有黏性，所以流动时有阻力存在。为克服此流动阻力要消耗流体的一部分机械能，这部分机械能转变为热量而不能直接用于流体的输送，因此从工程实用的观点来考虑，可认为这部分机械能损失掉了，故将其称为能量损失。对于 1kg 的流体在流动时，因克服流动阻力而损失的能量用符号 h_w 表示，单位为 J/kg。

2. 外加能量

若在所讨论的 1—1 和 2—2 两截面间安装有流体输送机械，如图 9-9 所示，该输送机械作用是将机械能传递给流体，使流体的机械能增加。将 1kg 流体从流体输送机械（如泵）获得的能量称为外加能量，用符号 h_e 表示，单位为 J/kg。

综上所述，实际流体在稳定流动状态下的总能量衡算式为

$$gz_1+\frac{v_1^2}{2}+\frac{p_1}{\rho}+h_e=gz_2+\frac{v_2^2}{2}+\frac{p_2}{\rho}+h_w \tag{9-13}$$

式(9-13) 称为实际流体伯努利方程，又称为稳定流能量方程。

三、伯努利方程的讨论

(1) 式(9-13) 中各项单位均为 J/kg，表示单位质量流体所具有的能量。需要注意的是 gz、$v^2/2$、p/ρ 与 h_e、h_w 的区别。前三项为在某截面上流体自身所具有的机械能，后两项为流体在两截面之间与外界交换的能量。其中损失能量 h_w 永远为正值，外加能量 h_e 是输送机械对 1kg 流体做的有效功，是决定流体输送设备的重要数据。单位时间输送设备所做的有效功称为有效功率，以 P_e 表示，单位为 W，则

$$P_e=q_m h_e \tag{9-14}$$

式中　q_m——流体的质量流量，kg/s。

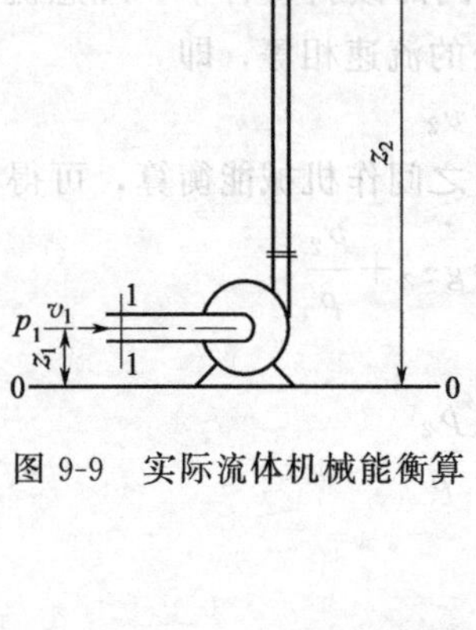

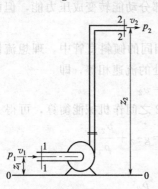

图 9-9　实际流体机械能衡算

(2) 上述伯努利方程中各项均为单位质量流体所具有的能量，是以 1kg 流体为衡算基准的，若用不同的衡算基准，则可变成下面两种形式。

① 以单位重量流体为衡算基准。将式(9-13) 中各项同除以重力加速度 g，又令 $\frac{h_e}{g}=H_e$ 及 $\frac{h_w}{g}=H_w$，则式(9-13) 可写为

$$z_1+\frac{v_1^2}{2g}+\frac{p_1}{\rho g}+H_e=z_2+\frac{v_2^2}{2g}+\frac{p_2}{\rho g}+H_w \tag{9-15}$$

上式各项单位均为 J/N，它表示单位重量流体所具有能量。其单位还可以简化为 m，是高度单位，因此，式(9-15) 中各项的物理意义可表示：单位重量流体所具有的机械能可以把它自身从水平基准面升举的高度。在工程上将 z、$\frac{v^2}{2g}$与$\frac{p}{\rho g}$分别称为位头（位压头）、速度头（动压头）与压力头（静压头）。三项之和称为总压头。H_e 是流体接受外功所增加的压头，H_w 是流体流经划定体积的压头损失。

② 以单位体积流体为衡算基准。对气体输送计算较为方便。将式(9-13) 中各项同乘以流体的密度 ρ，又令 $\rho h_e=\Delta p_e$ 及 $\rho h_w=\Delta p_w$，则式(9-13) 可写为

$$\rho g z_1+\frac{\rho v_1^2}{2}+p_1+\Delta p_e=\rho g z_2+\frac{\rho v_2^2}{2}+p_2+\Delta p_w \tag{9-16}$$

上式各项单位均为 J/m^3 或 Pa，它表示单位体积气体所具有的能量。Δp_e 和 Δp_w 分别称为风压和压力降（压力损失），风压是指单位体积气体通过输送机械后所获得的能量。

在应用伯努利方程时，使用哪一种衡算基准形式，应根据具体情况确定。

(3) 上述伯努利方程适用于不可压缩性流体作稳定连续流动的情况。对于可压缩流体的流动，当所取系统中两截面间的绝对压力变化小于原来绝对压力的 20% $\left(即\frac{p_1-p_2}{p_1}\times100\%<20\%\right)$时，上述公式仍可使用，但公式中流体的密度 ρ 应以两截面之间流体的平均密度 ρ_m 代替。

(4) 如果系统中的流体处于静止状态，则 $v=0$，因流体没有运动，故无能量损失，即 $h_w=0$，当然也不需要外加功，即 $h_e=0$，于是伯努利方程变为

$$gz_1+\frac{p_1}{\rho}=gz_2+\frac{p_2}{\rho}$$

上式即为流体静力学基本方程。由此可见，伯努利方程不仅描述了流体流动的规律，也反映了流体静止状态的规律，而流体的静止状态不过是流体流动状态的一种特殊形式。

四、伯努利方程的应用

1. 伯努利方程应用注意事项

伯努利方程是研究流体流动问题中的重要方程式之一，应用范围很广。该方程不但用来分析和解决流体输送的有关问题，还可用来解决流体流动过程中的计算问题。在应用伯努利方程时应注意以下问题。

① 伯努利方程应用条件。稳定流动的不可压缩流体，流动是连续的。

② 作图与确定衡算范围。根据工程要求画出流动系统的示意图，指明流体的流动方向和上下游的截面，以明确流动系统的衡算范围。

③ 截面的选取。按流体的流向确定上、下游截面，选定的两截面应与流动方向垂直，两截面间的流体必须是连续的。两截面应取在平行流动处，不要取在阀门、弯头等部位。所求的未知量应在两截面之间或截面上，截面上的 z、v、p 等有关物理量，除所需求取的未知量以外，都应该是已知或通过其他关系可以计算出来的。方程式中的能量损失指的是流体在两个截面之间流动的能量损失。

这里需注意：敞口容器自由液面上的压力为大气压；管道出口截面上的压力为大气压；流体在水箱、水槽等截面较大的容器中的流速可认为是零。

④ 基准面的选取。选取基准面是为了确定位能的大小，由于实际过程中主要是为了确定两截面上的位差，所以基准面的选择是任意的，但必须与地面平行，两个截面必须是同一基准面。为了使列出的方程尽量简单，通常取衡算范围的两个截面中位置较低的截面作为基准面，以使各截面的位能为正，当截面与地面平行时，则基准面与该截面重合；若截面与地面垂直，则基准面通过该截面的中心。

⑤ 单位必须一致。在应用伯努利方程之前，必须将有关物理量换算成同一的单位制中的单位（若无特指就采用国际单位制），然后再进行计算。两截面上压力除单位要求一致外，还要求表示方法一致，即两截面上的压力要同时用绝对压力或相对压力（表压力）表示。

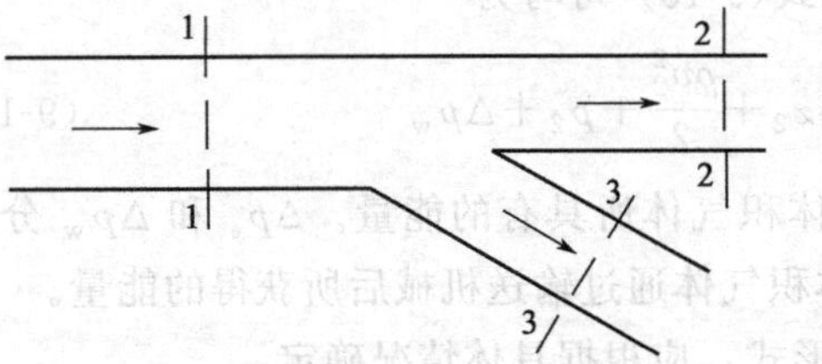

图 9-10　流动的分流

⑥ 流体在所取两截面间流动时，流量沿程保持不变，即伯努利方程的推导没有考虑分流或合流的情况。如果出现分流，如图 9-10 所示，单位质量流体的能量守恒关系依然存在，只是分别表现为截面 1→2 和截面 1→3 的两个能量关系式而已。当没有外加能量时，则

$$gz_1+\frac{v_1^2}{2}+\frac{p_1}{\rho}=gz_2+\frac{v_2^2}{2}+\frac{p_2}{\rho}+h_{w1-2} \tag{9-17}$$

$$gz_1+\frac{v_1^2}{2}+\frac{p_1}{\rho}=gz_3+\frac{v_3^2}{2}+\frac{p_3}{\rho}+h_{w1-3} \tag{9-18}$$

根据这个原则不难得到合流时的伯努利方程。

⑦ 当一个问题中有 2 个未知量时，需和连续性方程联立求解。

2. 伯努利方程应用示例

伯努利方程和连续性方程联立，可以全面解决流动系统中流速和压力的计算问题。求解问题的一般步骤是：分析流动，划分截面，选择基准，列解方程。

（1）确定管路中流体的流速和流量

【例 9-3】 如图 9-11 所示，在一液位恒定的敞口高位槽中，液面距水管出口的垂直距离为 7m，管路为 ϕ89mm×4mm 的钢管。设总的能量损失为 6.5mH_2O。试求该管路流量为多少 m^3/h。

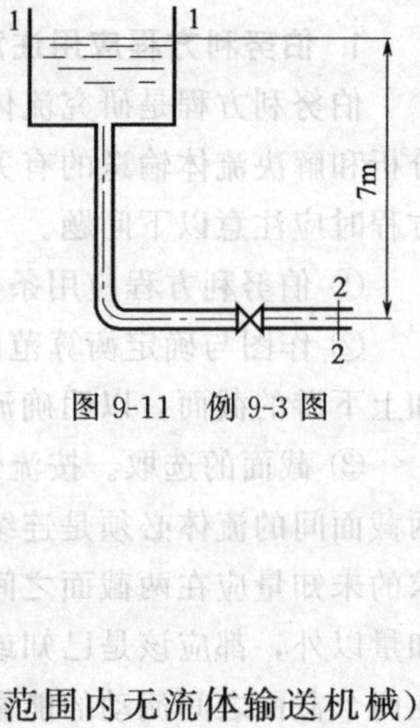

图 9-11　例 9-3 图

解： ① 分析流动：稳定流动，不可压缩流体，流动方向：由高位槽通过管道流到环境。

② 划分截面：取高位槽中液面为 1—1 截面，水管出口为 2—2 截面。

③ 选择基准：以过 2—2 截面中心线的水平面为基准面。

④ 列解方程：在 1—1 与 2—2 截面间列伯努利方程

$$z_1+\frac{v_1^2}{2g}+\frac{p_1}{\rho g}+H_e=z_2+\frac{v_2^2}{2g}+\frac{p_2}{\rho g}+H_w$$

由题意知：$z_1=7$m，$v_1=0$，$p_1=0$（表压），$H_e=0$（在衡算范围内无流体输送机械），

$z_2=0$，$p_2=0$(表压)，$H_w=6.5mH_2O$

将以上各项代入伯努利方程中，并化简得

$$7=\frac{v_2^2}{2\times9.81}+6.5$$

$$v_2=\sqrt{(7-6.5)\times2\times9.81}=3.13\ (m/s)$$

流量

$$q_V=3600Av_2=3600\times\frac{\pi}{4}\times(0.081)^2\times3.13=58\ (m^3/h)$$

计算结果表明，流体的位能除用于克服管路阻力外，还可以转变为动能。

(2) 确定容器的相对位置

【例 9-4】 某制冷装置如图 9-12 所示，高压储液罐内的氨液制冷剂经节流降压后直接送到 145kPa(表压)的低压系统。已知储液罐内液面压力为 685kPa(表压)，供液管内径 $d_i=50mm$，管内限定流量为 $q_V=0.002m^3/s$，供液管的能量损失 $H_w=2.5m$(氨柱)，氨液密度为 $636kg/m^3$。试确定氨液被压送的最大高度 H。

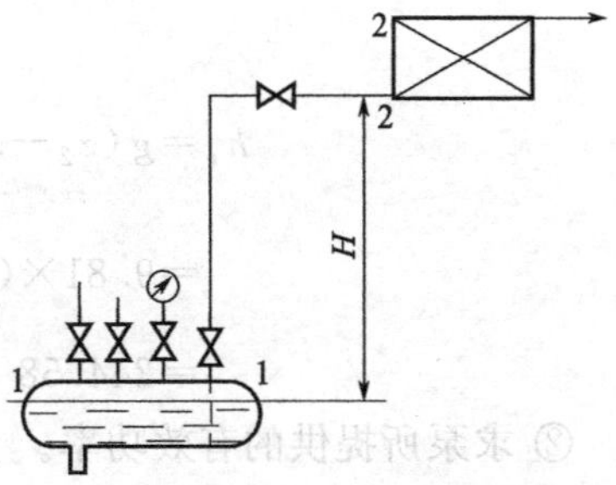

图 9-12　例 9-4 图

解：① 分析流动：稳定流动，流体可视为不可压缩流体。

② 划分截面：取高压储液罐内液面为 1—1 截面，低压系统入口为 2—2 截面。

③ 选择基准：以高压储液罐液面为基准面。

④ 列解方程：在 1—1 与 2—2 截面间列伯努利方程

$$z_1+\frac{v_1^2}{2g}+\frac{p_1}{\rho g}+H_e=z_2+\frac{v_2^2}{2g}+\frac{p_2}{\rho g}+H_w$$

由题意知：$z_1=0$，$v_1=0$，$p_1=685\times10^3Pa$(表压)，$H_e=0$，$z_2=H$，$p_2=145\times10^3Pa$(表压)，$H_w=2.5m$，

$$v_2=\frac{q_V}{A}=\frac{q_V}{\frac{\pi}{4}d_i^2}=\frac{4\times0.002}{3.14\times0.05^2}=1.02\ (m/s)$$

将以上各项代入伯努利方程中得

$$H=z_2=\frac{p_1-p_2}{\rho g}-\frac{v_2^2}{2g}-H_w=\left[\frac{(685-145)\times10^3}{636\times9.81}-\frac{1.02^2}{2\times9.81}-2.5\right]=84\ (m)$$

(3) 确定输送设备的有效功率

【例 9-5】 有一离心水泵将冷却水送到楼顶的冷却器，经喷头喷出作为冷却介质使用，如图 9-13 所示。已知泵的吸水管径为 $\phi108mm\times4.5mm$，管内冷却水的流速为 1.5m/s，泵的排水管径为 $\phi76mm\times2.5mm$。设冷却水池的水深为 1.5m，喷头至冷却水池底面的垂直高度为 20m，输送系统中管路的能量损失 $h_w=29.43J/kg$，冷却水在喷头前的表压力为 29400Pa，水的密度为 $1000kg/m^3$。试求泵所提供的机械能及有效功率。

解：① 先求泵所提供的外加机械能。

取水池水面为 1—1 截面，喷头上方管口处为 2—2 截面，取水平基准面通过 1—1 截面。

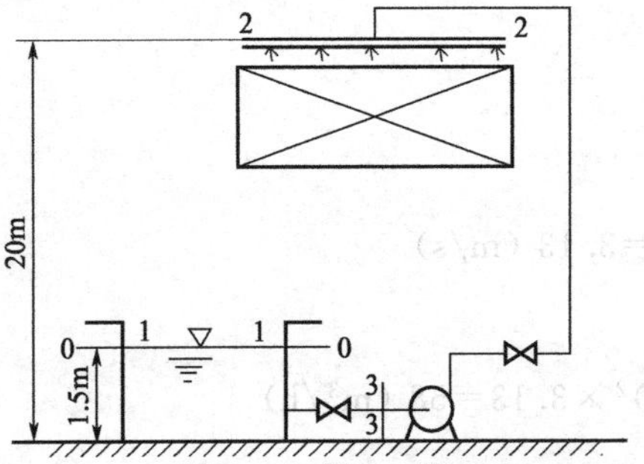

图 9-13　例 9-5 图

在 1—1 与 2—2 截面间列伯努利方程

$$gz_1+\frac{v_1^2}{2}+\frac{p_1}{\rho}+h_e=gz_2+\frac{v_2^2}{2}+\frac{p_2}{\rho}+h_w$$

由题意知：$z_1=0$，$v_1=0$，$p_1=0$（表压），$z_2=20-1.5=18.5\text{m}$，$p_2=29400\text{Pa}$（表压），$h_w=29.43\text{J/kg}$。

在泵吸水管上取截面 3—3，由题意 $v_3=1.5\text{m/s}$，则由连续性方程得

$$v_2=v_3\left(\frac{d_3}{d_2}\right)^2=1.5\times\left(\frac{108-4.5\times2}{76-2.5\times2}\right)^2=2.92\text{m/s}$$

将以上各项代入伯努利方程中得

$$h_e=g(z_2-z_1)+\frac{v_2^2-v_1^2}{2}+\frac{p_2-p_1}{\rho}+h_w$$

$$=9.81\times(18.5-0)+\frac{2.92^2-0}{2}+\frac{29400-0}{1000}+29.43$$

$$=244.58\ (\text{J/kg})$$

② 求泵所提供的有效功率。

冷却水的体积流量

$$q_V=v_3A_3=v_3\frac{\pi d_3^2}{4}=1.5\times\frac{3.14\times(99\times10^{-3})^2}{4}=11.54\times10^{-3}\ (\text{m}^3/\text{s})$$

泵所提供的有效功率为

$$P_e=q_mh_e=\rho q_Vh_e=1000\times11.54\times10^{-3}\times244.58=2822\ (\text{W})=2.822\ (\text{kW})$$

（4）确定管路中流体的压力

【例 9-6】 水在图 9-14 所示的虹吸管中作稳定流动，管路直径没有变化，水流经管路的能量损失可以忽略不计，试计算截面 2—2、3—3 处的压力。当地大气压为 760mmHg。图中所标注的尺寸均以 mm 计。

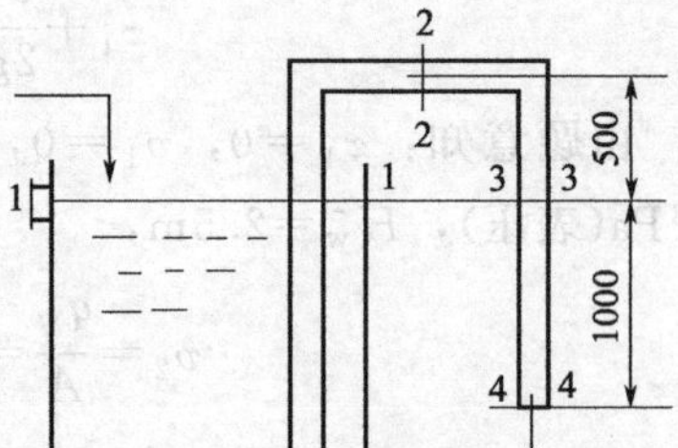

图 9-14　例 9-6 图

解：为计算管内各截面上的压力，应首先计算管内水的流速。先在水箱水面 1—1 及管出口内侧 4—4 截面之间列伯努利方程。并以 4—4 截面为基准水平面。

$$gz_1+\frac{v_1^2}{2}+\frac{p_1}{\rho}+h_e=gz_4+\frac{v_4^2}{2}+\frac{p_4}{\rho}+h_w$$

由题意知：$z_1=1.0\text{m}$，$v_1=0$，$p_1=0$（表压），$h_e=0$，$z_4=0$，$p_4=0$（表压），$h_w=0$。

将以上各项代入伯努利方程中，并化简得

$$9.81\times1=\frac{v_4^2}{2}$$

$$v_4=4.43\ (\text{m/s})$$

由于管路直径没有变化，则管路各截面积相等。根据连续性方程可知 $q_V=vA=$常数，故管内各截面上的流速不变，即

$$v_2=v_3=v_4=4.43\ (\text{m/s})$$

对截面 2—2 及管出口内侧截面 4—4 列伯努利方程，并以 4—4 截面为基准水平面，则 $z_2=1.5\text{m}$。截面 2—2 的表压力为

$$p_2=-\rho g z_2=-1000\times9.81\times1.5=-14715\ (\text{Pa})$$

对截面 3—3 及管出口内侧截面间 4—4 列伯努利方程，并以 4—4 截面为基准水平面，则 $z_3=1\text{m}$。截面 3—3 的表压力为

$$p_3=-\rho g z_3=-1000\times9.81\times1=-9810\ (\text{Pa})$$

由计算结果可得出两截面上的表压力均为负值，说明两截面上的压力均是低于当地大气压的真空度，2—2 截面上的真空度为 14715Pa，3—3 截面上的真空度为 9810Pa。

习　题

9-1　平均流速是如何定义的？引入平均流速有何意义？

9-2　说明流体在管道中流动的流速、流量之间的关系。

9-3　什么是稳定流动与非稳定流动？工程上的哪些流动可以被看成为稳定流动，举例说明。

9-4　什么是三元流动、二元流动和一元流动？

9-5　稳定流动连续性方程表示什么意义？

9-6　密度为 1800kg/m^3 的某种液体经一内径为 60mm 的管道输送到某处，若其流速为 0.8m/s，求该液体的体积流量和质量流量。

9-7　直径为 150mm 的水管，流量为 $20\text{m}^3/\text{s}$，求流速。若流量增加到 $30\text{m}^3/\text{s}$，流速将增加到多少？

9-8　用压缩机压缩氨气，其进口管内径为 45mm，氨气的密度为 0.7kg/m^3，平均流速为 10m/s。经压缩后，从内径为 25mm 的出口管以 3m/s 的平均流速送出。求通过压缩机的氨气质量流量以及出口管内氨气的密度。

9-9　图 9-15 所示管道 $d_1=25\text{mm}$，$d_2=40\text{mm}$，$d_3=80\text{mm}$。

① 当流量为 4L/s 时，求各管段的平均流速；

② 流量增至 8L/s 时，平均流速如何变化？

③ 流量减少至 2L/s 时，平均流速如何变化？

9-10　如图 9-16 所示，输水管路中，主管尺寸为 $d=100\text{mm}$，每小时输水量为 30m^3，在进入支管后，要求流速比主管大 50%，两支管流量分别为 $q_{V1}=10\text{m}^3/\text{h}$，$q_{V2}=20\text{m}^3/\text{h}$。试求：

① 主管中水的流速；

② 两个支管的内径。

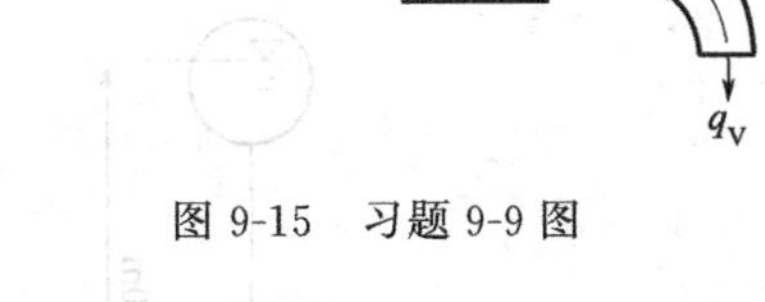

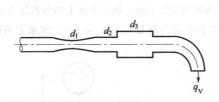

图 9-15　习题 9-9 图

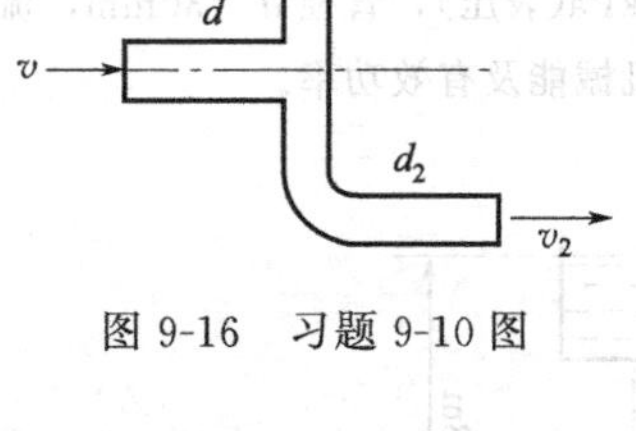

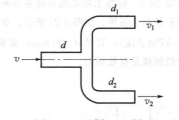

图 9-16　习题 9-10 图

9-11　蒸汽管道的总管直径 $d_1=50\text{mm}$，管内平均流速 $v_1=25\text{m/s}$，蒸汽密度 $\rho_1=2.62\text{kg/m}^3$。蒸汽分别由两根支管流出，支管直径分别为 $d_2=45\text{mm}$，$d_3=40\text{mm}$，支管出口蒸汽密度分别为 $\rho_2=2.24\text{kg/m}^3$，$\rho_3=2.3\text{kg/m}^3$，试求两根支管内质量流量相等时的出口流速 v_2 和 v_3 分别为多少？

9-12　稳定流动伯努利方程反映了什么规律？在应用伯努利方程时应注意哪些事项？

9-13　如图 9-17 所示，水沿竖直变径管向下流动，已知上管直径 $D=0.2\text{m}$，流速为 $v=3\text{m/s}$，为使上下两个压力表的读数相同，下管直径应为多大？（能量损失忽略不计）

9-14 如图 9-18 所示，管路由不同直径的两管前后相连而成，小管直径 $d_A=0.25\text{m}$，大管直径 $d_B=0.5\text{m}$，水在管中流动时，A 点的压力 $p_A=49\text{kPa}$，B 点的压力 $p_B=29.4\text{kPa}$，流速 $v_B=1.2\text{m/s}$。判断水在管中的流动方向，并计算 A、B 两点间的能量损失。

9-15 水箱供水装置如图 9-19 所示。水管直径为 50mm，阀门全闭时，压力表读数为 0.3 个大气压，阀门开启后，设总能量损失为 0.5m，求水的体积流量 q_V 为多少？

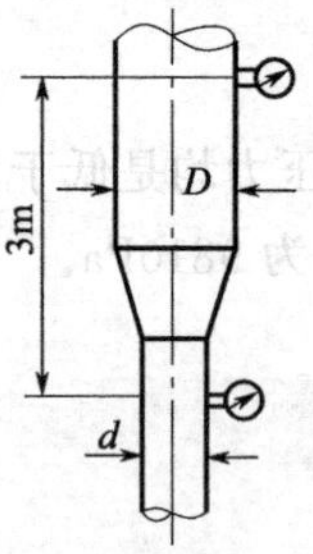

图 9-17　习题 9-13 图

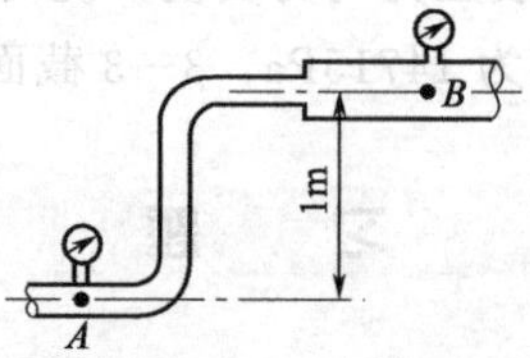

图 9-18　习题 9-14 图

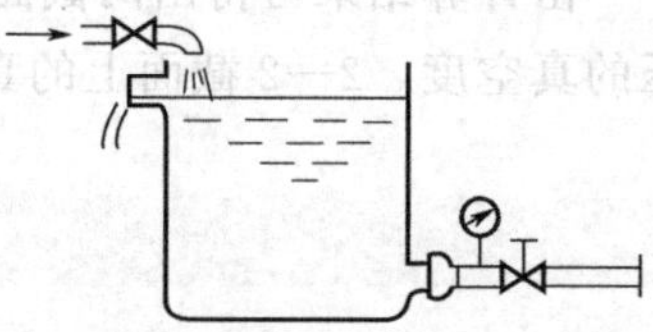

图 9-19　习题 9-15 图

9-16 如图 9-20 所示，水平通风管道某段直径自 300mm 渐缩到 200mm，为粗略估计其中空气的流量，在锥形接头两端各引出一个测压口与 U 形管压差计相连，用水作指示液，测得读数 $\Delta h=40\text{mm}$。设空气流过锥形接头的能量损失可以忽略，求空气的体积流量（空气的密度为 1.2kg/m^3）。

9-17 如图 9-21 所示，从高位槽向立式设备内加料，高位槽和立式设备内的压力均为大气压。要求送液量为 $3.6\text{m}^3/\text{h}$。管道用 $\phi 45\text{mm}\times 4.5\text{mm}$ 的钢管，设料液在管内的能量损失为 1.2m（料液柱），试求高位槽的液面应比料液管进立式设备处高出多少米？

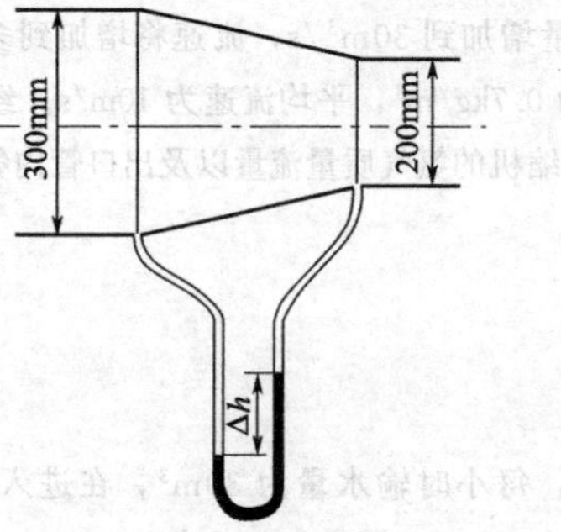

图 9-20　习题 9-16 图

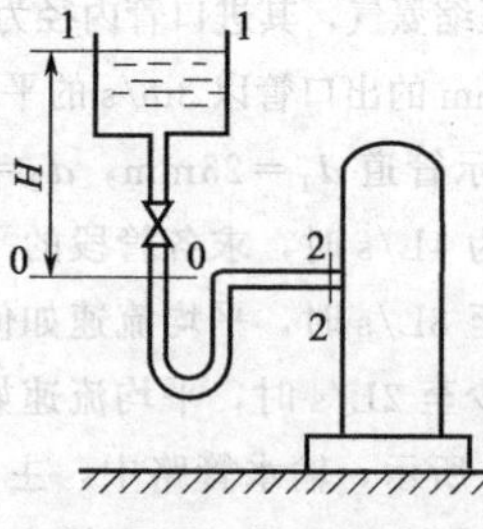

图 9-21　习题 9-17 图

9-18 某输水系统，如图 9-22 所示。管径为 $d=50\text{mm}$，$H_w=40\dfrac{v^2}{2g}$，求水的体积流量为多少？欲使水量增加 20%，应将水箱水面升高多少米？

9-19 某锅炉给水系统，如图 9-23 所示。如水池液面距锅炉液面高度为 10m，锅炉水面上的蒸汽压力 $p_0=569\text{kPa}$(表压)，管径 $d=30\text{mm}$，流量 $q_V=2.5\text{L/s}$，管路全部的能量损失 $h_w=5v^2$，求水泵所提供的机械能及有效功率。

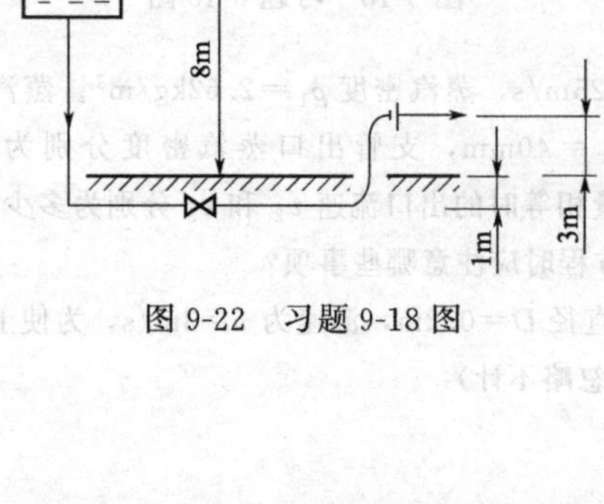

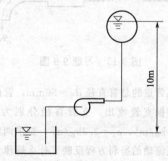

图 9-22　习题 9-18 图

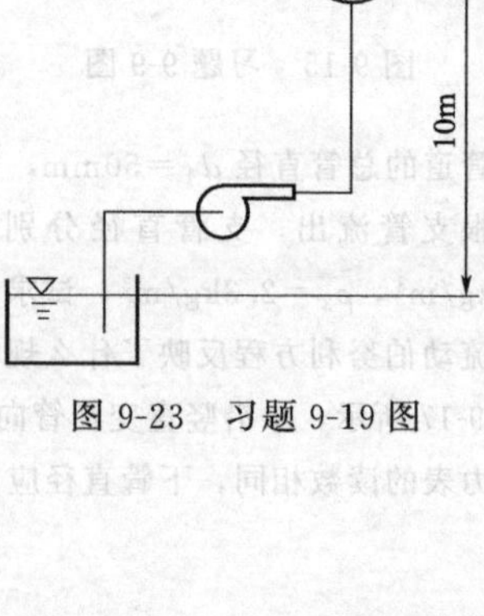

图 9-23　习题 9-19 图

9-20　水流由水箱经直径 $d=100\text{mm}$ 的管道流到大气中，如图 9-24 所示。如保持水箱的水面恒定，水面高出管道出口中心 4m，假设管道的能量损失为 $H_w=3\dfrac{v^2}{2g}$，且沿管长均匀发生。求：

① 管道中水的流速 v 和流量 q_V；

② 管道内点 M 距出口中心高度为 1m 时的压力 p_M。

9-21　如图 9-25 所示，水流由水箱经前后相接的两管流到大气中。已知大管直径 $d_1=200\text{mm}$，小管直径 $d_2=150\text{mm}$，$H=5\text{m}$，管道入口能量损失为 0.2m，变径截面处能量损失为 0.15m，第一根管内的能量损失为 0.1m，第二根管内的能量损失为 0.2m。若水箱水面保持恒定，求：

① 管中的流量；

② 管道进口 M 点的压力。

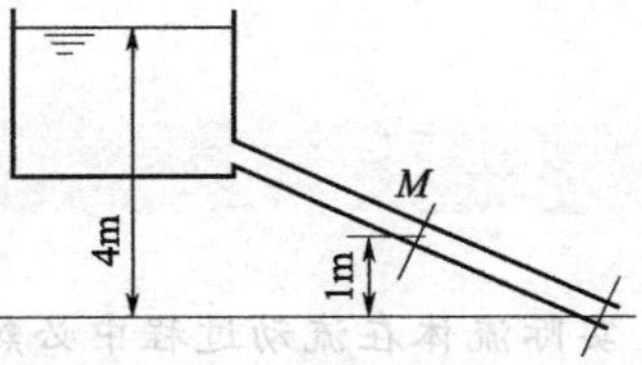

图 9-24　习题 9-20 图

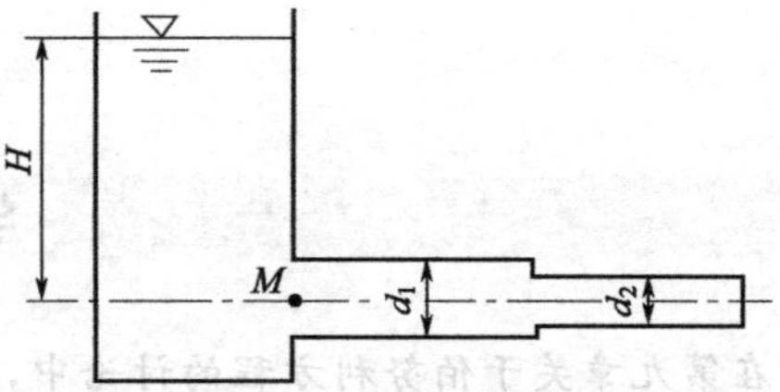

图 9-25　习题 9-21 图

第十章 流动阻力和能量损失

学习导引

在第九章关于伯努利方程的讨论中，已经了解到，实际流体在流动过程中必然要克服流动阻力而消耗一定的能量，形成能量损失。能量损失的大小对于工程实际来说是极为重要的，它直接关系到工程目的的实现和投资及运行费用的大小。因此能量损失的计算是流体力学计算的重要内容之一，也是本章要着力解决的基本问题。流动阻力是造成能量损失的原因，而流体的流动是一极其复杂的现象。由于流体本身的性质和流动边界条件的不同，使得流体的流动状态也不同，从而产生能量损失的规律也不同。由于很多流动的理论问题仍尚待研究，因此利用经验与半经验公式计算流体流动过程中的能量损失，是目前工程上采用的主要方法。本章将以稳定流为研究对象，从介绍流体流动形态入手，分析不同流态下能量损失产生的规律，最后给出能量损失的常用计算公式与方法。

一、学习要求

本章的重点是雷诺数及流态判断，沿程阻力系数 λ 的确定，沿程损失和局部损失计算，通过学习应达到以下要求。

① 了解流动阻力的两种形式，掌握能量损失的计算式。

② 理解雷诺实验过程及层流、湍流的流态特点，掌握流态判断标准。

③ 了解圆管层流和湍流流速分布规律，了解边界层概念。

④ 理解湍流的层流底层和粗糙度对流体流动的影响，理解莫迪图中沿程阻力系数 λ 的变化规律，掌握用莫迪图及公式法确定 λ 的方法，并能应用范宁公式进行沿程损失计算。

⑤ 了解非圆管的当量直径概念，了解非圆管的沿程损失计算方法。

⑥ 理解局部损失产生的主要原因，能正确选择局部阻力系数进行局部损失计算。

⑦ 了解减小流动阻力的措施。

二、本章难点

① 层流和湍流的概念较抽象，理解起来有一定难度，结合雷诺实验增加感性认识，理解起来会容易些。

② 对莫迪图中的阻力分区和沿程阻力系数 λ 不同计算公式的应用会有一定难度。对于经验公式只需会用即可，不必对其来源多加探究，也不必对经验公式死记硬背，能根据条件选用公式即可。

第一节 沿程损失和局部损失

流体的黏滞性和固体边壁的影响，使流体在流动过程中受到阻力，这个阻力称为流动阻力。流动阻力使流体的一部分机械能不可逆地转化为热能而散失掉，这种机械能损失称为能量损失。可见，流动阻力是造成能量损失的根本原因，而能量损失则是流动阻力在能量消耗上的反映。影响流动阻力的主要因素，一方面是流体的黏滞性和惯性，它们是产生流动阻力的内因；另一方面是固体边壁形状及壁面的粗糙度对运动流体的阻碍和扰动作用，它们是产生流动阻力的外因，外因通过内因起作用。

工程实际中为了便于分析和计算，根据边壁条件的不同，将能量损失分为两种形式：沿程损失 h_f 和局部损失 h_j。它们产生机理和计算方法各有不同。

一、沿程阻力与沿程损失

流体在边壁沿程不变的管段（直管段）上流动时，其所受的阻力沿程也不发生变化，这一阻力称为沿程阻力或直管阻力。为克服沿程阻力产生的能量损失称为沿程损失，用符号 h_f 表示，单位为 J/kg。由于流动情况沿程不变，因而沿程损失沿流程是均匀分布的。也就是说，沿程损失 h_f 的大小与流程的长度成正比。

二、局部阻力与局部损失

流体流过管件，阀门及进出口（以下统称为局部阻碍）等时，因固体边壁形状的改变，使流体的流速和方向发生变化，导致流动阻力增加，这种发生在局部位置处的阻力，称为局部阻力。为克服局部阻力而产生的能量损失称为局部损失，用符号 h_j 表示，单位为 J/kg。局部损失与管长无关，只与局部管件有关。

三、能量损失的计算公式

综上所述，能量损失分为沿程损失和局部损失。整个管路的总能量损失等于各管段的沿程损失和各处的局部损失的总和，即

$$h_w = \sum h_f + \sum h_j \ (\text{J/kg}) \tag{10-1a}$$

当能量损失以压头损失形式表示时

$$H_w = \sum H_f + \sum H_j \ (\text{m}) \tag{10-1b}$$

当能量损失以压力降(压力损失)形式表示时

$$\Delta p_w = \sum \Delta p_f + \sum \Delta p_j \ (\text{Pa}) \tag{10-1c}$$

(1) **沿程损失的计算** 工程上用于计算沿程损失的一般公式为

$$h_f = \lambda \frac{L}{d} \times \frac{v^2}{2} \ (\text{J/kg}) \tag{10-2a}$$

式中 λ——沿程阻力系数；

L——管长，m；

d——管内径，m；

v——截面的平均流速，m/s。

式(10-2a) 称为范宁公式，是计算流体沿程损失的通式。范宁公式还可以写为以下两种形式，即

$$H_f=\lambda\frac{L}{d}\times\frac{v^2}{2g}\ (\text{m}) \tag{10-2b}$$

$$\Delta p_f=\lambda\frac{L}{d}\times\frac{\rho v^2}{2}\ (\text{Pa}) \tag{10-2c}$$

式中 ρ——流体密度，kg/m^3。

(2) *局部损失的计算* 工程上用于计算局部损失的一般公式为

$$h_j=\zeta\frac{v^2}{2}\ (\text{J/kg}) \tag{10-3a}$$

或

$$H_j=\zeta\frac{v^2}{2g}\ (\text{m}) \tag{10-3b}$$

$$\Delta p_j=\zeta\frac{\rho v^2}{2}\ (\text{Pa}) \tag{10-3c}$$

式中 ζ——局部阻力系数。

式(10-2) 中的沿程阻力系数 λ 和式(10-3) 中的局部阻力系数 ζ 都是无因次系数。上述计算沿程损失和局部损失的公式是长期工程实践的经验总结，公式的核心是 λ 和 ζ 的计算。

第二节 流体的两种流态

一、雷诺实验和流态

1883 年英国物理学家雷诺（Reynolds）通过大量实验发现，流体的运动有两种不同性质的流动状态，简称流态。能量损失的规律与流态有关。图 10-1 所示为雷诺实验装置的示意图。水箱 A 侧壁引出玻璃管 B，阀门 C 用于调节 B 管的流量。容器 D 内装有密度与水箱中液体接近的有色液体，有色液体可经针状细管 E 流入玻璃管 B 中，阀门 F 可调节有色液体的流量。实验之前先将水箱 A 加满水，利用水箱上部的溢流装置，保持水箱 A 内水位恒定。

实验过程是：微开阀门 C，使水在 B 管内缓慢流动。再打开阀门 F，放出少量有色液体。当玻璃管中水的流速较小时，细管流出的有色液体是一条界线分明的直线，与周围的清水不相混，如图 10-2(a) 所示。若逐渐开大阀门 C，使 B 管中水的流速逐渐增大。当流速达到某一临界值 v_c'时，呈直线流动的有色细流开始出现波动而成波浪形细线，如图 10-2(b) 所示。继续开大阀门 C，有色液体的直线开始抖动、弯曲，然后断裂与周围清水完全混合，最后使整个玻璃管内的水呈现均匀的颜色，如图 10-2(c) 所示。显然，此时流体的流动状况已发生了显著的变化。

若按反方向进行上述实验，即先开大阀门 C，然后再逐渐关小。实验现象将按相反程序出现，只是有色液体形成细长直线时的流速 v_c 小于 v_c'。

雷诺实验表明：

① 当流速不同时，流体的流动具有两种完全不同的流态。一种是流体质点互不混合有规则的层状流动，简称层流（又称滞流），如图 10-2(a) 所示。另一种是流体质点相互混合

无规则的紊乱流动，简称湍流（又称紊流），如图 10-2(c) 所示。而图 10-2(b) 所示为由层流向湍流转变的过渡流。

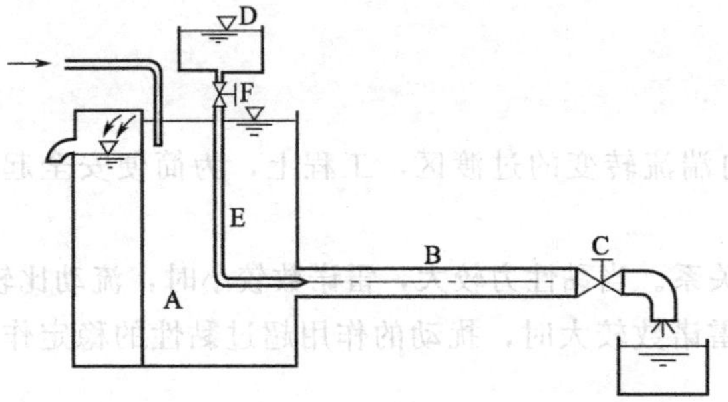

图 10-1 雷诺实验装置示意图

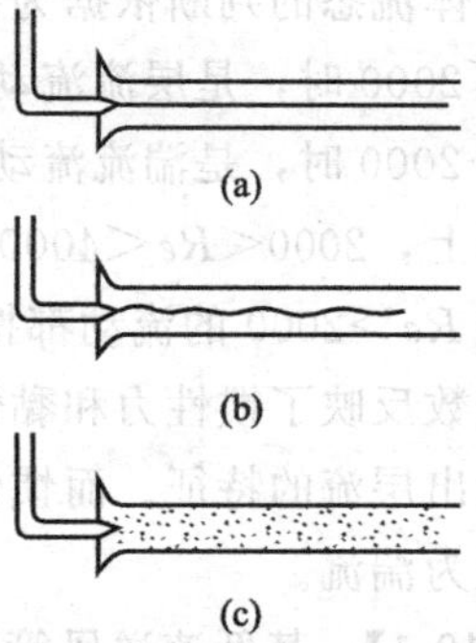

图 10-2 流体的流动状态

② 两种流态在一定的流速下可互相转变。流态转变时的流速称临界流速。从层流转向湍流的临界流速（上临界流速）v_c'与从湍流转向层流的临界流速（下临界流速）v_c 大小不同。实验证明，$v_c'>v_c$，且 v_c'之值并不稳定，随着流动起始点和扰动的不同，v_c'之值有较大的差异，但 v_c 却较稳定。

当 $v_c<v<v_c'$时，流体的流态可能是层流，也可能是湍流，这要看管内流速是自小增大，还是自大减小而定。但该区域内的层流是极其不稳定的，只要稍有扰动就会转变成湍流。由于在实际工程中，扰动是普遍存在的，工程上认为，只要 $v>v_c$，流态就进入湍流。所以，上临界流速 v_c'没有实际意义，一般用下临界流速 v_c 作为判别流态的界限，下临界流速 v_c 也直接称为临界流速。

二、流态的判断依据

由上述实验结果看，流态的判断好像很简单，只要将实际流速与临界流速相比较即可。然而这种简易的判断方法没有多大的实用价值。因为临界流速不是一孤立不变的量，它与流体的性质和管道几何尺寸、形状等因素有关。

雷诺等人从对不同直径的圆管和多种液体的实验中进一步发现，流体的流动状态不仅与流体的速度 v 有关，还与流体的黏度 μ、密度 ρ 和管径 d 有关。真正影响流态转变的是将上述 4 个参数按一定规律组合而成的无因次准数，称为雷诺数，用 Re 表示。

$$Re=\frac{\rho vd}{\mu}=\frac{vd}{\nu} \tag{10-4}$$

式中 ρ——流体密度，kg/m^3；

v——截面的平均流速，m/s；

d——管内径，m；

μ——流体动力黏度，Pa·s；

ν——流体运动黏度，m^2/s。

利用雷诺数的大小判断流体的流态时，无论管径大小，流体的密度、黏度，流动速度如何不同，只要雷诺数相同，流态必然相同。

对应于临界流速的雷诺数称临界雷诺数，用 Re_c 表示。实验表明：无论流体的种类和管径如何变化，临界流速如何不同，但临界雷诺数却稳定在 2000～2320，一般取

$Re_c=2000$。

判断流体流态的方法是用流体流动的实际雷诺数 Re 与临界雷诺数 Re_c 比较，因此可得圆管内流体流态的判断依据为：

$Re\leqslant 2000$ 时，是层流流动；

$Re>2000$ 时，是湍流流动。

实际上，$2000<Re<4000$ 是从层流向湍流转变的过渡区，工程上，为简便安全起见，习惯上把 $Re>2000$ 的流动都按湍流处理。

雷诺数反映了惯性力和黏性力的对比关系。当黏性力较大，雷诺数较小时，流动比较稳定，显示出层流的特征。而惯性力较大，雷诺数较大时，扰动的作用超过黏性的稳定作用，流动就变为湍流。

【例 10-1】 某低速送风管道，内径 $d=200\text{mm}$，风速 $v=3\text{m/s}$，空气温度为 40℃。求：①判断风道内气体的流动状态；②该风道内空气保持层流的最大流速。

解： ① 查表 8-2，40℃时空气的运动黏度 $\nu=17.6\times10^{-6}\ \text{m}^2/\text{s}$，管中 Re 为

$$Re=\frac{vd}{\nu}=\frac{3\times0.2}{17.6\times10^{-6}}=3.41\times10^{4}>2000\text{，故为湍流}$$

② 空气保持层流的最大流速为

$$v_{\max}=\frac{Re_c\nu}{d}=\frac{2000\times17.6\times10^{-6}}{0.2}=0.176\ (\text{m/s})$$

【例 10-2】 某油的黏度为 $70\times10^{-3}\ \text{Pa}\cdot\text{s}$，密度为 1050kg/m^3，在管径为 $\phi114\text{mm}\times4\text{mm}$ 的管道内流动，若油的流量为 $30\text{m}^3/\text{h}$，试确定管内油的流动状态。

解： $d=114-2\times4=106(\text{mm})=0.106(\text{m})$

$$v=\frac{q_V}{A}=\frac{q_V}{\frac{\pi}{4}d^2}=\frac{30}{3600\times0.785\times0.106^2}=0.945\ (\text{m/s})$$

$$Re=\frac{\rho vd}{\mu}=\frac{1050\times0.945\times0.106}{70\times10^{-3}}=1502.55<2000\text{，故为层流}$$

第三节　圆形管内的速度分布和边界层概念

一、流体在圆形管内的速度分布

前面计算中所用到的流体流速多指平均速度，即以体积流量除以管道横截面积的值，此值代表管道截面各点流体速度的平均值。流体流经管道时，在同一截面不同点的速度是不同的，即速度随位置的变化而变化，这种变化关系称为速度分布。

由于黏性的存在，当流体流过固体壁面时，紧贴着固体壁面的流体由于附着力使这一部分流体的速度为零。同理流体在圆形管内流动时，无论是层流还是湍流，管壁上的流速为零，其他部位的流体质点速度沿径向发生变化。离开管壁越远，其速度越大，直至管中心处速度最大。不同的流态，速度分布情况也不同。

1. 圆形管内层流速度分布

层流一般发生在低流速、小管径的管路中或黏性较大的机械润滑系统和输油管路中。流体在圆管内做层流流动时，流体质点仅随主流沿管轴向作规则的平行运动，由于各流层间质点互不混合，只存在由黏性引起的层间滑动摩擦阻力，所以流动的流体在圆管内好像无数层很薄的圆筒，平行的一个套着一个地相对滑动，如图 10-3(a) 所示。由实验测得其速度分布如图 10-3(b) 中曲线所示，呈抛物线状分布，管中心处的流体质点速度最大。管内流体的平均流速 v 等于管中心处最大流速 $v_{\max}$ 的 1/2，即

$$v=\frac{1}{2}v_{\max} \tag{10-5}$$

2. 圆形管内湍流结构及速度分布

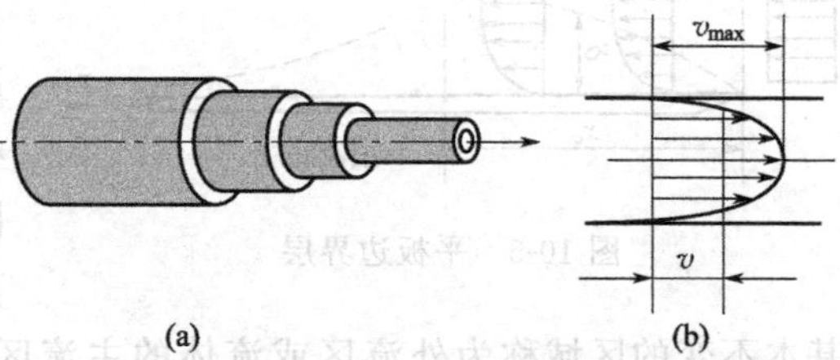

图 10-3　圆形管内层流速度分布

在工程技术中，绝大多数的流体运动都是湍流。湍流时，由于流体质点的运动极不规则，相互混合，相互碰撞，因此湍流结构和速度分布不同于层流。

实验证明，流体在圆管内作湍流运动时，并非整个管道截面上都为湍流。如图 10-4(a) 所示，在贴近管壁的地方，总有非常薄的一层流体由于管壁的阻碍作用，速度很小，而处于层流运动，该流层称为层流底层。管中心部分由于受管壁的影响较小，流体质点相互混合，碰撞频繁，表现出明显的湍流特征，该部分称为湍流核心。湍流核心与层流底层之间是一层很薄的不完全湍流区，称为过渡区。

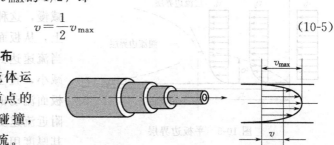

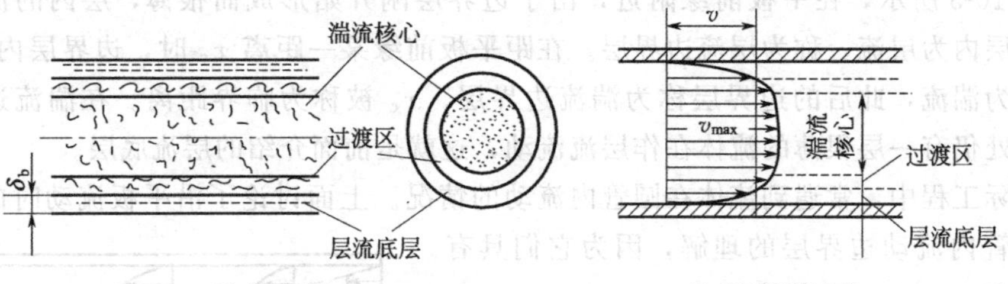

图 10-4　圆形管内湍流结构及速度分布

层流底层厚度 δ_b 随雷诺数的增大而减小。也即湍流越强烈，雷诺数越大，层流底层越薄；层流底层厚度一般只有几十分之一到几分之一毫米，但它的存在对管壁粗糙的扰动和传热性能有重大影响，因此不可忽视。

经实验测定，湍流时圆管内流体的流速分布如图 10-4(b) 所示。在层流底层内，流速仍按抛物线分布，速度梯度很大；在湍流核心区内，流速按对数规律分布，但由于流体质点的相互碰撞和混合，流速趋于均匀，速度梯度减小。湍流时的速度分布与 Re 值有关，Re 越大，湍流核心区内的速度分布曲线越平坦。湍流时，管内流体的平均流速 v 与管中心最大流速 $v_{\max}$ 随雷诺数 Re 的变化而变化，管内的平均流速 v 与管中心处最大流速 $v_{\max}$ 的关系一般为

$$v=(0.75\sim0.9)v_{\max} \tag{10-6}$$

二、边界层的概念

1. 边界层的形成和发展

为了便于说明问题，以流体沿固定平板的流动为例，如图 10-5 所示，在平板前缘处流体以均匀一致的流速 v_0 流动，当流过平板壁面时，由于流体具有黏性又能完全润湿壁面，则黏附在壁面上静止的流体层与其相邻的流体层间产生内摩擦，而使相邻流体层的速度减慢，这种减速作用，使得在垂直平板方向上，从板面到流体主体，流速从零逐渐增大；当流速达到某一值后，流速增大的速度逐渐减小，直至某一值基本不变。这样，可将沿板面流动的流体分成两个区域：一个是板面附近流速变化较大的区域，该区称为边界层，其厚度用 δ 表示；另一个是离板面较远，流速基本不变的区域称为外流区或流体的主流区。通常将流体流速达到主体流速的 99%处，即 $v=0.99v_0$ 处为两个区域的分界线。

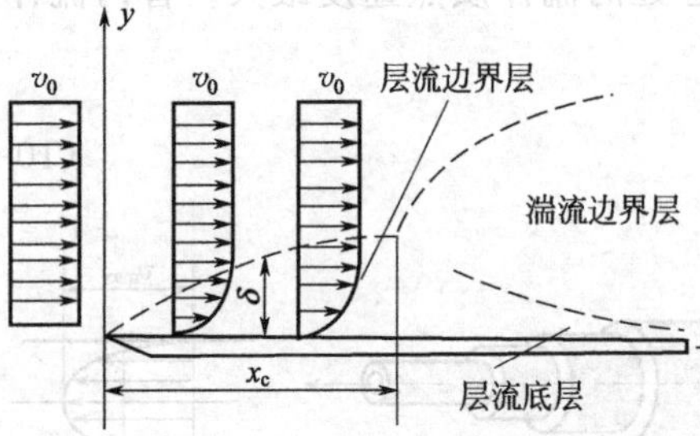

图 10-5　平板边界层

边界层即由于流体黏性作用使流体流速受板面影响的那部分流体层，包括流速从 $v=0$ 至 $v=0.99v_0$ 的区域，如图 10-5 中虚线和板面之间部分。边界层内的速度变化较大，流体的流动阻力主要集中在该层中。

主流区即流体的流速不受板面影响的区域，该区内流体的速度变化小，可认为该区内流体流速分布是均匀的，其流速与未受壁面影响的流速 v_0 相等。

如图 10-5 所示，在平板前缘附近，由于边界层刚开始形成而很薄，层内的流速很小，整个边界层内为层流，称为层流边界层。在距平板前缘某一距离 x_c 时，边界层内的流动将由层流转为湍流，此后的边界层称为湍流边界层。x_c 被称为临界距离。在湍流边界层内，紧靠板面处仍有一层很薄的流体在作层流流动，这就是前面介绍的层流底层。

在实际工程中，常遇到流体在圆管内流动的情况。上面讨论了沿平板流动时的边界层，有助于对管内流动边界层的理解，因为它们具有相似的地方。

图 10-6 表示流体在圆管内边界层发展的情况。流体在进入管道前，以均匀的流速流动。当流体进入圆管时，在进口处即开始形成边界层，随着距进口距离 x 的增大，边界层厚度也逐渐加大。由于边界层内流速很小，而管内的流量是恒定的，所以管中心部分流体的流速必然增大。在距管进口 x_0 处，边界层汇合于管中心线，此后，边界层占据整个管截面，厚度维持不变且等于管半径。将距管进口的距离 x_0 称为进口段长度或稳定段长度。在进口段以后，管内各截面上的速度分布不再随 x 变化，此种流动称为完全发展了的流动。在完全发展了的流动开始时，若管内边界层仍为层流，则管内流动保持层流，如图 10-6(a) 所示；若边界层已是湍流，则管内流动保

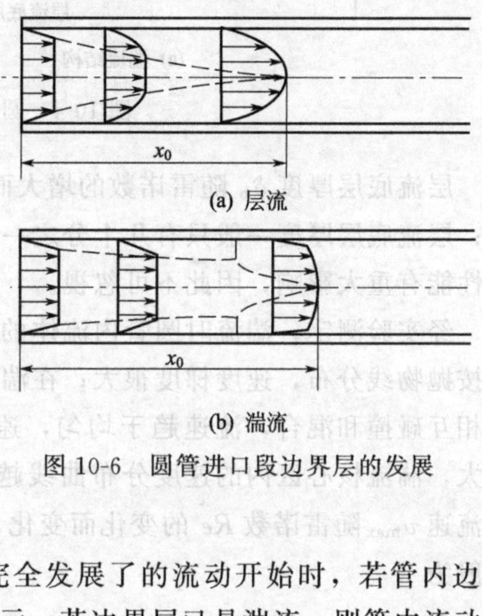

图 10-6　圆管进口段边界层的发展

持湍流，如图 10-6(b) 所示。

2. **边界层分离**

边界层的一个重要特点是在某些情况下会脱离壁面，称为边界分离。这一现象可以用流体流过曲柱体壁面为例来说明。

如图 10-7 所示，流体绕过弧形的壁面，在达到最高点 B 以前，流体质点因流道截面变小而加速，过 B 点之后就开始减速。流体加速时压力递减，流过最高点 B 后的减速增压中，由于流速分布的不均匀性，离壁较远处流体虽减速仍继续向前，但近壁处流到 C 点流速可减至零。此后截面继续扩大，近壁处的流体在反向压力的作用下被迫倒流，因而产生大量旋涡。这一现象即为边界分离。图中的虚线 CD 由流速为零的各点连成，C 点称为边界层的分离点。上面的点画线则示出边界层的外缘。

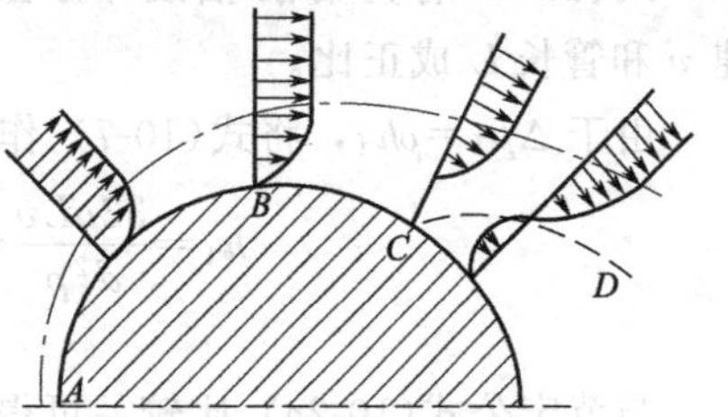

图 10-7 边界层分离示意图

边界层自 C 点开始脱离壁面后，在 C 点下游的壁面附近产生了流向相反的两股流体，两股流体的分界面为分离面，如图中虚线 CD 所示。分离面与壁面之间有流体倒流而产生旋涡。旋涡区内的流体进行着剧烈的碰撞而消耗能量。这一部分能量损失是由于固体表面形状而造成的边界层分离所引起的，所以又称为形体阻力或旋涡阻力。

黏性流体绕过固体表面的阻力为摩擦阻力与形体阻力之和，两者之和又称为局部阻力。流体流经管件、阀门、管子进出口等局部的地方，由于流动方向和流道截面的突然改变，都会发生边界层分离的情况。

第四节 流体在管内流动阻力损失的计算

一、沿程损失计算

1. **沿程阻力系数的影响因素**

流体流态不同，对流动阻力的影响也不同。层流流动时，雷诺数较小，黏性力起着主导作用。层流的阻力也就是黏性阻力，仅仅取决于雷诺数 Re，而与管壁粗糙度无关。湍流流动时雷诺数较大，其阻力由黏性阻力和惯性阻力两部分组成，黏性阻力仍然取决于雷诺数，而惯性阻力受壁面粗糙度的影响较大。壁面粗糙度对沿程损失的影响不完全取决于管壁表面粗糙突起绝对高度的平均距离 K（称为绝对粗糙度），而取决于它的相对高度，即粗糙突起高度的平均距离 K 与管径 d 的比值，K/d 称为相对粗糙度。

因此，对于层流

$$\lambda=f(Re)$$

对于湍流

$$\lambda=f\left(Re,\frac{K}{d}\right)$$

2. **圆形管内层流时沿程阻力系数的计算**

理论分析得出，流体在圆形直管内作层流流动时的压力损失 Δp_{f} 可由下式进行计

算，即

$$\Delta p_{\mathrm{f}}=\frac{32\mu Lv}{d^2} \tag{10-7}$$

式(10-7) 称为哈根-泊谡叶方程。由式(10-7) 可见，层流运动时的压力损失 Δp_{f} 与流速 v 和管长 L 成正比。

由于 $\Delta p_{\mathrm{f}}=\rho h_{\mathrm{f}}$，将式(10-7) 作如下变化

$$h_{\mathrm{f}}=\frac{32\mu Lv}{d^2\rho}=\frac{32\times 2}{\dfrac{\rho vd}{\mu}}\times\frac{L}{d}\times\frac{v^2}{2}=\frac{64}{Re}\times\frac{L}{d}\times\frac{v^2}{2}$$

与范宁公式(10-2a) 比较，可得圆管层流流动时的沿程阻力系数为

$$\lambda=\frac{64}{Re} \tag{10-8}$$

上式表明，流体在圆形直管内作层流流动时，沿程阻力系数 λ 与 Re 成反比，与管壁粗糙度无关。

【例 10-3】 用内径为 $d=10\mathrm{mm}$，长为 $L=3\mathrm{m}$ 的输油管输送润滑油，已知该润滑油的运动黏度 $\nu=1.802\times10^{-4}\mathrm{m^2/s}$，求流量为 $q_{\mathrm{V}}=75\mathrm{cm^3/s}$ 时，润滑油在管道上的沿程损失。

解： 管内流速为

$$v=\frac{q_{\mathrm{V}}}{A}=\frac{q_{\mathrm{V}}}{\dfrac{\pi}{4}d^2}=\frac{75\times10^{-6}}{\dfrac{3.14}{4}\times0.01^2}=0.96\ (\mathrm{m/s})$$

$$Re=\frac{vd}{\nu}=\frac{0.96\times0.01}{1.802\times10^{-4}}=53.3<2000，故为层流$$

所以

$$\lambda=\frac{64}{Re}=\frac{64}{53.3}=1.2$$

$$h_{\mathrm{f}}=\lambda\frac{L}{d}\times\frac{v^2}{2}=1.2\times\frac{3}{0.01}\times\frac{0.96^2}{2}=165.89\ (\mathrm{J/kg})$$

3. 圆形管内湍流时沿程阻力系数的计算

实验发现，流体在管内作湍流流动时，其沿程阻力系数 λ 不仅与 v、d、ρ 和 μ 有关，而且还与管壁的粗糙度有关，在这里先讨论管壁的粗糙度对沿程阻力系数的影响。

(1) 管壁的粗糙度对沿程阻力系数的影响　任何管道的内壁都不可能是绝对光滑的，总有凹凸不平现象，如图 10-8 所示。管壁粗糙程度可以用绝对粗糙度 K 和相对粗糙度 K/d 来表示。管壁的粗糙度对沿程阻力系数 λ 的影响程度与管径大小有关，绝对粗糙度相同而管径不同的管道，对沿程阻力系数的影响就不同，管道直径越小其影响越大。所以在湍流流动阻力的计算中不但要考虑绝对粗糙度的大小，还要考虑相对粗糙度的大小。

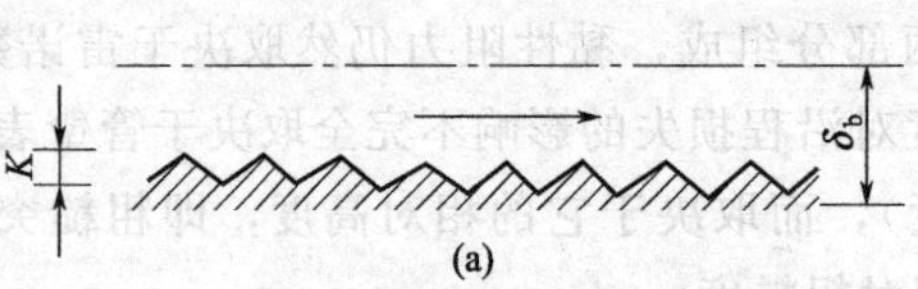

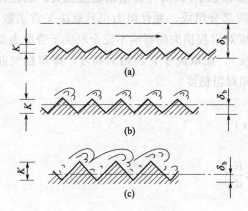

图 10-8　层流底层与管壁粗糙度的相对高度

流体在作层流流动时，管壁上凸凹不平的地方都被有规则的流体层所覆盖，而流动速度又比较缓慢，流体质点对管壁凸出部分不会有

碰撞作用，所以，在层流时，沿程阻力系数与管壁粗糙度无关。当流体作湍流流动时，靠近管壁处总是存在着一层层流底层，如果层流底层的厚度 δ_b 大于壁面的绝对粗糙度 K，即 $\delta_b > K$，如图 10-8(a) 所示，此时管壁凸起部分被层流底层所覆盖，其管壁粗糙度对沿程阻力系数的影响与层流相近，故此状态下的管道称为光滑管。

随着 Re 数的增加，层流底层的厚度逐渐变薄，当 $\delta_b < K$ 时，如图 10-8(b) 所示，层流底层已不能覆盖管壁凸起部分。粗糙度开始影响到湍流核心区的流动，因而沿程阻力系数不仅与 Re 有关，也与 K/d 有关。

当 K 远大于 δ_b 时，如图 10-8(c) 所示，管壁的凸起部分完全暴露于湍流核心区中，这时湍流中流速较大的流体质点就会冲击凸起部位，形成旋涡，从而使能量损失激增。此时管道称为粗糙管，其壁面粗糙度对沿程阻力系数的影响便成为主要的因素。

(2) 莫迪图与沿程阻力系数 λ　计算 λ 的关系式很多，但都比较复杂，使用起来不太方便。在工程计算中，一般将实验数据进行综合整理后，以 Re 为横坐标，λ 为纵坐标，K/d 为参数，标绘出 Re 与 λ 关系，如图 10-9 所示，该图称为莫迪图。这样，知道了 Re 和 K/d 值，便可从莫迪图中直接查出相应的 λ 值。

由莫迪图可以看出有五个不同的区域。

① 层流区。$Re \leqslant 2000$。λ 与管壁粗糙度无关，即 $\lambda = f_1(Re)$。λ 和 Re 成直线关系，且随着 Re 的增加而减小。表达这一直线的方程是式(10-8)，$\lambda = 64/Re$。

② 临界过渡区。$Re = 2000 \sim 4000$ 范围内，系层流向湍流的过渡阶段。在此区域内层流或湍流的 λ-Re 曲线都可应用。由于该区很不稳定，工程上实用意义不大，因此，对该区 λ 的计算研究很少。需要计算该区 λ 时，为安全起见，一般将湍流时的曲线延伸，按湍流状况查取 λ 值。

③ 湍流光滑区。$Re \geqslant 4000$。此区域内流体流动的层流底层的厚度 δ_b 仍大于管壁的绝对粗糙度 K，因此，λ 仅与 Re 有关，而与管壁粗糙度无关，即 $\lambda = f_2(Re)$。λ 和 Re 成曲线关系，且随着 Re 的增加而减小。

④ 湍流过渡区。$Re \geqslant 4000$ 及图中虚线以下、湍流光滑区曲线以上的区域。这个区域的特点是沿程阻力系数 λ 不仅与 Re 有关，而且还与相对粗糙度 K/d 有关，即 $\lambda = f(Re, K/d)$。当 K/d 一定时，λ 随 Re 值的增大而减小，Re 值增至某一数值后 λ 值下降缓慢；当 Re 值一定时，λ 随 K/d 值的增加而增大。在该区域内，管内流体流动的层流底层的厚度 δ_b 与管壁的绝对粗糙度 K 的关系已由 $\delta_b > K$ 转变为 $\delta_b < K$。

⑤ 湍流粗糙区。$Re \geqslant 4000$ 及图中虚线以上的区域。在此区域内，管内流体流动的层流底层的厚度 δ_b 与管壁的绝对粗糙度 K 的关系已转为 $\delta_b \ll K$，其壁面粗糙度对沿程阻力系数的影响已成为主要的因素，各条 λ-Re 曲线趋于水平线，沿程阻力系数 λ 不受 Re 值影响，而只与 K/d 有关，即 $\lambda = f(K/d)$。若 $K/d =$ 常数时，此区内 $\lambda =$ 常数；显然，在此区域内流体流动阻力所引起的能量损失 h_f 与 v^2 成正比，所以此区又称为阻力平方区或完全湍流区。相对粗糙度 K/d 值越大的管道，达到阻力平方区的 Re 值越低。

莫迪图的使用方法：首先根据流动条件计算出 Re 值，并在图中通过 Re 值作垂线；然后根据圆管的性质确定其相对粗糙度，沿相对粗糙度曲线与过 Re 值作的垂线必然有个交点，过此交点作水平线与纵坐标的交点值即为此状况下的沿程阻力系数 λ 值。

(3) 湍流 λ 的计算公式　由于湍流的复杂性，至今还不能完全通过理论推导方式确定湍流沿程阻力系数 λ，只能借助实验研究总结出一些计算 λ 的经验公式和半经验公式。这些公

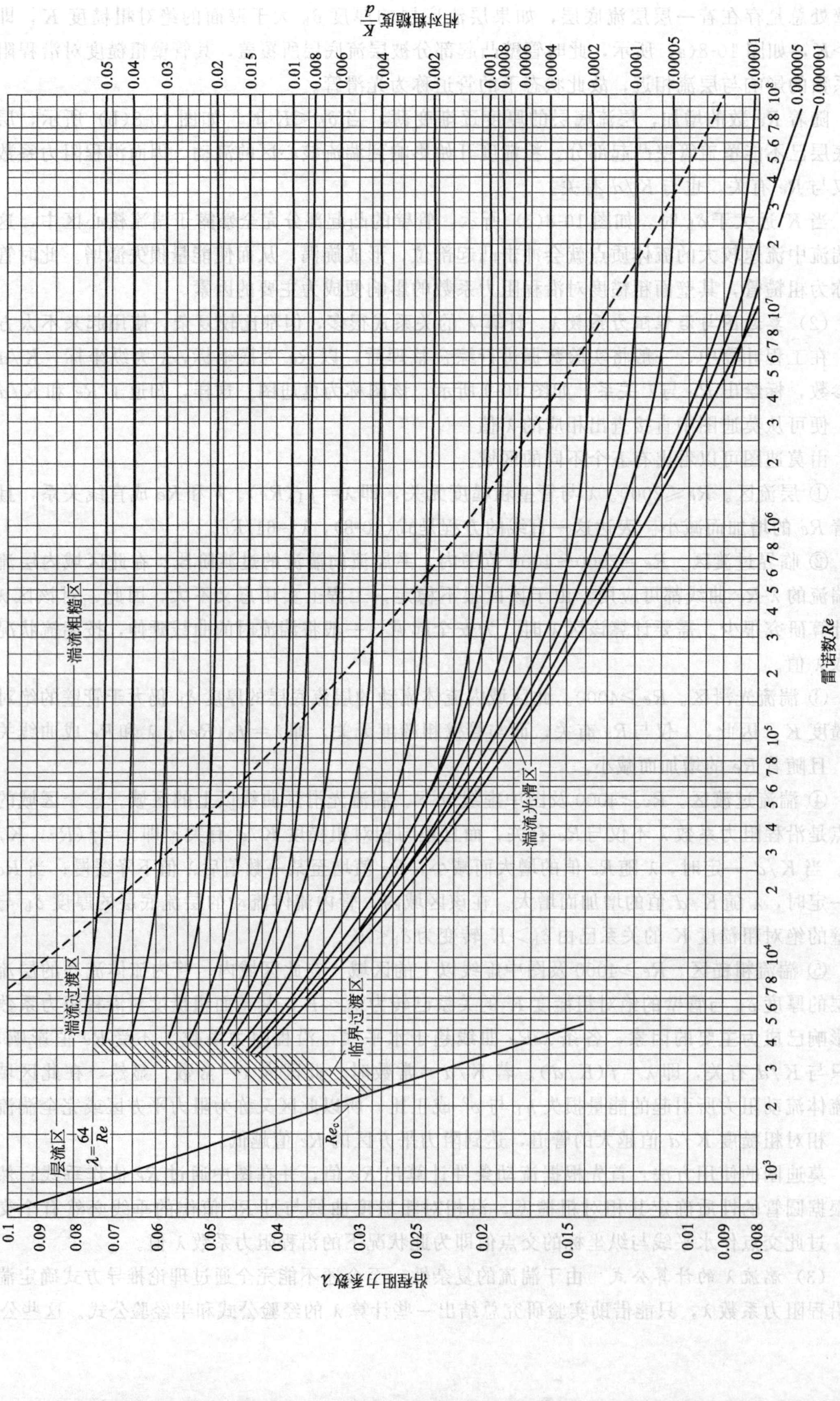
相对粗糙度 $\frac{K}{d}$
层流区
$\lambda=\frac{64}{Re}$
紊流过渡区
紊流粗糙区
临界过渡区
紊流光滑区
Re_c
沿程阻力系数 λ
雷诺数 Re

图 10-9 莫迪图

式当中应用较普遍的有如下几种。

① 湍流光滑区。常用公式有

布拉休斯公式
$$\lambda=\frac{0.3164}{Re^{0.25}}\quad(Re<10^5)\tag{10-9}$$

尼古拉兹公式
$$\frac{1}{\sqrt{\lambda}}=2\lg\frac{Re\sqrt{\lambda}}{2.51}\tag{10-10}$$

② 湍流粗糙区。常用公式有

希弗林松公式
$$\lambda=0.11\left(\frac{K}{d}\right)^{0.25}\tag{10-11}$$

尼古拉兹公式
$$\frac{1}{\sqrt{\lambda}}=2\lg\frac{3.7d}{K}\tag{10-12}$$

③ 湍流过渡区。常用公式有

莫迪公式
$$\lambda=0.0055\left[1+\left(20000\frac{K}{d}+\frac{10^6}{Re}\right)^{\frac{1}{3}}\right]\tag{10-13}$$

柯列勃洛克公式
$$\frac{1}{\sqrt{\lambda}}=-2\lg\left(\frac{K}{3.7d}+\frac{2.51}{Re\sqrt{\lambda}}\right)\tag{10-14}$$

阿里特苏里公式
$$\lambda=0.11\left(\frac{K}{d}+\frac{68}{Re}\right)^{0.25}\tag{10-15}$$

阿里特苏里公式也是适合于整个湍流区的综合经验公式。Re 很小时，括号内第一项可以忽略，上式成为光滑区布拉休斯公式；Re 很大时，括号内第二项可以忽略，公式与粗糙区希弗林松公式相同。

(4) 湍流分区判别式　分区计算 λ，首先要准确地判定湍流所处的区域，然后才能选用恰当的公式进行计算。此处推荐由我国汪兴华教授导出的判别式

湍流光滑区
$$2000<Re\leqslant 0.32\left(\frac{d}{K}\right)^{1.28}$$

湍流过渡区
$$0.32\left(\frac{d}{K}\right)^{1.28}<Re\leqslant 1000\frac{d}{K}$$

湍流粗糙区
$$Re>1000\frac{d}{K}$$

由前述可知，在湍流流动中实际管道的管壁粗糙度对 λ 值有很大影响。表 10-1 列出了常用工业管道的绝对粗糙度数值。在选取管壁的绝对粗糙度 K 值时，要充分考虑流体对管壁的腐蚀性，液体中固体杂质是否会黏附在壁面上以及使用情况等因素。

表 10-1　常用工业管道绝对粗糙度

管道材料	K/mm	管道材料	K/mm	管道材料	K/mm
新铜管	0.0015～0.01	新铸铁管	0.25～0.42	钢板制风道	0.15
新无缝钢管	0.04～0.19	旧铸铁管	0.5～1.6	塑料板制风道	0.01
旧无缝钢管	0.2	涂沥青铸铁管	0.12	胶合板风道	1.0
镀锌钢管	0.15	白铁皮管	0.15	混凝土管	0.3～3.0
新焊接钢管	0.06～0.33	玻璃管	0.01	矿渣混凝土板风道	1.5
生锈钢管	0.5～3.0	橡皮软管	0.01～0.05	墙内砖砌风道	5～10

【例 10-4】 水管为一根长为 50m，直径 $d=0.1$m 的新铸铁管，水的运动黏度 $\nu=$

$1.31\times10^{-6}\,m^2/s$，水的平均流速 $v=5m/s$，试求该管段的沿程压头损失。

解：$Re=\frac{vd}{\nu}=\frac{5\times0.1}{1.31\times10^{-6}}=3.8\times10^5>2000$，为湍流流动。

查表 10-1 取管道绝对粗糙度 $K=0.3mm$。

根据阿里特苏里公式

$$\lambda=0.11\left(\frac{K}{d}+\frac{68}{Re}\right)^{0.25}=0.11\left(\frac{0.3}{100}+\frac{68}{3.8\times10^5}\right)^{0.25}=0.0261$$

如果查莫迪图，当 $Re=3.8\times10^5$，$\frac{K}{d}=\frac{0.3}{100}=0.003$ 时，$\lambda=0.0264$，与计算结果相近。

管路的沿程压头损失

$$H_f=\lambda\frac{L}{d}\times\frac{v^2}{2g}=0.0261\times\frac{50}{0.1}\times\frac{5^2}{2\times9.81}=16.6\ (\text{m 水柱})$$

4. 非圆管内流动的沿程损失

在工程上除圆形管道外，还会接触到非圆形管道，如矩形风道、梯形或三角形明渠等。一般情况下，非圆形管道的沿程损失也可用上述公式计算，但由于非圆形管道不存在真实直径，因此公式中的 d 需采用与圆形管道直径 d 相当的“直径”即“当量直径”来进行计算，为此，引入了“水力半径”和“当量直径”概念。

(1) 水力半径 R　流体流经通道的有效截面积 A 与湿周 x 之比称为水力半径，即

$$R=\frac{A}{x} \tag{10-16}$$

所谓湿周是指流道截面上流体接触即润湿固体壁面部分的周边长度。

湿周与周长是两个不同的概念，只有在满流情况下湿周才等于周长，如图 10-10 所示。

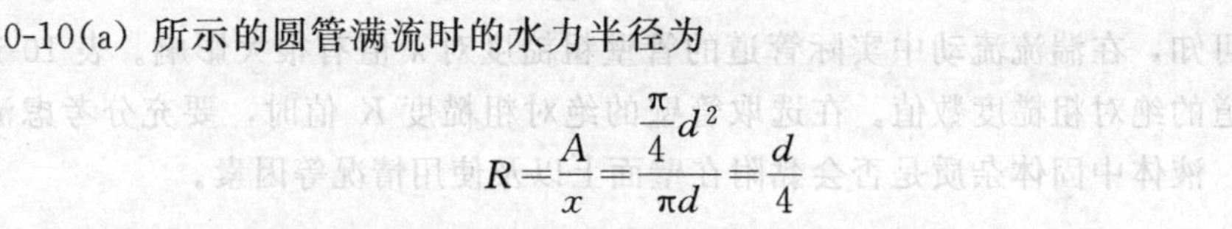

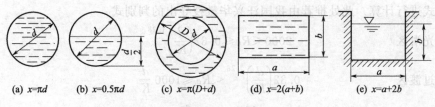

(a) $x=\pi d$　(b) $x=0.5\pi d$　(c) $x=\pi(D+d)$　(d) $x=2(a+b)$　(e) $x=a+2b$

图 10-10　湿周

图 10-10(a) 所示的圆管满流时的水力半径为

$$R=\frac{A}{x}=\frac{\frac{\pi}{4}d^2}{\pi d}=\frac{d}{4}$$

图 10-10(b) 所示的圆管半流时的水力半径为

$$R=\frac{A}{x}=\frac{\frac{\pi}{8}d^2}{0.5\pi d}=\frac{d}{4}$$

图 10-10(c) 所示的套管环形通道满流时的水力半径为

$$R=\frac{A}{x}=\frac{\frac{\pi}{4}(D^2-d^2)}{\pi(D+d)}=\frac{1}{4}(D-d)$$

图 10-10(d) 所示的矩形通道满流时的水力半径为

$$R=\frac{A}{x}=\frac{ab}{2(a+b)}$$

图 10-10(e) 所示的明渠的水力半径为

$$R=\frac{A}{x}=\frac{ab}{a+2b}$$

(2) 当量直径 d_e 当量直径为水力半径的四倍，即

$$d_e=4R \tag{10-17}$$

有了当量直径 d_e，用前面介绍的方法对非圆管进行沿程阻力计算时，涉及 Re、K/d、L/d 中 d 的确定必须用当量直径 d_e 来代替。

【例 10-5】 某钢板制风道，截面尺寸为 400mm×200mm，长度为 80m，管内平均流速 $v=10\text{m/s}$，空气温度 $t=20℃$，求该风道的沿程压力损失 Δp_f。

解： ① 当量直径

$$d_e=4R=\frac{2ab}{(a+b)}=\frac{2\times0.4\times0.2}{0.4+0.2}=0.267\ (\text{m})$$

② 求 Re，查表 8-2，$t=20℃$时，$\nu=15.7\times10^{-6}\ \text{m}^2/\text{s}$

$$Re=\frac{vd_e}{\nu}=\frac{10\times0.267}{15.7\times10^{-6}}=1.7\times10^5>2000\text{，为湍流流动。}$$

③ 求相对粗糙度 K/d_e，查表 10-1，取 $K=0.15\text{mm}$，则

$$\frac{K}{d_e}=\frac{0.15}{267}=5.62\times10^{-4}$$

查莫迪图得 $\lambda=0.0193$

④ 计算压力损失，$t=20℃$时，空气密度 $\rho=1.2\text{kg/m}^3$

$$\Delta p_f=\lambda\frac{L}{d_e}\times\frac{\rho v^2}{2}=0.0193\times\frac{80}{0.267}\times\frac{1.2\times10^2}{2}=347\ (\text{Pa})$$

二、局部损失计算

关于局部损失的概念和计算公式在本章第一节中已经作了介绍。本节主要讲述局部损失产生的主要原因、主要影响因素，并介绍几种典型局部阻碍的局部阻力系数的确定方法。

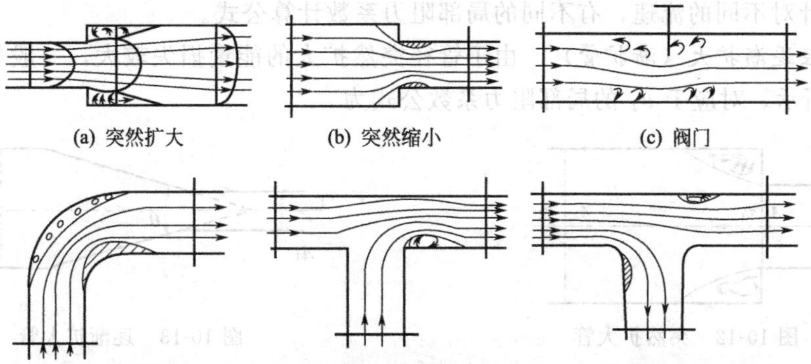

(a) 突然扩大　(b) 突然缩小　(c) 阀门

(d) 弯头　(e) 锐角合流三通　(f) 圆角分流三通

图 10-11 几种典型局部阻碍

1. 局部损失产生的主要原因

产生局部损失的局部阻碍形式较多，常见的几种形式如图 10-11 所示。根据图示分析，

它们产生局部损失的共同原因来自两个方面。

① 边壁条件的急剧变化，使流体在惯性力的作用下，产生主流脱离固体壁面的现象(即边界层分离)，主流与壁面之间形成旋涡区。旋涡区内流体的回旋需要一定的能量，这些能量来自主流流体，从而使主流流体的能量减少，产生能量损失。

② 边壁条件的改变，使流体受到压缩或扩张，引起流动速度重新分布。在流速重新分布过程中，流体质点间必然要发生更多的摩擦和碰撞，从而消耗一定的能量，产生能量损失。

综上所述，产生局部损失的主要原因在于流体的流动分离形成的旋涡和速度重新分布引起的碰撞。

2. 影响局部损失的主要因素

从局部损失计算式(10-3) 看，局部损失主要与局部阻力系数 ζ 和流速 v 有关。实验研究表明，局部阻力系数同样与流体的流态有关，但是即使在雷诺数很小时，由于固体边壁的突然改变，也会使流体的流态变为湍流且处于湍流粗糙区。因此在实际工程中，局部损失的计算都是针对湍流粗糙区而言的。这样在计算局部阻力系数 ζ 时，就无需判断流体的流态，所以，一般说来，ζ 仅与形成局部阻力的局部阻碍几何形状有关而与 Re 无关。

因此说影响局部损失的主要因素是局部阻碍形状和流速。

3. 局部阻力系数及局部损失计算

局部阻碍的种类很多，形状各异，边壁变化非常复杂，局部阻碍的局部阻力系数 ζ 值通常由实验测定。在局部损失 h_j 计算式中，还涉及流体流速 v，而造成局部能量损失的管件前后均有流速，一般来说，当管件前后流速不同时，针对前后不同的流速 v_1 和 v_2，会有相应两个局部阻力系数 ζ_1 和 ζ_2，对应关系不能混乱。若未加说明，则 ζ 仅与管件后的流速 v_2 对应。下面介绍一些典型的局部阻碍阻力系数的确定方法和局部损失计算。

(1) 管径突然扩大　管径突然扩大时，如图 10-12 所示，会形成局部旋涡，造成局部损失。局部阻力系数及局部阻力计算如下

$$\zeta_1=\left(1-\frac{A_1}{A_2}\right)^2 \text{或} \ \zeta_2=\left(\frac{A_2}{A_1}-1\right)^2 \tag{10-18}$$

$$h_j=\zeta_1\frac{v_1^2}{2} \text{或} \ h_j=\zeta_2\frac{v_2^2}{2}$$

注意：针对不同的流速，有不同的局部阻力系数计算公式。

(2) 管径逐渐扩大(渐扩管)　由于管径突然扩大的能量损失较大，一般采用渐扩管，如图 10-13 所示。对应于 v_1 的局部阻力系数公式为

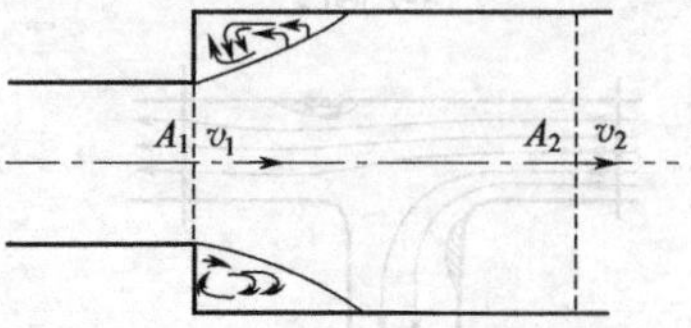

图 10-12　突然扩大管

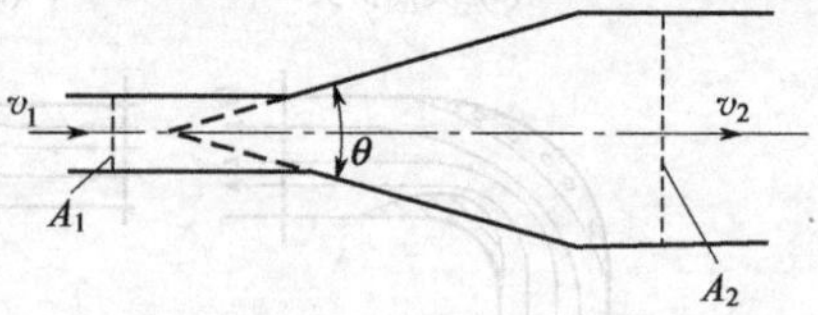

图 10-13　逐渐扩大管

$$\zeta_1=\frac{\lambda}{8\sin\dfrac{\theta}{2}}\left[1-\left(\frac{A_1}{A_2}\right)^2\right]+k\left(1-\frac{A_1}{A_2}\right)^2 \tag{10-19}$$

式中　λ——渐扩管前细管内流体的沿程阻力系数；

θ——扩散角；

k——与扩散角 θ 有关的系数，当 $\theta \leqslant 20°$ 时，可近似取 $k=\sin\theta$。

渐扩管的扩散角 θ 越大，旋涡产生的能量损失也越大，θ 越小，要达到一定的面积比所需要的管道也越长，因而产生的沿程损失也越大。所以存在着一个最佳的扩散角 θ。在工程中，一般取 $\theta=6°\sim12°$，其能量损失较小。θ 在 60°左右损失最大。

（3）管径突然缩小　管径突然缩小，如图 10-14 所示。其能量损失主要发生在变径前后，对应于 v_2 的局部阻力系数公式为

$$\zeta=\frac{1}{2}\left(1-\frac{A_2}{A_1}\right) \tag{10-20}$$

（4）管径逐渐缩小（渐缩管）　如图 10-15 所示。在收缩角 $\theta<30°$ 的情况下，对应于 v_2 的局部阻力系数公式为

$$\zeta=\frac{\lambda}{8\sin\dfrac{\theta}{2}}\left[1-\left(\frac{A_2}{A_1}\right)^2\right] \tag{10-21}$$

式中　λ——渐缩管后细管内流体的沿程阻力系数。

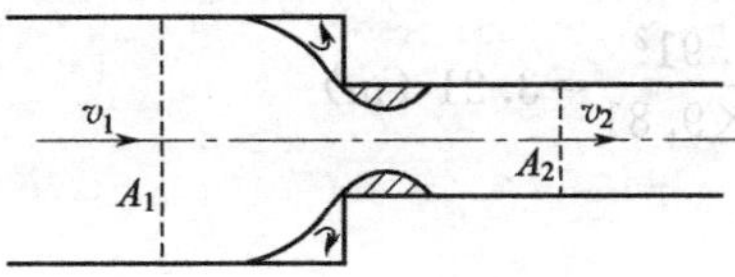

图 10-14　突然收缩管

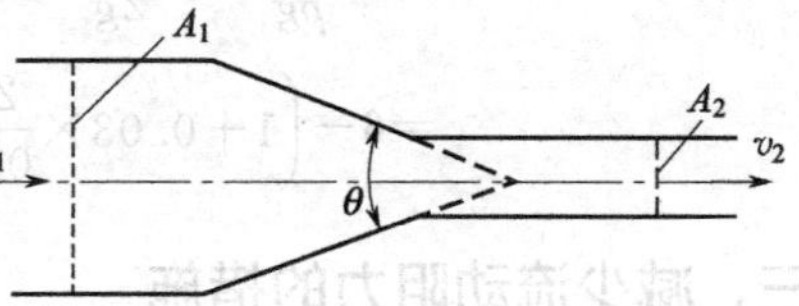

图 10-15　逐渐收缩管

（5）管道出口（流入大容器）　由管径突然扩大局部阻力系数的计算公式知：当 $A_2 \gg A_1$ 时，$\zeta=1$。

（6）管道进口　管道进口的局部阻力系数与进口边缘的情况有关。不同情况下的局部阻力系数如图 10-16 所示。

（7）各种管件的局部阻力系数　工程上遇到的各种管件很多，如弯头、三通、阀门等，有关它们的局部阻力系数在专业手册或规范中均可查到。附表 13 列出了一些常用管件的局部阻力系数。

【例 10-6】　如图 10-17 所示离心泵从储水池中抽水。已知吸水管直径 $d=100\text{mm}$，吸水管长度 $L=20\text{m}$，$\lambda=0.03$，离心泵进口流量 $q_V=15\times10^{-3}\,\text{m}^3/\text{s}$。水泵进口处的最大允许真空度 $H_v=6\text{mH}_2\text{O}$，吸水管底部装有带底阀的滤水网，泵吸水管上采用 90°弯头。试求离心泵的安装高度 H。

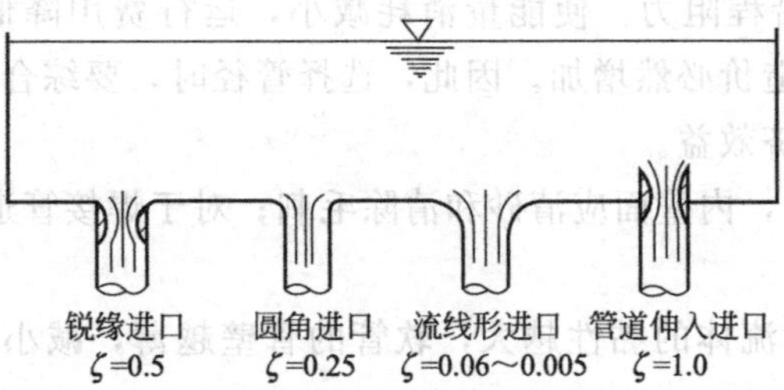

图 10-16　管道进口

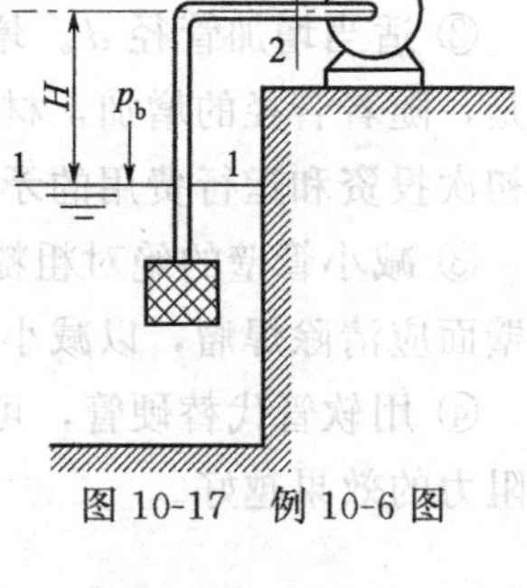

图 10-17　例 10-6 图

解：以水池水面为截面 1—1，水泵进口处为截面 2—2，并以截面 1—1 为基准面，列出 1—1、2—2 截面间的伯努利方程

$$z_1+\frac{v_1^2}{2g}+\frac{p_1}{\rho g}+H_e=z_2+\frac{v_2^2}{2g}+\frac{p_2}{\rho g}+H_w$$

由题意知：$z_1=0$，$v_1=0$，$p_1=p_b$，$H_e=0$，$z_2=H$

$$\frac{p_b-p_2}{\rho g}=H_v=6\ (mH_2O)$$

$$v_2=\frac{q_V}{A}=\frac{q_V}{\frac{\pi}{4}d^2}=\frac{15\times10^{-3}}{\frac{3.14}{4}\times0.1^2}=1.91\ (m/s)$$

$$H_w=\sum H_f+\sum H_j=\lambda\frac{L}{d}\times\frac{v_2^2}{2g}+(\zeta_1+\zeta_2)\frac{v_2^2}{2g}=\left(\lambda\frac{L}{d}+\zeta_1+\zeta_2\right)\frac{v_2^2}{2g}$$

查附表 13，$d=100$mm 时，带底阀的滤水网 $\zeta_1=7$，90°弯头 $\zeta_2=1$。将上述各值代入伯努利方程，得泵的安装高度为

$$H=\frac{p_b-p_2}{\rho g}-\frac{v_2^2}{2g}-H_w=H_v-\frac{v_2^2}{2g}-\left(\lambda\frac{L}{d}+\zeta_1+\zeta_2\right)\frac{v_2^2}{2g}$$

$$=6-\left(1+0.03\times\frac{20}{0.1}+7+1\right)\times\frac{1.91^2}{2\times9.81}=3.21\ (m)$$

三、减少流动阻力的措施

由于流动阻力的存在，必然产生能量损失，而且损失的能量是无法回收的。流动阻力越大，输送流体消耗的能量也越大。因此，设法减小流动阻力以减小能量损失是流体输送中的一个重要研究课题，它对于节能，提高系统的经济性有着十分重要的意义。

因沿程阻力和局部阻力影响因素不同，故减少流动阻力的措施也有所区别，下面分别予以说明。

1. 减小沿程阻力

流体在管中流动的沿程阻力计算公式为

$$h_f=\lambda\frac{L}{d}\times\frac{v^2}{2}$$

其中

$$\lambda=f\left(Re,\frac{K}{d}\right)$$

由上式可知，减小沿程阻力的措施有以下几种。

① 减小管长 L。在满足工程需要和工作安全的前提下，管道长度应尽可能短些，尽量走直线，少拐弯。

② 适当增加管径 d。增加管径可以减小沿程阻力，使能量消耗减小，运行费用降低。但是，随着管径的增加，材料消耗增多，管道造价必然增加。因此，选择管径时，要综合考虑初次投资和运行费用的矛盾，考虑综合的经济效益。

③ 减小管壁的绝对粗糙度 K。对于铸造管，内壁面应清砂和清除毛刺；对于焊接管道，内壁面应清除焊瘤，以减小 K 值。

④ 用软管代替硬管，可以减小流动阻力。流体的黏性越大，软管的管壁越薄，减小流动阻力的效果越好。

⑤ 在流体内加入极少量的添加剂，使其影响流体内部结构以减小流体与固体壁面的摩擦阻力来实现减小流动阻力的目的。

2. 减小局部阻力

减小局部阻力的着眼点应在于避免旋涡区的产生及减小旋涡区的大小和强度。

(1) 在管道系统允许的条件下，尽量减少弯头、阀门等管件的安装数量，以减小整个系统的 ζ 值。

(2) 对于管道系统必须安装的管件，可以从改善管件的边壁形状入手来减小局部阻力。

① 采用渐变的、平顺的管道进口有利于减少阻力。如图 10-16 所示，圆形进口比锐缘进口的阻力系数小 50%，流线形的进口比锐缘进口阻力系数小 90%。

② 采用扩散角较小的渐扩管有利于减少阻力，图 10-18 所示两种形式均可减少阻力，但图 10-18(a) 的形式采用平滑的过渡，且扩散角较小，其局部阻力系数比图 10-18(b) 的台阶式渐扩要小得多。

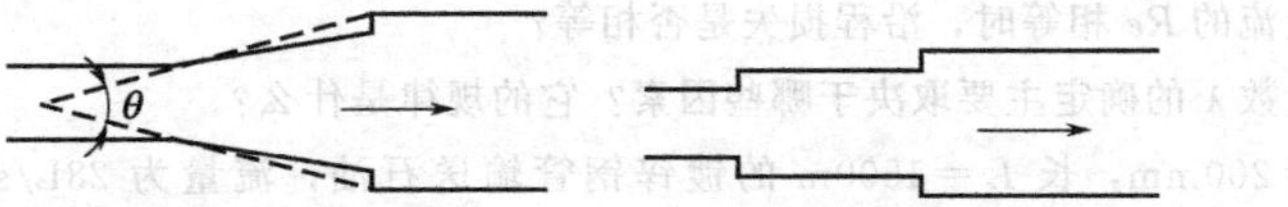

(a) 复合式渐扩管　　(b) 台阶式渐扩管

图 10-18　复合式渐扩管和台阶式渐扩管

③ 对于截面较大的弯道，加大曲率半径或内装导流叶片可以使局部阻力系数减小。在弯道内设置导流叶片，可使流体流动与管道壁面较好地吻合，从而避免流体与壁面的分离，减小或消灭旋涡区。图 10-19 为风管弯道部分常用的导流叶片，减阻效果可达 70%。

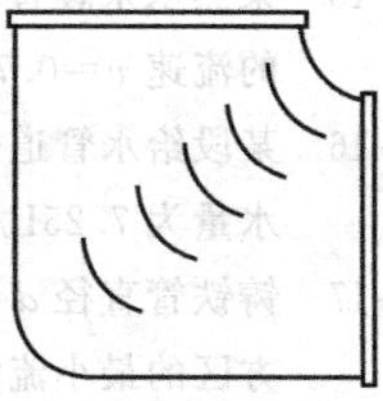

图 10-19　装有导流叶片的弯道

④ 三通。按图 10-20(a) 所示方向减小支流管与总流管之间的夹角，即使切割成图示 45°的斜角都能减小阻力，如能改为圆角则性能会更好。在总管上安装合流板或分流板，如图 10-20(b) 所示，也可减小三通的阻力系数。

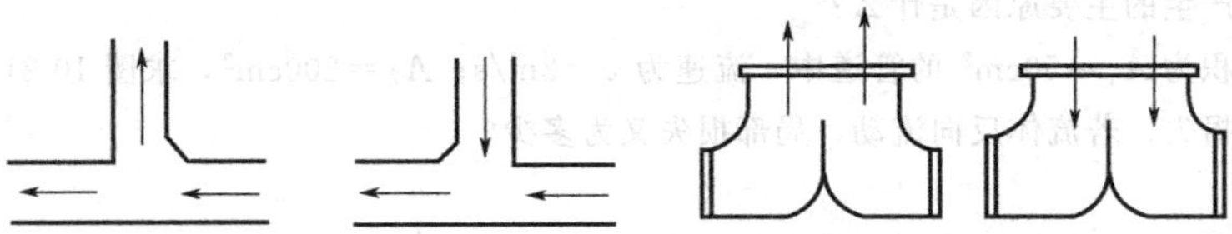

(a) 切割折角的三通　　(b) 安装合流板或分流板的三通

图 10-20　三通

习　题

10-1　能量损失有哪几种形式？如何计算？

10-2　流体有哪两种流态？它们的主要区别是什么？如何判断流体的流动状态？

10-3　当输水管径一定时，流量增大，雷诺数是增大还是减小？当输水管道的流量一定时，管径增大，雷诺数是增大还是减小？

10-4　用直径为 75mm 的管道输送 15℃的水，若管中水的流量为 $10m^3/s$，试确定管中水的流态。若用该管道输送同样流量的原油，试确定管中原油的流态（已知原油的密度为850kg/m³，运动黏度为$1.14\times10^{-4}m^2/s$）。

10-5 热水供热系统，供水干管的直径为100mm，管内水温95℃，水的流速为0.7m/s。

① 试判断管中水的流态；

② 管内保持湍流状态的最小流速是多少？

10-6 某低速送风管道，直径为200mm，风速为3m/s，空气温度为30℃。

① 试判断风道内气体的流态。

② 该风道的临界流速是多少？

10-7 试比较管内层流运动和湍流运动的特征和速度分布。

10-8 什么是边界层？流体在圆管内流动时其边界层是如何发展的？

10-9 是否在任何管路中，流量增大则阻力损失就增大；流量减小则阻力损失就减小？为什么？

10-10 在层流和湍流两种流态下，沿程损失的计算有何异同？

10-11 两根管路，其管径、长度和粗糙度都相同，其中一根输油，一根输水。试问：

① 两根管路中流速相等时，沿程损失是否相等？

② 两管中液流的Re相等时，沿程损失是否相等？

10-12 沿程阻力系数λ的确定主要取决于哪些因素？它的规律是什么？

10-13 沿直径$d=200$mm，长$L=1500$m的镀锌钢管输送石油，流量为28L/s，石油的运动黏度$\nu=1.01\times10^{-4}m^2/s$，试求输油管道的沿程损失。

10-14 已知某润滑油管的直径$d=10$mm，管长$L=5$m，油流量$q_V=80\times10^{-6}m^3/s$，润滑油的运动黏度$\nu=1.802\times10^{-4}m^2/s$，试求该润滑油管道的沿程压头损失。

10-15 某热水采暖管道，水温$t=80$℃，管长$L=10$m，内径$d=50$mm，管壁绝对粗糙度$K=0.2$mm，水的流速$v=0.7$m/s，试求该管段的沿程阻力系数、沿程损失和沿程压力损失。

10-16 某段给水管道采用的是内径$d=75$mm，管长$L=30$m的新铸铁管，绝对粗糙度K为0.25mm，输水量为7.25L/s，水温为$t=10$℃，试求这段管道的沿程损失？

10-17 铸铁管直径$d=50$mm，输水温度$t=20$℃，管壁绝对粗糙度$K=0.3$mm，问保持水流处于阻力平方区的最小流量为多少？

10-18 有一钢板制矩形风道，截面尺寸为550mm×300mm，管长50m，管内平均流速$v=1.18$m/s。空气温度$t=20$℃，求风道上产生的沿程压力损失Δp_f。

10-19 如何将非圆管折合成圆管计算沿程阻力系数？湿周如何定义？当量直径是水力半径的几倍？

10-20 局部损失产生的主要原因是什么？

10-21 已知截面积为$A_1=50cm^2$的管道中，流速为$v=2$m/s；$A_2=200cm^2$，求图10-21所示的两种情况下的局部损失。若流体反向流动，局部损失又为多少？

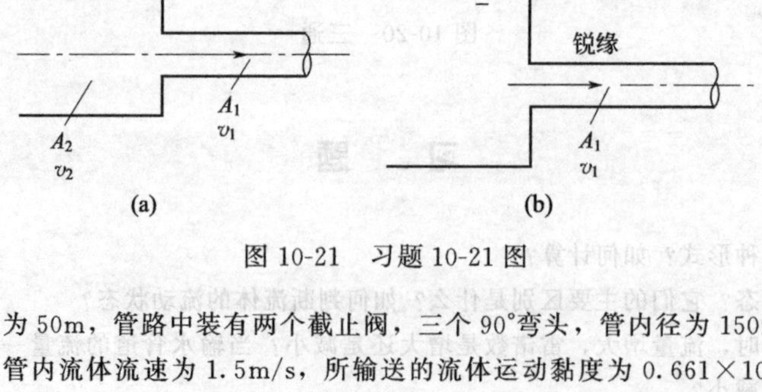

图10-21 习题10-21图

10-22 某管路的管长为50m，管路中装有两个截止阀，三个90°弯头，管内径为150mm，管壁绝对粗糙度$K=0.3$mm，管内流体流速为1.5m/s，所输送的流体运动黏度为$0.661\times10^{-6}m^2/s$。试求该段的阻力损失及压力降。

10-23　如图 10-22 所示水箱侧壁接出一根由两段不同管径组成的管道，已知 $d_1=150\text{mm}$，$d_2=75\text{mm}$，$L=50\text{m}$。管道的绝对粗糙度 $K=0.6\text{mm}$，水温为 30℃。若管道的出口流速为 $v_2=2\text{m/s}$，求水箱液面高度 H。

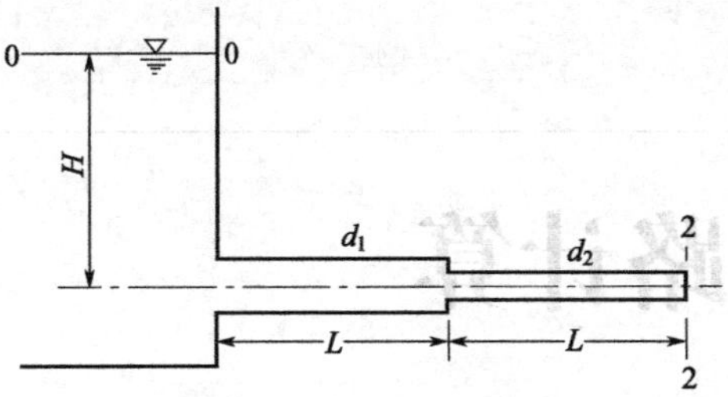

图 10-22　习题 10-23 图

10-24　减小流动阻力的主要措施有哪些？

第十一章

管路计算

学习导引

管道与附属件连接起来组成的流体输送系统称为管路。制冷空调工程和热能动力工程离不开各种管路系统，本章综合运用前面学过的连续性方程、伯努利方程和能量损失计算式来讨论工程上常见管路的流动规律，主要介绍了简单管路与串联、并联管路和管网的计算原理与工程应用。

一、学习要求

本章的重点是简单管路和串、并联管路的管路计算，通过学习应达到以下要求。

① 理解各种管路的结构特点，能正确划分不同形式的管路。

② 理解长管和短管的含义，掌握判断方法。

③ 充分理解管路阻抗的概念和意义，掌握管路阻抗的计算方法。

④ 掌握简单管路的流动规律，并能熟练应用于求解工程实际问题。

⑤ 熟悉串联和并联管路的特点，掌握其流动规律，能对串联和并联管路进行计算。

⑥ 了解枝状管网和环状管网的特点及流动规律，初步掌握枝状管网的计算方法。

二、本章难点

① 管路阻抗是为简化管路能量损失而引入的一个参数，它综合反映了管路沿程阻力与局部阻力情况，管路阻抗的应用是为管路系统设计打下基础，是工程计算的需要。充分理解管路阻抗的概念和意义，掌握管路阻抗的计算方法有一定难度，应结合例题与习题加强练习。

② 实际工程中，对串、并联管路和枝状管网进行分析和计算需要一定的技巧，会有一定的难度，应结合例题与习题加强练习。

第一节　简单管路计算

一、基本概念

管路计算是工程上确定流量、阻力损失及管道几何尺寸之间关系的水力计算。根据管路敷设方式可将管路分为简单管路和复杂管路两大类。复杂管路包括串联管路、并联管路和管网。也可根据管路的沿程损失与局部损失的比较，按其数值大小将管路分为长管和短管两大类。

1. **简单管路**

所谓简单管路就是具有相同管径 d、相同流量 q_V 和相同管壁粗糙度的管段，它是组成各种管路系统的基本单元，如图 11-1 所示。

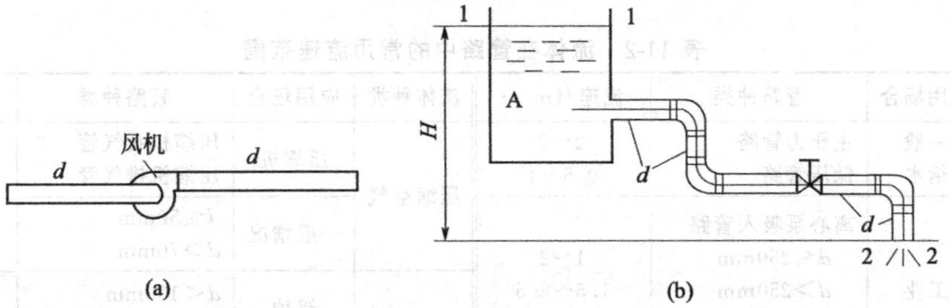

图 11-1 简单管路

2. **长管和短管**

若管路中的流体能量损失是以沿程损失为主，局部损失占流体总能量损失的比重很小，可以忽略不计，或可按沿程损失的 5%～10%进行估算，这样的管路称为长管。如城市集中供热干线、给水干线、远距离输油管路等。

短管是指管路中局部损失具有相当的数值，可达到或超过沿程损失的 10%的管路。如室内供热管、通风空调管等，计算能量损失时，两部分损失都不能忽略。

为方便起见，工程上常将 $L/d \geqslant 1000$ 的管路按长管处理，将 $L/d < 1000$ 的管路按短管处理。

3. **标准管径与限定流速**

各种工业管道的管径均按统一标准制造，因此都有一定的规格。在进行管路计算时，管道的管径应按规格选取，即应标准化。各种工业管道的规格可在有关手册中查得。表 11-1 列出了流体输送常用钢管的规格尺寸。

表 11-1 钢管规格尺寸

低压流体输送用焊接钢管/mm

公称直径 DN	外径 D	普通管壁厚	加厚管壁厚	公称直径 DN	外径 D	普通管壁厚	加厚管壁厚
6	10.0	2.00	2.50	40	48.0	3.50	4.25
8	13.5	2.25	2.75	50	60.0	3.50	4.50
10	17.0	2.25	2.75	65	75.5	3.75	4.50
15	21.3	2.75	3.25	80	88.5	4.00	4.75
20	26.8	2.75	3.50	100	114.0	4.00	5.00
25	33.5	3.25	4.00	125	140.0	4.00	5.50
32	42.3	3.25	4.00	150	165.0	4.50	5.50

常用无缝钢管规格

公称直径 DN/mm	外径×壁厚/mm×mm	公称直径 DN/mm	外径×壁厚/mm×mm
10	$\phi 14\times 2$	80	$\phi 89\times 4$
20	$\phi 22\times 2$	100	$\phi 108\times 4$
25	$\phi 32\times 2.5$	125	$\phi 133\times 4$
32	$\phi 38\times 3.0$	150	$\phi 159\times 4.5$
40	$\phi 45\times 3.5$	200	$\phi 219\times 6$
50	$\phi 57\times 3.5$	250	$\phi 273\times 8$
70	$\phi 76\times 3.5$	300	$\phi 325\times 8$

对于不可压缩流体，当流量一定时，流速与管道内径的平方成反比。管径大，流速低，损失小，消耗的能量少，运行费用低，但管道造价高；反之，管径小，流速增加，运行费用高，但管道造价低。所谓限定流速，是工程中根据技术经济要求所规定的合适流速，也即管道造价和运行费用之和相对较低的流速。在管路计算时，应使管道内流体的流速在限定流速范围内。

表 11-2 列出了一些流体在管路中的常用流速范围。

表 11-2　流体在管路中的常用流速范围

流体种类	应用场合	管路种类	流速/(m/s)	流体种类	应用场合	管路种类	流速/(m/s)
水	一般给水	主压力管路	2～3	压缩空气	压缩机	压缩机吸气管	＜10～15
		低压管路	0.5～1			压缩机排气管	15～20
	工业用水	离心泵吸入管路			一般情况	$d\leqslant$50mm	$\leqslant$8
		$d\leqslant$250mm	1～2			$d>$70mm	$\leqslant$15
		$d>$250mm	1.5～2.5	过热蒸汽	锅炉汽轮机	$d<$100mm	20～40
		离心泵压出管路	3～4			$d=$100～200mm	30～50
		总给水管路	1.5～3			$d>$200mm	40～60
		排水管路	0.5～1	饱和蒸汽	锅炉汽轮机	$d<$100mm	15～30
	冷却	冷水管路	1.5～2.5			$d=$100～200mm	25～35
		热水管路	1～1.5			$d>$200mm	30～40
	凝结水	凝结水泵吸水管	0.5～1	矿物油	液压传动润滑油	吸油管路	1～2
		凝结水泵出水管	1～2			压油管路(高压)	2.5～5
		自流凝结水管路	0.1～0.3			短管	$\leqslant$10
	盐水	盐水管	1～2			总回油管路	1.5～2.5

二、简单管路计算的基本公式

对于简单管路，因管径 d 和流量 q_V 不变，所以流速沿程也不变，故管路的压头损失 H_w 为

$$H_w=\lambda\frac{L}{d}\times\frac{v^2}{2g}+\sum\zeta\frac{v^2}{2g}=\left(\lambda\frac{L}{d}+\sum\zeta\right)\frac{v^2}{2g}$$

用 $v=\dfrac{q_V}{\frac{\pi}{4}d^2}$ 代入上式，有

$$H_w=\frac{8\left(\lambda\frac{L}{d}+\sum\zeta\right)}{\pi^2d^4g}q_V^2$$

令

$$S=\frac{8\left(\lambda\frac{L}{d}+\sum\zeta\right)}{\pi^2d^4g}\ (\mathrm{s^2/m^5}) \tag{11-1}$$

则有

$$H_w=Sq_V^2\ (\mathrm{m}) \tag{11-2}$$

管路的能量损失为

$$h_w=gH_w=gSq_V^2\ (\mathrm{J/kg}) \tag{11-3}$$

管路的压力损失为

$$\Delta p_w=\rho gH_w=\rho gSq_V^2\ (\mathrm{Pa}) \tag{11-4}$$

式(11-2)、式(11-3) 多用于液体管路计算，式(11-4) 多用于不可压缩的气体管路计算

中，如空调、通风管道计算。上述计算式为简单管路水力计算的基本公式。

从式(11-1) 可以看出，对于给定的流体（即 ρ 一定）和管道（即 L、d 一定），在各种局部管件已定，即 $\sum\zeta$ 已定的情况下，S 仅随 λ 变化，而 λ 值与流动状态有关，当流体流动处于湍流粗糙区时，λ 仅与相对粗糙度 K/d 有关。在工程实际中，大多数流动处于湍流粗糙区，所以在管材已定的情况下，λ 可视为常数。因此，S 对于给定的管路是一个定数，它综合反映了管路沿程阻力与局部阻力情况，故称为管路阻抗。式(11-2)～式(11-4) 表明，在简单管路中，总能量损失与体积流量的平方成正比。这一规律在管路计算中广为应用。

三、简单管路计算示例

简单管路计算中常遇到的问题，归纳起来有如下三种情况。

① 已知管径、管长、管件和阀门的设置及允许的能量损失，求流体的流速或流量。

【例 11-1】 如图 11-1(b) 所示，水从水箱 A 中经管路排入大气中。已知：水箱液面至管路出口的高度差保持不变，$H=5\text{m}$，管路的总长度 $L=50\text{m}$，直径 $d=100\text{mm}$，沿程阻力系数 $\lambda=0.038$，管路上装 90°的标准弯头 3 个，闸板阀 1 个，试求管路流量。

解： 取水箱液面为 1—1 截面，管路出口外侧为 2—2 截面，取水平基准面通过 2—2 截面。在 1—1 与 2—2 截面间列伯努利方程

$$z_1+\frac{v_1^2}{2g}+\frac{p_1}{\rho g}+H_e=z_2+\frac{v_2^2}{2g}+\frac{p_2}{\rho g}+H_w$$

由题意知：$z_1=H$，$v_1=v_2=0$，$p_1=p_2=0$(表压)，$H_e=0$，$z_2=0$，$H_w=Sq_V^2$。

因为 $\frac{L}{d}=\frac{50}{0.1}=500<1000$，故按短管计算，根据式(11-1)

$$S=\frac{8\left(\lambda\frac{L}{d}+\sum\zeta\right)}{\pi^2 d^4 g}$$

查附表 13，当 $d=100\text{mm}$ 时，90°弯头的局部阻力系数 $\zeta_1=1$，闸板阀的局部阻力系数 $\zeta_2=0.1$，管道进口局部阻力系数 $\zeta_3=0.5$，管道出口局部阻力系数 $\zeta_4=1$，代入上式

$$S=\frac{8\left(\lambda\frac{L}{d}+\sum\zeta\right)}{\pi^2 d^4 g}=\frac{8\times\left(0.038\times\frac{50}{0.1}+3\times1+0.1+0.5+1\right)}{3.14^2\times0.1^4\times9.81}=19519.7\ (\text{s}^2/\text{m}^5)$$

将上述所有值代入伯努利方程，得

$$H+0+0+0=0+0+0+Sq_V^2$$

所以

$$q_V=\sqrt{\frac{H}{S}}=\sqrt{\frac{5}{19519.7}}=0.016\ (\text{m}^3/\text{s})$$

② 已知管径、管长、管件和阀门的设置及流体的输送量，求流体通过该管路系统的能量损失，以便进一步确定设备内的压力、设备之间的相对位置或输送设备所加入的外功。

【例 11-2】 有一钢板制的风道，管径 $d=300\text{mm}$，管长 $L=60\text{m}$，送风量 $q_V=1.5\text{m}^3/\text{s}$，空气温度 20℃时密度 $\rho=1.205\text{kg/m}^3$，运动黏度 $\nu=15.7\times10^{-6}\text{m}^2/\text{s}$，风道局部阻力系数总和 $\sum\zeta=3.5$，试求压力损失。

解： $\frac{L}{d}=\frac{60}{0.3}=200<1000$，按短管计算

风道流速

$$v=\frac{q_V}{A}=\frac{q_V}{\frac{\pi}{4}d^2}=\frac{1.5}{\frac{3.14}{4}\times 0.3^2}=21.23\ (\text{m/s})$$

雷诺数

$$Re=\frac{vd}{\nu}=\frac{21.23\times 0.3}{15.7\times 10^{-6}}=4.06\times 10^5>2000，为湍流流动$$

查表 10-1 管道绝对粗糙度 $K=0.15$mm，相对粗糙度为

$$\frac{K}{d}=\frac{0.15}{300}=0.0005$$

查莫迪图得

$$\lambda=0.0175$$

管路阻抗为

$$S=\frac{8\left(\lambda\frac{L}{d}+\sum\zeta\right)}{\pi^2d^4g}=\frac{8\times\left(0.0175\times\frac{60}{0.3}+3.5\right)}{3.14^2\times 0.3^4\times 9.8}=71.55\ (\text{s}^2/\text{m}^5)$$

风道的压力损失为

$$\Delta p_w=\rho gSq_V^2=1.205\times 9.81\times 71.55\times 1.5^2=1903\ (\text{Pa})$$

【例 11-3】 图 11-2 为一水泵向有压水箱送水的简单管路。已知流量 $q_V=20\text{m}^3/\text{h}$，水池水面为大气压力，有压水箱的表压为 $p_2=44\times 10^5$Pa，两液面的高度差 $H=4$m，水泵吸水管和排水管的长度分别为 $L_1=5$m，$L_2=10$m，其管径为 $\phi 57\text{mm}\times 3.5\text{mm}$，沿程阻力系数为 $\lambda=0.02$，管路进口装有一个带底阀的滤水网，两个闸板阀，三个 90°弯头，试求水泵的扬程及有效功率 P。

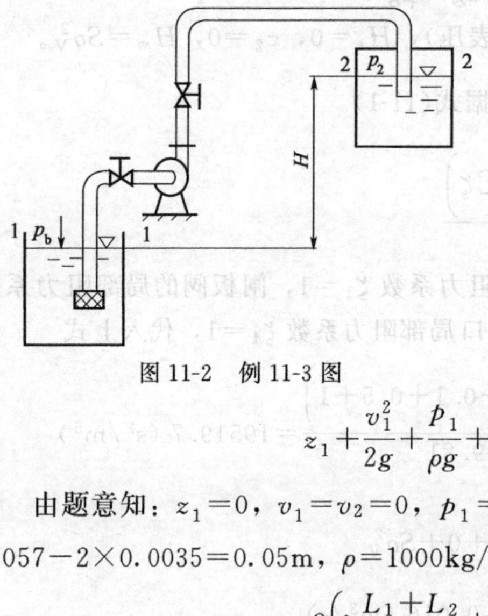

图 11-2 例 11-3 图

解： 取水池水面为基准面，列 1—1 和 2—2 截面间伯努利方程

$$z_1+\frac{v_1^2}{2g}+\frac{p_1}{\rho g}+H_e=z_2+\frac{v_2^2}{2g}+\frac{p_2}{\rho g}+H_w$$

由题意知：$z_1=0$，$v_1=v_2=0$，$p_1=0$(表压)，$p_2=44\times 10^5$Pa(表压)，$z_2=H$，$d=0.057-2\times 0.0035=0.05$m，$\rho=1000\text{kg/m}^3$，$H_w=Sq_V^2$。

$$S=\frac{8\left(\lambda\frac{L_1+L_2}{d}+\zeta_{进口}+2\zeta_{阀}+3\zeta_{弯头}+\zeta_{出口}\right)}{\pi^2d^4g}$$

查附表 13 得 $\zeta_{进口}=10$，$\zeta_{阀}=0.1$，$\zeta_{弯头}=1$，$\zeta_{出口}=1$

将上述各值代入伯努利方程得泵的扬程为

$$H_e=H+\frac{p_2}{\rho g}+Sq_V^2=4+\frac{44\times 10^5}{1000\times 9.81}+$$

$$\frac{8\times\left(0.02\times\frac{5+10}{0.05}+10+2\times 0.1+3\times 1+1\right)}{3.14^2\times 0.05^4\times 9.81}\times\left(\frac{20}{3600}\right)^2=460.8\ (\text{m})$$

泵的有效功率为

$$P=q_m W_e=q_V\rho\times gH_e$$

$$=\frac{20}{3600}\times1000\times9.81\times460.8=25113.6\ (\text{W})=25.11\ (\text{kW})$$

③ 已知管长和管件、阀门的设置、流体的流量及允许的能量损失，求管径。

【例 11-4】 已知温度为 20℃时，水在 100m 长的水平钢管内流动，要求水的流量为 $27m^3/h$，管内允许的沿程损失为 4m，试确定管路的直径。

解：由范宁公式

$$H_f=\lambda\frac{L}{d}\times\frac{v^2}{2g}=4\ (\text{m})$$

$v=\dfrac{q_V}{A}=\dfrac{q_V}{\frac{\pi}{4}d^2}$，$q_V=27m^3/h$，故知道了 d，就可以算出 v，所以上式中有两个未知数 λ 与 d，需用试差法求解。

参照表 11-2，初选 $v'=1.8m/s$，则

$$d'=\sqrt{\frac{q_V}{\frac{\pi}{4}v'}}=\sqrt{\frac{27/3600}{\frac{3.14}{4}\times1.8}}=0.073\ (\text{m})=73\ (\text{mm})$$

查表 11-1，试选 ϕ88.5mm×4mm 的焊接钢管，其内径 $d=88.5-2\times4=80.5$ (mm)

管内实际流速为

$$v=\frac{q_V}{\frac{\pi}{4}d^2}=\frac{27/3600}{\frac{3.14}{4}\times0.0805^2}=1.47\ (\text{m/s})$$

查表 8-1，$t=20$℃时，$\nu=1.007\times10^{-6}m^2/s$

$$Re=\frac{vd}{\nu}=\frac{1.47\times0.0805}{1.007\times10^{-6}}=117512>2000$$，为湍流流动

查表 10-1 取钢管的绝对粗糙度 $K=0.1mm$，相对粗糙度为

$$\frac{K}{d}=\frac{0.1}{80.5}=0.00124$$

查莫迪图得，$\lambda=0.0225$

$$H_f=\lambda\frac{L}{d}\times\frac{v^2}{2g}=0.0225\times\frac{100}{0.0805}\times\frac{1.47^2}{2\times9.81}=3.08\ (\text{m})<4\ (\text{m})$$

计算结果表明，按 $d=80.5mm$ 选用管径，H_f 低于管路允许的沿程损失，故选择 ϕ88.5mm×4mm 的焊接钢管。

第二节 串联与并联管路计算

工程上的各种管路系统，无论其多么复杂，都是由简单管路经过串联和并联后形成的。

一、串联管路

由不同管径的简单管路头尾相接构成的管路为串联管路，如图 11-3 所示。

管段相接点称为节点，如图 11-3 中 a 点、b 点。在每个节点上都遵循质量守恒定律，即流入的质量与流出的质量相等，当 ρ=常数时，流入的体积流量等于流出的体积流量，取流入节点的流量为正，流出为负，则对于每一个节点可以写成 $\sum q_V=0$。因此，对串联管路有

$$q_V=q_{V1}=q_{V2}=q_{V3} \tag{11-5}$$

按能量叠加原理有，串联管路的能量损失等于相串联的各管段的能量损失之和，即

$$H_w=H_{w1}+H_{w2}+H_{w3} \tag{11-6}$$

将式(11-2)、式(11-5) 及式(11-6) 联立，得串联管路总阻抗为

$$S=S_1+S_2+S_3 \tag{11-7}$$

综合以上三式，得串联管路的流动规律：各管段的流量相等，损失叠加，管路的总阻抗为各段阻抗之和。

【例 11-5】 两水箱用两段不同直径的管道相连接（见图 11-4），1—3 管段长 L_1=10m，直径 d_1=200mm，λ_1=0.019；3-6 管段长 L_2=10m，直径 d_2=100mm，λ_2=0.018。管路中的局部管件有：1 为管道入口；2 和 5 为 90°弯头；3 为渐缩管（θ=8°）；4 为闸阀；6 为管道出口。若输送流量 q_V=20L/s，求水箱水面的高度差 H 应为多少？

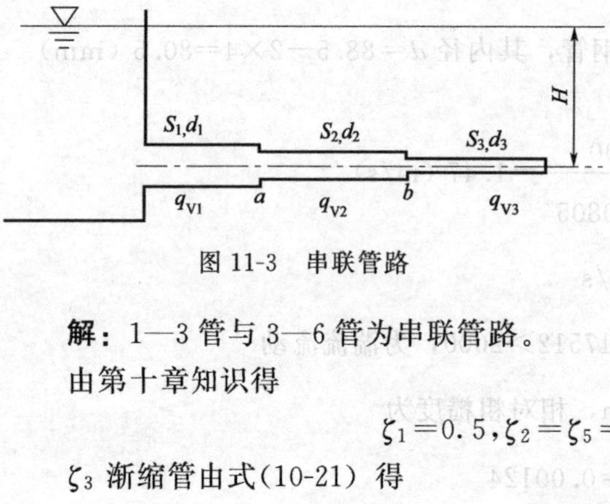

图 11-3 串联管路

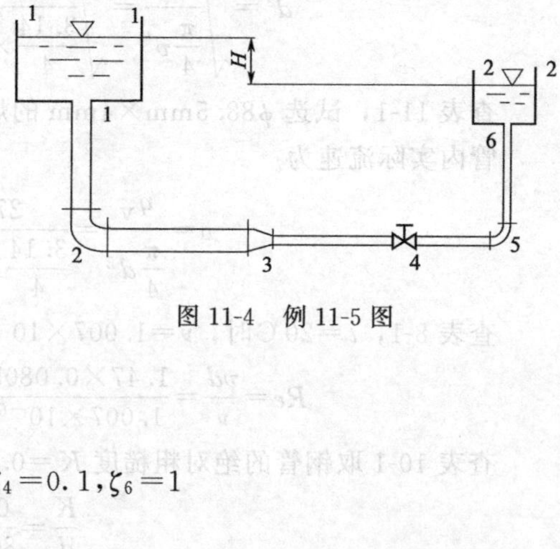

图 11-4 例 11-5 图

解： 1—3 管与 3—6 管为串联管路。

由第十章知识得

$$\zeta_1=0.5, \zeta_2=\zeta_5=1, \zeta_4=0.1, \zeta_6=1$$

ζ_3 渐缩管由式(10-21) 得

$$\zeta_3=\frac{\lambda}{8\sin\frac{\theta}{2}}\left[1-\left(\frac{A_2}{A_1}\right)^2\right]=\frac{\lambda_2}{8\sin\frac{\theta}{2}}\left[1-\left(\frac{d_2^2}{d_1^2}\right)^2\right]=\frac{0.018}{8\sin\frac{8}{2}}\times\left[1-\left(\frac{100^2}{200^2}\right)^2\right]=0.03$$

则各管段阻抗为

$$S_1=\frac{8\left(\lambda_1\frac{L_1}{d_1}+\sum\zeta_{1-3}\right)}{\pi^2 d_1^4 g}=\frac{8\times\left(0.019\times\frac{10}{0.2}+0.5+1\right)}{3.14^2\times 0.2^4\times 9.81}=126.7\ (\mathrm{s^2/m^5})$$

$$S_2=\frac{8\left(\lambda_2\frac{L_2}{d_2}+\sum\zeta_{3-6}\right)}{\pi^2 d_2^4 g}=\frac{8\times\left(0.018\times\frac{10}{0.1}+0.03+0.1+1+1\right)}{3.14^2\times 0.1^4\times 9.81}=3250.5\ (\mathrm{s^2/m^5})$$

取 2—2 截面为基准面，列两水箱水面间的伯努利方程

$$z_1+\frac{v_1^2}{2g}+\frac{p_1}{\rho g}+H_e=z_2+\frac{v_2^2}{2g}+\frac{p_2}{\rho g}+H_w$$

由题意知：$z_1=H$，$v_1=v_2=0$，$p_1=p_2=0$(表压)，$H_e=0$，$z_2=0$，$H_w=Sq_V^2$。

将上述各值代入伯努利方程得

$$H=H_w$$

由串联管路流动规律得

$$q_V=q_{V1}=q_{V2} \qquad H_w=H_{w1}+H_{w2}$$

所以，两水箱水面高度差为

$$H=S_1q_{V1}^2+S_2q_{V2}^2=(S_1+S_2)q_V^2$$
$$=(126.7+3250.5)\times(20\times10^{-3})^2=1.35\ (\text{m})$$

二、并联管路

由两个以上简单管路头与头相连，尾与尾相连，形成的管路为并联管路，如图 11-5 所示。

同串联管路一样，并联管路在节点 a、b 上也遵循质量守恒定律，当 $\rho=$常数时，并联管路的体积流量为

$$q_V=q_{V1}+q_{V2}+q_{V3} \tag{11-8}$$

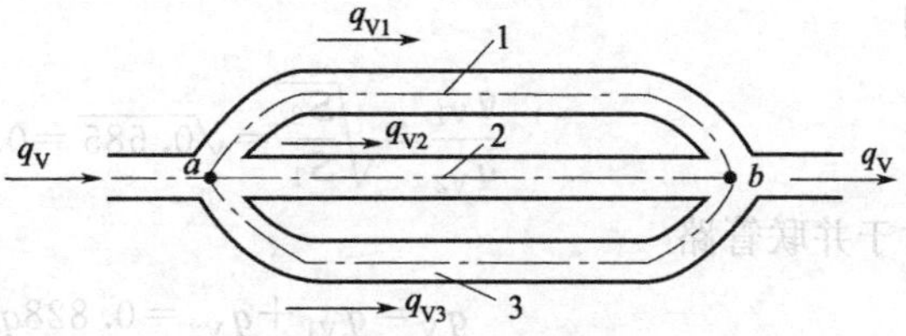

图 11-5 并联管路

由于流体在某一固定点的单位能量值只能有一个，因此单位重量流体无论通过哪根管段从 a 流到 b，产生的能量损失应该是相同的。于是

$$H_w=H_{wab}=H_{w1}=H_{w2}=H_{w3} \tag{11-9}$$

设并联管路的总阻抗为 S，各分支管路的阻抗为 S_1、S_2、S_3，根据式(11-2) 则式(11-9)可写为

$$Sq_V^2=S_1q_{V1}^2=S_2q_{V2}^2=S_3q_{V3}^2 \tag{11-10}$$

因为 $q_V=\sqrt{\dfrac{H_w}{S}}$，$q_{V1}=\sqrt{\dfrac{H_{w1}}{S_1}}$，$q_{V2}=\sqrt{\dfrac{H_{w2}}{S_2}}$，$q_{V3}=\sqrt{\dfrac{H_{w3}}{S_3}}$代入式(11-8) 得

$$\sqrt{\frac{H_w}{S}}=\sqrt{\frac{H_{w1}}{S_1}}+\sqrt{\frac{H_{w2}}{S_2}}+\sqrt{\frac{H_{w3}}{S_3}}$$

整理得

$$\frac{1}{\sqrt{S}}=\frac{1}{\sqrt{S_1}}+\frac{1}{\sqrt{S_2}}+\frac{1}{\sqrt{S_3}} \tag{11-11}$$

由式(11-8)、式(11-9)、式(11-11) 得并联管路的流动规律：并联后管路的总流量等于相并联的各支管的流量之和；相并联的各支管能量损失相等；并联管路总阻抗的平方根倒数等于各并联支管阻抗的平方根倒数之和。

由并联管路的流动规律，还可以得到

$$q_{V1}:q_{V2}:q_{V3}=\frac{1}{\sqrt{S_1}}:\frac{1}{\sqrt{S_2}}:\frac{1}{\sqrt{S_3}} \tag{11-12}$$

式(11-12) 表明了并联管路流量分配规律，即：阻抗越大的支路，流量越小；阻抗越小的支路，流量越大。在并联管路的设计计算中，就是利用该式通过选择合适的管道尺寸及局部构件满足用户流量要求的。这个过程也称管路的“阻力平衡”。

【例 11-6】 如图 11-6 所示，某两层楼的供暖立管，管道 1 的直径 $d_1=20\text{mm}$，管长

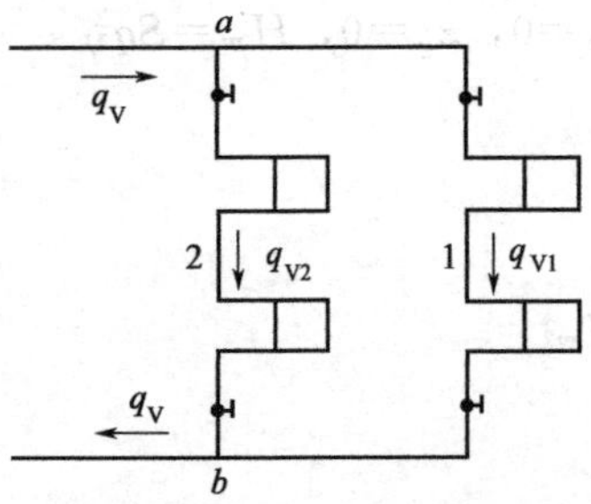

图 11-6 例 11-6 图

$L_1=20\text{m}$，$\sum\zeta_1=15$；管道 2 的直径为 $d_2=20\text{mm}$，管长 $L_2=10\text{m}$，$\sum\zeta_2=15$，管道的 $\lambda=0.025$，干管的流量 $q_V=0.3\times10^{-3}\text{m}^3/\text{s}$，求各支管的流量 q_{V1} 和 q_{V2}。

解： 由图 11-6 可知，节点 a、b 间并联有 1、2 两支管，由式(11-12) 得

$$\frac{q_{V1}}{q_{V2}}=\sqrt{\frac{S_2}{S_1}}$$

由题意知 $d_1=d_2$，所以

$$\frac{S_2}{S_1}=\frac{\lambda\dfrac{L_2}{d_2}+\sum\zeta_2}{\lambda\dfrac{L_1}{d_1}+\sum\zeta_1}=\frac{0.025\times\dfrac{10}{0.02}+15}{0.025\times\dfrac{20}{0.02}+15}=0.685$$

则

$$\frac{q_{V1}}{q_{V2}}=\sqrt{\frac{S_2}{S_1}}=\sqrt{0.685}=0.828，q_{V1}=0.828q_{V2}$$

对于并联管路

$$q_V=q_{V1}+q_{V2}=0.828q_{V2}+q_{V2}=1.828q_{V2}$$

所以

$$q_{V2}=\frac{q_V}{1.828}=\frac{0.3\times10^{-3}}{1.828}=0.16\times10^{-3}\ (\text{m}^3/\text{s})$$

$$q_{V1}=0.828q_{V2}=0.828\times0.16\times10^{-3}=0.13\times10^{-3}\ (\text{m}^3/\text{s})$$

从计算看出：支管 1 的阻抗 S_1 比支管 2 的阻抗 S_2 大，所以流量分配是支管 1 中的流量 q_{V1} 小于支管 2 中的流量 q_{V2}。如果要求两支管中流量相等，则必须调整 d、L 和 $\sum\zeta$，使两支管的 S 相等才能达到流量相等。这种重新改变 d、L 和 $\sum\zeta$，使 $q_{V1}=q_{V2}$ 的计算，被称为“阻力平衡”计算。

第三节 管网计算基础

由若干简单管路经过多次串、并联后形成的复杂管路称为管网。管网按其管线布置特点的不同可分为枝状管网和环状管网两种，如图 11-7 所示。

一、枝状管网

自一根总管分支出几根支管后不再汇合的管路系统称为枝状管网，如图 11-7(a) 所示。这种管网管线少，而且布置简单，造价低，因此，在工程上采用的较多。

1. 枝状管网的流动规律

枝状管网的特点是各管线间只有分支点没有汇合点，如图 11-7(a) 所示是由三个风口，六根简单管路并联、串联而成的排风枝状管网。风机应有的风量为

$$q_V=q_{V1}+q_{V2}+q_{V3} \tag{11-13}$$

全程的能量损失，通常是串联各管段能量损失的叠加。在有并联管段时，应取管段最

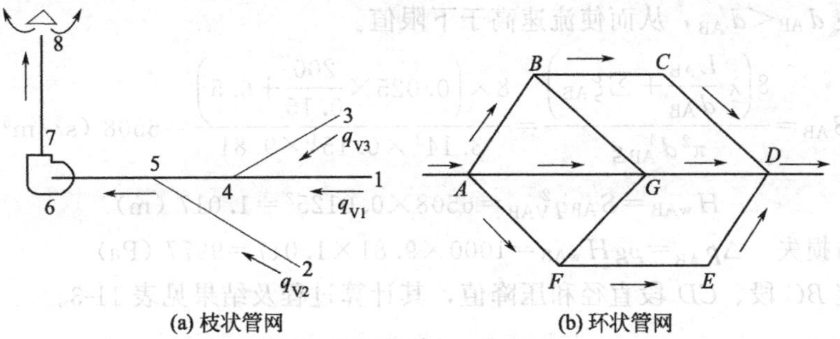

(a) 枝状管网　　(b) 环状管网

图 11-7 管网

长，局部阻力最大的一支参加阻力叠加。而其他并联的支管均不应计入。设图 11-7(a) 中 1—4 支管为阻力损失最大的支管，则全程的能量损失为

$$H_w = H_{w1-4} + H_{w4-5} + H_{w5-6} + H_{w7-8} \tag{11-14}$$

由上得知，枝状管网流动规律是：总管的流量等于各支管流量之和；全程的能量损失等于串联各管段能量损失的叠加。

2. 枝状管网计算步骤

枝状管网计算的大体步骤如下（以设计计算为例）。

① 划分计算管段。一根简单管路为一个计算管段。

② 确定主管线。一般管路较长、局部阻碍较多的管线为主管线。

③ 确定主管线上各计算管段的管径及能量损失。

④ 计算主管线的总能量损失，选择动力设备。

【例 11-7】 某住宅小区热水供应系统平面布置如图 11-8 所示。已知各管段长度为 $L_{AB}=200\text{m}$，$L_{BC}=180\text{m}$，$L_{CD}=150\text{m}$，$L_{BE}=70\text{m}$，$L_{CF}=80\text{m}$，各管段的局部阻力系数为：$\sum\zeta_{AB}=6.5$，$\sum\zeta_{BC}=7.1$，$\sum\zeta_{CD}=8.1$，$\sum\zeta_{BE}=9$，$\sum\zeta_{CF}=12$，管段的沿程阻力系数均为 0.025。热水用户 D、E、F 的热水量分别为 $q_{VD}=20\text{t/h}$，$q_{VE}=15\text{t/h}$，$q_{VF}=10\text{t/h}$，各用户内部的压力损失为 $4\times10^4\text{Pa}$。试确定主管线各管段的管径及外网在 A 点应提供的能量（压力）（管内限定流速 $v=0.5\sim2\text{m/s}$，水的密度近似取 $\rho=1000\text{kg/m}^3$）。

解： ① 由已知条件，确定 $A\rightarrow B\rightarrow C\rightarrow D$ 为主管线。

② 确定主管线上各管段的管径并计算其压力损失。

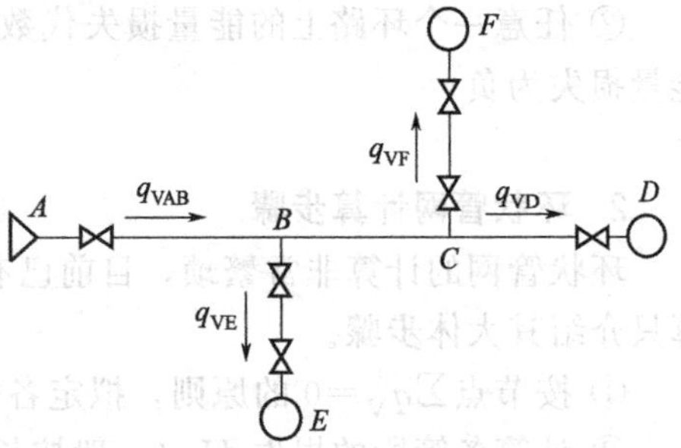

图 11-8 例 11-7 图

首先根据流量和限定流速初选管径。

AB 管段 $q_{VAB}=q_{VE}+q_{VF}+q_{VD}=15+10+20=45\ (\text{t/h})=0.0125\ (\text{m}^3/\text{s})$，设流速 $v'_{AB}=0.5\text{m/s}$，则有

$$d'_{AB}=\sqrt{\frac{4q_{VAB}}{\pi v'_{AB}}}=\sqrt{\frac{4\times0.0125}{3.14\times0.5}}=0.178\ (\text{m})$$

根据表 11-1 选 $\phi159\text{mm}\times4.5\text{mm}$ 的无缝钢管，$d=150\text{mm}$，则管内实际流速为

$$v_{AB}=\frac{q_{VAB}}{\frac{\pi}{4}d_{AB}^2}=\frac{0.0125}{\frac{3.14}{4}\times0.15^2}=0.7\ (\text{m/s})\text{（在限定流速之内）}$$

此处应使 $d_{AB}<d'_{AB}$，从而使流速高于下限值。

$$S_{AB}=\frac{8\left(\lambda\frac{L_{AB}}{d_{AB}}+\sum\zeta_{AB}\right)}{\pi^2 d_{AB}^4 g}=\frac{8\times\left(0.025\times\frac{200}{0.15}+6.5\right)}{3.14^2\times0.15^4\times9.81}=6508\ (s^2/m^5)$$

$$H_{wAB}=S_{AB}q_{VAB}^2=6508\times0.0125^2=1.017\ (m)$$

则 AB 段压力损失　$\Delta p_{AB}=\rho g H_{wAB}=1000\times9.81\times1.017=9977$ (Pa)

同理可以确定 BC 段、CD 段直径和压降值，其计算过程及结果见表 11-3。

表 11-3　计算过程及结果

管段号	流量 q_V /(m³/s)	初选流速 v' /(m/s)	初选管径 d' /mm	实际管径 d /mm	实际流速 v /(m/s)	阻抗 S /(s²/m⁵)	压力损失 Δp /Pa
AB	0.0125	0.5	178	150	0.7	6508	9977
BC	0.0083	0.6	133	125	0.68	14601	9867
CD	0.0056	0.7	101	100	0.71	37717	11603

③ 确定主管线的总压力损失和外网在 A 点应提供的压力。

总压力损失　$\Delta p_{AD}=\Delta p_{AB}+\Delta p_{BC}+\Delta p_{CD}=9977+9867+11603=31447$ (Pa)

外网在 A 处应提供的能量为

$$\Delta p_A=p_{AD}+\Delta p_D=31447+40000=71447\ (Pa)$$

二、环状管网

由许多条管段互相连接成闭合形状的管道系统称为环状管网，如图 11-7(b) 所示。相对于枝状管网，环状管网管线较多，且布局复杂，造价较高。但这种管网的工作可靠性较高，因此，在比较重要的场合下被采用。

1. 环状管网的流动规律

由于环状管网的特点是管段在某一共同的节点分支，然后又在另一个共同的节点汇合，是由并联管路组合而成的，因此，环状管网符合并联管路流动规律。

① 任意节点上的流量代数和为零，也即流出节点的流量等于流入节点的流量。

$$\sum q_V=0 \tag{11-15}$$

② 任意一个环路上的能量损失代数和为零，一般取顺时针的能量损失为正，逆时针的能量损失为负。

$$\sum Sq_V^2=0 \tag{11-16}$$

2. 环状管网计算步骤

环状管网的计算非常繁琐，目前已有相关的计算与工况分析软件，此处对环状管网的计算只介绍其大体步骤。

① 按节点 $\sum q_V=0$ 的原则，拟定各管段流量大小和方向，并据此确定出管径。

② 计算各管段的损失 H_w(一般按长管考虑)。

③ 校核各环路是否 $\sum Sq_V^2=0$(允许有一个小于 0.5m 的误差)。

④ 若环路上 $\sum Sq_V^2\neq0$，重新拟定流量 q_V 值时，可以采取在原定流量值 (q_V) 的基础上加一个校正流量 Δq_V 的方式来确定。根据环路上 $\sum Sq_V^2=0$，有

$$\Delta q_V=\frac{-\sum Sq_V^2}{2\sum|Sq_V|}=\frac{-\sum H_w}{2\sum\left|\frac{H_w}{q_V}\right|} \tag{11-17}$$

⑤ 进行其他计算（如：选择驱动设备等）。

习 题

11-1 什么是简单管路？简单管路的流动规律是什么？

11-2 什么是短管、长管？如何判断？

11-3 什么是管内限定流速？

11-4 什么是管路的阻抗？在什么情况下，阻抗只与管路形式和尺寸有关？

11-5 如图 11-9 所示，有一泄水管其内径 $d=100\text{mm}$，管长 $L=320\text{mm}$，$H=15\text{m}$，管道上的局部阻力系数之和 $\sum\zeta=12.8$，忽略沿程损失，求自管道中流出的流量。

11-6 如图 11-10 所示，水从高位槽中经管路排入大气中。已知：管路为 $\phi57\text{mm}\times3.5\text{mm}$ 钢管，$L_{1A}=30\text{m}$，$L_{B2}=10\text{m}$，管路上装 90°的标准弯头 1 个，截止阀 1 个，管道绝对粗糙度 $K=0.3\text{mm}$，试求 $t=20℃$，流量为 $15\text{m}^3/\text{h}$ 时，高位槽中液面高度 H 及截止阀前后两压力表的读数 p_A、p_B 为多少？

11-7 如图 11-11 所示，油由高位槽经 $\phi114\text{mm}\times4\text{mm}$ 的钢管流入一密封槽中，其压力为 $1.6\times10^4\text{Pa}$（表压）。管内流速为 1m/s，钢管的绝对粗糙度 $K=0.2\text{mm}$，如果两槽液面保持不变，试求两槽液面的垂直距离。（$\rho_{油}=900\text{kg/m}^3$，$\nu_{油}=7.9\times10^{-6}\text{m}^2/\text{s}$）

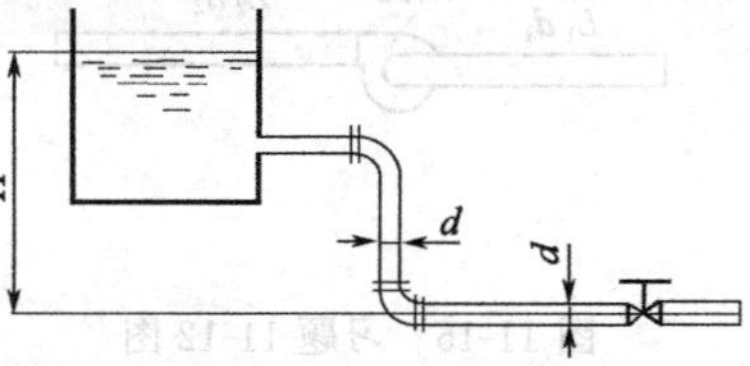

图 11-9 习题 11-5 图

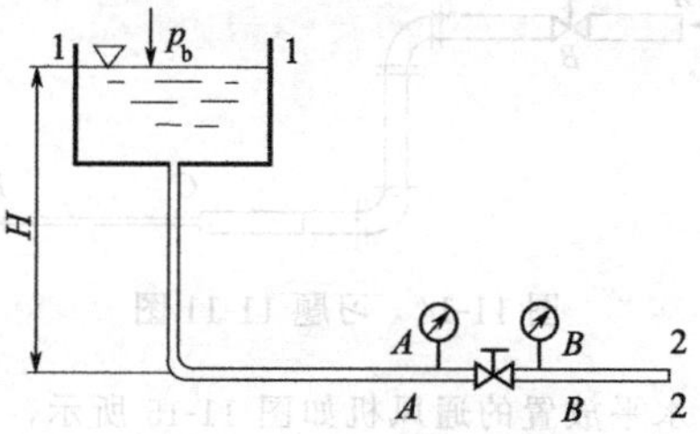

图 11-10 习题 11-6 图

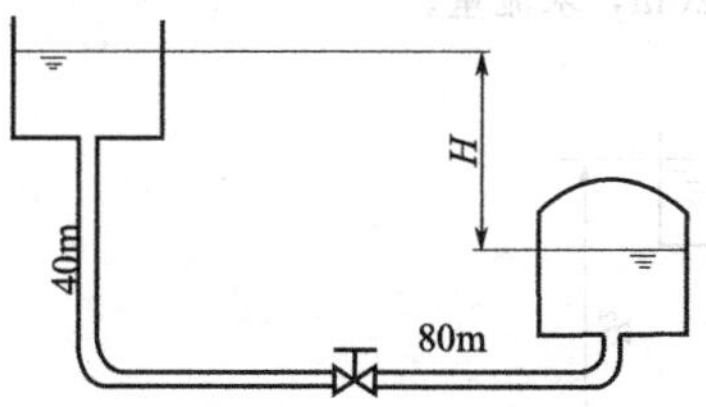

图 11-11 习题 11-7 图

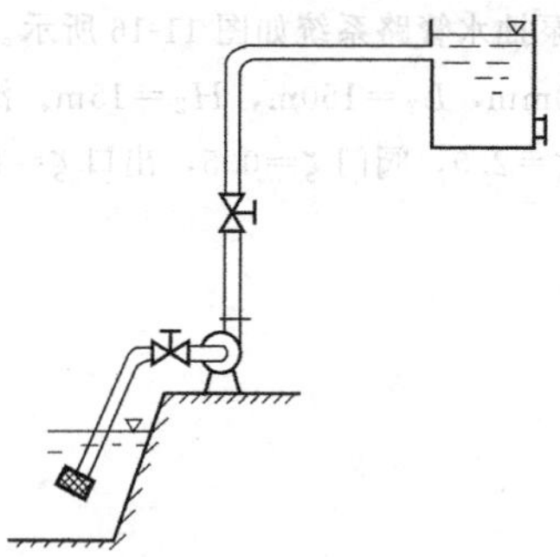

图 11-12 习题 11-8 图

11-8 如图 11-12 所示，某给水系统需用水泵将储水池中的水打入高位水箱，已知输水管为 $d=50\text{mm}$ 的镀锌钢管，每秒的输水量为 2.6L，管路中的全部局部阻力系数 $\sum\zeta=14.9$（含出口的阻力系数），管长 $L=50\text{m}$ 水的 $\nu=1.52\times10^{-6}\text{m}^2/\text{s}$，水箱液面距水池液面的高度差为 $H=30\text{m}$，求泵的扬程。

11-9 图 11-13 所示为某制冷装置冷却水的供水管路，水泵从水源中将水抽上来，输送到冷凝器顶部的分配水箱作冷却介质使用。分配水箱水面到水源水面的高度差 $H=22\text{m}$，管路的总压头损失 $H_w=5\text{m}$，管径 $d=50\text{mm}$，水在管中流速 $v=2\text{m/s}$，试求水泵的扬程和管道的阻抗。

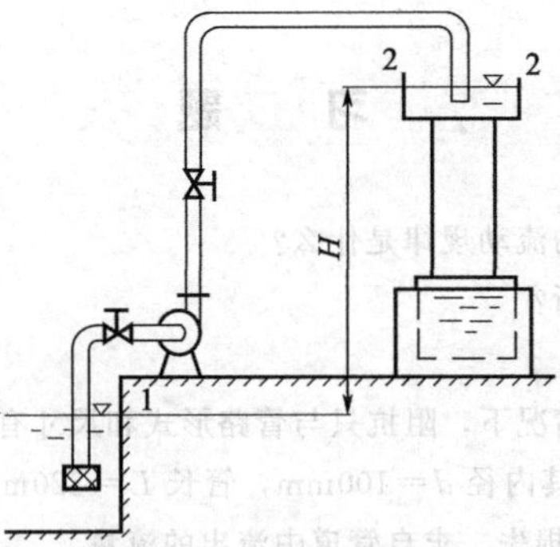

图 11-13　习题 11-9 图

11-10　什么是串联管路和并联管路，各有哪些流动规律？

11-11　水在如图 11-14 所示的管路中由 A 流到 D，已知流量 $q_V=0.02\text{m}^3/\text{s}$，各管段的沿程损失系数均为 $\lambda=0.02$，各管段长度分别 $L_{AB}=10\text{m}$，$L_{BC}=20\text{m}$，$L_{CD}=30\text{m}$，管径为 $d_{AB}=d_{BC}=100\text{mm}$，$d_{CD}=75\text{mm}$，管路上有两个 90°弯头，一个截止阀，一个突然缩小管件，试求 AD 管路的总能量损失。

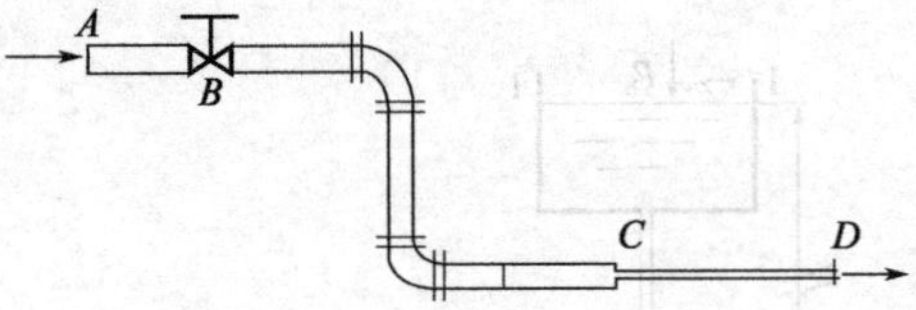

图 11-14　习题 11-11 图

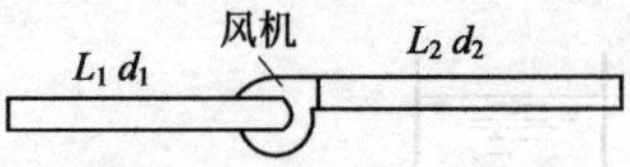

图 11-15　习题 11-12 图

11-12　水平放置的通风机如图 11-15 所示，已知吸入管的直径 $d_1=200\text{mm}$，$L_1=10\text{m}$，压出管的直径 $d_2=100\text{mm}$，$L_2=100\text{m}$，各管段的 $\lambda=0.02$，风量 $q_V=0.15\text{m}^3/\text{s}$，若不计局部阻力，试计算风机应产生的风压。

11-13　水泵抽水管路系统如图 11-16 所示。吸水管路 $d_1=250\text{mm}$，$L_1=20\text{m}$，$H_1=3\text{m}$；压水管路 $d_2=200\text{mm}$，$L_2=150\text{m}$，$H_2=15\text{m}$。沿程阻力系数 λ 均为 0.03，局部阻力系数为：进口 $\zeta=3.0$，弯头 $\zeta=2.0$，阀门 $\zeta=0.5$，出口 $\zeta=1.0$，水泵扬程 $H=20\text{m}$，求流量。

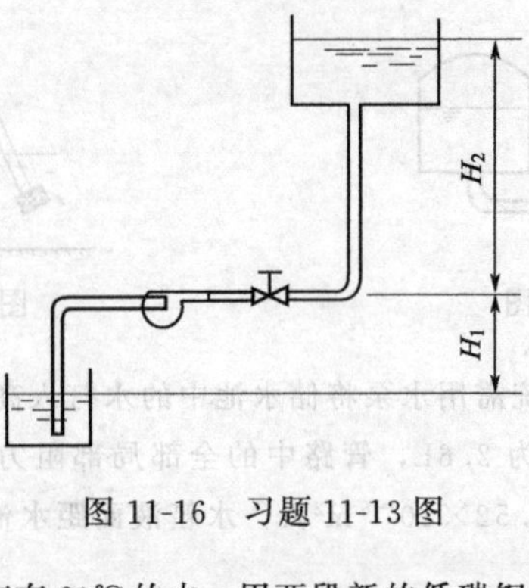

图 11-16　习题 11-13 图

11-14　如图 11-17 所示，两容器中充有 20℃的水，用两段新的低碳钢管连接起来，其绝对粗糙度为 $K=0.05\text{mm}$，已知 $d_1=20\text{cm}$，$L_1=30\text{m}$，$d_2=30\text{cm}$，$L_2=60\text{m}$，管 1 为锐缘入口，管 2 上有一阀门，其阻力系数 $\zeta=3.5$，$q_V=0.2\text{m}^3/\text{s}$。求两容器必需的液面差 H。

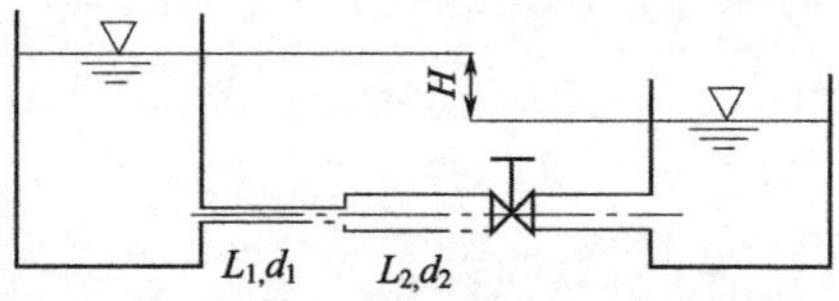

图 11-17　习题 11-14 图

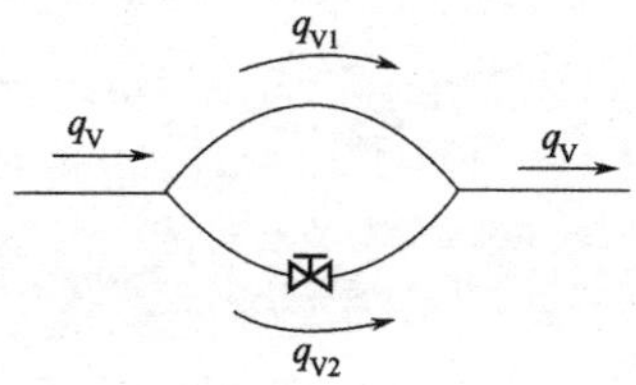

图 11-18　习题 11-15 图

11-15　如图 11-18 所示，有两根长度、直径、材质均相同的支管并联。已知干管中水的流量为 $q_V=80\times10^{-3}\mathrm{m^3/s}$，支管管长 $L=6\mathrm{m}$，管径 $d=200\mathrm{mm}$，沿程阻力系数 $\lambda=0.026$，求两支管内的流量 q_{V1}、q_{V2}；若在支管 2 上装一个阻力系数为 $\zeta_1=0.5$ 的阀门，问 q_{V1}、q_{V2} 如何变化？并求出变化后的值。

11-16　如图 11-19 所示，用泵输送密度为 $710\mathrm{kg/m^3}$ 的油品，从储槽 C 输送到泵出口以后，分成两支：一支送到容器 A 的顶部，最大流量为 10.8t/h，其内部表压力为 0.98MPa；另一支送到容器 B 内，最大流量为 6.4t/h，其内部表压力为 1.18MPa。储槽 C 内液面维持恒定，液面上方的表压力为 0.049MPa。油品经过各管段的能量损失是：$h_{w12}=20\mathrm{J/kg}$，$h_{w23}=60\mathrm{J/kg}$，$h_{w24}=50\mathrm{J/kg}$。油品在管内的动能很小，可以忽略。各截面离地面的距离见图，求泵的功率 P。

11-17　管网有哪两种类型？各有什么特点？

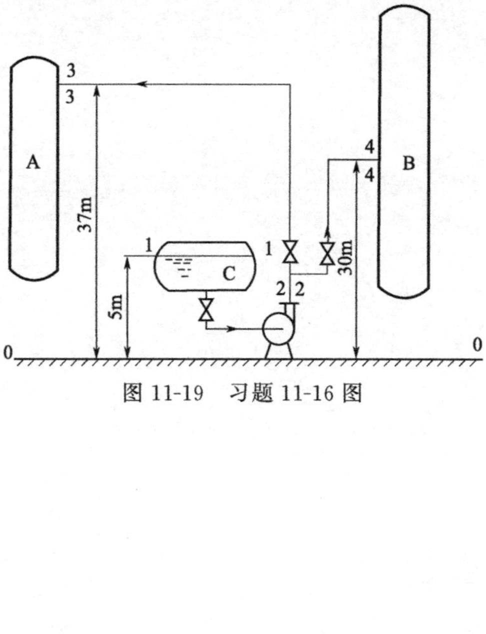

图 11-19　习题 11-16 图

第三篇 传热学

热力学第二定律指出，只要存在温度差就会发生热量传递，热量总是自发地由高温处传向低温处。这种靠温度差推动的能量传递过程称为热传递。由于温度差在自然界和生产领域中广泛存在，故热量传递就成为自然界和生产领域中一种普遍现象。传热学就是研究热量传递规律的科学。

传热学在工程技术领域中的应用十分广泛，在能源动力、化工制药、材料冶金、机械制造、建筑工程、电气电信、交通运输、生物工程、航空航天等工程中，都占有十分重要的地位。

热量传递过程可划分为稳态和非稳态过程，物体中各点温度不随时间变化的热量传递过程，称为稳态传热过程，反之，则称为非稳态传热过程。如各种热力设备在持续不变的工况下运行时，其热量传递过程为稳态传热过程；而在启动、停机和变工况时所经历的热量传递过程则为非稳态传热过程。本篇只研究稳态传热过程。

热量传递有三种基本方式：导热、对流和热辐射。工程中诸多传热过程往往是三种基本传热方式的综合结果。热力设备运行中可以分为两种类型；一是增强传热，即提高换热设备的传热能力，或在满足传热量的前提下尽量缩小设备尺寸；另一是削弱传热，即减少热损失或保持系统内要求的工作温度。学习传热学的目的主要在于分析和认识传热规律，从而掌握增强或削弱传热过程的方法，实现能源的合理使用，提高设备的生产能力。

第十二章

稳态导热

学习导引

稳态导热是指温度场不随时间变化的导热过程，热力设备在正常工作运行时发生的导热多数可简化为一维稳态导热。本章主要介绍工程上常见的一维稳态导热问题的计算。首先引入有关导热的基本概念，而后阐述了反映导热基本规律的傅里叶定律，并对其公式中的热导率进行了分析，最后讨论了一维稳态导热中傅里叶定律的具体应用，即平壁和圆筒壁的一维稳态导热计算。

一、学习要求

本章的重点是掌握平壁、圆筒壁的一维稳态导热计算，通过学习应达到以下要求。

① 理解导热的物理概念，了解导热的微观机理。

② 理解温度场、等温线、等温面、温度梯度以及稳态导热的概念。

③ 掌握导热基本定律——傅里叶定律的物理意义和数学表达式。

④ 了解热导率的物理意义及影响热导率的因素。

⑤ 掌握单层平壁和多层平壁的一维稳态导热计算公式及其应用。

⑥ 掌握单层圆筒壁和多层圆筒壁的一维稳态导热计算公式及其应用。

⑦ 掌握热阻的概念及不同情况下导热热阻的分析和计算。

二、本章难点

① 导热基本概念中，理解温度场、等温面（或等温线）及温度梯度等概念有一定的难度，要求初学者从物理概念入手比较容易。

② 圆筒壁的导热面积与其半径成正比，虽然稳态导热中通过圆筒壁的热流量不变，但其热流密度却在变化，温度也不呈线性分布。为此圆筒壁的导热公式是由简单的微分方程导出的，必须从物理概念角度充分认识到这一点。

第一节 导热的基本定律

一、基本概念

1. 导热的概念

导热是热量传递的基本方式之一。导热又称热传导，是指物体各部分无相对位移或不同物体直接接触时依靠分子、原子及自由电子等微观粒子的热运动而进行的热量传递现象。例如，固体内部热量从温度较高的部分传递到温度较低的部分，以及温度较高的固体把热量传递给与之接触的温度较低的另一固体都是导热现象。

导热是物质的属性，导热在固体、液体和气体中均可进行，但微观机理有所不同。在气体中，导热是气体分子不规则热运动时碰撞的结果，气体的温度越高，其分子的运动动能越大，能量较高的分子与能量较低的分子相互碰撞的结果，热量就由高温处传向低温处；对于固体，导电体的导热主要靠自由电子的运动来完成，而非导电固体则通过原子、分子在其平衡位置附近的振动来传导热量；至于液体中的导热机理，还存在着不同观点，可以认为介于气体和固体之间。

单纯的导热一般只发生在密实的固体中，因为气体与液体具有流动特性，在产生导热的同时往往伴随宏观相对位移（即对流）而使热量转移。导热发生在固体中的现象最为普遍，也最具有应用价值。如：手持铁棒一端，将另一端置于火炉中，一会儿手就感到发烫。这是铁棒导热，将火焰的热量传递到了另一端，使其温度迅速升高的缘故。又如：制冷装置中的冷凝器，当温度较高的制冷工质蒸气在铜管内流过时，将热量传递给铜管并逐渐凝结为液体，而铜管将所得的热量又传递给管外温度较低的空气或冷却水。热量自铜管内壁传递到外壁的过程纯属导热过程。导热的应用相当普遍。在工程应用中，一般把发生在换热器管壁、管道保温层、墙壁等固态材料中的热量传递均可看作导热过程处理。

2. 温度场

物体内部产生导热的起因在于物体内部之间存在温度差，导热过程中热量的传递与物体内部温度分布状况密切相关，因此在研究导热规律之前需先研究温度分布。

某一时刻，物体中各点温度分布的状况称为温度场。一般来说，温度场是空间坐标和时间的函数，其数学表达式为

$$t=f(x、y、z、\tau) \tag{12-1}$$

式中 x，y，z——直角坐标系的空间坐标；

τ——时间；

t——温度。

温度场分为稳态温度场和非稳态温度场两类：空间各点温度随时间 τ 而变化的温度场称为非稳态温度场，如各种热力设备在启动、停机或变工况时的温度场；空间各点温度都不随时间 τ 而变化的温度场，则称为稳态温度场，如热力设备在持续稳定运行时的温度场。稳态温度场的数学表达式为

$$t=f(x、y、z) \tag{12-2}$$

稳态温度场中发生的导热称为稳态导热。实现稳态导热的条件是不断地向高温物体补充热量与不断地向低温物体取走相等热量。

稳态温度场中，若温度只沿两个或一个坐标方向变化，则称为二维稳态温度场或一维稳态温度场。其数学表达式为

$$t=f(x、y) \text{或} t=f(x) \tag{12-3}$$

一维稳态温度场是最简单的温度分布，也是工程技术中应用最多的情况。

3. 等温线、等温面和温度梯度

在温度场中，同一时刻温度相同的点所构成的线或面称为等温线或等温面。等温线和等温面具有如下特点。

① 因空间中任何一点不可能同时具有两个不同的温度值，所以任意两个等温线或等温面永不相交。

② 等温线或等温面可以在物体内部是完全封闭的曲线或曲面，也可终止于物体的边缘，但不可以在物体内部中断。

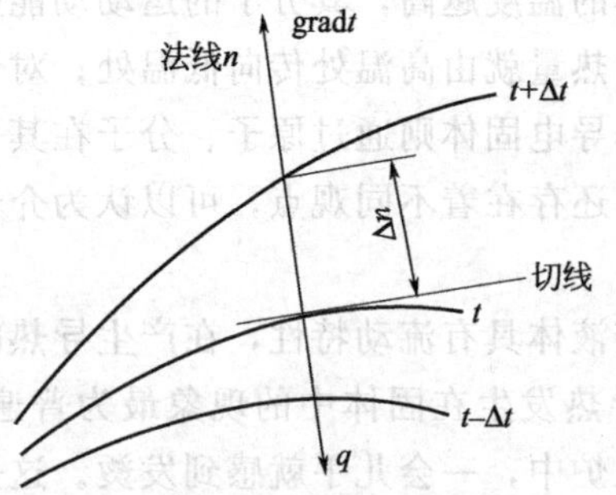

图 12-1　温度梯度

(3) 等温线或等温面上温度差为零，没有热量的传递。热量传递只是沿着最短的途径进行，即沿着等温面或等温线的法线方向进行。

等温面法线方向上的温度增量 Δt 与法向距离 Δn 的比值的极限，称为温度梯度，记为 grad$t$，单位为 K/m或℃/m。即

$$\mathrm{grad}t=\lim_{\Delta n\to 0}\frac{\Delta t}{\Delta n}=\frac{\partial t}{\partial n} \tag{12-4}$$

对于一维稳态温度场，温度梯度为

$$\mathrm{grad}t=\frac{\mathrm{d}t}{\mathrm{d}x} \tag{12-5}$$

温度梯度是向量，其方向是指向温度增加的方向，而热量传递方向与温度梯度方向恰好相反。如图 12-1 所示。

二、导热基本定律

导热基本定律也称傅里叶定律。该定律指出：当导热体内进行的是纯导热时，单位时间内以导热方式传递的热量，与温度梯度及垂直于导热方向的导热面积成正比。对于一维稳态导热，傅里叶定律可表示为

$$\Phi=-\lambda A\frac{\mathrm{d}t}{\mathrm{d}x} \tag{12-6}$$

或

$$q=-\lambda\frac{\mathrm{d}t}{\mathrm{d}x} \tag{12-7}$$

式中　Φ——单位时间内垂直通过导热面积 A 上的热量，称为热流量，W；

A——导热面积，m^2；

λ——比例系数，称为热导率，表征材料的导热能力，W/(m·K)；

q——单位时间内通过单位面积传递的热量，称为热流密度，W/m^2。

式中负号表示热流方向与温度梯度的方向相反，永远指向温度降低的方向。

热流量和热流密度反映了热量传递快慢的程度，它们之间存在如下关系

$$q=\frac{\Phi}{A} \tag{12-8}$$

三、热导率

由傅里叶定律的表达式［式(12-7)］可得

$$\lambda=-\frac{q}{\mathrm{d}t/\mathrm{d}x} \tag{12-9}$$

热导率在数值上等于单位温度梯度作用下的热流密度，是工程设计中合理选用材料的重

要依据。

热导率与流体黏度一样，是物质粒子微观运动特性的表现，它表示了物质导热能力的大小，是物质的物理性质之一。影响热导率的因素主要有物质种类、温度、结构、密度、湿度等。工程上常见物质的热导率可从有关手册中查得，本书附录中也有部分摘录，供解题时查用。

不同物质的热导率相差很大，一般通过实验来测定。图 12-2 给出了常见材料热导率的大致范围及随温度的变化关系。

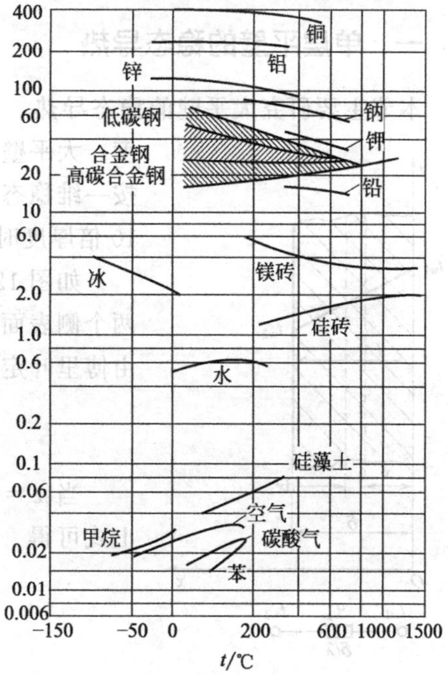

图 12-2 温度对材料热导率的影响

物质的热导率具有如下特点。

① 导电性能好的材料，导热性能也较好。因此金属的热导率较高，其中以银、铜、铝最为突出。铜的热导率高达 382W/(m·K)。制冷设备中常用铜管铝翅片制作冷凝器和蒸发器就是利用其导热性能好这一特点。

② 液体热导率的范围为 0.07～0.7W/(m·K)；气体热导率的范围为 0.006～0.6W/(m·K)。

③ 非金属固体材料热导率的范围很大，高限可达 6.0W/(m·K)，低限接近气体。比如膨胀珍珠岩在 0℃时的热导率仅为 0.0425W/(m·K)。习惯上把热导率小的材料称为绝热材料，绝热材料是用于减少结构物与环境热交换的一种功能材料，按其作用不同又分为保温材料和保冷材料。我国国家标准 GB/T 4272—2008《设备及管道绝热技术通则》中规定：对于保温材料，在平均温度为 25℃时热导率值不应大于 0.08W/(m·K)；对于保冷材料，泡沫塑料及其制品 25℃时的热导率应不大于 0.044W/(m·K)，泡沫橡塑制品 0℃时的热导率应不大于 0.036W/(m·K)，泡沫玻璃及其制品 25℃时的热导率应不大于 0.064W/(m·K)。在制冷工程中，一般常用的绝热材料可分为 10 大类：珍珠岩类、蛭石类、硅藻土类、泡沫混凝土类、软木类、石棉类、玻璃纤维类、泡沫塑料类、矿渣棉类、岩棉类，其相关性能可参阅有关手册。

④ 湿度对绝热材料的热导率影响很大，由于孔隙多，很容易吸收水分。水的热导率比空气大 20～30 倍，更重要的是在导热过程中，随着热量传递、水分会迁移，因此湿材料的热导率比纯水的热导率还要大。如干砖的热导率为 0.35W/(m·K)，水的热导率为 0.51W/(m·K)，而湿砖的热导率却达 1.0W/(m·K)。所以对建筑物的围护结构，特别是冷、热设备的绝热层应采取适当的防潮措施。

⑤ 材料的热导率均随温度的变化而变化，有的与温度的变化方向相同，有的则相反。其中，气体热导率随温度变化的幅度最大，如图 12-2 所示。同时，气体的热导率还随着压力的升高而增大。

热导率高的物质有利于热传递，热导率低的物质能有效地阻止和削弱热传递。热导率对解决传热的强化或削弱问题具有很重要的意义。

第二节 平壁的稳态导热

一、单层平壁的稳态导热

本节主要研究大平壁的稳态导热，大平壁的几何特征是长度和宽度的尺寸远大于其厚度。大平壁的边缘影响可以忽略，导热仅沿厚度方向进行，可按一维稳态导热处理。在工程计算中，当平壁的高和宽均大于10倍厚度时，就可作为大平壁处理。

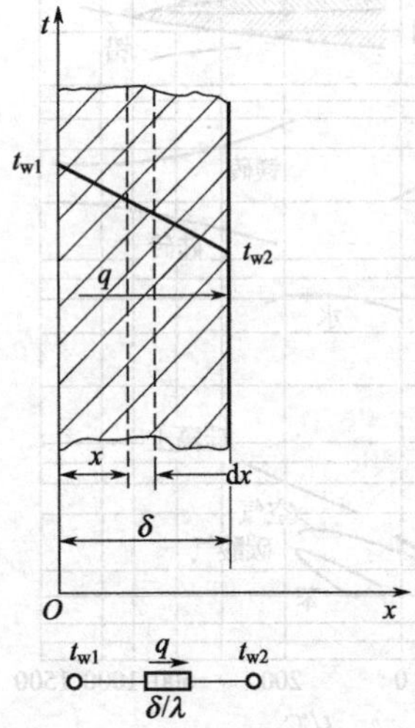

图 12-3 单层平壁导热

如图 12-3 所示，有一单层平壁，其厚度为 δ，热导率为 λ，两个侧表面分别维持均匀稳定的温度 t_{w1} 和 t_{w2}，且 $t_{w1}>t_{w2}$。由傅里叶定律得热流密度为

$$q=-\lambda\frac{dt}{dx}$$

当 $x=0$ 时，$t=t_{w1}$，$x=\delta$ 时，$t=t_{w2}$。由此边界条件积分上式可得

$$q=\frac{\lambda}{\delta}(t_{w1}-t_{w2}) \tag{12-10}$$

或

$$q=\frac{t_{w1}-t_{w2}}{\frac{\delta}{\lambda}}=\frac{\Delta t}{R} \tag{12-11}$$

式中 Δt——平壁两侧壁面的温度差，为导热推动力，℃；

R——通过平壁单位传热面积的导热热阻，$R=\frac{\delta}{\lambda}$，$m^2\cdot K/W$。

若传热面积为 A，则单位时间内传递的热流量为

$$\Phi=A\frac{\lambda}{\delta}(t_{w1}-t_{w2})=\frac{t_{w1}-t_{w2}}{\frac{\delta}{\lambda A}}=\frac{\Delta t}{R_W} \tag{12-12}$$

式中 R_W——单层平壁的总导热热阻，$R_W=\frac{\delta}{\lambda A}$，K/W。

式(12-11) 或式(12-12) 表明导热速率与导热推动力成正比，与导热热阻成反比。相同温差下，导热壁厚越小，导热面积和热导率越大，其导热热阻越小，平壁传递的热量就越多。可以看出，式(12-11) 及式(12-12) 与电工学上的欧姆定律的表达式相类似，温度差与电压相对应，导热热阻与电阻相对应，而热流密度或热流量与电流相对应。可归纳出自然界中传递过程的普遍关系为

$$过程的传递速率=\frac{过程的推动力}{过程的阻力}$$

式(12-11) 和式(12-12) 均为单层平壁的导热计算公式。它适用于 λ 为常数，单层平壁两侧温差≤50℃的情况。

若单层平壁两侧温差超过50℃时，应将该层平壁的算术平均温度代入式(12-13) 计算平均热导率。

$$\lambda=\lambda_0(1+bt_m) \tag{12-13}$$

$$t_m=\frac{t_{w1}+t_{w2}}{2}$$

式中，λ_0、b 为相对于不同材料的系数，其数值可在相关资料中查出。

二、多层平壁的稳态导热

由多层不同材料组成的平壁在工程上经常遇到。如：锅炉的炉墙是由耐火砖层、保温砖层和表面涂层三种材料叠合而成的多层平壁。

如图 12-4 所示，以三层平壁为例，说明多层平壁导热过程的计算。

各层壁面厚度与热导率分别为 δ_1、δ_2、δ_3 与 λ_1、λ_2、λ_3，假设各层壁面面积均为 A，层与层之间相互接触的两表面温度相同，各表面温度分别为 t_{w1}、t_{w2}、t_{w3} 和 t_{w4}，且 $t_{w1}>t_{w2}>t_{w3}>t_{w4}$，则稳态导热中通过各层的热流密度相等，即

$$q=\frac{t_{w1}-t_{w2}}{\dfrac{\delta_1}{\lambda_1}}=\frac{t_{w2}-t_{w3}}{\dfrac{\delta_2}{\lambda_2}}=\frac{t_{w3}-t_{w4}}{\dfrac{\delta_3}{\lambda_3}}$$

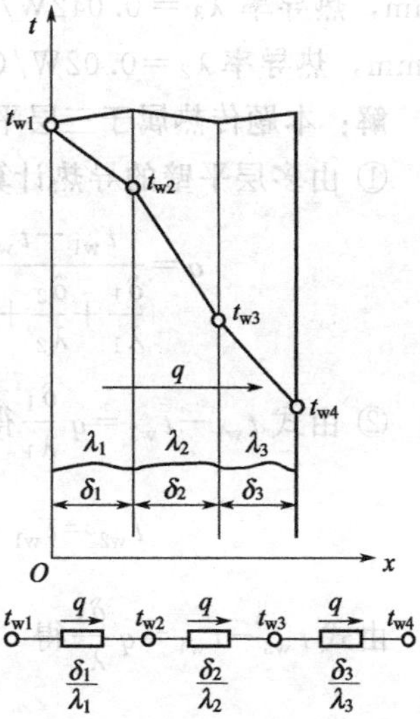

图 12-4 多层平壁的导热

经整理得

$$t_{w1}-t_{w2}=q\frac{\delta_1}{\lambda_1}$$

$$t_{w2}-t_{w3}=q\frac{\delta_2}{\lambda_2}$$

$$t_{w3}-t_{w4}=q\frac{\delta_3}{\lambda_3}$$

将上述三式相加并整理得

$$q=\frac{t_{w1}-t_{w4}}{\dfrac{\delta_1}{\lambda_1}+\dfrac{\delta_2}{\lambda_2}+\dfrac{\delta_3}{\lambda_3}} \tag{12-14}$$

三层平壁上的热流量为

$$\Phi=qA=\frac{t_{w1}-t_{w4}}{\dfrac{\delta_1}{\lambda_1 A}+\dfrac{\delta_2}{\lambda_2 A}+\dfrac{\delta_3}{\lambda_3 A}} \tag{12-15}$$

相应地可以推出：对于 n 层平壁的热流密度和热流量为

$$q=\frac{t_{w1}-t_{w,n+1}}{\sum\limits_{i=1}^{n}\dfrac{\delta_i}{\lambda_i}}=\frac{t_{w1}-t_{w,n+1}}{\sum R} \tag{12-16}$$

$$\Phi=\frac{t_{w1}-t_{w,n+1}}{\sum\limits_{i=1}^{n}\dfrac{\delta_i}{\lambda_i A}}=\frac{t_{w1}-t_{w,n+1}}{\sum R_W} \tag{12-17}$$

上两式表明，通过多层平壁的稳态导热，总热阻等于各串联平壁分热阻之和。

必须指出的是：在上述多层平壁的计算中，是假设层与层之间接触良好，两个相接触的表面具有相同的温度。而实际多层平壁的导热过程中，固体表面并非是理想平整的，总是存在着一定的粗糙度，因而使固体表面接触不可避免地出现附加热阻，工程上称为“接触热阻”，接触热阻的大小与固体表面的粗糙度、接触面的挤压力和材料间硬度匹配等有关，也与界面间隙内的流体性质有关。工程上常采用增加挤压力、在接触面之间插入容易变形的高热导率的填隙材料等措施来减小接触热阻。接触热阻的大小主要依靠实验确定。

【例 12-1】 冰箱外壁材料为冷轧钢板，外壁外侧温度 $t_{w1}=30℃$，厚度 $\delta_1=1.2\text{mm}$，热导率 $\lambda_1=37.0\text{W/(m·K)}$；内胆壁材料为聚苯乙烯，其内侧温度 $t_{w4}=4℃$，壁厚 $\delta_3=1\text{mm}$，热导率 $\lambda_3=0.042\text{W/(m·K)}$，中间绝热层材质为聚氨酯发泡材料，厚度 $\delta_2=25\text{mm}$，热导率 $\lambda_2=0.02\text{W/(m·K)}$，试求热流密度 q 及绝热层两侧的温度 t_{w2} 和 t_{w3}。

解：本题传热属于三层平壁的一维稳态导热。

① 由多层平壁的导热计算公式，可得热流密度为

$$q=\frac{t_{w1}-t_{w4}}{\frac{\delta_1}{\lambda_1}+\frac{\delta_2}{\lambda_2}+\frac{\delta_3}{\lambda_3}}=\frac{30-4}{\frac{0.0012}{37.0}+\frac{0.025}{0.02}+\frac{0.001}{0.042}}=20.41\ (\text{W/m}^2)$$

② 由式 $t_{w1}-t_{w2}=q\frac{\delta_1}{\lambda_1}$ 得

$$t_{w2}=t_{w1}-q\frac{\delta_1}{\lambda_1}=30-20.41\times\frac{0.0012}{37.0}=29.999\ (℃)$$

由式 $t_{w3}-t_{w4}=q\frac{\delta_3}{\lambda_3}$ 得

$$t_{w3}=t_{w4}+q\frac{\delta_3}{\lambda_3}=4+20.41\times\frac{0.001}{0.042}=4.486\ (℃)$$

上述计算结果表明：内外壁的热阻都非常小，内外壁两侧的温度也就相差无几。真正起到绝热作用的是聚氨酯发泡绝热层，由于热阻很大，绝热层两侧的温度差为 25.513℃。

【例 12-2】 某平壁燃烧炉由一层 $\delta_1=100\text{mm}$ 的耐火砖和 $\delta_2=60\text{mm}$ 厚的普通砖砌成，其热导率分别为 $\lambda_1=1.0\text{W/(m·K)}$ 和 $\lambda_2=0.6\text{W/(m·K)}$。操作稳定后，测得炉内壁温度 $t_{w1}=700℃$，外表面温度 $t_{w3}=100℃$。为减少热损失，在普通砖的外表面加一层厚 $\delta_3=30\text{mm}$，热导率 $\lambda_3=0.03\text{W/(m·K)}$ 的保温材料。待操作稳定后，又测得炉内壁温度为 $t'_{w1}=800℃$，外表面温度为 $t_{w4}=70℃$。保持原有两层材料的热导率不变，试求：① 加保温层后热损失比原来减少百分之几？② 加保温层后各层的温度差和热阻。

解：① 加保温层前为双层平壁导热，单位面积的热损失，即热流密度为

$$q=\frac{t_{w1}-t_{w3}}{\frac{\delta_1}{\lambda_1}+\frac{\delta_2}{\lambda_2}}=\frac{700-100}{\frac{0.10}{1.0}+\frac{0.06}{0.6}}=3000\ (\text{W/m}^2)$$

加保温层后为三层平壁导热，通过单位面积的热流密度为

$$q'=\frac{t'_{w1}-t_{w4}}{\frac{\delta_1}{\lambda_1}+\frac{\delta_2}{\lambda_2}+\frac{\delta_3}{\lambda_3}}=\frac{800-70}{\frac{0.10}{1.0}+\frac{0.06}{0.6}+\frac{0.03}{0.03}}=608\ (\text{W/m}^2)$$

加保温层后热损失比原来减少的百分数为

$$\frac{q-q'}{q}\times100\%=\frac{3000-608}{3000}\times100\%=79.73\%$$

② 因此题属稳态导热，所以加保温层后各层的热流密度均为q'，又由$q'=\frac{\Delta t'}{\frac{\delta}{\lambda}}$可得加保温层后各层的温度差和热阻分别为

$$\Delta t'_1=q'\frac{\delta_1}{\lambda_1}=608\times\frac{0.10}{1.0}=60.8\ (℃)\qquad R_1=\frac{\delta_1}{\lambda_1}=\frac{0.10}{1.0}=0.1\ (m^2\cdot K/W)$$

$$\Delta t'_2=q'\frac{\delta_2}{\lambda_2}=608\times\frac{0.06}{0.6}=60.8\ (℃)\qquad R_2=\frac{\delta_2}{\lambda_2}=\frac{0.06}{0.6}=0.1\ (m^2\cdot K/W)$$

$$\Delta t'_3=q'\frac{\delta_3}{\lambda_3}=608\times\frac{0.03}{0.03}=608\ (℃)\qquad R_3=\frac{\delta_3}{\lambda_3}=\frac{0.03}{0.03}=1\ (m^2\cdot K/W)$$

第三节 圆筒壁的稳态导热

在热力设备中，许多导热体是圆筒形的，如热力管道、蒸汽管道、换热器中的换热管等。当圆筒壁的长度大于外径的10倍时，热流量的计算可不考虑沿轴向的温度变化，可按无限长的圆筒壁处理，仅考虑沿径向发生的温度变化。即，可按一维稳态导热处理。

圆筒壁与平壁导热的区别在于圆筒壁的传热面积随半径的增大而增大，沿半径方向传递的热流密度随半径的增大而减小，因此圆筒壁的导热问题应计算热流量Φ或单位管长的热流量q_L。

一、单层圆筒壁的稳态导热

如图12-5所示为一单层圆筒壁，其内半径为r_1(内径为d_1)，外半径为r_2(外径为d_2)；长度为L；材料的热导率为λ且是常数；内、外壁温度分别保持t_{w1}和t_{w2}不变（$t_{w1}>t_{w2}$），壁内温度只沿半径变化，属于一维稳态导热。热量从内壁沿半径方向向外壁传递，等温面为同心圆柱面。设想在圆筒半径r处，以两个等温面为界划分出一层厚度为dr的薄壁圆筒，其传热面积可视为常数，等于$2\pi rL$；通过该薄层的温度变化为dt。根据傅里叶定律，通过该薄圆筒壁的热流量可以表示为

$$\Phi=-\lambda A\frac{dt}{dr}=-\lambda(2\pi rL)\frac{dt}{dr}$$

分离变量后可得

$$dt=-\frac{\Phi}{2\pi L\lambda}\times\frac{dr}{r}$$

上式两端分别积分，注意到等号右边除r之外均为常数，可得到

$$t=-\frac{\Phi}{2\pi L\lambda}\ln r+C$$

上式表明圆筒壁内温度分布是一对数曲线，而并非直线。

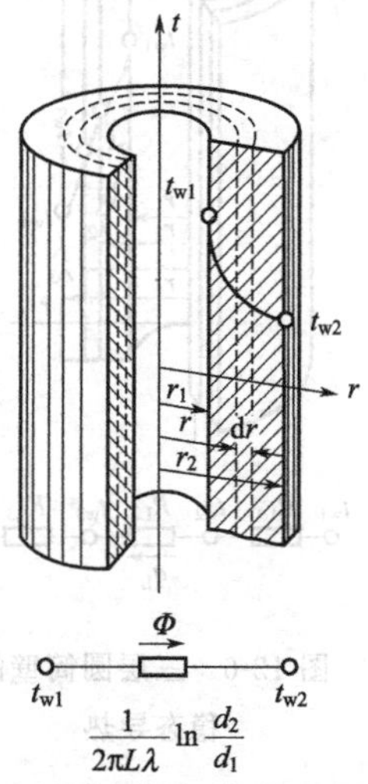

图12-5 单层圆筒壁的稳态导热

上式中的积分常数由边界条件确定，把 $r=r_1$、$t=t_{w1}$ 和 $r=r_2$、$t=t_{w2}$ 两个边界条件分别代入上式得

$$t_{w1}=-\frac{\Phi}{2\pi L\lambda}\ln r_1+C \tag{a}$$

$$t_{w2}=-\frac{\Phi}{2\pi L\lambda}\ln r_2+C \tag{b}$$

将（a）和（b）两式相减得

$$t_{w1}-t_{w2}=\frac{\Phi}{2\pi L\lambda}(\ln r_2-\ln r_1)=\frac{\Phi}{2\pi L\lambda}\ln\frac{r_2}{r_1}=\frac{\Phi}{2\pi L\lambda}\ln\frac{d_2}{d_1}$$

由此可得单层圆筒壁的热流量计算公式

$$\Phi=\frac{2\pi L\lambda(t_{w1}-t_{w2})}{\ln\dfrac{d_2}{d_1}}=\frac{t_{w1}-t_{w2}}{\dfrac{1}{2\pi L\lambda}\ln\dfrac{d_2}{d_1}}=\frac{\Delta t}{R_W} \tag{12-18}$$

式中　R_W——单层圆筒壁的总导热热阻，$R_W=\dfrac{1}{2\pi L\lambda}\ln\dfrac{d_2}{d_1}$，K/W；

Δt——圆筒壁两侧壁面的温度差，$\Delta t=t_{w1}-t_{w2}$ 为导热推动力，℃。

工程上为计算方便，常按单位管长计算热流量，记为 q_L，单位为 W/m

$$q_L=\frac{\Phi}{L}=\frac{t_{w1}-t_{w2}}{\dfrac{1}{2\pi\lambda}\ln\dfrac{d_2}{d_1}}=\frac{\Delta t}{R_L} \tag{12-19}$$

式中　R_L——单层圆筒壁单位管长的导热热阻，$R_L=\dfrac{1}{2\pi\lambda}\ln\dfrac{d_2}{d_1}$，m·K/W。

【例 12-3】 某钢管内、外径分别为 20mm 和 30mm，热导率 $\lambda=55\text{W/(m·K)}$，管壁内表面温度 $t_{w1}=600$℃，外表面温度为 $t_{w2}=450$℃，试计算通过圆筒壁的单位管长热流量 q_L。

解： 由式(12-19) 得通过圆筒壁的单位管长热流量 q_L 为

$$q_L=\frac{t_{w1}-t_{w2}}{\dfrac{1}{2\pi\lambda}\ln\dfrac{d_2}{d_1}}=\frac{2\pi\lambda(t_{w1}-t_{w2})}{\ln\dfrac{d_2}{d_1}}$$

$$=\frac{2\times3.14\times55\times(600-450)}{\ln\dfrac{0.03}{0.02}}=127779.18\text{(W/m)}$$

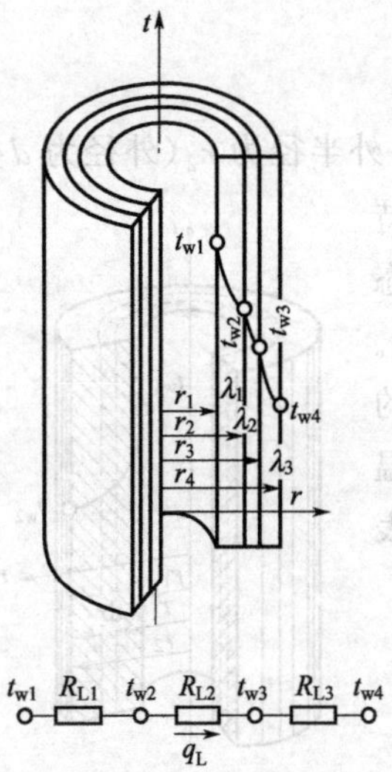

图 12-6　三层圆筒壁的稳态导热

二、多层圆筒壁的稳态导热

由几种不同材料组合成的多层圆筒壁在工程上有着广泛的应用，如包有保温材料的热管道等。如图 12-6 所示为一个由三种不同材料组成的圆筒壁。已知从内到外各层管壁的内外半径分别为 r_1、r_2、r_3、r_4（直径分别为 d_1、d_2、d_3、d_4），各层材料的热导率分别为 λ_1、λ_2、λ_3，假定各层两侧温度恒定，且各层间无接触热阻，即两层间分界面处于同一温度。圆筒壁内外表面的温度分别为 t_{w1} 和 t_{w4}，且 $t_{w1}>t_{w4}$，各层间接触面的温度分别为 t_{w2} 和 t_{w3}。稳态导热时每一层管壁的单位管长热流量 q_L 都相等。

多层圆筒壁与多层平壁相类似，三层管壁的单位管长的总导热热阻等于各层管壁单位管

长的导热热阻之和，即

$$\sum R_L=\frac{1}{2\pi\lambda_1}\ln\frac{d_2}{d_1}+\frac{1}{2\pi\lambda_2}\ln\frac{d_3}{d_2}+\frac{1}{2\pi\lambda_3}\ln\frac{d_4}{d_3} \tag{12-20}$$

则通过三层圆筒壁单位管长的热流量为

$$q_L=\frac{t_{w1}-t_{w4}}{\frac{1}{2\pi\lambda_1}\ln\frac{d_2}{d_1}+\frac{1}{2\pi\lambda_2}\ln\frac{d_3}{d_2}+\frac{1}{2\pi\lambda_3}\ln\frac{d_4}{d_3}} \tag{12-21}$$

相应地可以推出对于 n 层圆筒壁单位管长的热流量为

$$q_L=\frac{t_{w1}-t_{w,n+1}}{\sum_{i=1}^{n}\frac{1}{2\pi\lambda_i}\ln\frac{d_{i+1}}{d_i}} \tag{12-22}$$

在已知多层圆筒壁热导率、直径及内外壁面温度后可按上式计算 q_L，然后针对每一层按单层圆筒壁导热计算公式，计算层间未知温度。

单层圆筒壁和多层圆筒壁的计算公式均适用于热导率 λ 为常数，且内、外壁温差相差不大的情况。当内、外壁温差较大时，仍然要用式(12-13) 先计算其平均热导率，再代入热流量公式进行计算。

三、圆筒壁稳态导热的简化计算

圆筒壁的导热计算公式中出现了对数项，计算时不太方便，工程上常作简化处理。在实际工程中，当 $\frac{d_2}{d_1}<2$ 时，可以将圆筒壁的导热计算用平壁导热计算来代替，简化处理后的误差不大于 4%，能满足工程计算的要求。

对于单层圆筒壁，单位管长热流量简化计算公式为

$$q_L=\frac{t_{w1}-t_{w2}}{\frac{\delta}{\pi d_m\lambda}} \tag{12-23}$$

式中 d_m——圆筒壁的平均直径，$d_m=\frac{d_1+d_2}{2}$，m；

δ——圆筒壁的厚度，$\delta=\frac{d_2-d_1}{2}$，m。

对于多层圆筒壁，单位管长热流量简化计算公式为

$$q_L=\frac{\pi(t_{w1}-t_{w,n+1})}{\sum_{i=1}^{n}\frac{\delta_i}{d_{mi}\lambda_i}} \tag{12-24}$$

【例 12-4】 有一 ϕ48mm×2.5mm 的蒸汽管道外壁包两层保温层，一层为厚度是 30mm 的矿渣棉，热导率为 0.05W/(m·K)，另一层为厚度是 30mm 的石棉泥，热导率为 0.16W/(m·K)，已知钢管的热导率为 40W/(m·K)，蒸汽管内壁温度为 140℃，最外壁温度为 30℃，试确定哪种材料包在内层，哪种材料包在外层更适宜？

解：由题意知：$t_{w1}=140$℃，$t_{w4}=30$℃

$d_1=0.048-2\times0.0025=0.043$m

$d_2=0.048$m

$$d_3=d_2+2\delta_2=0.048+2\times0.03=0.108\text{m}$$
$$d_4=d_3+2\delta_3=0.108+2\times0.03=0.168\text{m}$$

① 将矿渣棉包在内层，其单位长度的热损失为

$$q_L=\frac{t_{w1}-t_{w4}}{\sum_{i=1}^{3}\frac{1}{2\pi\lambda_i}\ln\frac{d_{i+1}}{d_i}}=\frac{2\pi(t_{w1}-t_{w4})}{\sum_{i=1}^{3}\frac{1}{\lambda_i}\ln\frac{d_{i+1}}{d_i}}$$
$$=\frac{2\times3.14\times(140-30)}{\frac{1}{40}\ln\frac{0.048}{0.043}+\frac{1}{0.05}\ln\frac{0.108}{0.048}+\frac{1}{0.16}\ln\frac{0.168}{0.108}}=36.39\ (\text{W/m})$$

② 将矿渣棉包在外层，其单位长度的热损失为

$$q_L=\frac{t_{w1}-t_{w4}}{\sum_{i=1}^{3}\frac{1}{2\pi\lambda_i}\ln\frac{d_{i+1}}{d_i}}=\frac{2\pi(t_{w1}-t_{w4})}{\sum_{i=1}^{3}\frac{1}{\lambda_i}\ln\frac{d_{i+1}}{d_i}}$$
$$=\frac{2\times3.14\times(140-30)}{\frac{1}{40}\ln\frac{0.048}{0.043}+\frac{1}{0.16}\ln\frac{0.108}{0.048}+\frac{1}{0.05}\ln\frac{0.168}{0.108}}=49.67\ (\text{W/m})$$

由计算可知：对于圆筒壁的导热，在其他条件不变的情况下，将热导率小的矿渣棉包在内层，其热损失较小，此方案比较合适。

【例 12-5】 某一蒸汽管道内外直径分别为 $d_1=150\text{mm}$、$d_2=160\text{mm}$，热导率 $\lambda_1=58.3\text{W/(m·K)}$。管道的外表面包着两层保温层，厚度分别为 $\delta_2=30\text{mm}$，$\delta_3=50\text{mm}$。热导率分别为 $\lambda_2=0.175\text{W/(m·K)}$，$\lambda_3=0.094\text{W/(m·K)}$。蒸汽管道的内表面温度 $t_{w1}=250℃$，最外层保温层的外表面温度 $t_{w4}=50℃$。求①每米蒸汽管道的热损失；②各层材料之间的接触面温度；③用简化公式计算单位管长热损失，并求出简化计算的误差。

解：由题意知：$d_3=d_2+2\delta_2=0.16+2\times0.03=0.22\text{m}$

$$d_4=d_3+2\delta_3=0.22+2\times0.05=0.32\text{m}$$

① 通过每米蒸汽管道的热损失为

$$q_L=\frac{t_{w1}-t_{w4}}{\frac{1}{2\pi\lambda_1}\ln\frac{d_2}{d_1}+\frac{1}{2\pi\lambda_2}\ln\frac{d_3}{d_2}+\frac{1}{2\pi\lambda_3}\ln\frac{d_4}{d_3}}$$
$$=\frac{2\pi(t_{w1}-t_{w4})}{\frac{1}{\lambda_1}\ln\frac{d_2}{d_1}+\frac{1}{\lambda_2}\ln\frac{d_3}{d_2}+\frac{1}{\lambda_3}\ln\frac{d_4}{d_3}}$$
$$=\frac{2\times3.14\times(250-50)}{\frac{1}{58.3}\ln\frac{0.16}{0.15}+\frac{1}{0.175}\ln\frac{0.22}{0.16}+\frac{1}{0.094}\ln\frac{0.32}{0.22}}=216.29\ (\text{W/m})$$

② 各层材料之间的接触面温度为

$$t_{w2}=t_{w1}-\frac{q_L}{2\pi\lambda_1}\ln\frac{d_2}{d_1}=250-\frac{216.29}{2\times3.14\times58.3}\ln\frac{0.16}{0.15}=249.96\ (℃)$$
$$t_{w3}=t_{w4}+\frac{q_L}{2\pi\lambda_3}\ln\frac{d_4}{d_3}=50+\frac{216.29}{2\times3.14\times0.094}\ln\frac{0.32}{0.22}=187.29\ (℃)$$

因金属壁较薄，热导率较大，金属的导热热阻远小于保温层的导热热阻，金属壁上的温度降很小，因此保温层内表面的温度与管道内表面的温度近似相等。

③ 按简化公式计算单位长度的热损失，由已知条件得

$$d_{m1}=\frac{d_1+d_2}{2}=\frac{0.15+0.16}{2}=0.155\text{m} \qquad \delta_1=\frac{d_2-d_1}{2}=0.005\text{m}$$

$$d_{m2}=\frac{d_2+d_3}{2}=\frac{0.16+0.22}{2}=0.19\text{m} \qquad \delta_2=\frac{d_3-d_2}{2}=0.03\text{m}$$

$$d_{m3}=\frac{d_3+d_4}{2}=\frac{0.22+0.32}{2}=0.27\text{m} \qquad \delta_3=\frac{d_4-d_3}{2}=0.05\text{m}$$

由公式(12-24) 得

$$q_L=\frac{\pi(t_{w1}-t_{w,3+1})}{\sum\limits_{i=1}^{3}\frac{\delta_i}{d_{mi}\lambda_i}}=\frac{\pi(t_{w1}-t_{w4})}{\frac{\delta_1}{d_{m1}\lambda_1}+\frac{\delta_2}{d_{m2}\lambda_2}+\frac{\delta_3}{d_{m3}\lambda_3}}$$

$$=\frac{3.14\times(250-50)}{\frac{0.005}{0.155\times58.3}+\frac{0.03}{0.19\times0.175}+\frac{0.05}{0.27\times0.094}}=218.597\ (\text{W/m})$$

由简化引起的误差

$$\frac{218.597-216.29}{216.29}\times100\%=1.07\%$$

习 题

12-1 什么是导热？什么是稳态导热？

12-2 什么是等温面和等温线，不同温度下的等温面或等温线能否相交？

12-3 傅里叶定律中的负号代表什么意义？由于这个负号，热流量和热流密度是否有可能成为负值？

12-4 热导率的物理意义是什么？影响热导率的因素有哪些？

12-5 多层平壁中，在每一层平壁的热导率为定值的条件下，为什么温度分布是折线？

12-6 有一个在稳态导热条件下的三层平壁，已测得 t_{w1}、t_{w2}、t_{w3} 和 t_{w4} 依次为 600℃、500℃、300℃和 60℃。分析哪层平壁的热阻最小，哪层平壁的热阻最大。

12-7 对于圆筒壁导热计算，为何通常计算单位管长的热流量 q_L 而不计算热流密度 q？

12-8 某平炉壁用热导率为 1.5W/(m·K) 的耐火材料砌成，壁厚 150mm，壁内、外表面的温度分别为 1127℃和 267℃。问每平方米的热损失有多少？

12-9 有一炉壁，内层为耐火砖，其厚度 $\delta_1=240$mm，热导率 $\lambda_1=1.05$W/(m·K)；中层为保温砖，厚度 $\delta_2=120$mm，热导率 $\lambda_2=0.15$W/(m·K)；外层为建筑砖，厚度 $\delta_3=240$mm，热导率 $\lambda_3=0.8$W/(m·K)，测得内壁温度为 940℃，外壁温度为 50℃。试求单位面积的热损失和各层交界面上的温度。

12-10 有一冷库墙由三层组成。内层为硬泡沫塑料层，厚度 $\delta_1=80$mm，热导率 $\lambda_1=0.04$W/(m·K)；中间层为红砖层，厚度 $\delta_2=240$mm，热导率 $\lambda_2=0.7$W/(m·K)；最外层为灰泥层，厚度 $\delta_3=20$mm，热导率 $\lambda_3=0.5$W/(m·K)；已知冷库墙壁内外的表面温度分别为－10℃和 30℃，试求通过冷库墙壁的导热热流密度及各接触面的温度。

12-11 有一厚度 20mm 的墙壁，其热导率 $\lambda_1=1.3$W/(m·K)，为使每平方米墙面的热损失不超过 1830W，在墙外覆盖了一层热导率 $\lambda_2=0.35$W/(m·K) 的建筑材料。若两层壁两侧表面温度分别为 1300℃和 30℃，试确定覆盖层应有的厚度。

12-12 锅炉炉墙由耐火砖、硅藻土砖和红砖三层材料组成。其厚度分别是 $\delta_1=120$mm，$\delta_2=50$mm，$\delta_3=$

250mm。各层的热导率分别为 $\lambda_1=0.93W/(m\cdot K)$，$\lambda_2=0.14W/(m\cdot K)$，$\lambda_3=0.7W/(m\cdot K)$。

① 已知炉墙内外壁温分别是：$t_{w1}=800℃$，$t_{w4}=60℃$，求 t_{w2} 和 t_{w3}。

② 如果取消硅藻土砖，全部用红砖保温，为了维持炉墙内外壁温和热流密度不变，红砖层需要加到多厚？

12-13 蒸汽管道用磷酸盐膨胀珍珠岩制品保温，外面又加了一层硅藻土石棉灰泥。管道内径 259mm、外径 273mm，热导率 15.2W/(m·K)，珍珠岩层厚 60mm，热导率 0.048W/(m·K)，硅藻土石棉灰泥厚 15mm，热导率 0.1W/(m·K)。管道内壁温度和保温层外壁温度分别为 400℃和 50℃。计算每单位长度管道的散热损失。

12-14 某蒸汽管道的外径为 30mm，准备包两层厚度都是 15mm 的不同材料的保温层。a 种材料的热导率为 0.04W/(m·K)，b 种材料的热导率为 0.1W/(m·K)。若温差一定，试问从减少热损失的观点看，下列两种方案：

① a 材料在里层，b 材料在外层；

② b 材料在里层，a 材料在外层，哪一种好？为什么？

12-15 空调系统用无缝钢管输送冷冻水，钢管内外径分别为 81mm 和 89mm，热导率为 37.3W/(m·K)。管外用玻璃棉作成的管壳保温层，热导率为 0.04W/(m·K)，厚度为 20mm。假定冷冻水温为 8℃，保温层外表面温度为 30℃。试计算通过单位管长传入管内的热量以及钢管外壁的温度。如果要把每米管道的热流量限制在 10W/m，保温层应为多厚？

12-16 某蒸汽管道内、外径分别为 $d_1=160mm$、$d_2=170mm$，管道外表面包有两层保温层，其厚度分别为 $\delta_2=30mm$，$\delta_3=50mm$。管壁和两层保温材料的热导率分别为 $\lambda_1=50W/(m\cdot K)$，$\lambda_2=0.15W/(m\cdot K)$，$\lambda_3=0.08W/(m\cdot K)$，蒸汽管内表面温度 $t_{w1}=350℃$，最外层保温层外表面温度为 $t_{w4}=50℃$。试求：

① 每米长蒸汽管道热损失；

② 各层之间接触面的温度；

③ 用简化公式计算每单位管长热损失，并求出简化计算的误差。

第十三章 对流换热

学习导引

本章主要介绍的是对流换热的计算。牛顿冷却公式提供了对流换热换热量的计算方法，通过它，定义了表面传热系数，从而使复杂的对流换热问题得以简化——最终的对流换热问题集中于表面传热系数的求取。关于表面传热系数的求取，本文给出了不同情况下的准则关联式。学习时应准确了解每个方程式的适用范围、物理量的具体含义，通过适当选择，最后计算出表面传热系数，进而求得对流换热量。

一、学习要求

本章重点是掌握牛顿冷却公式以及不同情况下表面传热系数的计算，通过学习应达到以下要求。

① 理解对流换热的基本概念，了解对流换热的过程及分类。

② 理解牛顿冷却公式的物理意义，会应用牛顿冷却公式计算流体与固体壁面间的对流换热量。

③ 理解表面传热系数的定义和物理意义，了解影响表面传热系数的因素。

④ 了解主要的无因次准数的含义，并掌握其计算方法。

⑤ 了解常见的无相变和有相变对流换热的换热特征，能正确选用合适的公式进行对流换热的定量计算。

⑥ 了解影响凝结换热和沸腾换热的因素。

二、本章难点

① 对流换热过程的分析比较抽象，较难理解。学习中结合对流换热的流动状况和温度分布图会有较为直观的理解。

② 无因次准数的含义比较抽象，较难理解。学习中应重点掌握无因次准数的计算方法。

③ 应用准则关联式求解表面传热系数需要一定的技巧，有一定的难度。应注意公式的适用范围，定性温度和特征尺寸的选取，并应结合例题与习题加强练习。

第一节 对流换热概念及牛顿冷却公式

一、对流换热的概念

1. 热对流

热对流发生在流体之中，主要是由于流体的宏观运动，使流体各部分之间发生相对位移，致使冷、热流体相互掺混而引起的热量传递现象。热对流总是与流体运动密切相关，并受到流体运动的影响，这是热对流的显著特征。就引起的流动原因而论，对流可以分为自然对流与强制对流两大类。

(1) 自然对流　自然对流是由于流体中各部分的密度不同而引起的。当流体中各部分之间存在温差时，其密度也不尽相同，于是轻浮重沉，导致各部分之间的相对移动。电冰箱冷凝器和房间暖气片等换热设备，其表面冷、热空气的流动就是自然对流。

(2) 强制对流　如果流体的流动是由于动力机械的作用造成的，则称为强制对流。如空调装置中的冷媒水、冷却水、制冷剂以及空气的强制流动，就是由水泵、压缩机或风机所驱动的。

常见的流体内部传热往往并非单纯是热对流，当流体内部存在温差时，必然发生导热，因此流体的热对流总是伴随着导热。

2. 对流换热

热对流可以在流体中温度不同的各部分之间发生，也可以在存在温度差异的流体与固体壁之间发生，而后者在工程实际中应用更普遍。流体与固体壁之间既直接接触又相对运动时的热量传递过程称为对流换热。在这一过程中，不仅有离壁较远处流体的对流作用，同时还有紧贴壁面间薄层流体的导热作用。因此，对流换热实际上是一种由热对流和导热共同作用的复合换热形式。

对流换热按流体流动原因分为强制对流换热和自然对流换热；按流体是否有相变分为相变对流换热和无相变对流换热；相变对流换热又分为凝结换热和沸腾换热。对流换热的具体分类如图 13-1 所示。

- 对流换热
  - 无相变
    - 强制对流
      - 内部流动
        - 圆管内强制对流换热
        - 非圆管内强制对流换热
      - 外部流动
        - 流体流过单根圆管的对流换热
        - 流体流过圆管束的对流换热
        - 流体流过平板的对流换热
    - 自然对流
      - 大空间的自然对流换热
      - 有限空间的自然对流换热
  - 有相变
    - 沸腾换热
      - 大容器的沸腾换热
      - 管内的沸腾换热
    - 凝结换热
      - 管内凝结换热
      - 管外凝结换热

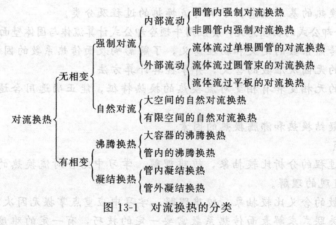

图 13-1　对流换热的分类

二、对流换热过程分析

在流体力学中曾经介绍过，流体在管内流过时，即使流体主体的流动还是湍流状态，也只有在湍流主体中的流体质点在剧烈的混合，而紧靠管壁处总还是有作层流流动的层流底层，像薄膜一样盖住管壁。在层流底层和湍流主体之间存在着缓冲层。这种流动状况可用图 13-2(a)表示。

在传热的方向上截取一截面 A—A，该截面上热流体的湍流主体温度为 t_h，冷流体湍流主体温度是 t_c，沿着传热的方向各点温度分布大致如图 13-2(b) 所示。热流体湍流主体内因剧烈的湍动，使流体质点相互混合，故温度是基本一致的，经过渡区后温度就从 t_h 降到

t'_h，通过流体层流内层又降到管壁处的 t_{w1}；冷流体一侧的温度变化趋势与热流体刚好相反，各层界面处的温度如图 13-2(b) 所示。

在冷、热流体的湍流主体内，因存在激烈的湍动，故热量的传递以热对流为主，其温度差很小；在缓冲层，导热和热对流都起着明显的作用，该层内发生较缓慢地变化；而层流底层，因各层间质点没有混合现象，热量传递是依靠导热的方式进行的，流体的层流底层虽很薄，但温度差却占了相当的比例。根据多层壁导热分析可知，哪一个分过程的温度差大，则它的热阻也大。对于图 13-2 的情形来说，对流换热的热阻主要集中在流体的层流底层内，因此减薄层流底层的厚度是强化对流换热的主要途径。

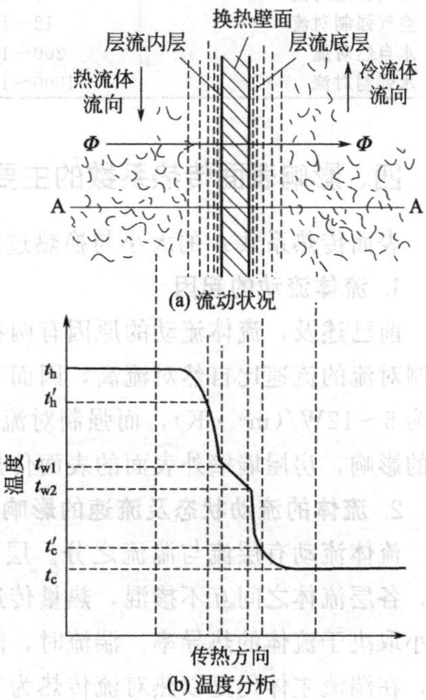

图 13-2 对流换热的流动状况和温度分布

三、牛顿冷却公式

对流换热比导热复杂，影响因素较多，为了便于分析和计算，以牛顿冷却公式为其基本计算公式，即

$$\Phi = hA\Delta t \tag{13-1}$$

式中 Φ——热流量，W；

A——换热面积，m^2；

h——表面传热系数，$W/(m^2 \cdot K)$；

Δt——对流换热温差，即固体壁面平均温度 t_w 和流体平均温度 t_f 的差值，℃。

该计算式也可改写为

$$\Phi = \frac{\Delta t}{\dfrac{1}{hA}} = \frac{\Delta t}{R_W} \tag{13-2}$$

式中 R_W——对流换热热阻，$R_W = \dfrac{1}{hA}$，K/W。

对于单位面积而言，其对流换热热阻为 $R = \dfrac{1}{h}$ $(m^2 \cdot K/W)$。

牛顿冷却公式是牛顿 1702 年提出并被普遍接受和广泛使用的对流换热计算公式。该式表明：对流换热量 Φ 与壁面换热面积 A 以及流体与壁面之间的温度差 Δt 成正比；表面传热系数 h 的大小反映了对流换热的强弱。这个计算公式能否准确地反映实际传热过程，主要取决于表面传热系数 h 的取值是否准确。表面传热系数 h 表明了当流体与壁面间的温差为 1K 时，在单位时间内通过单位面积的热流量。

牛顿冷却公式将影响对流换热的诸多复杂因素，归结为表面传热系数这一个参数，从而使对流换热的计算式简单、明了。对流换热研究的核心也就归结为表面传热系数的求解。表 13-1 列出了几种对流换热情况的表面传热系数 h 值的大致范围，以便对 h 值的大小先有一个数量级的概念。

表 13-1　表面传热系数 h 的大致范围　$W/(m^2 \cdot K)$

对流换热方式	h	对流换热方式	h
空气自然对流	5～12	高压水蒸气强制对流	500～3500
空气强制对流	12～100	水沸腾	600～50000
水自然对流	200～1000	蒸汽膜状凝结	4500～18000
水强制对流	1000～15000	蒸汽珠状凝结	45000～140000

四、影响表面传热系数的主要因素

表面传热系数 h 的大小与换热过程中的许多因素有关，归纳起来大致有如下五点。

1. 流体流动的起因

前已述及，流体流动的原因有两种，一种是自然对流，另一种是强制对流。一般来说，强制对流的流速比自然对流高，因而表面传热系数也高。例如，空气自然对流表面传热系数约为 $5\sim12W/(m^2 \cdot K)$，而强制对流表面传热系数可达到 $12\sim100W/(m^2 \cdot K)$；再如受风力的影响，房屋墙壁外表面的表面传热系数比内表面高出一倍以上。

2. 流体的流动状态及流速的影响

流体流动有层流与湍流之分。层流时流速较慢，流体各部分均沿着流道壁面作平行流动，各层流体之间互不掺混，热量传递主要依靠垂直于流动方向的导热，故表面传热系数的大小取决于流体的热导率。湍流时，除靠近壁面处流体的层流底层内是以导热方式进行传热外，在湍流主体仍是以热对流传热为主，流体质点间有着剧烈的混合和位移，表面传热系数增强。显然湍流流动的对流换热要比层流流动对流换热的效果好。

对于同一种流动状态，当流体的流速增加时，流体的雷诺数增大，流体内部的相对运动加剧，由此将使得传热速率加快。

3. 流体的物理性质

流体的物理性质如密度 ρ、动力黏度 μ、热导率 λ 以及比定压热容 c_p 等，对表面传热系数有很大的影响。流体的热导率越大，流体与壁面之间的热阻就越小，换热就越强烈；流体的定压比热容和密度越大，单位质量携带的热量越多，传递热量的能力就越大；流体的黏度越大，黏滞力就越大，这就阻碍了流体的流动，加大了层流底层的厚度，不利于对流换热。总的来说，λ、c_p 和 ρ 值增大，表面传热系数 h 增大；μ 值增大，h 减小。

4. 流体有无相变

流体是否发生了相变，对对流换热的影响很大。流体不发生相变的对流换热，是由流体显热的变化来实现的。而对流换热有相变时，流体吸收或放出汽化潜热。对于同种流体，潜热换热要比显热换热剧烈得多。因此，有相变时的表面传热系数要比无相变时的大。另外，沸腾时液体中气泡的产生和运动增加了液体内部的扰动，从而强化了对流换热。

5. 换热表面的几何因素

几何因素是指换热表面的形状、大小、状况（光滑或粗糙程度）以及相对位置等。几何因素影响了流体的流态、流速分布和温度分布，从而影响了对流换热的效果。如图 13-3(a)、(b) 所示，流体在管内强制流动与管外强制流动，由于换热表面不同，其换热规律和表面传热系数也不相同。在自然对流中，流体的流动与换热表面之间的相对位置，对对流换热的影响较大，图 13-3(c)、(d) 所示的平板表面加热空气自然对流时，热面朝上气流扰动比较激烈，换热强度大；热面朝下时流动比较平静，换热强度较小。

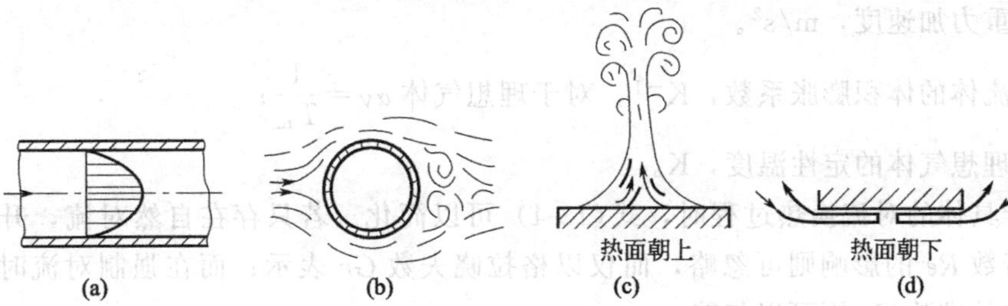

图 13-3 对流换热表面几何因素的影响

第二节 流体无相变时的对流换热计算

一、表面传热系数的一般关联式

由于影响因素较多，要建立一个计算表面传热系数的通式是很困难的。目前常用的方法是将各影响因素经过分析组成若干个无因次准数，然后再由实验方法确定这些准数之间的关系，从而得到不同情况下的表面传热系数。

对于流体无相变的对流换热，可以将影响表面传热系数的众多因素表示为如下的函数形式

$$h=f(v,\Delta t,\lambda,c_p,\rho,\mu,\alpha_V,l,\cdots) \tag{13-3}$$

经过分析，可得到流体无相变时对流换热的准数关系式为

$$Nu=f(Re,Pr,Gr) \tag{13-4}$$

式(13-4) 中各准数的名称、符号和含义如表 13-2 所示。

表 13-2 准数的符号和含义

符 号	名 称	公 式	含 义
Nu	努塞尔数	$\frac{hl}{\lambda}$	表示对流换热的强弱，是被决定准数，包含待定的表面传热系数
Re	雷诺数	$\frac{\rho v l}{\mu}$	表示流体的流动类型
Pr	普朗特数	$\frac{c_p\mu}{\lambda}$	表示流体的物性影响
Gr	格拉晓夫数	$\frac{\alpha_V g\Delta t l^3\rho^2}{\mu^2}$	表示由于温度差而引起的自然对流的影响

各准数中物理量的意义如下：

v——流体的流速，m/s；

Δt——流体与壁面之间温度差，℃；

λ——流体的热导率，W/(m·K)；

c_p——流体的比定压热容，J/(kg·K)；

ρ——流体密度，kg/m³；

μ——流体的动力黏度，Pa·s；

l——换热器换热表面的特征尺寸，可能是管内径或外径，或平板高度等，m；

g——重力加速度，m/s^2。

α_V——流体的体积膨胀系数，K^{-1}，对于理想气体 $\alpha_V=\dfrac{1}{T_m}$；

T_m——理想气体的定性温度，K。

应用于具体的对流换热过程时，式(13-4) 可以简化。若只存在自然对流，升力的影响较大，雷诺数 Re 的影响则可忽略，而仅以格拉晓夫数 Gr 表示；而在强制对流时，代表自然对流影响的准数 Gr 则可以忽略。

对于强制对流的换热过程，Nu、Re、Pr 三个准数之间的关系，大多数为指数函数的形式，即

$$Nu=CRe^mPr^n \tag{13-5}$$

上式称为准则关联式，式中的 C、m、n 都是常数，都是针对各种不同情况的具体条件进行实验测定的，当这些常数被实验确定后，则可由该式来计算表面传热系数 h。

准则关联式是一种经验公式，应用这些方程式来求解表面传热系数 h 时，不能超出其实验条件的范围，并且在确定物理量数值时，必须遵照由实验数据整理为准则关联式时确定物理量数值的方法。具体来说，在使用准则关联式来确定表面传热系数 h 时，必须注意以下三点。

1. 应用范围

应用范围就是建立准则关联式时的实验范围，一般指 Re、Pr、Gr 的数值范围。使用时，不能将准则关联式超出该式的应用范围，否则将引起较大的误差。

2. 定性温度

流体在换热器内的温度通常是变化的。确定准数中流体物性所依据的温度就是定性温度。不同的准则关联式确定定性温度的方法并不完全相同，有的是用流体进出换热器温度的算术平均值，有的采用流体平均温度与壁面温度的平均值，也有的是用传热面的壁面温度等。定性温度在表面传热系数的计算中非常重要。具体采用哪一种定性温度计算方法，要看建立准则关联式时所采用的温度。因此，在使用准则关联式时，要按准则关联式指定的定性温度来确定流体的物性。

3. 特征尺寸

参与对流换热的换热表面几何尺寸往往有几个，实验中发现其中对换热有显著影响的几何尺寸，在建立准则关联式时就定为特征尺寸。如流体在圆形管内对流换热时，特征尺寸一般为管内径，而在非圆形管内对流换热时，则常用当量直径作为特征尺寸。在使用准则关联式时，要按准则关联式的要求来确定。

二、管内流体强制对流换热计算

1. 流体在圆形管内作强制对流时的准则关联式

常用的强制对流时的准则关联式如表 13-3 所示，可在计算时选用。

2. 表面传热系数计算的修正

如果实际情况与表 13-3 中的实验情况有所差别，那么需要引入修正。

(1) 流体温度的不均匀性对物性影响的修正　对流换热过程中，流体在传热方向上存在温度的不均匀性，由此致使流体物性的大小差异，尤其是黏度的影响不能忽略。因此，需要引入修正，如式(13-6) 中，流体被加热和被冷却时，Pr 的指数 n 是不同的。

表 13-3 管内无相变时强制对流的准则关联式

流型	准则关联式	适用范围	定性温度	特征尺寸
湍流	$Nu=0.023Re^{0.8}Pr^{n}$ (13-6) 流体被加热时，$n=0.4$ 流体被冷却时 $n=0.3$	(1)流体与壁面的温差较小，一般气体与壁面温差不超过 50℃；水与壁面温差不超过 30℃；油类温差不超过 10℃ (2)$10^4<Re<1.2\times10^5$ (3)$0.7<Pr<120$ (4)$\frac{换热管长\ L}{管内径\ d_i}\geqslant60$	流体进出口温度的算术平均值	换热管的内径 d_i
湍流	$Nu=0.027Re^{0.8}Pr^{1/3}\left(\frac{\mu}{\mu_w}\right)^{0.14}$ (13-7)	(1)流体与壁面的温差较大 (2)$Re>10^4$ (3)$0.7<Pr<16700$ (4)$\frac{L}{d_i}\geqslant60$	μ_w 为壁面温度下的黏度，其余物理量用流体进出口温度的算术平均值	换热管的内径 d_i
层流	$Nu=1.86\left(\frac{RePr}{L/d_i}\right)^{1/3}\left(\frac{\mu}{\mu_w}\right)^{0.14}$ (13-8) 不考虑自然对流的影响	(1)$Re<2300$ (2)$0.48<Pr<16700$ (3)$0.0044<\frac{\mu}{\mu_w}<9.75$ (4)$\left(\frac{RePr}{L/d_i}\right)^{1/3}\left(\frac{\mu}{\mu_w}\right)^{0.14}\geqslant2$	μ_w 为壁面温度下的黏度，其余物理量用流体进出口温度的算术平均值	换热管的内径 d_i

在其他关联式中出现的修正项 $\left(\frac{\mu}{\mu_w}\right)^{0.14}$，也是考虑了温度的影响。但在计算该修正项时，由于壁面温度是未知的，往往需要使用试差法来确定。一般情况下，可以采用如下方法做近似处理：液体被加热时 $\left(\frac{\mu}{\mu_w}\right)^{0.14}=1.05$，液体被冷却时 $\left(\frac{\mu}{\mu_w}\right)^{0.14}=0.95$，对气体无论被加热还是被冷却，均取 $\left(\frac{\mu}{\mu_w}\right)^{0.14}=1$。

(2) *换热管入口效应的修正* 对准则关联式(13-6)和式(13-7)中，均要求 $L/d_i\geqslant60$。这是因为当流体进入管口时，流速和流向的突然改变，使得管子入口段的扰动较大，表面传热系数 h 增加较多。经实验发现，当 $L/d_i=30\sim40$ 时，h 值增加 2%～7%；对于很短的管子，其值增加更多。所以，当 $L/d_i<60$ 时，可将由式(13-6)和式(13-7)计算所得的 Nu 乘以短管效应修正系数 ε_L 进行修正。ε_L 可用下式计算

$$\varepsilon_L=1+\left(\frac{d_i}{L}\right)^{0.7} \tag{13-9}$$

(3) *流体在管内流动处于过渡区时表面传热系数的确定* 流体在管内流动的表面传热系数计算中，将 Re 在 2300～10000 的范围内作为流体处于过渡区流动。流体在该区域内流动时表面传热系数的计算，可先按湍流时的公式确定，然后将计算所得的结果乘以过渡区修正系数 ϕ，即可得到 Re 在 2300～10000 之间的表面传热系数。ϕ 可用下式计算

$$\phi=1-\frac{6\times10^5}{Re^{1.8}} \tag{13-10}$$

(4) *流体在弯管内强制对流时表面传热系数的修正* 当流体在弯管内流动时，因受离心力的作用，增大了流体的湍动程度，使得在同样条件下，表面传热系数比起在直管内流动时有所提高。弯管内流体的表面传热系数 h，可先按直管计算后再乘以弯管修正系数 ε_R 即可

获得。ε_R 按下面两式计算：

对气体
$$\varepsilon_R=1+1.77\frac{d_i}{R} \tag{13-11a}$$

对液体
$$\varepsilon_R=1+10.3\left(\frac{d_i}{R}\right)^3 \tag{13-11b}$$

式中 R——弯管的弯曲半径，m；

d_i——管内径，m。

(5) 流体在非圆形直管内作强制对流时的表面传热系数确定 流体在非圆形直管内流动时，仍可用圆形管的公式，一般情况下，只是将特征尺寸用流体阻力计算中的水力当量直径 d_e 代替内径即可。但有些资料中规定了一些关联式采用传热当量直径 d'_e，其定义式为

$$d'_e=4\times\frac{流体的流通截面积}{流体润湿的传热周边长度} \tag{13-12}$$

需要指出的是，在传热计算中究竟采用哪个当量直径，需要根据具体的准则关联式来确定。应予指出，将准则关联式中的管内径改用当量直径只是一个近似的方法。对套管环隙中的对流换热，尚有专用的准则关联式。例如在 $Re=12000\sim220000$，$d_2/d_1=1.65\sim17$ 范围内，用水和空气等进行实验，所得准则关联式为

$$\frac{hd_e}{\lambda}=0.02\left(\frac{d_2}{d_1}\right)^{0.5}Re^{0.8}Pr^{1/3} \tag{13-13}$$

式中 d_1——套管中内管的外径，m；

d_2——套管中外管的内径，m。

综上所述，要获取比较精确的表面传热系数，还需要根据实际情况，合理选择参数，首先求得正常情况时的结果，然后乘以相应的修正系数。

具体的计算步骤为：

① 根据已知条件，选取适当的定性温度和特征尺寸，查找相应的物性参数；

② 先由已知条件计算 Re，再根据 Re 值判断管内流体的流态；

③ 根据管内的流态（层流、湍流或过渡区）和适宜范围，选用相应的准则关联式；

④ 由已知条件选取或计算有关的修正系数；

⑤ 根据修正系数，得到修正后的 Nu；

⑥ 由 Nu 值求得表面传热系数 h。

【例 13-1】 水流进长度为 $L=5\text{m}$ 的直管，从 $t'_f=25℃$ 被加热到 $t''_f=35℃$。管内径 $d_i=20\text{mm}$，水在管内的流速为 2m/s。求平均表面传热系数。

解： ① 由已知条件可得

$$\frac{L}{d_i}=\frac{5}{20\times10^{-3}}=250>60$$

② 水的平均温度为

$$t_f=\frac{t'_f+t''_f}{2}=\frac{25+35}{2}=30\ (℃)$$

③ 以 $t_f=30℃$ 为定性温度，由附表 10 饱和水的热物理性质表，查得

$\lambda=61.8\times10^{-2}\ \text{W/(m}\cdot\text{K)}$，$\rho=995.7\text{kg/m}^3$，$\mu=801.5\times10^{-6}\ \text{Pa}\cdot\text{s}$，$Pr=5.42$，$c_p=4.174\text{kJ/(kg}\cdot\text{K)}$

④ 由已知条件计算得出雷诺数为

$$Re=\frac{\rho vd}{\mu}=\frac{995.7\times2\times20\times10^{-3}}{801.5\times10^{-6}}=4.97\times10^{4}>10^{4}$$

所以流态属于湍流。

⑤ 已知水的雷诺数、流态、$t_w>t_f$，$L/d_i>60$，但不知道 $\Delta t=t_w-t_f$ 是大于 30℃还是小于 30℃。先假设 $\Delta t=t_w-t_f<30℃$，那么相应的 Nu 计算式为式(13-6)，即有

$$Nu=0.023Re^{0.8}Pr^{0.4}=0.023\times(4.97\times10^{4})^{0.8}\times5.42^{0.4}=258.5$$

⑥ 初步计算表面传热系数

$$h=\frac{\lambda}{d}Nu=\frac{61.8\times10^{-2}}{20\times10^{-3}}\times258.5=7988\ [\mathrm{W/(m^2\cdot K)}]$$

⑦ 验证所选择的 Nu 计算式是否合适。方法是由算出的 h 推算出 Δt，若 $\Delta t<30℃$，则所选用的 Nu 计算式合适，否则，应改用其他计算式重新计算。

水吸收的热量为

$$\Phi=q_mc_p(t''_f-t'_f)=\rho v\frac{\pi d_i^2}{4}c_p(t''_f-t'_f)$$

$$=995.7\times2\times\frac{3.14\times(20\times10^{-3})^2}{4}\times4.174\times10^3\times(35-25)$$

$$=2.610\times10^4\ \text{(W)}$$

于是，水平均温度与管壁温度的差值

$$\Delta t=t_w-t_f=\frac{\Phi}{hA}=\frac{2.610\times10^4}{7988\times3.14\times20\times10^{-3}\times5}=10.41℃<30℃$$

根据 Δt 的计算结果可看出所选择的 Nu 计算式在适用范围内。

三、管外流体强制对流换热计算

流体在管外强制垂直流过时，分为流过单管和管束两种情况。在工程上所用的换热器中绝大多数为流体垂直流过管束的情况，这里只介绍流体垂直流过管束时的表面传热系数的准则关联式。

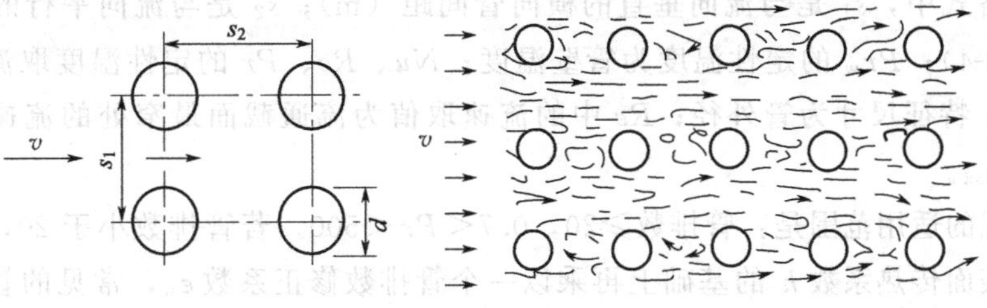

(a) 顺排

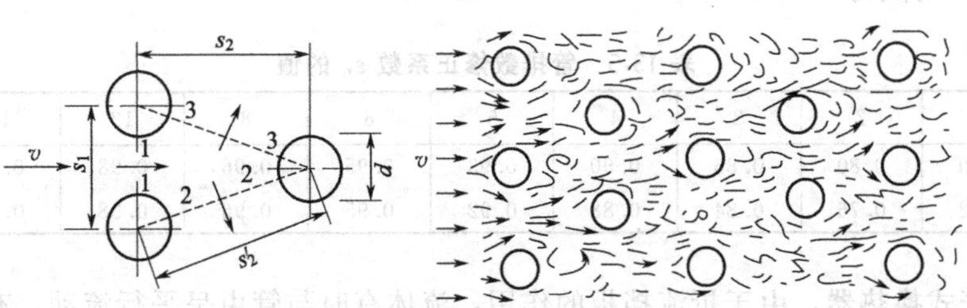

(b) 叉排

图 13-4 流体在圆管束间的流动

管束的排列方式很多，但以图 13-4 所示的顺排和叉排两种最为普遍。由图 13-4 可见，叉排与顺排相比较，顺排时后一排管子的前部直接位于前排管子的尾流之中，部分管面没有受到来流的直接冲刷，而对叉排管束来说，各排管子不但均受到前排管子间来流的直接冲刷，而且流体流动速度和方向不断改变，增强了流体的混合和扰动。故在相同的雷诺数 Re 和管排数下，叉排管束的平均表面传热系数 h 一般比顺排时高。当然，同时叉排的流动阻力损失也比顺排大。

影响管束表面传热系数的因素除了排列方式之外，还有管子的排数、管径以及管间距等。

管束和流体的具体情况不同，其准则关联式也不尽相同。表 13-4 给出了流体强制垂直流过管束的各种实用计算式。

表 13-4 流体强制垂直流过管束的准则关联式

排列方式	准则关联式：液体计算式	准则关联式：对空气或烟气的简化式 ($Pr=0.7$)	适用范围	
顺排	$Nu=0.27Re^{0.63}Pr^{0.36}\left(\frac{Pr}{Pr_w}\right)^{0.25}$	$Nu=0.24Re^{0.63}$	$Re=10^3\sim2\times10^5,\frac{s_1}{s_2}<0.7$	
顺排	$Nu=0.021Re^{0.84}Pr^{0.36}\left(\frac{Pr}{Pr_w}\right)^{0.25}$	$Nu=0.018Re^{0.84}$	$Re=2\times10^5\sim2\times10^6$	
叉排	$Nu=0.35Re^{0.6}Pr^{0.36}\left(\frac{Pr}{Pr_w}\right)^{0.25}\left(\frac{s_1}{s_2}\right)^{0.2}$	$Nu=0.31Re^{0.6}\left(\frac{s_1}{s_2}\right)^{0.2}$	$\frac{s_1}{s_2}\leqslant2$	$Re=10^3\sim2\times10^5$
叉排	$Nu=0.40Re^{0.6}Pr^{0.36}\left(\frac{Pr}{Pr_w}\right)^{0.25}$	$Nu=0.35Re^{0.6}$	$\frac{s_1}{s_2}>2$	$Re=10^3\sim2\times10^5$
叉排	$Nu=0.022Re^{0.84}Pr^{0.36}\left(\frac{Pr}{Pr_w}\right)^{0.25}$	$Nu=0.019Re^{0.84}$	$Re=2\times10^5\sim2\times10^6$	

表中的各式中，s_1 是与流向垂直的横向管间距（m）；s_2 是与流向平行的纵向管间距（m）(见图 13-4)；Pr_w 的定性温度为管壁温度；Nu、Re、Pr 的定性温度取流体在管束间的平均温度，特征尺寸为管外径；Re 中的流速取值为流通截面最窄处的流速（管束中的最大流速）v_{max}。

表中各式的适用范围是：管排数≥20，$0.7<Pr<500$。若管排数小于 20，那么应该在求得的平均表面传热系数 h 的基础上再乘以一个管排数修正系数 ε_n，常见的管排数修正系数 ε_n 如表 13-5 所示。

表 13-5 管排数修正系数 ε_n 的值

排数	1	2	3	4	5	6	8	12	16	20
顺排	0.69	0.80	0.86	0.90	0.93	0.95	0.96	0.98	0.99	1.00
叉排	0.62	0.76	0.84	0.88	0.92	0.95	0.96	0.98	0.99	1.00

对于管壳式换热器，由于折流挡板的作用，流体有时与管束呈平行流动，有时又近似垂直于管束流动。当流向与管轴夹角 φ 小于 90°时，对应的表面传热系数 h 应乘以冲击角的修正系数 ε_φ。常见的冲击角的修正系数 ε_φ 可查表 13-6。

表 13-6　圆管管束冲击角修正系数 ε_φ 的值

冲击角	15°	30°	45°	60°	70°	80°～90°
顺排	0.41	0.70	0.83	0.94	0.97	1.00
叉排	0.41	0.53	0.78	0.94	0.97	1.00

流通截面最窄处的流速 v_{max} 的计算比较麻烦，如图 13-4 所示，顺排的最大流速为

$$v_{max}=v\frac{s_1}{s_1-d} \tag{13-14}$$

式中　v——流体进入管束前的流速，m/s。

叉排时，斜向节距为 $s'_2=\sqrt{s_2^2+(s_1/2)^2}$。如果 $(s'_2-d)<(s_1-d)/2$ 时，截面 2－2（或 3－3）处的流速要大于截面 1－1 处的流速，这时最大流速为

$$v_{max}=v\frac{s_1}{2(s'_2-d)} \tag{13-15}$$

相反地，如果 $(s'_2-d)\geq(s_1-d)/2$，则最大流速的计算式与式(13-14) 相同。

对于流体沿轴向流过管束时的表面传热系数，可以采用管内湍流换热公式计算，但特征尺寸应取当量直径 d_e。不论管束是顺排还是叉排，d_e 值相同，皆为

$$d_e=\frac{4A}{x}=\frac{4\left(s_1s_2-\frac{\pi d^2}{4}\right)}{\pi d}=\frac{4s_1s_2}{\pi d}-d \tag{13-16}$$

式中　A——流道截面积，m²；

　　　x——湿周，m。

【例 13-2】 某冷凝器为 8 排顺排管束，管外径 $d=40$mm，$s_1/d=2$，$s_2/d=3$，空气的平均温度 $t_f=20$℃，空气通过最窄截面的平均流速为 $v_{max}=10$m/s，冲击角 $\varphi=60°$。试求空气在管束中的平均表面传热系数。

解： 由附表 8 干空气的热物理性质表，查得 $t_f=20$℃时空气的物性参数为

$$\lambda=2.59\times10^{-2}\text{W/(m·K)},\ \rho=1.205\text{kg/m}^3,\ \mu=18.1\times10^{-6}\text{Pa·s}$$

那么，$Re=\dfrac{\rho v_{max}d}{\mu}=\dfrac{1.205\times10\times40\times10^{-3}}{18.1\times10^{-6}}=2.66\times10^4$

根据管束顺排，Re 以及 $\dfrac{s_1}{s_2}=\dfrac{2}{3}=0.67<0.7$ 三个条件选择表 13-4 中相应的公式为

$$Nu=0.24Re^{0.63}=0.24\times(2.66\times10^4)^{0.63}=147.14$$

由此可得 20 排顺排管束的平均表面传热系数为

$$h=\frac{\lambda}{d}Nu=\frac{2.59\times10^{-2}}{40\times10^{-3}}\times147.14=95.27\ [\text{W/(m}^2\text{·K)}]$$

对于本题 8 排管束，冲击角 $\varphi=60°$ 的情况，需要引入修正，查得管排数修正系数 $\varepsilon_n=0.96$，冲击角修正系数 $\varepsilon_\varphi=0.94$。

于是，本题所求的表面传热系数为

$$h'=\varepsilon_n\varepsilon_\varphi h=0.96\times0.94\times95.27=85.971\ [\text{W/(m}^2\text{·K)}]$$

四、自然对流换热计算

流体自然对流换热是指流体与固体壁面相接触，由于两者温度不同，靠近壁面的流体受

壁面温度的影响，造成流体温度和密度的改变，流体主体与固体壁面附近的流体间因存在密度的差异而形成浮力，结果导致固体壁面附近的流体上升（或下降）和流体主体的流体下降（或上升）的自然对流。因此，流体与壁面之间的温度差是流体产生自然对流的根本原因。

自然对流又分为大空间自然对流和有限空间自然对流。如管道或设备表面与大气之间的自然对流换热就属于大空间的自然对流换热；将流体封闭在狭小的空间内进行自然对流换热，称为有限空间自然对流换热，如双层玻璃窗之间的空气层等。

自然对流换热与流体的升浮力、流体的物理性质有关，可用格拉晓夫数 Gr 表示其升浮力的影响，用普朗特数 Pr 表示其物理性质的影响；对于有限空间的自然对流换热还需要考虑尺寸和相对位置的影响。

1. 大空间自然对流换热

大空间自然对流换热的表面传热系数仅与 Pr 和 Gr 有关，其准则关联式为

$$Nu=C(GrPr)^n \tag{13-17}$$

式中，C 和 n 是由实验确定的常数，其值的选择可按换热表面的形状及（$GrPr$）的数值范围由表 13-7 查取。进行计算时，把壁温 t_w 看作定值，定性温度为壁面温度和流体温度的平均值，即 $t_m=\dfrac{t_w+t_f}{2}$。

对于竖直圆柱，当满足$\dfrac{d}{H}\geqslant\dfrac{35}{Gr^{1/4}}$时，才可按竖直壁面处理。否则，圆柱外径 d 将影响边界层的厚度，进而影响换热强度。这时，无论对层流还是湍流，式(13-17) 中的常数 C 的值都取为 0.686，n 的值与竖直壁面的情况相同。

2. 有限空间中的自然对流换热

有限空间的自然对流换热是指在封闭的夹层内由高温壁向低温壁的传热过程。封闭夹层的几何位置可分为竖直、水平及倾斜三种情况，如图 13-5 所示。若高温壁的温度为 t_{w1}，低温壁的温度为 t_{w2}，则靠近高温壁的流体温度较高，密度较小的将向上流动；靠近低温壁的流体温度较低，密度较大向下流动。由于两壁面相距很近，冷热两流体在向上和向下的流动过程中相互干扰，可见此种换热过程十分复杂。为了简化其换热过程，工程应用中常引入当量热导率 λ_e 的概念，即将这种换热过程按平壁导热方式进行处理。此时，换热量可以按下

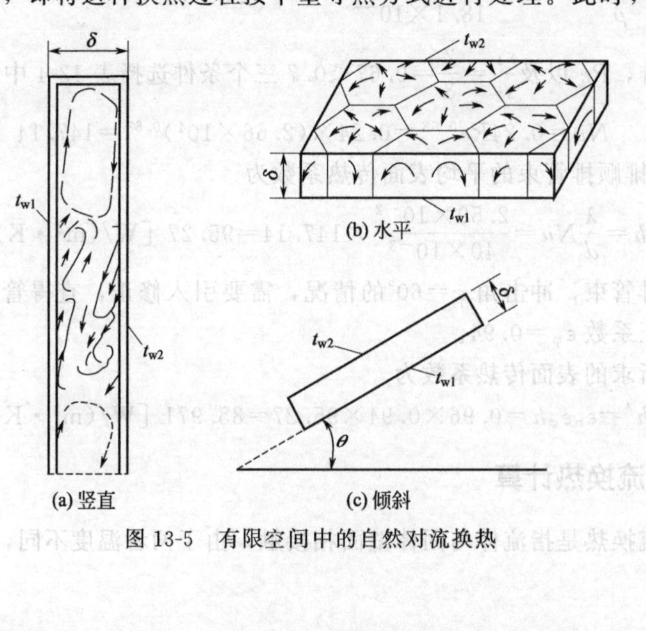

图 13-5 有限空间中的自然对流换热

表 13-7 大空间自然对流换热准则关联式中的 C 和 n 值

表面形状及位置	流动情况示意图	C 和 n 值			适用范围 ($GrPr$)	特征尺寸
		流态	C	n		
竖直平壁或竖直圆柱	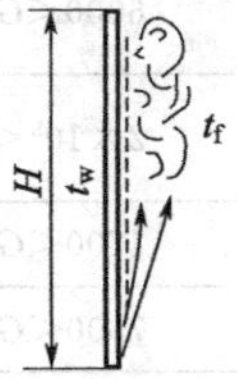	层流	0.59	1/4	$10^4 \sim 10^9$	壁面高度 H
		湍流	0.10	1/3	$10^9 \sim 10^{13}$	
水平圆柱	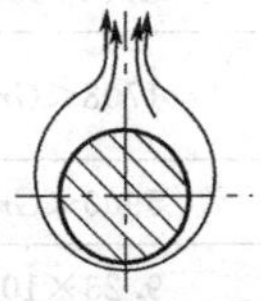	层流	1.02	0.148	$10^{-2} \sim 10^2$	圆柱外径 d
			0.85	0.188	$10^2 \sim 10^4$	
			0.48	0.25	$10^4 \sim 10^7$	
		湍流	0.125	1/3	$10^7 \sim 10^{12}$	
热面朝上或冷面朝下的水平壁	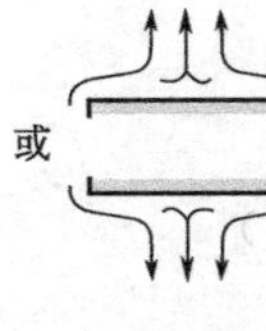	层流	0.54	1/4	$2\times10^4 \sim 8\times10^6$	矩形取两个边长的平均值；非规则形取面积与周长之比；圆盘取 0.9d
		湍流	0.15	1/3	$8\times10^6 \sim 10^{11}$	
热面朝下或冷面朝上的水平壁	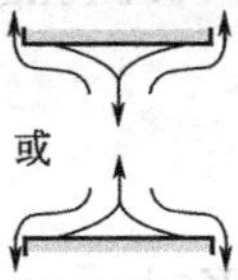	层流	0.58	1/5	$10^5 \sim 10^{11}$	

式进行计算

$$\Phi = \frac{\lambda_e}{\delta} A (t_{w1} - t_{w2}) \tag{13-18}$$

式中 Φ——热流量，W；

t_{w1}，t_{w2}——分别为热面和冷面的平均温度，℃；

λ_e——当量热导率，W/(m·K)；

δ——夹层厚度，m；

A——换热面积，m^2。

封闭夹层有限空间自然对流换热的当量热导率 λ_e 与流体的热导率 λ 的比值可用下面的准则关联式表示

$$\frac{\lambda_e}{\lambda} = C(GrPr)^m \left(\frac{\delta}{H}\right)^n \tag{13-19}$$

上式的定性温度为 $t_m = \dfrac{t_{w1} + t_{w2}}{2}$；特征尺寸为夹层的厚度 δ；H 为竖直夹层的高度；C、m、n 为常数。表 13-8 给出了流体为气体时常见的几种当量热导率准则关联式。

对于竖直夹层，当 $\delta/H > 0.33$ 时，可按大空间自然对流换热计算。当竖直夹层的 $Gr <$ 2000 或水平夹层热面在上时，按导热过程处理，即 $\lambda_e = \lambda$。

【例 13-3】 有一根放置在空气中冷却的水平管道，外径为 0.1m，外表面温度 t_w 为 170℃，温度为 30℃空气在管外作自然对流，试求单位管长的热损失。

表 13-8 有限空间气体自然对流当量热导率准则关联式

夹层位置	$\frac{\lambda_e}{\lambda}$关联式	适用范围
竖直夹层	$=0.197(GrPr)^{\frac{1}{4}}\left(\frac{\delta}{H}\right)^{\frac{1}{9}}$	$6000<GrPr<2\times10^5$
	$=0.073(GrPr)^{\frac{1}{3}}\left(\frac{\delta}{H}\right)^{\frac{1}{9}}$	$2\times10^5<GrPr<1.1\times10^7$
水平夹层(热面在下)	$=0.059(GrPr)^{0.4}$	$1700<GrPr<7000$
	$=0.212(GrPr)^{1/4}$	$7000<GrPr<3.2\times10^5$
	$=0.061(GrPr)^{1/3}$	$GrPr>3.2\times10^5$
倾斜夹层(热面在下与水平夹角为 θ)	$=1+1.446\left(1-\frac{1708}{GrPr\cos\theta}\right)$	$1708<GrPr\cos\theta<5900$
	$=0.229(GrPr\cos\theta)^{0.252}$	$5900<GrPr\cos\theta<9.23\times10^4$
	$=0.157(GrPr\cos\theta)^{0.285}$	$9.23\times10^4<GrPr\cos\theta<10^6$

解：本题为流体在管外作自然对流的情形。

流体的定性温度为 $t_m=\frac{t_w+t_f}{2}=\frac{170+30}{2}=100$ (℃)

根据定性温度查附表 8 得，$\mu=2.19\times10^{-5}$ Pa·s，$\rho=0.946$kg/m^3，$c_p=1.009$kJ/(kg·K)，$\lambda=3.21\times10^{-2}$W/(m·K)，$Pr=0.688$。

空气的体积膨胀系数为

$$\alpha_V=\frac{1}{T_m}=\frac{1}{273+100}=2.68\times10^{-3}\text{K}^{-1}$$

水平圆管外的自然对流，所以特征尺寸取管外径 d，于是有

$$(GrPr)=\frac{\alpha_V g\Delta t l^3\rho^2}{\mu^2}Pr$$
$$=\frac{2.68\times10^{-3}\times9.81\times(170-30)\times0.1^3\times0.946^2}{(2.19\times10^{-5})^2}\times0.688$$
$$=4.725\times10^6$$

根据上式的值查表 13-7，得 $C=0.48$，$n=0.25$，于是有

$$h=C\frac{\lambda}{d}(GrPr)^n=0.48\times\frac{3.21\times10^{-2}}{0.1}\times(4.725\times10^6)^{0.25}$$
$$=7.18\ [\text{W}/(\text{m}^2\cdot\text{K})]$$

所以，单位管长的散热量为

$$q_L=\frac{\Phi}{L}=\pi dh(t_w-t_f)=3.14\times0.1\times7.18\times(170-30)=315.63\ (\text{W/m})$$

【例 13-4】 冷、热两个竖直壁面之间夹层的厚度为 25mm，高度为 500mm，热壁面的温度为 15℃，冷壁面的温度为−15℃，求夹层之间空气的当量热导率及单位面积的传热量。

解：定性温度 $t_m=\frac{t_{w1}+t_{w2}}{2}=\frac{15+(-15)}{2}=0$℃，查附表 8 得 0℃时空气的物性参数为：$\rho=1.293$kg/m^3，$\mu=17.2\times10^{-6}$Pa·s，$\lambda=2.44\times10^{-2}$W/(m·K)，$Pr=0.707$。

空气的体积膨胀系数为

$$\alpha_V=\frac{1}{T_m}=\frac{1}{273}=3.66\times10^{-3}\text{K}^{-1}$$

于是有

$$(GrPr)=\frac{g\alpha_V\Delta t\delta^3\rho^2}{\mu^2}Pr$$
$$=\frac{9.81\times3.66\times10^{-3}\times(15+15)\times0.025^3\times1.293^2}{(17.2\times10^{-6})^2}\times0.707$$
$$=6.724\times10^4$$

由表 13-8 查得

$$\lambda_e=0.197(GrPr)^{\frac{1}{4}}\left(\frac{\delta}{H}\right)^{\frac{1}{9}}\lambda$$
$$=0.197\times(6.724\times10^4)^{\frac{1}{4}}\left(\frac{0.025}{0.5}\right)^{\frac{1}{9}}\times2.44\times10^{-2}$$
$$=0.05517\ [\text{W}/(\text{m}^2\cdot\text{K})]$$

单位面积的传热量为

$$q=\frac{\lambda_e}{\delta}(t_{w1}-t_{w2})=\frac{0.05517}{0.025}\times[15-(-15)]=66.2\ (\text{W}/\text{m}^2)$$

第三节　流体有相变时对流换热

前面介绍的对流换热是流体无相变时的对流换热。在热工设备中，还经常遇到蒸汽遇冷凝结和液体受热沸腾的对流换热过程。有相变的对流换热属于高强度换热，与无相变的对流换热相比换热过程更加复杂。下面将对这两种有相变的对流换热分别进行介绍。

一、凝结换热

1. 蒸汽凝结的两种方式

蒸汽和低于相应压力下饱和温度的冷壁面相接触时，就会放出汽化潜热，凝结成液体附着在壁面上。此现象即为凝结换热。在制冷系统中冷凝器内制冷剂蒸气与管壁之间的换热、在发电厂中凝汽器内水蒸气与管壁之间的换热等都是凝结换热。

根据凝结液润湿壁面的性能不同，蒸汽凝结分为膜状凝结和珠状凝结两种。

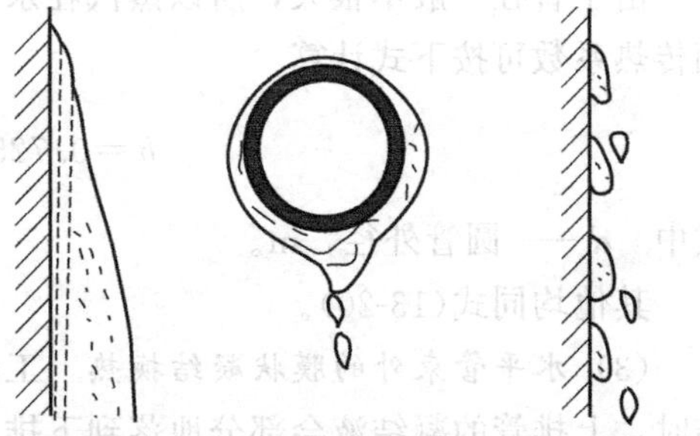

图 13-6　蒸汽的凝结方式

如果凝结液能够很好地润湿壁面，就会在壁面上形成连续的液体膜，这种凝结形式称为膜状凝结，如图 13-6(a)、(b) 所示。随着凝结过程的进行，液体层在壁面上逐渐增厚，达到一定厚度以后，凝结液将沿着壁面流下或坠落，但在壁面上覆盖的液膜始终存在。在膜状凝结中，纯蒸汽凝结时气相内不存在温度差，所以没有热阻。而蒸汽凝结所放出的热量，必须以导热的方式通过液膜才能到达壁面，又由于液体的热导率不大，所以液膜几乎集中了凝结换热的全部热阻。因此，液膜越厚，其热阻越大，表面传热系数也越小。膜状凝结的表面传热系数主要取决于凝结液的性质和液膜的厚度。

如果凝结液不能很好地润湿壁面，则因表面张力的作用将凝结液在壁面上集聚为许多小液珠，并随机地沿壁面落下，这种凝结称为珠状凝结，如图 13-6(c) 所示。随着凝结过程的进行，液珠逐渐增大，待液珠增大到一定程度后，则从壁面上落下，使得壁面重新露出，可供再次生成液珠。由于珠状凝结时蒸汽不必通过液膜的附加热阻，而直接在传热面上凝结，故其表面传热系数远比膜状凝结时的大，有时大到几倍甚至几十倍。

工程实际中采用的冷凝器中，大多数为膜状凝结，即使采取了产生珠状凝结的措施，也往往因为传热面上结垢或其他原因，难以持久地保持珠状凝结。所以，工业冷凝器的设计均以膜状凝结换热为计算依据。

2. 膜状凝结换热表面传热系数的计算

(1) *竖直平壁表面的膜状凝结换热* 凝结液膜作层流（$Re<1600$）运动时，整个竖直平壁表面膜状凝结的平均表面传热系数可按下式计算

$$h=1.13\left[\frac{g\rho^2\lambda^3 r}{\mu(t_s-t_w)H}\right]^{1/4} \tag{13-20}$$

式中 g——重力加速度，m/s^2；

ρ——凝结液密度，kg/m^3；

λ——凝结液热导率，W/(m·K)；

μ——凝结液动力黏度，Pa·s；

t_s——冷凝温度，即蒸汽相应压力下的饱和温度，℃；

t_w——壁面温度，℃；

H——壁面高度，m；

r——汽化潜热，由饱和温度查取，J/kg。

式(13-20) 中除 r 外，其余物性参数都按凝结液膜的平均温度 $t_m=\dfrac{t_s+t_w}{2}$确定。

(2) *水平圆管外表面的膜状凝结换热* 凝结液在固体表面的流动过程中液膜会逐渐加厚。如流程过长，则液膜厚度增加较为显著，从而使热阻增大，表面传热系数下降。基于这个事实，水平管外的凝结比竖管更为有利。当 $L/d=50$ 时，水平管的平均凝结表面传热系数比竖管高出一倍。因此，冷凝器通常采用水平管。

由于管径一般不很大，所以蒸汽在水平圆管外膜状凝结液膜一般为层流，其平均凝结表面传热系数可按下式计算

$$h=0.725\left[\frac{g\rho^2\lambda^3 r}{\mu(t_s-t_w)d}\right]^{1/4} \tag{13-21}$$

式中 d——圆管外径，m。

其他均同式(13-20)。

(3) *水平管束外的膜状凝结换热* 工程上，冷凝器大多数由管束组成，蒸汽在管束外凝结时，上排管的凝结液会部分地落到下排管上去，使下排管的凝结液膜增厚，表面传热系数下降；但由于液滴下落时的冲击、扰动，又会使下排管的凝结液膜产生紊动，使表面传热系数回升。实际情况比较复杂，所以管束的平均表面传热系数目前还没有简易准确的计算式，

一般用 $n_m d$ 代替 d 后用式(13-21) 计算，即水平管束外凝结的平均表面传热系数为

$$h=0.725\left[\frac{g\rho^2\lambda^3 r}{\mu(t_s-t_w)n_m d}\right]^{1/4} \tag{13-22}$$

式中 n_m——竖直方向上的平均管排数。

竖直方向上的平均管排数 n_m 的取值与管子的排列方式有关。对于顺排管束，水平方向上各列管子在竖直方向上的排数相同，令为 n，则

$$n_m=n \tag{13-23a}$$

对于叉排管束，若水平方向有 z 列管子，各列管子在竖直方向的排数不相等，分别为 n_1，n_2，…，n_z，则平均管排数按下式计算

$$n_m=\left(\frac{n_1+n_2+\cdots+n_z}{n_1^{0.75}+n_2^{0.75}+\cdots+n_z^{0.75}}\right)^4 \tag{13-23b}$$

3. 影响蒸汽凝结换热的因素

以上讨论的是纯饱和蒸汽在静止或流速影响可忽略不计的情况下凝结换热的计算，但工程实际中还应考虑以下因素的影响。

(1) *蒸汽的流速和流向* 实际工程中的冷凝设备中，蒸汽是以一定的速度在一定的方向上流动的，这样蒸汽与凝结液膜之间就存在着相对运动，两者之间就会产生摩擦力，从而影响膜状凝结的传热。以水蒸气膜状凝结为例，一般认为，蒸汽流速小于10m/s时，流速对传热影响很小，可以忽略不计。但当蒸汽流速较大（大于10m/s）时，若蒸汽与液膜流动方向一致，液膜将加速变薄，表面传热系数增大；当流动方向相反时，液膜将减速增厚，表面传热系数减小。而当蒸汽流速很大（大于25m/s）时，将会把液膜吹离表面，不论流向如何，都会使表面传热系数增大。

(2) *蒸汽中含有不凝性气体* 当蒸汽中含有不凝性气体（如空气、氮气）时，即使含量极微，也会对凝结换热产生十分有害的影响。例如水蒸气中含有1%的空气能使凝结表面传热系数降低60%。因为不凝结气体层的存在，使蒸汽在抵达液膜表面进行凝结之前，必须以扩散的方式穿过不凝结气体层，使蒸汽与壁面之间的热阻加大，削弱了热量的传递。因此，排除不凝结气体是保证制冷系统冷凝器正常运行的关键。

(3) *过热蒸汽* 前面的讨论都是针对饱和蒸汽的凝结而言的。对于过热蒸汽，只要把计算式中的汽化潜热改用过热蒸汽与饱和液的焓差，亦可用前述饱和蒸汽的表面传热系数公式计算过热蒸汽的凝结换热。实验研究表明，水蒸气的过热度对凝结传热影响不大。例如，101.325kPa下水蒸气过热度为46℃时，膜状凝结平均表面传热系数 h 仅增加1%，过热度为243℃时，h 才增加5%。一般冷凝器中蒸汽的过热度都不大，传热计算中可按饱和蒸汽处理。

(4) *表面情况的影响* 若冷凝器凝结壁面粗糙、有锈层或有油膜时，将增加液膜流动的阻力，从而使液膜加厚，增大热阻，降低表面传热系数。因此，要注意保持冷凝器凝结壁面的光滑和清洁，注重冷凝器的排油操作。

(5) *凝结壁面的形状及位置* 若沿凝结液流动方向上积存的液体增多，液膜增厚，使得表面传热系数下降，那么在设计和安装冷凝器时，应正确地安放冷凝壁面。如对一根管子而言，在其他条件相同的情况下，水平放置时的换热远比竖直放置时的换热效果好。这是竖直管的液膜由上向下逐渐增厚的缘故。为了减小这种情况的影响，往往在竖直管冷凝器上设置有疏液装置，如图13-7所示，使得液膜厚度始终保持很薄，由此来提高竖直管的表面传热

系数；对于水平管束，冷凝液从上面各排流到下面各排，液膜逐渐增厚，因此下面的管子的表面传热系数要比上排的小。为了减薄下面管排上液膜的厚度，一般要减少竖直列上的管子数目，或者将管子的排列旋转一定的角度，使得凝结液沿下一根管子的切线方向流过，由此来减薄管子上的液膜堆积厚度，提高表面传热系数，如图 13-8 所示。

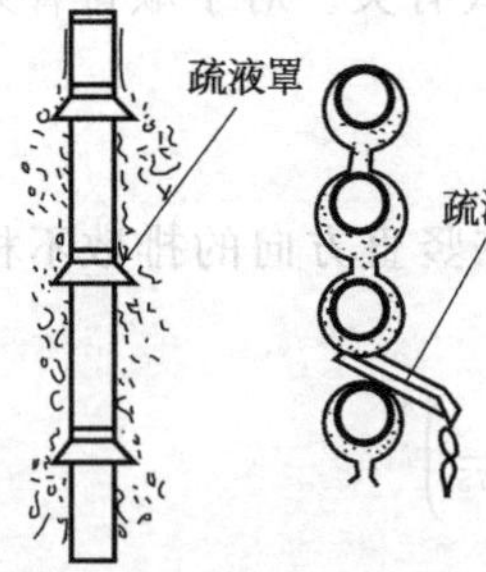

图 13-7　蒸汽冷凝器的疏液装置

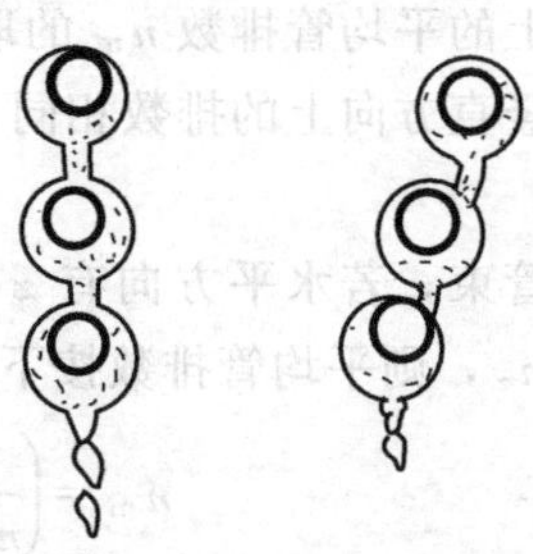
图 13-8　旋转管对凝结的影响

(6) 管内凝结　制冷和空调系统常遇到蒸汽在管内凝结，如风冷式冷凝器、蒸发式冷凝器。管内凝结分为竖直管内部凝结与水平管内部凝结两种形式。在竖直管内部凝结时，因为凝结液膜总是由上向下流动，当蒸汽流动的方向也是由上向下流动时，由于蒸汽和液膜之间的摩擦力的作用，可使液膜流速加快，液膜变薄，从而使表面传热系数大大提高。有一种冷凝设备——薄膜冷凝器就是基于这一特点制成的。水平管内的凝结与竖直管内的凝结有所不同，在采用竖直管内部凝结时，为了便于凝结液的排出，冷凝器一般做成单管程，并使蒸汽比较均匀地分配到每一根管内，而在采用水平管内凝结时，冷凝器往往采用多管程，第一管程凝结的液体连同未凝结的蒸汽一同进入下一管程，而且在同一管束中，下部管子往往积存较多凝液，而在上部管子往往积存较多的蒸汽，也就是说，在采用水平管束时，气液难以做到均匀分配。此外，水平管内，凝结液积存在管子下部起了阻碍传热的作用，使实际的凝结面积减少。因此，水平管内的凝结与水平管外的凝结相比较，在其他条件相同的情况时，前者的表面传热系数要低一些。

二、沸腾换热

沸腾换热是指液体受热沸腾过程中与固体壁面间的换热现象。

1. 液体沸腾的分类

(1) 大容器沸腾和管内沸腾　液体在加热面上的沸腾，按设备的尺寸和形状可分为大容器沸腾和管内沸腾两种。大容器沸腾指的是加热面被浸在没有强制对流的液体中所发生的沸腾现象。此时，从加热面产生的气泡长大到一定尺寸后，脱离表面，自由上浮。大容器沸腾时，液体内一方面存在着由温度差引起的自然对流，另一方面又存在着因气泡运动所导致的液体运动。

管内沸腾是液体在一定压差作用下，以一定的流速流经加热管时所发生的沸腾现象，又称为强制对流沸腾。管内沸腾时，液体的流速对沸腾过程产生影响，而且在加热面上所产生的气泡不是自由上浮的，而是被迫与液体一起流动的，出现了复杂的气液两相流动。与大容积沸腾相比，管内沸腾更为复杂。

(2) 过冷沸腾和饱和沸腾　无论是大容器沸腾还是管内沸腾，都有过冷沸腾和饱和沸腾之分。当液体主体温度低于相应压力下的饱和温度，而加热面温度又高于饱和温度时，将产生过冷沸腾。此时，在加热面上产生的气泡将在液体主体重新凝结，热量的传递是通过这种汽化—凝结的过程实现的。

当液体主体的温度达到其相应压力下的饱和温度时，离开加热面的气泡不再重新凝结，这种沸腾称为饱和沸腾。

2. 大容器沸腾换热

（1）大容器饱和沸腾曲线　液体在大容器内沸腾换热时，壁面温度 t_w 与液体饱和温度 t_s 之差 Δt 称为沸腾温差。沸腾温差对换热的影响很大。不同的沸腾温差会出现不同的沸腾类型。

以常压下水在金属表面上沸腾的实验为例，可以得到液体沸腾时表面传热系数 h 及热流密度 q 与沸腾温差 Δt 之间的一般关系，如图 13-9 所示。由图可见，随着 Δt 的不同出现了三种不同的沸腾类型。

① 对流沸腾。图 13-9 中的 AB 段，q、h 随 Δt 缓慢增加。此时，Δt 较小时（常压下 $\Delta t<5$℃），热流密度较低，即使壁面上产生了气泡也不能脱离上浮。这时的沸腾称为对流沸腾，其换热过程符合无相变的对流换热规律。

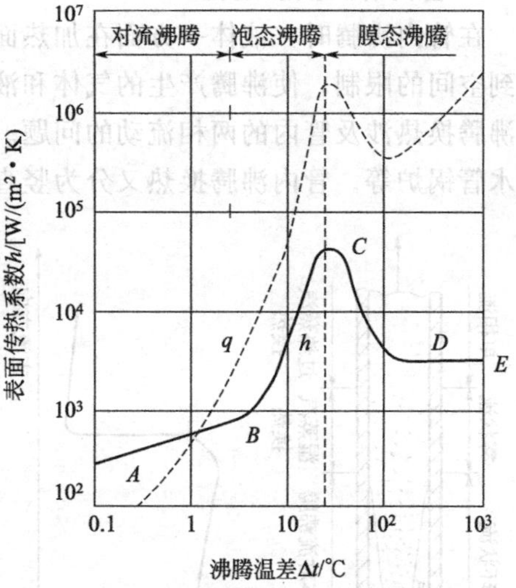

图 13-9　水在大容器中的沸腾曲线

② 泡态沸腾。图 13-9 中的 BC 段，当 Δt 逐渐升高时（$\Delta t=5\sim25$℃），有大量气泡在壁面上不断生成、长大、跃离。由于气泡的迅速生长和激烈运动，强烈扰动周围液体，使表面传热系数 h 和热流密度 q 都显著增大，且 h 达到峰值；BC 段的沸腾换热主要取决于气泡的生成和运动，故称泡态沸腾或核态沸腾。

③ 膜态沸腾。图 13-9 中 C 点以后，沸腾温差 $\Delta t>25$℃，生成的气泡太多，而且气泡产生的速度大于脱离表面的速度，气泡在加热表面汇合在一起形成一层不稳定的汽膜，使得液体不能与壁面直接接触。由于蒸汽的导热性能差，气膜的附加热阻使得表面传热系数 h 和热流密度 q 都急剧下降，如图中的 CD 段所示。由于在这个区域内，所形成的汽膜不是稳定的，随时可能破裂成为大气泡离开壁面，所以该区域称为不稳定膜态沸腾区。当 Δt 增大到 D 点状态，相当于壁面全部被一层稳定的汽膜所覆盖，这时汽化只能在膜的气液交界上进行，以后 h 随 Δt 的增加基本不变，而 q 又开始随 Δt 的增加而上升，这是由于加热壁面温度的升高，辐射传热的影响所致，如图中 DE 段所示，此段称为稳定膜态沸腾区。

由以上分析可见，沸腾温差的量变会引起沸腾换热机理的质变，由泡态沸腾转变为膜态沸腾的转折点 C 点称为临界点，相应的沸腾温差称为临界温差，此时的热流密度称为临界热流密度 q_c。对于图 13-9 中水的沸腾来说，其临界温差为 25℃，临界热流密度为 $1.1\times10^6\,W/m^2$。与有机液体相比，水有较大的临界热流密度。

需要指出的是，工程实际中一般总是设法控制在泡态沸腾区内操作，不允许膜态沸腾区内的操作。这是由于泡态沸腾区有较大的表面传热系数，而在膜态沸腾区内，虽然热流密度 q 也可能很大，但由于液体的液面压力一定，饱和温度一定，Δt 的增大，实质上只是加热壁面温度的不断上升。当壁面温度超过金属材料所能承受的温度时，金属壁会烧坏。因此，工程实际中沸腾温差 Δt 要严格控制在临界点以下。

(2) 水在大容器中的沸腾换热计算　在 $10^5 \sim 4\times10^6$ Pa 的压力下，水在大容器中沸腾的表面传热系数可按下式计算

$$h=0.533q^{0.7}p^{0.15} \tag{13-24}$$

由于 $q=h\Delta t$，上式也可写成

$$h=0.122\Delta t^{2.33}p^{0.5} \tag{13-25}$$

式中　p——沸腾液体的绝对压力，Pa；

Δt——沸腾温差，即壁面温度 t_w 与饱和温度 t_s 的差值，℃；

q——热流密度，即单位面积热流量，W/m²。

3. 管内沸腾换热过程

在管内沸腾时，液体一方面在加热面上沸腾，一方面又以一定的速度流过加热面，由于受到空间的限制，使沸腾产生的气体和液体混合在一起，构成气液两相的混合物。因此，管内沸腾换热涉及管内的两相流动的问题。管内沸腾换热在工程应用较为广泛，如管式蒸发器和水管锅炉等。管内沸腾换热又分为竖直管和水平管两种。

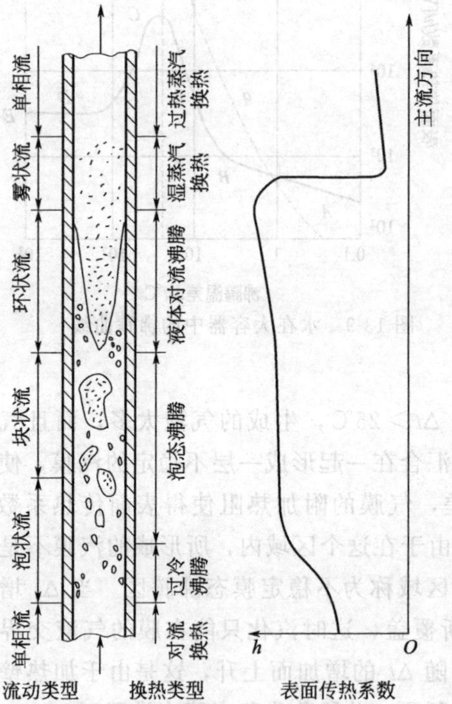

图 13-10　竖直管内的沸腾过程

(1) 竖直管内沸腾换热　图 13-10 是竖直管内的沸腾情况。若进入管内液体的温度低于饱和温度，这时流体与管壁之间的换热是液体的对流换热。随后液体在壁面附近被加热到 t_s，但此时管内中心温度仍低于 t_s，只有管壁有气泡产生，属于过冷沸腾。随后，液体全部被加热到饱和温度，进入饱和泡态沸腾。这时流动状态先是泡状流，逐渐变成块状流，属于泡态沸腾。随着液体被加热和气泡的继续增多，在管中心形成气体芯，液体被压成环状，紧贴管壁呈薄膜流动，出现环状流。此时的汽化过程主要发生在液气交界面上，热量主要以对流方式来通过液膜，属于液膜的对流沸腾。继而液体薄膜受热进一步汽化，中间气相的流速继续增加。由于气液界面的摩擦，气流能将液面吹离壁面，并携带于蒸汽流中，这样液膜变成了小液珠分散在气流中，似于雾状，故称为雾状流。此时管壁接触的是蒸汽，因此表面传热系数骤然下降，管壁温度升高。若雾状的小液珠再进一步汽化，就发展成单一的气相了，从而进入单相蒸汽流的对流换热过程。

(2) 水平管内沸腾换热　对于发生在水平管内的沸腾换热，如果流速较高时，管内的情形与竖直管基本相似。但在流速较低时，受重力的影响，气体和液体分别集中在管的上、下两半部分，如图 13-11 所示。进入环状流后，管道上半部容易过热而烧坏。

由此可见，管内沸腾换热受管子的放置（垂直、水平或倾斜）、管长与管径、壁面状况、气液比、液体初参数、流速、流量等多方面因素影响，比大容器沸腾换热复杂

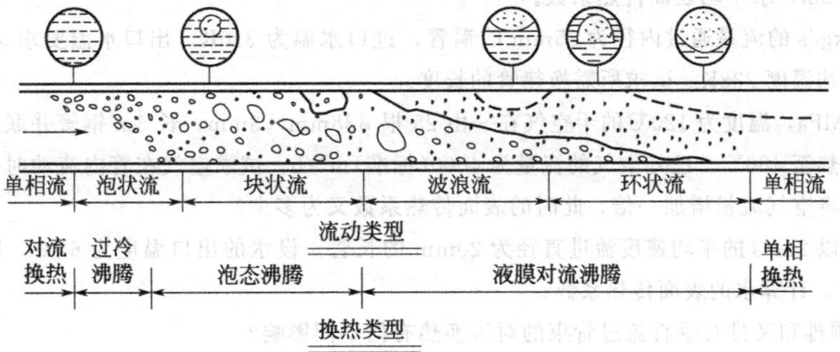

图 13-11　水平管内的沸腾过程

得多。

4. 影响沸腾换热的因素

沸腾表面传热系数除了与液体的物理性质参数有关之外，还受到沸腾液体的润湿能力、导热性能以及壁面材料、表面形状等因素的影响。

(1) *液体的性质*　液体沸腾时，其内部的扰动程度，气、液两相的导热能力，以及形成气泡的脱离与液体的热导率、密度、黏度和表面张力有关，所以这些因素对沸腾换热有重要的影响。一般情况下，表面传热系数随着液体的热导率和密度的增加而增大，随液体的黏度和表面张力的增大而减小。

(2) *不凝结气体*　在制冷系统蒸发器管路内，不凝性气体（如空气）的存在会使蒸发器内的总压力升高，导致沸点升高，换热温差降低，严重影响蒸发器的吸热制冷。因此，应严禁不凝性气体混入制冷系统内。

(3) *液位高度*　大容器沸腾中，当传热表面上的液位足够高时，沸腾表面传热系数与液位高度无关。当液位降低到一定值时，沸腾表面传热系数会明显地随液位的降低而升高，这一定的液位值称为临界液位。

(4) *加热壁面的影响*　加热壁面的材料不同，粗糙度不同，则形成气泡核心的条件不同，对沸腾换热将产生显著的影响。通常是新的或清洁的加热壁面表面传热系数的值较高，当加热壁面被油垢玷污后，表面传热系数急剧下降。壁面越粗糙，气泡核心越多，有利于沸腾换热。此外加热壁面的布置情况对沸腾换热也有明显的影响。如水平管束外沸腾，由于下一排管表面上所产生的气泡向上浮升引起附加的扰动，使表面传热系数增加。

综上所述，影响沸腾换热的因素很多，其过程又极其复杂，虽然关于沸腾换热的表面传热系数计算式提出很多，但都不够完善，至今还没有总结出普遍使用的公式，工程计算中多采用经验数值方法。

习　题

13-1　什么是热对流？什么是对流换热？对流换热可分为哪些类型？

13-2　简述对流换热的过程。

13-3　影响表面传热系数的因素有哪些？暖气片的表面为什么凹凸不平？

13-4　简述 Pr、Re、Gr 和 Nu 的定义式和物理意义。

13-5　什么是定性温度和特征尺寸？

13-6　管内径为 25mm，水在管内的流速为 2m/s，入口温度为 14℃，出口温度为 26℃，管壁温度 100℃，假定管长 2m，求平均表面传热系数。

13-7 水以 0.7kg/s 的流量通过内径为 25mm 的铜管，进口水温为 310K，出口水温要求达到 315K，管子内壁的平均温度 338K。试求所需换热管的长度。

13-8 压力为 1MPa，温度为 120℃的干空气在一由 25 根 ϕ38mm×3mm，长 3m 钢管并联组成的预热器的管内被加热至 480℃。已知空气的流量为 4000(标准)m^3/h，试求空气在管内流动时的对流表面传热系数；若将空气流量增加一倍，此时的表面传热系数又为多少？

13-9 20℃的水以 2m/s 的平均速度流进直径为 20mm 的长管。设水的出口温度为 60℃，圆管内壁平均温度为 90℃，计算水的表面传热系数。

13-10 管束的顺排和叉排对垂直流过管束的对流换热有何不同影响？

13-11 空气垂直流过 6 排顺排管束，管束最窄截面处流速 $v_{max}=15m/s$，空气平均温度为 20℃，管壁温度 $t_w=70$℃，管间距 $s_1/d=1.2$，$s_2/d=2.2$，管外径 $d=19mm$，试求空气在管束中的平均表面传热系数。

13-12 烟气垂直流过 8 排叉排管束，管外径 $d=60mm$，管间距 $s_1=60mm$，$s_2=28mm$，管壁温度 $t_w=150$℃，烟气平均温度为 400℃，管束最窄截面处流速 $v_{max}=7m/s$。试求烟气在管束中的平均表面传热系数以及热流密度。

13-13 简述自然对流换热的机理。

13-14 假设人体为直径 700mm 的长圆管，表面温度保持为 35℃，站立于室温为 5℃的房间中，试计算单位长度的人体的自然对流换热的热损失。

13-15 某建筑物墙壁内空气夹层的厚度为 75mm，高为 2.5m，两侧温度分别为 $t_{w1}=15$℃，$t_{w2}=5$℃，试求它的当量热导率及墙壁的热流密度。

13-16 一竖直封闭夹层，两壁面为边长 1m 的正方形，壁间距 100mm，壁面温度分别为 30℃和 10℃。求通过该空气夹层的自然对流换热量。

13-17 凝结换热有哪几种方式？哪种方式对传热更为有利，为什么？

13-18 一台卧式冷凝器，自上而下顺排着 12 排管子。紫铜管外径为 16mm，管长为 1m，表面温度为 60℃。饱和温度为 140℃的水蒸气流入冷凝器，求冷凝器每小时的凝结水量。

13-19 蒸汽在管外凝结换热时，一般将管束水平放置还是垂直放置？为什么？

13-20 影响凝结换热的因素有哪些？

13-21 为什么对同一种流体沸腾时的表面传热系数要比无相变时大很多？

13-22 根据沸腾温差不同，大容器沸腾可分为哪几种？其热流密度和表面传热系数的变化趋势各有何特点？

13-23 为什么泡态沸腾比膜态沸腾的表面传热系数大？

13-24 管内沸腾换热与大容器沸腾换热有哪些不同？

13-25 简述竖直管内沸腾换热过程？

13-26 影响沸腾换热的因素有哪些？

13-27 某电加热管输入功率为 5kW，水平放置，加热管外径为 16mm，总长 500mm。水在电热管外表面沸腾，绝对压力 $p=0.143MPa$，求沸腾表面传热系数 h，并计算管壁的温度。

第十四章 辐射换热

学习导引

热辐射的传热现象与导热、热对流相比有着本质的区别。物体之间以热辐射的形式实现热量交换的现象称为辐射换热。本章主要介绍热辐射的本质、特点及其有关的基本概念，阐述了热辐射的两个基本定律，最后引入角系数的概念，并延伸到两固体壁面间的辐射换热计算。

一、学习要求

本章重点是理解热辐射的基本概念和基本定律，通过学习应达到以下要求。

① 掌握热辐射和辐射换热的本质与特点。

② 理解有关热辐射的吸收、反射、透射、黑体、白体、透热体及灰体等基本概念。

③ 理解斯蒂芬-玻尔兹曼定律及基尔霍夫定律的实质。

④ 理解角系数的概念，能参照相关资料，由表或图线求出角系数。

⑤ 了解固体壁面之间的辐射换热的计算方法，能对固体壁面之间简单的工程问题进行辐射换热的分析和计算。

⑥ 了解气体辐射和太阳辐射的基本概念。

二、本章难点

① 黑体是一种理想的概念，对黑体的理解有一定难度，但它对辐射换热的研究起着重要作用。由黑体过渡到一般物体，是由易到难，由特殊到普通的研究方法。

② 角系数的概念理解起来有一定难度，从物理概念入手，理解角系数的物理含义会比较容易些。

③ 两固体表面间的辐射换热计算较难，应结合例题与习题加强练习。

第一节 热辐射的基本概念和基本定律

一、热辐射的基本概念

1. 热辐射的本质和特点

热辐射是热量传递的三种基本方式之一，它与导热和热对流的热量传递方式有着本质的区别：人们冬天在太阳下会感到暖和，打开锅炉看火焰时脸上立刻会感到灼热，热量能迅速传递过来既不是依靠导热也不是靠对流换热，而是通过另外一种热量传递方式——热辐射进行的。

物体以电磁波的形式传递能量的过程称为辐射，被传递的能量称为辐射能。物体可由不同的原因产生辐射能，其中因热的原因激发物质内部微观粒子振动，将热能转变成辐射能，以电磁波的形式向外辐射的过程称为热辐射。

电磁波的性质取决于波长或频率，在热辐射的分析中，通常用波长来描述电磁波。电磁波的波长有很宽的变化范围，不同波长的电磁波投射到物体上，产生的效应各不相同。根据不同的效应，可将电磁波分成各种射线区。各种电磁波的波长范围如图 14-1 所示。热辐射产生的电磁波称为热射线，包括太阳辐射在内，热射线的波长 λ 主要位于 0.1～100μm 之间。热射线包括全部可见光（λ 为 0.38～0.76μm）、部分紫外线（λ＜0.38μm）和红外线（λ＞0.76μm）。然而，在工程实际中所遇到的温度范围内，大部分的热射线波长位于红外线区段的 0.76～20μm 范围内。对于太阳辐射才考虑波长位于 0.10～0.20μm 范围内的热辐射。因此，除了太阳能利用装置外，一般可将热辐射看成红外线辐射。

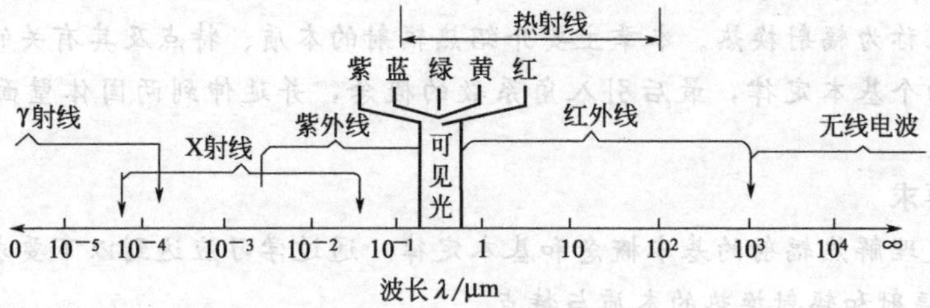

图 14-1 电磁波谱

由于热辐射的本质是电磁波，热辐射的原因是物体温度，因而热辐射具有如下特点。

① 热辐射与导热和热对流不同，热辐射不需要冷、热物体直接接触，也不需要中间介质来传递热量，可以在真空中进行热量传播。

② 热辐射过程不仅有能量的传递，而且还伴随有能量形式的转换。即：物体发出辐射能时，由该物体的热能转换为电磁波的能量；当电磁波投射到另一物体表面而被吸收时，电磁波的能量又转换为热能。

③ 任何物体的温度只要高于 0K，都可以不停地向外发射电磁波。当两物体温度不同时，低温物体辐射给高温物体的能量小于高温物体辐射给低温物体的能量，其总效果是高温物体将能量传给了低温物体。当两物体温度相同时，它们之间不存在导热和热对流现象，却存在热辐射现象，只不过每个物体辐射出去的能量等于它吸收的能量，处于热平衡状态。

④ 辐射换热是物体之间相互辐射和吸收的总效果。当物体与环境处于热平衡状态时，其表面上的热辐射仍在不断进行，只是辐射换热量为零。

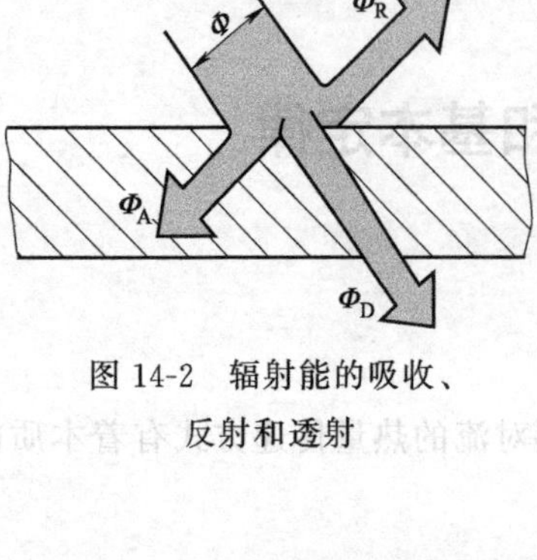

图 14-2 辐射能的吸收、反射和透射

2. 吸收、反射和透射

由于热射线是电磁波，所以热射线也遵循可见光射线的规律。即：当热射线投射到物体表面上时，也发生吸收、反射和透射现象。

如图 14-2 所示，当热射线投射到某一物体表面上的总辐射能为 Φ 时，有部分能量 Φ_A 被物体吸收，部分能量 Φ_R 被物体反射，部分能量 Φ_D 透过物体。由能量守恒定律可得

$$\Phi=\Phi_A+\Phi_R+\Phi_D \tag{14-1}$$

即

$$\frac{\Phi_A}{\Phi}+\frac{\Phi_R}{\Phi}+\frac{\Phi_D}{\Phi}=1 \tag{14-2}$$

或写成

$$A+R+D=1 \tag{14-3}$$

式中　A——物体吸收辐射能的本领，称为吸收率，$A=\frac{\Phi_A}{\Phi}$；

R——物体反射辐射能的本领，称为反射率，$R=\frac{\Phi_R}{\Phi}$；

D——物体透过辐射能的本领，称为透射率，$D=\frac{\Phi_D}{\Phi}$。

3. 黑体、白体和透热体

当物体的 $A=1$，即 $R=D=0$，此类物体能吸收全部的辐射能，称为绝对黑体，简称黑体。所谓黑体，并不是光学上的黑白。如纯黑的煤和黑丝绒接近于黑体，其吸收率高达 0.97，而雪在光学上是白色，但它对辐射能的吸收率可达 0.985。白布和黑布同样可吸收辐射能，但在可见光线的波长范围内，白布的吸收率比黑布小，在夏天穿白色的衣服就是这个原因。总之，对吸收率有重大影响的不是物体表面的颜色，而是材料的性质以及其表面的粗糙度。一般来讲，物体的表面越粗糙，吸收率就越大。

当 $R=1$，即 $A=D=0$ 时，表明投射到物体上的辐射能被全部反射出去，这类物体称为白体或镜体。磨光的金属表面接近于镜体，其反射率可达 0.97。

当 $D=1$，即 $A=R=0$ 时，表明投射到物体上的辐射能被全部透过，这类物体称为透热体。如绝对干燥空气、对称双原子气体 O_2、N_2、H_2 等都近似于透热体。

一般来讲，固体和液体都是不透热体，即 $D=0$，$A+R=1$。气体则不同，其反射率 $R=0$，$A+D=1$，某些气体只能部分地吸收一定波长范围的辐射能。

显然，黑体、白体和透热体都是假定的理想物体。自然界中绝对黑体是不存在的，引入黑体这个概念对于辐射换热的研究有其重要意义，它可以作为工程材料的比较基准。工程上常将各种工业炉的观察孔视为黑体，以后凡属黑体的一切量均加下角标 b。

4. 灰体

工程中，为简化辐射换热计算，常引入灰体概念。将吸收率 $A<1$，且吸收率不随波长而改变（A 为常数）的物体称为灰体。绝大多数的工程材料在热辐射范围内均可近似为灰体处理。

二、热辐射的基本定律

1. 斯蒂芬-玻尔兹曼定律

物体单位表面积在单位时间内对外辐射的能量称为辐射力，用符号 E 表示，单位为 W/m^2。

斯蒂芬-玻尔兹曼定律揭示了黑体的辐射能力与其温度之间的关系。该定律指明：黑体辐射力 E_b 与黑体热力学温度的四次方成正比，又称为四次方定律，即

$$E_b=\sigma_b T^4 \ (W/m^2) \tag{14-4}$$

式中　σ_b——黑体辐射常数，其值为 5.67×10^{-8} W/(m^2·K^4)；

T——黑体表面的热力学温度，K。

为了计算高温辐射的方便，把式(14-4) 改写成

$$E_b=C_b\left(\frac{T}{100}\right)^4 \text{(W/m}^2\text{)} \tag{14-5}$$

式中　C_b——黑体辐射系数，其值为 5.67W/(m^2·K^4)。

【例 14-1】 试计算一黑体表面温度分别为 25℃及 500℃时辐射力的变化。

解：① 黑体在25℃时的辐射力为

$$E_{b1}=C_b\left(\frac{T}{100}\right)^4=5.67\times\left(\frac{273+25}{100}\right)^4=447.145\ (\text{W/m}^2)$$

② 黑体在 500℃时的辐射力为

$$E_{b2}=C_b\left(\frac{T}{100}\right)^4=5.67\times\left(\frac{273+500}{100}\right)^4=20244.219\ (\text{W/m}^2)$$

$$\frac{E_{b2}}{E_{b1}}=\frac{20244.219}{447.145}=45.274$$

由此可见：同一黑体在摄氏温度变化$\frac{500}{25}=20$ 倍时，其辐射力 E_{b2} 为原辐射力 E_{b1} 的 45.274 倍。说明低温对辐射能力的影响较小，一般可以忽略，而高温则成为主要的传热方式。

工程上最重要的是确定实际物体（灰体）的辐射力。相同温度下，实际物体的辐射力 E 恒小于黑体的辐射力 E_b。把实际物体的辐射力与同温度下黑体的辐射力之比称为实际物体的黑度（也称为物体的发射率），用 ε 表示。即

$$\varepsilon=\frac{E}{E_b} \tag{14-6}$$

黑度的物理意义在于：它表明物体的辐射能力接近于黑体的程度。ε 恒小于 1。物体的黑度是物体的一种性质，只与物体本身情况有关，与外界因素无关。常用工程材料的黑度由实验确定，可在附录和有关手册中查出。表面粗糙的物体或氧化金属表面具有较大的黑度，而磨光的金属表面黑度较小。对于白体和透热体 ε 小到为零。绝大部分非金属材料的黑度在 0.85～0.95 之间，且与表面状况的关系不大。在缺乏资料的情况下可近似取作 0.9。

根据黑度的定义式，可以很方便地得到实际物体辐射力的计算公式

$$E=\varepsilon E_b=\varepsilon C_b\left(\frac{T}{100}\right)^4 \text{(W/m}^2\text{)} \tag{14-7}$$

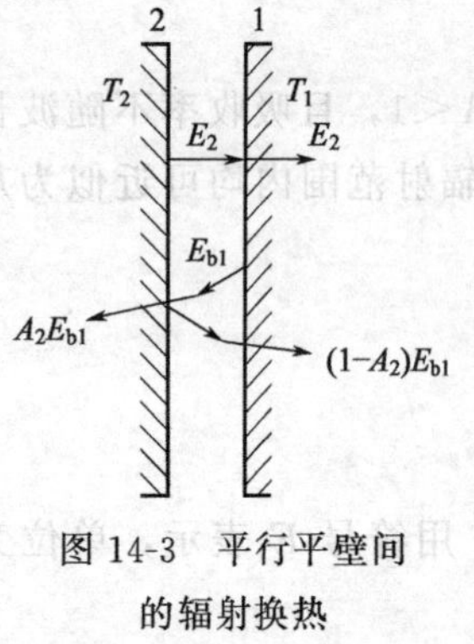

图 14-3　平行平壁间的辐射换热

2. 基尔霍夫定律

基尔霍夫定律揭示了实际物体在热平衡状态下辐射力与吸收率之间的关系。如图 14-3 所示，设有两个距离很近的平行大平壁，一个为黑体，另一个为灰体，由于两个平行平壁相距很近，所以从一个平壁发射的辐射能全部落到另一个平壁上。

设平壁 1 为黑体，其表面辐射力、温度和吸收率分别为 E_{b1}、T_1 和 A_1(=1)，平壁 2 为灰体，其表面辐射力、温度和吸收率分别为 E_2、T_2 和 A_2。当灰体 2 表面本身发射出的

辐射能 E_2 投射到黑体 1 表面上时，全部被黑体表面所吸收。而黑体 1 表面发射出的辐射能 E_{b1} 投射到灰体 2 表面上时，仅有部分能量 A_2E_{b1} 被灰体吸收，剩余部分的能量 $(1-A_2)E_{b1}$ 则被反射回黑体，并被黑体全部吸收。这样，灰体 2 表面发出的能量为 E_2，吸收的能量为 A_2E_{b1}，两者的差值即为平壁间辐射换热的热流密度 q。

即

$$q=E_2-A_2E_{b1}\ \ (\mathrm{W/m^2})$$

当 $T_1=T_2$ 时，两表面处于热辐射的平衡状态，即：$q=0$

于是上式变为

$$E_2=A_2E_{b1}\text{或}\frac{E_2}{A_2}=E_{b1}$$

把这种关系推广到任何物体时，可写出如下关系式

$$\frac{E}{A}=\frac{E_1}{A_1}=\frac{E_2}{A_2}=\cdots=\frac{E_n}{A_n}=E_b \tag{14-8}$$

这就是基尔霍夫定律，它说明：在热平衡条件下，任何物体的辐射力和吸收率之比恒等于同温度下黑体的辐射力，并且只和温度有关。

由基尔霍夫定律可得如下结论：

① 物体的辐射力越大，其吸收率也越大，善于发射的物体也善于吸收；

② 实际物体的辐射力恒小于同温度下黑体的辐射力；

③ 由式(14-8) 可得 $A=E/E_b$，把它与黑度的定义式 $\varepsilon=E/E_b$ 相对照，则有

$$A=\varepsilon \tag{14-9}$$

式(14-9) 即为基尔霍夫定律的表达式，此式说明物体的吸收率等于同温度下该物体的黑度。

但是必须注意，式(14-9) 在太阳辐射吸收中并不适用，这是由于太阳辐射中可见光占了约 46%的比例，物体颜色对可见光的吸收呈现强烈的选择性，而在常温下物体的红外线辐射一般又与物体的颜色无关，所以物体的吸收率和黑度不可能相等。例如夏天穿白衣服时，就兼有对太阳辐射的低吸收率和自身辐射高黑度的优点。

第二节 固体壁面之间的辐射换热

一、角系数

分析热辐射的目的之一在于计算物体间的辐射换热量。而物体间的辐射换热除与物体的表面温度和黑度有关外，还与物体换热表面的几何形状、大小及相对位置有关。图 14-4 为两固体表面辐射换热的三种不同情况。

从图中可以看出：图 14-4(a) 中板 1 辐射到板 2 的能量最多，图 14-4(c) 中板 1 对板 2 的辐射能量为零，而图 14-4(b) 中则介于两种之间。因此，对图 14-5 所示的两个任意位置的固体表面，由一个物体表面向外发射的辐射能，可能只有一部分到达另一物体表面，其余部分则落到表面以外的空间去了。显然，两个固体表面之间的辐射换热量与两个表面之间的相对位置有很大关系。为此，需引入表面几何因素的影响，即：角系数的概念。由辐射面直

接落到接收面上的能量与辐射面发出的全部能量之比称为角系数 X。若表面 1 为辐射面，则辐射面 1 对接收面 2 的角系数为 $X_{1,2}$；若表面 2 为辐射面，则辐射面 2 对接受面 1 的角系数为 $X_{2,1}$。即

$$X_{1,2}=\frac{\Phi_{1\to 2}}{\Phi_1} \tag{14-10}$$

$$X_{2,1}=\frac{\Phi_{2\to 1}}{\Phi_2} \tag{14-11}$$

式中 Φ_1——辐射面 1 发射出的能量，W；

Φ_2——辐射面 2 发射出的能量，W；

$\Phi_{1\to 2}$——辐射面 1 发出的能量落到接收面 2 上的能量，W；

$\Phi_{2\to 1}$——辐射面 2 发出的能量落到接收面 1 上的能量，W。

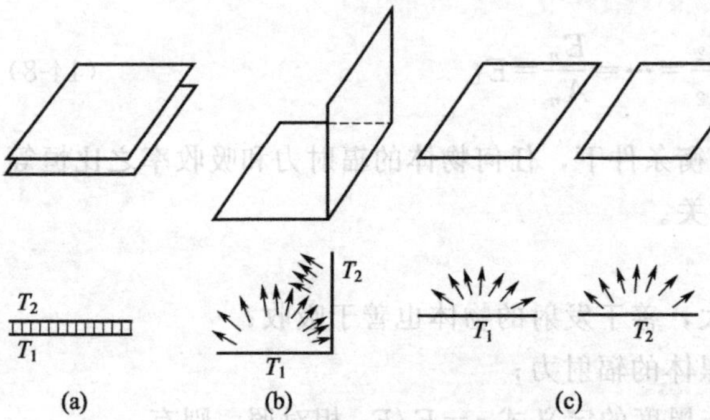

图 14-4　表面相对位置的影响

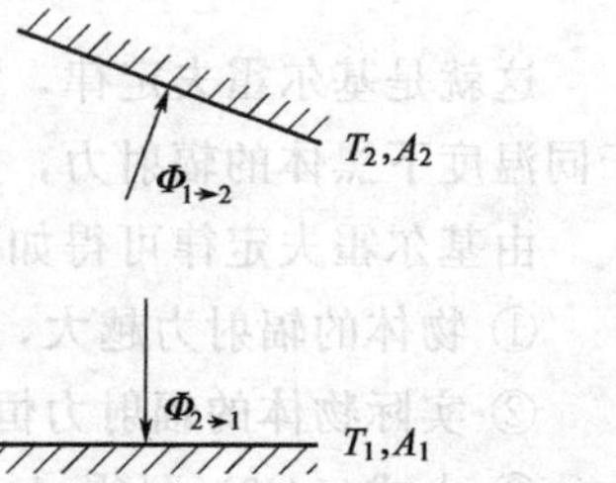

图 14-5　两任意放置的固体表面间的辐射换热

角系数的实质是能量的比值。角系数的数值永远小于 1。一旦两固体表面的表面积和相对位置确定了，它们的角系数数值也就确定了。角系数的确定方法可参考相关技术资料，常见的几种特殊情况的角系数与总辐射系数 $C_{1,2}$ 的计算式见表 14-1。

表 14-1　几种特殊情况的 X 值与 $C_{1,2}$ 的计算式

序　号	辐　射　情　况	面积 A	角系数 X	总辐射系数 $C_{1,2}$
1	两个极大的平行面	A_1 或 A_2	1	$C_b\Big/\left(\dfrac{1}{\varepsilon_1}+\dfrac{1}{\varepsilon_2}-1\right)$
2	面积有限的两相等平行面	A_1	<1①	$\varepsilon_1\varepsilon_2 C_b$
3	很大的物体 2 包住小物体 1	A_1	1	$\varepsilon_1 C_b$
4	物体 2 恰好包住物体 1，$A_1\approx A_2$	A_1	1	$C_b\Big/\left(\dfrac{1}{\varepsilon_1}+\dfrac{1}{\varepsilon_2}-1\right)$
5	在 3、4 两种情况之间	A_1	1	$C_b\Big/\left[\dfrac{1}{\varepsilon_1}+\dfrac{A_1}{A_2}\left(\dfrac{1}{\varepsilon_2}-1\right)\right]$

① 此处的 X 值可由图 14-6 查得。

二、两固体间的辐射换热

工程上常见的是两固体之间的辐射换热。由于大多数固体可视为灰体，在灰体 1、2 两者相互辐射的过程中，从物体 1 发出的辐射能 E_1 只有部分到达物体 2 的表面，而到达物体 2 的这一部分能量，又有部分反射出来而不能全部吸收；与此同时，从物体 2 发出的

辐射能 E_2 也只有部分到达物体1的表面，到达物体1表面的这部分能量也存在一部分被吸收、另一部分被反射的现象，两者之间进行着辐射能的反复发射和反射过程，加之两物体之间的空间位置关系，往往由物体发射或反射的辐射能不一定全部能投射到对方的表面上。因此，在计算两固体之间的相互辐射换热时，必须考虑到两固体的吸收率、反射率、形状、大小及两物体之间的距离及相互位置，即角系数的影响。两固体间辐射换热的总结果为温度较高的物体传递给温度较低物体的净热量。即：两固体表面间的辐射换热量可按下式计算

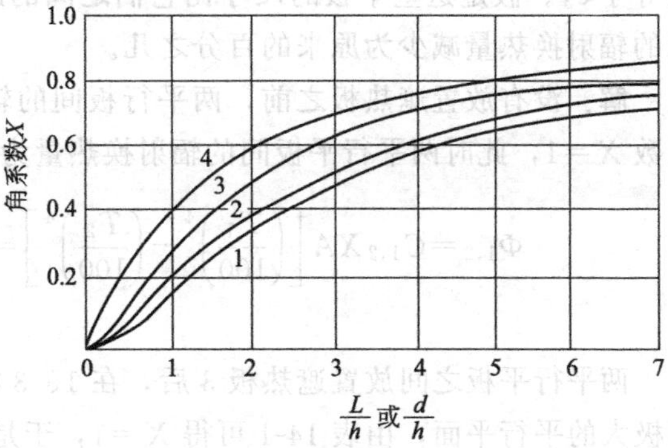

图 14-6 平行面间直接辐射热交换的角系数

$\frac{L}{h}=\frac{d}{h}=\frac{\text{边长(长方形用短的边长)或直径}}{\text{辐射面间的距离}}$

1—圆盘形；2—正方形；3—长方形（边之比为2∶1）；4—长方形（狭长）

$$\Phi_{1,2}=C_{1,2}XA\left[\left(\frac{T_1}{100}\right)^4-\left(\frac{T_2}{100}\right)^4\right] \tag{14-12}$$

式中 $\Phi_{1,2}$——净辐射热流量，W；

$C_{1,2}$——总辐射系数，$W/(m^2 \cdot K^4)$；

X——角系数；

A——辐射换热的计算基准面积，m^2；当两固体的辐射面积不相等时，取辐射面积较小的一个（见表14-1中的 A_1）。

【例 14-2】 一根直径为 $d=50mm$、长度为 $L=10m$ 的钢管被置于横断面为 $1m \times 1m$ 的砖槽通道内。钢管温度为 $t_1=227℃$，黑度为 $\varepsilon_1=0.8$。砖槽壁面温度为 $t_2=27℃$，黑度为 $\varepsilon_2=0.9$。计算该钢管的辐射热损失。

解：① 计算辐射面的表面积

钢管 $A_1=\pi dL=3.14\times0.05\times10=1.57$（$m^2$）

砖槽 $A_2=1\times10\times4=40$（m^2）

② 应用表14-1的第五种情况计算钢管的辐射热损失

$$\Phi_{1,2}=C_{1,2}XA\left[\left(\frac{T_1}{100}\right)^4-\left(\frac{T_2}{100}\right)^4\right]=\frac{C_b}{\frac{1}{\varepsilon_1}+\frac{A_1}{A_2}\left(\frac{1}{\varepsilon_2}-1\right)}XA_1\left[\left(\frac{T_1}{100}\right)^4-\left(\frac{T_2}{100}\right)^4\right]$$

$$=\frac{5.67}{\frac{1}{0.8}+\frac{1.57}{40}\left(\frac{1}{0.9}-1\right)}\times1\times1.57\times\left[\left(\frac{273+227}{100}\right)^4-\left(\frac{273+27}{100}\right)^4\right]$$

$=3861$（W）

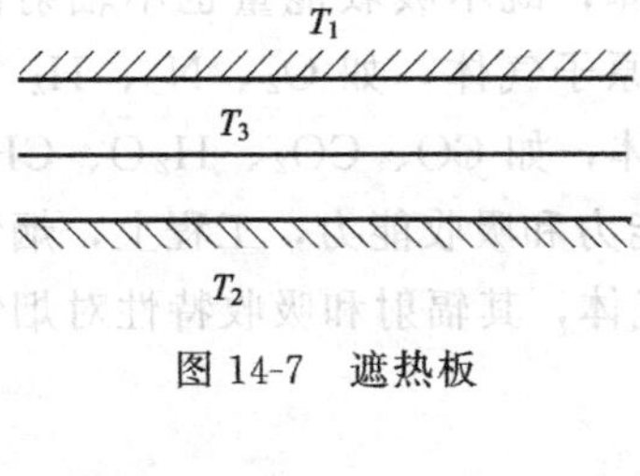

图 14-7 遮热板

【例 14-3】 为减少平行平面间的辐射换热量，将一平板（遮热板）放置于面积均为 A 的两平行平板之间，如图14-7所示。已知两平行板的温度分别为 T_1、T_2，黑度分别为 ε_1、ε_2，其中放置遮热板后两平行板的温度 T_1、T_2 不变，且遮热板的面积也为 A，遮热板的两面黑度相等，

均等于 ε_3。假定这些平板的尺寸比它们之间的距离大得多，试求加入遮热板后两平行平板间的辐射换热量减少为原来的百分之几。

解： 没有放置遮热板之前，两平行板间的辐射换热量属于表 14-1 中的第一种情况。角系数 $X=1$，此时两平行平板间的辐射换热量为

$$\Phi_{1,2}=C_{1,2}XA\left[\left(\frac{T_1}{100}\right)^4-\left(\frac{T_2}{100}\right)^4\right]=\frac{C_b}{\dfrac{1}{\varepsilon_1}+\dfrac{1}{\varepsilon_2}-1}A\left[\left(\frac{T_1}{100}\right)^4-\left(\frac{T_2}{100}\right)^4\right] \tag{a}$$

两平行平板之间放置遮热板 3 后，在 1、3 板之间和 3、2 板之间产生的辐射换热量仍属两极大的平行平面，由表 14-1 可得 $X=1$，于是有

$$\Phi_{1,3}=C_{1,3}XA\left[\left(\frac{T_1}{100}\right)^4-\left(\frac{T_3}{100}\right)^4\right]=\frac{C_b}{\dfrac{1}{\varepsilon_1}+\dfrac{1}{\varepsilon_3}-1}A\left[\left(\frac{T_1}{100}\right)^4-\left(\frac{T_3}{100}\right)^4\right] \tag{b}$$

$$\Phi_{3,2}=C_{3,2}XA\left[\left(\frac{T_3}{100}\right)^4-\left(\frac{T_2}{100}\right)^4\right]=\frac{C_b}{\dfrac{1}{\varepsilon_3}+\dfrac{1}{\varepsilon_2}-1}A\left[\left(\frac{T_3}{100}\right)^4-\left(\frac{T_2}{100}\right)^4\right] \tag{c}$$

在稳态情况下，$\Phi_{1,3}=\Phi_{3,2}=\Phi_{1,2}'$。若令 $\varepsilon_1=\varepsilon_2=\varepsilon_3$，则由 (b)、(c) 式可得

$$\left(\frac{T_3}{100}\right)^4=\frac{1}{2}\left[\left(\frac{T_1}{100}\right)^4+\left(\frac{T_2}{100}\right)^4\right] \tag{d}$$

将上式代入(b) 式得

$$\Phi_{1,3}=\Phi_{1,2}'=\frac{1}{2}\frac{C_b}{\dfrac{1}{\varepsilon_1}+\dfrac{1}{\varepsilon_3}-1}A\left[\left(\frac{T_1}{100}\right)^4-\left(\frac{T_2}{100}\right)^4\right]$$

$$=\frac{1}{2}\frac{C_b}{\dfrac{1}{\varepsilon_1}+\dfrac{1}{\varepsilon_2}-1}A\left[\left(\frac{T_1}{100}\right)^4-\left(\frac{T_2}{100}\right)^4\right]$$

$$=\frac{1}{2}\Phi_{1,2}$$

由此得出结论：两平行板间放置遮热板后，在 $\varepsilon_1=\varepsilon_2=\varepsilon_3$ 的情况下，辐射换热量减少为原来的 50%，这种作用称为遮热作用。实际工程中常采用黑度低的金属薄板作为遮热板以削弱辐射换热。

第三节　气体辐射

前面在讨论固体表面间的辐射换热时，由于表面温度不高，可以不考虑固体表面间的介质对辐射换热的影响。认为固体表面间的介质是透热体，既不吸收能量也不辐射能量；而在工上常遇到的高温范围内，分子结构对称的双原子气体，如 O_2、N_2、H_2 等可视为透热体；分子结构不对称的双原子气体及多原子气体，如 CO、CO_2、H_2O、CH_4 等气体辐射与固体辐射有很大差别，都具有相当大的辐射能力和吸收能力，工程上，烟气(或燃气) 中的二氧化碳和水蒸气是主要的具有辐射能力的气体，其辐射和吸收特性对烟气的影响很大。

一、气体辐射和吸收的特点

气体辐射和吸收与固体相比具有很多特点，其中主要有以下两点。

① 气体的辐射和吸收对波长有强烈的选择性。通常固体和液体的辐射光谱和吸收光谱是连续的，它能辐射和吸收各种波长的辐射能。而气体只能辐射和吸收某一定波长范围内的能量，即气体的辐射和吸收具有强烈的选择性。气体辐射和吸收的波长范围称为光带，对光带以外的热射线，气体就成为透热体。图 14-8 是黑体、灰体及气体的辐射光谱和吸收光谱的比较，图中有剖面线的，是气体的辐射和吸收光带。表 14-2 中列出了水蒸气和二氧化碳辐射和吸收的三个主要光带，可以发现它们有部分光带是重叠的。

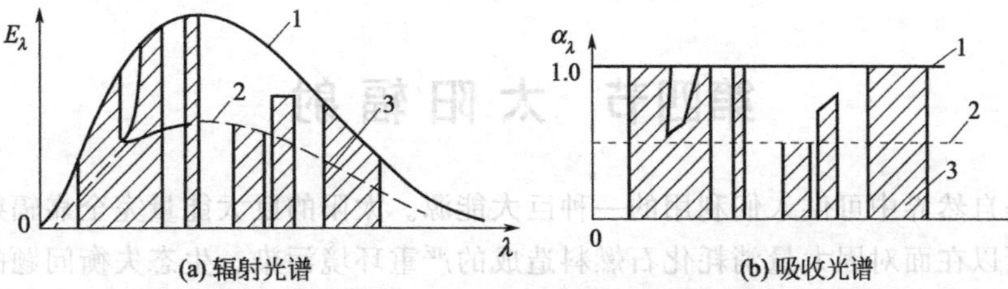

图 14-8 黑体、灰体和气体的辐射光谱和吸收光谱的比较

1—黑体；2—灰体；3—气体

表 14-2 水蒸气和二氧化碳的辐射和吸收光带

光带	气体种类			
	H_2O		CO_2	
	波长范围/μm	带宽/μm	波长范围/μm	带宽/μm
	2.24～3.27	1.03	2.36～3.02	0.66
	4.8～8.5	3.7	4.01～4.8	0.79
	12～25	13	12.5～16.5	4.0

气体作为一种实际物体，其辐射能力仍可用其黑度来表征。但由于气体吸收具有选择性，气体的吸收能力除与本身情况有关外，还与外来的波长范围有关，因而气体的吸收率不再与其黑度相等，气体不能近似地作为灰体处理。

② 气体的辐射和吸收是在整个容积中进行的。固体的辐射和吸收是在表面进行的，而气体是在整个容积内进行的。当辐射能投射到气体界面上时，辐射能穿过气体界面并进入气体层，在透过气体层的过程中不断被气体吸收，其能量因沿途被气体吸收而减少，最后只有部分能量穿透整个气体层，如图 14-9(a) 所示。当气体层对某一界面辐射时，实际上是整个气体层中各处的气体对该界面辐射的总和，如图 14-9(b) 所示。

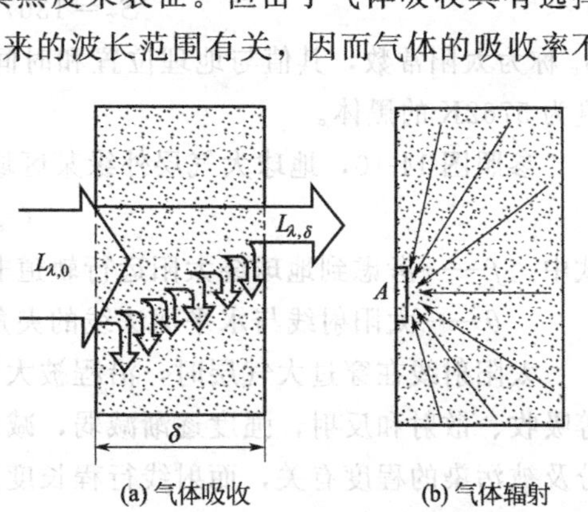

图 14-9 气体的辐射与吸收

这些情况表明，气体的辐射和吸收除与其本身的性质有关外，还与气体容积的形状和大小有关。

二、火焰辐射

锅炉内燃料燃烧产生的火焰与四周受热面（水冷壁）之间进行辐射传热的过程称为炉内辐射换热。炉膛内燃料燃烧产生的火焰中含有煤粒、飞灰与烟渣等具有辐射能力强的固体微粒，这些固体微粒的存在使火焰辐射不同于气体辐射，而近似于固体辐射，因此火焰辐射可近似地作为灰体处理。

发光火焰的辐射特性与其所含微粒的大小和数量有关。而火焰中所含微粒的大小和数量又由燃料种类、燃烧方式、炉膛的形状与容积、燃烧器性能、所供给的空气量以及不同部位的炉膛所含的微粒浓度不同等因素所决定，因此炉内辐射换热过程是很复杂的。

第四节 太阳辐射

太阳能是自然界中可供人们利用的一种巨大能源。太阳的巨大能量完全靠辐射方式送达地球表面，所以在面对因大量消耗化石燃料造成的严重环境污染、生态失衡问题的时候，开发利用清洁无污染的太阳能就越发显得重要。

地球上一切生物的成长都和太阳辐射有关，近年来人们在太阳能利用方面取得了不少进展。太阳是一个半径约为 1.392×10^6km 的球体辐射源，位于地球椭圆形轨道的焦点上，离地球的平均距离约 1.496×10^8km。由于距离遥远，所以到达地球的太阳射线近似于平行。太阳是一个超高温气团，其中心进行着剧烈的热核反应，温度高达数千万度。由于高温的缘故，它向宇宙空间辐射的能量中约98%集中在 $0.2\mu m\leqslant\lambda\leqslant3\mu m$ 的短波区，太阳辐射能量中紫外线部分（$\lambda<0.38\mu m$）约占8.7%，可见光部分（$0.38\mu m\leqslant\lambda\leqslant0.76\mu m$）约占44.6%，红外线部分（$\lambda>0.76\mu m$）约占45.4%。

实测结果表明，在太阳和地球的平均距离上，在地球大气层外缘与太阳射线垂直的单位面积上接收到的太阳辐射能为

$$S_c=1367W/m^2\pm1.6W/m^2 \tag{14-13}$$

S_c 称为太阳常数，其值与地理位置和时间无关。根据太阳常数，可算得太阳表面相当于温度为5762K的黑体。

参照图14-10，地球大气层外缘某区域水平面上单位面积所接受到的太阳辐射能为

$$G_s=fS_c\cos\theta \tag{14-14}$$

式中 f——考虑到地球绕太阳运行轨道非圆形而作的修正，$f=0.97\sim1.03$；

θ——太阳射线与水平面法线的夹角，称天顶角。

太阳射线在穿过大气层时，沿程被大气层中的 O_3（臭氧）、O_2、H_2O、CO_2 以及尘埃等吸收、散射和反射，强度逐渐减弱，减弱程度与太阳射线在大气中的行程长度、大气的成分及被污染的程度有关，而射线行程长度又取决于一年四季的日期，一天的时间以及所在的地球纬度。即使在夏季理想的大气透明度条件下，在中纬度地区，中午前后能到达地面的太阳辐射只是大气层外的70%～80%，在城市中由于大气污染，还将减弱10%～20%。

大气层对太阳辐射的减弱有以下几方面的原因。

1. 大气层的吸收作用

大气层中的 O_3、O_2、H_2O、CO_2 等气体对太阳辐射的吸收具有明显的选择性。大气中

臭氧（O_3）对紫外线有强烈吸收作用，$\lambda<0.3\mu m$ 的紫外线几乎全部被吸收，$0.4\mu m$ 以下的射线被大大衰减，所以大气中的臭氧层能保护人类免受紫外线的伤害。近些年来，如何保护臭氧层免遭破坏已成为全世界关注的环境保护热点问题之一。水蒸气和二氧化碳主要吸收红外区的能量。在可见光区域，氧和臭氧能吸收其中一部分。此外，大气中的尘埃和污染物也对各类射线有吸收作用。

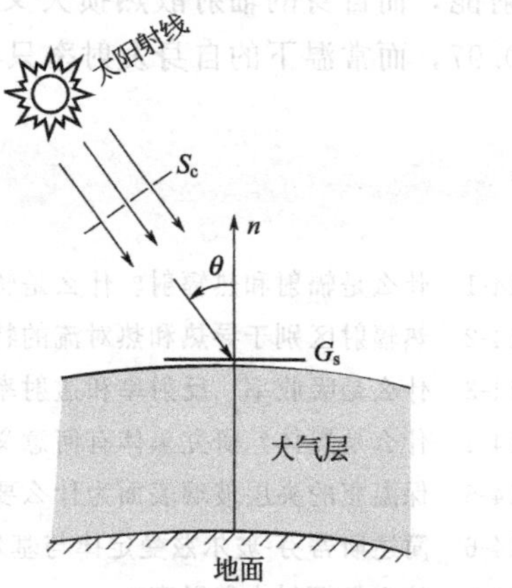

图 14-10 大气层外缘太阳辐射的示意图

2. 大气层的散射作用

太阳辐射在大气层中会发生两种散射现象。一种是由气体分子引起的几乎各个方向分布均匀的散射，称为瑞利散射（或分子散射）。由于气体分子对短波辐射散射强烈，所以晴朗的天空看起来是蓝色的。另一种是由大气中的灰尘和悬浮颗粒引起的主要向着原射线方向的散射，称为米氏散射。因此，到达地球表面的太阳总辐射是直接辐射与散射辐射之和。在晴天，散射辐射约占太阳总辐射的10%；而阴天时，到达地面的太阳辐射主要是散射辐射。

3. 大气层的反射作用

大气的云层和较大的尘粒，对太阳辐射有反射作用，把部分太阳辐射反射回宇宙空间，其中云层的反射作用最大。太阳辐射将热量传递给地球，地球也以热辐射的方式将热量散发到宇宙空间去，热平衡的结果使地球表面温度一年四季在大约 250～320K 的范围内变化。地球表面的发射率接近于 1（水的发射率大约为 0.97），其热辐射主要是波长范围为 4～40μm 之间的红外辐射。近些年来，随着世界各国工业化的发展，大量的工业废气、汽车尾气排向空中，使大气中的 CO_2、SO_2 及氮氧化物等气体的含量增多。由于它们对地球表面红外辐射的强烈吸收作用，使地球向太空辐射的热量减少，这种所谓的大气层“温室效应”使地球表面的温度升高，带来气候的变化和一系列的自然灾害。因此，降低 CO_2 等有害气体的排放量，减少对大气的污染，也是世界环境保护的热点问题之一。

太阳辐射是一种无污染的清洁能源，太阳能的开发利用越来越受到人类的重视。太阳能干燥器、热水器、太阳灶、太阳能电池等已经是比较成熟并得到推广的太阳能利用设备，小型的太阳能发电设备在航天领域得到了广泛的应用，大、中型的太阳能发电、空调、制冷、海水淡化等技术也正处于开发、完善和实用化阶段。

太阳能集热器是将太阳能转换成热能的设备，常用的有平板式集热器和玻璃真空管式集热器。玻璃和选择性表面涂层是制造太阳能集热器的两种重要材料。普通玻璃对可见光和 $\lambda<3\mu m$ 的红外辐射有很大的透射率，而对 $\lambda>3\mu m$ 的红外辐射的透射率却很小。于是，绝大部分的太阳辐射可以穿过太阳能集热器的玻璃罩到达吸热面，而常温下吸热面所发射的长波红外辐射却不能从玻璃罩透射出去，使集热器既吸收了太阳辐射又减少了本身的辐射散热损失。同样道理，太阳辐射可以通过玻璃窗进入室内，而室内常温物体所发射的长波红外辐射却不能从玻璃窗透射出去，形成了所谓的温室效应。

选择性表面涂层是涂在太阳能集热器吸热面上的表面材料，它对几乎全部集中在 0.3～3μm 波长范围内的太阳辐射具有较高的吸收率，而对 $\lambda>3\mu m$ 的红外辐射具有很低的吸收率，也就是说在常温下具有很低的发射率。这意味着，选择性表面涂层能吸收较多的太阳辐射能，而自身的辐射散热损失又很少。例如，铜材上的黑镍镀层对太阳辐射的吸收率可达0.97，而常温下的自身发射率只有0.07～0.11。

习　题

14-1　什么是辐射和热辐射？什么是辐射换热？

14-2　热辐射区别于导热和热对流的特点是什么？

14-3　什么是吸收率、反射率和透射率？三者之间有何关系？

14-4　什么是黑体？研究黑体有何意义？

14-5　保温瓶的夹层玻璃表面为什么要镀一层反射率很高的材料？

14-6　简述斯蒂芬-玻尔兹曼定律与基尔霍夫定律。

14-7　什么是辐射力和黑度？

14-8　某物体黑度 $\varepsilon=0.95$，求当温度 $t=727$℃时此物体的辐射力。

14-9　什么是角系数？它的大小与哪些因素有关？

14-10　一外径200mm的蒸汽管，外壁温度127℃，表面黑度0.9，环境温度27℃。求每米长蒸汽管辐射散热损失。

14-11　相距甚近而平行放置的两个等面积的黑体表面，温度分别为1000℃和500℃。试计算它们之间的单位面积辐射换热量。若表面均为灰体，黑度分别为0.8和0.6，单位面积辐射换热量又为多少？

14-12　两个同心圆管，内管外径 $d_1=50$mm，$t_1=50$℃，$\varepsilon_1=0.8$；外管内径 $d_2=180$mm，$t_2=100$℃，$\varepsilon_2=0.9$。试计算单位长度表面的辐射换热量。

14-13　加遮热板为什么可以减少辐射换热？

14-14　室内有一高为0.5m，宽为1m的铸铁炉门，表面温度为627℃，室温为27℃，试求：

① 炉门辐射散热损失；

② 若炉门前很小距离处放置一块同样大小的黑度为0.2的遮热板，达到稳态时炉门与遮热板的辐射散热损失各为多少？

③ 增加遮热板后散热量减少为原来的百分之几？

14-15　气体辐射和吸收有何特点？

14-16　何谓大气“温室效应”，为什么减小 CO_2 的排放就可以降低温室效应？

第十五章 传热与换热器

学习导引

本章首先分析了传热过程及特点，然后由热量衡算式的引入阐述了换热器热负荷及热流量间的关系，再由对传热基本方程的分析，获得传热系数的计算方法，最后讨论了间壁式换热器的类型、工作原理、平均温差及其设计计算、校核计算，并延伸到强化和削弱传热过程的可能途径与措施。

一、学习要求

本章的重点是传热基本方程和换热器的传热计算，通过学习应达到以下要求。

① 理解传热过程及其特点。

② 理解换热器热负荷概念，并与热流量加以区别。

③ 理解热量衡算式及传热基本方程中各物理量含义。

④ 掌握传热系数的计算。

⑤ 了解换热器的基本结构、工作原理，了解间壁式换热器的主要型式及适用场合。

⑥ 掌握平均温差的计算，了解换热器传热计算的基本步骤。

⑦ 了解强化传热及削弱传热的原则和有效方法。

二、本章难点

① 传热过程是多个换热环节的串联，传热系数的计算是对流换热与导热的综合，因此传热系数的计算有一定的难度。

② 通过肋壁的传热计算比较复杂，理解起来有一定的难度。

③ 换热器的传热计算是前述传热基本方程的具体应用，换热器的设计要通过例题和习题的练习，才能达到比较熟练的程度。

第一节 传热过程及特点

一、传热过程

导热、热对流和热辐射是热量传递的三种基本方式，但在实际情况下，并不是单一方式的传热过程，而往往是导热、热对流和热辐射三种基本热量传递方式某种形式的组合。以冷库的墙体为例，分析其传热方式为：首先室外空气通过对流换热，或者热对流与热辐射的叠加将热量传递给墙的外壁，使其温度升高；热量以导热方式穿过墙体传递到墙的内壁；通过自然对流换热，墙的内壁与库内空气之间实现了热交换，并最终把热量传给了库内空气。因而，热量传递的过程可表示为

$$室外空气\xrightarrow{对流与辐射换热}墙体外壁\xrightarrow{导热}墙体内壁\xrightarrow{对流换热}室内空气$$

工程实际中经常需要在温度不等的两种流体之间实现热交换，使一种流体的温度升高，而另一种流体的温度降低。但这两种流体又不能混合在一起，因此热交换过程是在称之为换热器或热交换器的热力设备中实现的。换热器中两种流体的热交换经历了这样的过程：高温流体借助对流换热将热量传递给固体壁面的一侧，在固体中经导热将热量传递给固体的另一侧表面，再通过对流换热将热量传递给低温流体。其热量传递过程可以表示为

$$高温流体\xrightarrow{对流换热}固体表面一侧\xrightarrow{导热}固体表面另一侧\xrightarrow{对流换热}低温流体$$

热量从高温流体穿过壁面传递给低温流体的过程称为传热过程。

流体与固体壁面的换热可能是强制对流或自然对流，也可能是对流与辐射的叠加。由于自然对流换热的强度较小，工程实际中一般多采用强制对流换热。

二、传热过程特点

传热过程有如下特点。

① 传热过程至少由三个热量传递的环节串联组合而成。

② 根据能量守恒的原则，稳态传热过程中每一个环节传递的热流量相等。

③ 传热过程至少由两种热量传递的基本方式组合而成，最常见的是固体本身的导热以及流体与固体表面的对流换热。对流换热可能是强制对流，如油冷却器水侧；可能是自然对流，如暖气散热器空气侧；也可能是相变对流换热，如蒸发器和冷凝器的制冷工质侧；甚至可能是对流与辐射的复合换热。

第二节 热负荷和传热基本方程

一、热负荷

1. 热量衡算式

冷热流体间热量的传递通过换热器来完成，对换热器的计算，首先需对换热器进行热量衡算，以便确定换热器的热负荷。换热器中单位时间内冷热流体间所交换的热量，称为该换热器的热负荷，用 Φ' 表示。热负荷是生产工艺对换热器的换热能力的要求，其数值大小是由工艺换热需要所决定的。

而热流量是换热器单位时间能够传递的热量，用 Φ 表示，是换热器的生产能力，是由换热器自身的性能来决定的。一台满足工艺要求的换热器，必须使其热流量大于等于热负荷，即：$\Phi \geqslant \Phi'$。

对于间壁式换热器，以单位时间为基准，换热器中热流体放出的热量 Φ_h 等于冷流体吸收的热量 Φ_c 与散热损失 Φ_f 之和，即

$$\Phi_h = \Phi_c + \Phi_f \text{ (W)} \tag{15-1}$$

式(15-1) 为换热器的热量衡算式。

若换热器有良好的保温性能，其散热损失 Φ_f(在 2%～3%之间) 可以忽略不计时，单位时间内热流体放出的热量等于冷流体吸收的热量，式(15-1) 可改写为

$$\Phi_h = \Phi_c \tag{15-2}$$

此时，热负荷取 Φ_h 或 Φ_c 均可。

当换热器的热损失不能忽略时，$\Phi_h \neq \Phi_c$，此时，热负荷的取值需由冷、热流体流动通道的情况来决定。对于管壳式换热器，哪种流体从换热器管程通过，就将该种流体的传热量作为换热器的热负荷。如图 15-1(a) 所示的换热器中，热流体走管程（管内流动），冷流体走壳程（管子与壳体间空隙流动），经过传热面传递的热量为热流体放出的热量，此时的热负荷应取 Φ_h；又如图 15-1(b) 所示，冷流体走管程，热流体走壳程，经过传热面传递的热量为冷流体吸收的热量，因此，此时的热负荷应取 Φ_c。

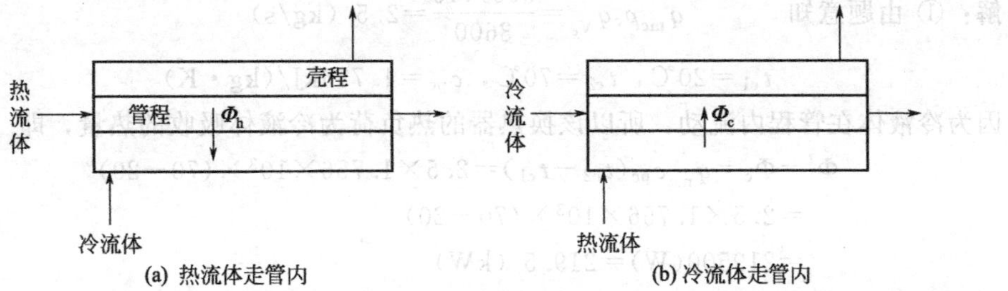

图 15-1　热负荷值

2. 载热体换热量的计算

换热器内进行换热的冷、热流体统称为载热体。工程换热的目的是为了将某种工艺流体加热或冷却。为了便于区分，通常将被加热或冷却的工艺流体称为目的流体；将用于加热目的流体的热源流体称为加热剂；用于冷却目的流体的冷源流体称为冷却剂。载热体换热量计算就是参与换热的冷、热流体吸收或放出热量的计算，其计算方法如下。

(1) 显热法（也称温差法）　此法仅适用于载热体在热交换过程中没有相变化的情况。计算式为

$$\Phi_h = q_{mh} c_{ph} (t_{h1} - t_{h2}) \tag{15-3}$$

$$\Phi_c = q_{mc} c_{pc} (t_{c2} - t_{c1}) \tag{15-4}$$

式中　q_{mh}，q_{mc}——热、冷流体的质量流量，kg/s；

c_{ph}，c_{pc}——热、冷流体进、出口平均温度下的平均比定压热容，J/(kg·K)；

t_{h1}，t_{h2}——热流体的进、出口温度，℃；

t_{c1}，t_{c2}——冷流体的进、出口温度，℃。

热量衡算式(15-3) 和式(15-4) 不仅用于载热体换热量的计算，还可用于载热体用量的计算和流体出口温度的计算等。

(2) 潜热法　此法仅适用于载热体在热交换过程中有相变的情况。其相变热计算式为

$$\Phi_h = q_{mh} r_h \tag{15-5}$$

$$\Phi_c = q_{mc} r_c \tag{15-6}$$

式中　r_h，r_c——热、冷流体的冷凝或汽化潜热，J/kg。

一般在生产中，当热流体发生相变化，如饱和蒸汽冷凝时，由饱和蒸汽冷凝出的凝液要及时排出换热器，不再利用凝液的显热。因为显热远远小于潜热，同时凝液的存在会占据一定的空间，使换热面积减小，影响传热。

(3) *焓差法*　载热体在换热过程中不管有、无相变化，其传热量均可用下列方法计算

$$\Phi_h = q_{mh}(h_{h1} - h_{h2}) \tag{15-7}$$

$$\Phi_c = q_{mc}(h_{c2} - h_{c1}) \tag{15-8}$$

式中　h_{h1}，h_{h2}——热流体的进、出换热器的焓值，J/kg；

h_{c1}，h_{c2}——冷流体进、出换热器的焓值，J/kg。

【例 15-1】 某管壳式换热器用压力为150kPa的饱和水蒸气加热某冷液体，已知该冷液体在管内流动，流量为$10m^3/h$，平均比定压热容为1.756kJ/(kg·K)，密度为$900kg/m^3$，换热后温度由20℃上升到70℃。若换热器的热损失估计为该换热器热负荷的5%，试求：①该换热器的热负荷；②所需的水蒸气消耗量。

解： ① 由题意知　$q_{mc}\rho_c q_{V_c} = \dfrac{900\times10}{3600} = 2.5\ (kg/s)$

$$t_{c1}=20℃,\ t_{c2}=70℃,\ c_{pc}=1.756kJ/(kg\cdot K)$$

因为冷液体在管程内流动，所以该换热器的热负荷为冷液体吸收的热量，即

$$\begin{aligned}\Phi' = \Phi_c &= q_{mc}c_{pc}(t_{c2}-t_{c1}) = 2.5\times1.756\times10^3\times(70-20)\\ &= 2.5\times1.756\times10^3\times(70-20)\\ &= 219500(W) = 219.5\ (kW)\end{aligned}$$

② 由附表5查得：150kPa压力下饱和水蒸气的冷凝潜热为2226kJ/kg，由式(15-1)和式(15-5)可得水蒸气消耗量

$$\begin{aligned}q_{mh} = \frac{\Phi_h}{r_h} = \frac{\Phi_c+\Phi_f}{r_h} &= \frac{219.5+219.5\times0.05}{2226}\\ &= 0.1035(kg/s) = 372.74\ (kg/h)\end{aligned}$$

二、传热基本方程

换热器的热负荷由工艺条件确定后，必须解决需多大的传热面积问题。

换热器在传热过程中，单位时间内通过传热面的热流量Φ与传热面积A和冷、热两流体间的温度差Δt_m成正比；同样，也可表示为传热推动力和传热热阻之比，即

$$\Phi = KA\Delta t_m = \frac{\Delta t_m}{\dfrac{1}{KA}} = \frac{\Delta t_m}{R_W} \tag{15-9}$$

式中　A——换热器的传热面积，m^2；

Δt_m——热、冷流体的平均温度差，℃；

K——传热系数，$W/(m^2\cdot K)$；

$R_W = \dfrac{1}{KA}$——传热总热阻，K/W。

式(15-9)称为传热基本方程式，是传热学中很重要的公式，是有关传热计算和强化传热的核心和基础。

Δt_m 也称为传热总推动力。它与传热壁面两侧的冷热流体温度及相对流向有关，一般情况下，传热壁面两侧冷热流体的温度差是沿传热面变化的，为了计算方便，都是取整个传热面上各处温度差平均值，其确定方法将在下一节中专门介绍。

对于平壁传热，传热面积 A 为一个定值，而对圆筒壁传热，则传热面积 A 在热量传递方向上是变化的。对同一个传热过程，所选的基准传热面积不同，所对应的传热系数也就不同，但对稳态传热过程，应有

$$\Phi=K_iA_i\Delta t_m=K_oA_o\Delta t_m=K_mA_m\Delta t_m \tag{15-10}$$

式中 A_i，A_o，A_m——换热管内表面积、外表面积和内、外表面平均面积，m^2；

K_i，K_o，K_m——基于换热管内表面积、外表面积和平均面积的传热系数，$W/(m^2\cdot K)$。

三、传热系数的计算

传热系数 K 是一个表示传热过程强弱程度的物理量。由传热基本方程式(15-9)可知，传热系数的物理意义为：当冷、热两流体间的平均温度差为1℃时，在单位时间内通过单位传热面积所传递的热量。K 值越大，单位传热面积传递的热量越多。即：在热流量和推动力一定的情况下，所需传热面积越小，意味着换热器的换热能力越强。传热系数的大小是衡量换热器工作效率的重要参数，它主要受到流体的性质、传热过程的操作条件及换热器的类型等影响，其影响因素十分复杂。因此，了解传热系数的影响因素，合理确定 K 值，是传热计算中的一个重要问题。

1. 平壁传热系数 K 的计算

如图 15-2 所示，某一单层平壁壁厚为 δ，面积为 A，材料的热导率为 λ，壁面一侧有平均温度为 t_h 的热流体，表面传热系数为 h_1，另一侧有平均温度为 t_c 的冷流体，表面传热系数为 h_2，设与热流体和冷流体相接触的壁温分别是 t_{w1} 和 t_{w2}。

对于稳态传热过程，热流体传给壁面的热量和通过平壁的导热量以及壁面传给冷流体的热量均应相等，即

$$\Phi=h_1A(t_h-t_{w1})$$

$$\Phi=\frac{\lambda}{\delta}A(t_{w1}-t_{w2})$$

$$\Phi=h_2A(t_{w2}-t_c)$$

将上述三式整理可得单层平壁传热量计算公式

$$\Phi=\frac{A(t_h-t_c)}{\dfrac{1}{h_1}+\dfrac{\delta}{\lambda}+\dfrac{1}{h_2}} \tag{15-11}$$

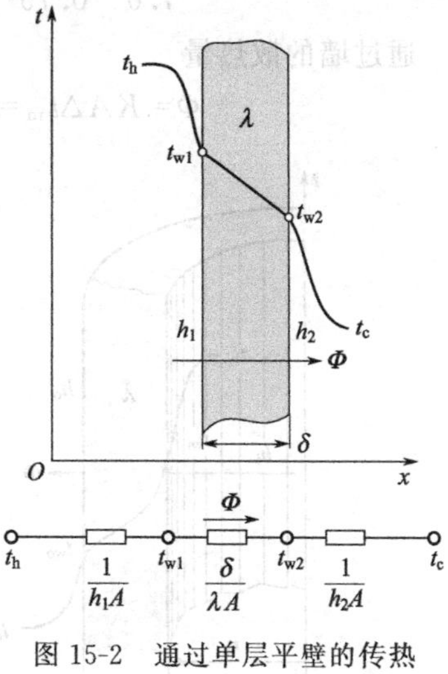

图 15-2 通过单层平壁的传热

将上式与传热基本方程式式(15-9)相对比，得出单层平壁的传热系数计算式为

$$K=\frac{1}{\dfrac{1}{h_1}+\dfrac{\delta}{\lambda}+\dfrac{1}{h_2}} \tag{15-12}$$

单位面积上的传热总热阻为

$$R=\frac{1}{K}=\frac{1}{h_1}+\frac{\delta}{\lambda}+\frac{1}{h_2} \tag{15-13}$$

上式表明，传热过程的总热阻为各环节的热阻的总和。反过来，传热系数可以表示为叠加热阻的倒数

$$K=\frac{1}{\sum_{i=1}^{n}R_i} \tag{15-14}$$

推广到多层平壁，则多层平壁的传热系数为

$$K=\frac{1}{\frac{1}{h_1}+\sum_{i=1}^{n}\frac{\delta_i}{\lambda_i}+\frac{1}{h_2}} \tag{15-15}$$

【例 15-2】 有一面 370mm 厚的砖砌外墙，$\lambda_1=0.75\text{W/(m·K)}$；两边各有 15mm 厚的粉刷层，内粉刷层的 $\lambda_2=0.6\text{W/(m·K)}$，外粉刷层的 $\lambda_3=0.7\text{W/(m·K)}$；墙内侧的表面传热系数 $h_1=7.0\text{W/(m}^2\text{·K)}$，外侧表面传热系数 $h_2=21.2\text{W/(m}^2\text{·K)}$；室内外侧空气温度分别为 18℃、−12℃；墙面积为 19.5m²。求墙的散热量。

解： 先求出传热系数 K

$$K=\frac{1}{\frac{1}{h_1}+\sum_{i=1}^{3}\frac{\delta_i}{\lambda_i}+\frac{1}{h_2}}$$

$$=\frac{1}{\frac{1}{7.0}+\frac{0.37}{0.75}+\frac{0.015}{0.6}+\frac{0.015}{0.7}+\frac{1}{21.2}}=1.370\text{W/(m}^2\text{·K)}$$

通过墙的散热量

$$\Phi=KA\Delta t_m=1.370\times19.5\times(18+12)=801.45\ \text{(W)}$$

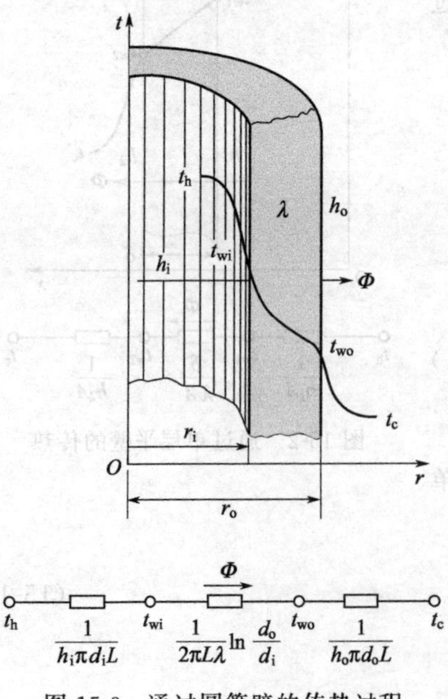

图 15-3 通过圆管壁的传热过程

2. 圆管壁传热系数 K 的计算

图 15-3 所示为单层圆管壁传热示意图。设管长为 L，内外径分别为 d_i、d_o，管内、外侧传热面积分别为 A_i、A_o；管壁的热导率为 λ；管内侧热流体平均温度为 t_h，表面传热系数为 h_i，管外侧冷流体平均温度为 t_c，表面传热系数为 h_o；圆管内、外壁温分别为 t_{wi} 和 t_{wo}。

假定流体温度和壁内温度只沿径向发生变化，则对于稳态传热过程，热流体传给管壁的对流换热量、管壁的导热量以及管壁传给冷流体的对流换热量三者应相等，即

$$\Phi=h_iA_i(t_h-t_{wi})$$

$$\Phi=\frac{t_{wi}-t_{wo}}{\frac{1}{2\pi L\lambda}\ln\frac{d_o}{d_i}}$$

$$\Phi=h_oA_o(t_{wo}-t_c)$$

将上述三式整理可得

$$\Phi=\frac{t_h-t_c}{\frac{1}{h_iA_i}+\frac{1}{2\pi L\lambda}\ln\frac{d_o}{d_i}+\frac{1}{h_oA_o}}=\frac{A_o(t_h-t_c)}{\frac{A_o}{h_iA_i}+\frac{A_o}{2\pi L\lambda}\ln\frac{d_o}{d_i}+\frac{1}{h_o}}$$

由于 $A_i=\pi d_iL$，$A_o=\pi d_oL$，代入上式可得单层圆管壁传热量计算公式

$$\Phi=\frac{A_o(t_h-t_c)}{\frac{1}{h_i}\times\frac{d_o}{d_i}+\frac{d_o}{2\lambda}\ln\frac{d_o}{d_i}+\frac{1}{h_o}} \tag{15-16}$$

将上式与传热基本方程式式(15-10) 相对比，得出单层圆管壁以外表面积 A_o 作为基准的传热系数 K_o 计算式为

$$K_o=\frac{1}{\frac{1}{h_i}\times\frac{d_o}{d_i}+\frac{d_o}{2\lambda}\ln\frac{d_o}{d_i}+\frac{1}{h_o}} \tag{15-17}$$

若以圆管壁内表面积 A_i 作为基准，则传热系数 K_i 为

$$K_i=\frac{1}{\frac{1}{h_i}+\frac{d_i}{2\lambda}\ln\frac{d_o}{d_i}+\frac{1}{h_o}\times\frac{d_i}{d_o}} \tag{15-18}$$

前已指出，所取的基准面积不同，传热系数值亦不同，但无论哪一个面积为计算基准，只要与其传热系数相对应，计算结果是相同的。工程习惯上常以管的外表面积为计算基准，在以下内容中，凡没有指明基准的传热系数，均为相对于管外表面积的 K_o 值。

换热器使用一段时间后，换热管的壁面两侧就会留有污垢沉积而形成垢层，垢层所产生的热阻称为污垢热阻，污垢热阻增大，使热流量减小，因此传热系数的计算应考虑污垢热阻。

若管内、外流体的污垢热阻分别用 R_{si}、R_{so} 表示，按串联热阻的概念，传热系数可表示为

$$\frac{1}{K_o}=\frac{1}{h_i}\frac{d_o}{d_i}+R_{si}\frac{d_o}{d_i}+\frac{d_o}{2\lambda}\ln\frac{d_o}{d_i}+R_{so}+\frac{1}{h_o} \tag{15-19}$$

由于污垢热阻的厚度及热导率难以准确测定，通常用经验值来选取。表 15-1 给出了常见流体的污垢热阻 R_s 的经验值。

表 15-1　常见流体的污垢热阻

流　体	$R_s/(m^2\cdot K/kW)$	流　体	$R_s/(m^2\cdot K/kW)$	流　体	$R_s/(m^2\cdot K/kW)$
水($v<1m/s$,$t<50℃$)		气体		有机物	0.176
蒸馏水	0.09	空气	0.26～0.53	熔盐	0.086
海水	0.09	溶剂蒸气	0.14	植物油	0.52
清洁的河水	0.21	水蒸气		燃料油	0.172～0.52
未处理的凉水塔用水	0.58	优质不含油	0.052	重油	0.86
已处理的凉水塔用水	0.26	劣质不含油	0.09	焦油	1.76
已处理的锅炉用水	0.26	液体			
硬水、井水	0.58	处理过的盐水	0.264		

对于易结垢的流体，或换热器使用时间过长，污垢热阻的增加，使得换热器的传热速率严重下降。所以换热器要根据具体的工作条件，定期进行清洗。

当传热面为薄管壁时，$A_o\approx A_i$，式(15-19) 可简化为

$$\frac{1}{K}=\frac{1}{h_{\mathrm{i}}}+R_{\mathrm{si}}+\frac{\delta}{\lambda}+R_{\mathrm{so}}+\frac{1}{h_{\mathrm{o}}} \tag{15-20}$$

式中　δ——管壁壁厚，m。

当使用金属薄壁管时，管壁热阻可忽略，且流体为清洁流体，不易结垢时，污垢热阻也可忽略，此时有

$$\frac{1}{K}\approx\frac{1}{h_{\mathrm{i}}}+\frac{1}{h_{\mathrm{o}}}=\frac{h_{\mathrm{i}}+h_{\mathrm{o}}}{h_{\mathrm{i}}h_{\mathrm{o}}} \tag{15-21}$$

若式(15-21) 中的 $h_{\mathrm{i}}\gg h_{\mathrm{o}}$，则 $K\approx h_{\mathrm{o}}$；反之，若 $h_{\mathrm{o}}\gg h_{\mathrm{i}}$，则 $K\approx h_{\mathrm{i}}$。由此可见：总热阻是由热阻大的一侧流体的传热所控制的。即：当冷、热两流体的表面传热系数相差较大时，传热系数 K 值总是接近于表面传热系数小的一侧，或者说值小的表面传热系数对 K 值的影响较大。要提高传热系数 K 值，关键要提高数值小的表面传热系数。即：尽量设法减小其中较大的分热阻（减小关键热阻）。

【例 15-3】 外径为 25mm，内径为 22mm 的某冷凝器管子的热导率 $\lambda=89\mathrm{W/(m\cdot K)}$，水蒸气在管外凝结，表面传热系数为 $5000\mathrm{W/(m^2\cdot K)}$，管内冷却水侧的表面传热系数为 $1000\mathrm{W/(m^2\cdot K)}$。试分别以管子内、外表面积为基准计算传热系数 K(污垢热阻不计)。

解： 由题意知：$d_{\mathrm{o}}=25\mathrm{mm}$，$d_{\mathrm{i}}=22\mathrm{mm}$，$h_{\mathrm{o}}=5000\mathrm{W/(m^2\cdot K)}$，$h_{\mathrm{i}}=1000\mathrm{W/(m^2\cdot K)}$

① 由式(15-18) 得，以管子内表面积为基准的传热系数 K_{i} 为

$$K_{\mathrm{i}}=\frac{1}{\dfrac{1}{h_{\mathrm{i}}}+\dfrac{d_{\mathrm{i}}}{2\lambda}\ln\dfrac{d_{\mathrm{o}}}{d_{\mathrm{i}}}+\dfrac{1}{h_{\mathrm{o}}}\times\dfrac{d_{\mathrm{i}}}{d_{\mathrm{o}}}}$$

$$=\frac{1}{\dfrac{1}{1000}+\dfrac{0.022}{2\times89}\ln\dfrac{0.025}{0.022}+\dfrac{1}{5000}\times\dfrac{0.022}{0.025}}=839.1\ [\mathrm{W/(m^2\cdot K)}]$$

② 由式(15-17) 得，以管外表面积为基准的传热系数 K_{o} 为

$$K_{\mathrm{o}}=\frac{1}{\dfrac{1}{h_{\mathrm{i}}}\dfrac{d_{\mathrm{o}}}{d_{\mathrm{i}}}+\dfrac{d_{\mathrm{o}}}{2\lambda}\ln\dfrac{d_{\mathrm{o}}}{d_{\mathrm{i}}}+\dfrac{1}{h_{\mathrm{o}}}}$$

$$=\frac{1}{\dfrac{1}{1000}\times\dfrac{0.025}{0.022}+\dfrac{0.025}{2\times89}\ln\dfrac{0.025}{0.022}+\dfrac{1}{5000}}=738.4\ [\mathrm{W/(m^2\cdot K)}]$$

【例 15-4】 由 $\phi25\mathrm{mm}\times2.5\mathrm{mm}$ 的钢管组成单管程单壳程管壳式换热器，钢管的热导率 $\lambda=46.5\mathrm{W/(m\cdot K)}$，管内通以冷却水，表面传热系数 $h_{\mathrm{i}}=1000\mathrm{W/(m^2\cdot K)}$，管外通以热空气，表面传热系数 $h_{\mathrm{o}}=50\mathrm{W/(m^2\cdot K)}$，试求：①传热系数；②其他条件不变，将 h_{i} 提高一倍，传热系数有何变化；③其他条件不变，将 h_{o} 提高一倍，传热系数有何变化。

解： 由表 15-1 查得水侧污垢热阻 $R_{\mathrm{si}}=0.58\times10^{-3}\mathrm{m^2\cdot K/W}$，热空气侧污垢热阻 $R_{\mathrm{so}}=0.5\times10^{-3}\mathrm{m^2\cdot K/W}$。

① 由式(15-19) 得

$$\frac{1}{K_{\mathrm{o}}}=\frac{1}{h_{\mathrm{i}}}\times\frac{d_{\mathrm{o}}}{d_{\mathrm{i}}}+R_{\mathrm{si}}\frac{d_{\mathrm{o}}}{d_{\mathrm{i}}}+\frac{d_{\mathrm{o}}}{2\lambda}\ln\frac{d_{\mathrm{o}}}{d_{\mathrm{i}}}+R_{\mathrm{so}}+\frac{1}{h_{\mathrm{o}}}$$

$$=\frac{1}{1000}\times\frac{0.025}{0.020}+0.58\times10^{-3}\times\frac{0.025}{0.020}+\frac{0.025}{2\times46.5}\times\ln\frac{0.025}{0.020}+0.5\times10^{-3}+\frac{1}{50}$$

$=0.0225\ (m^2 \cdot K/W)$

所以 $K_o=44.44\ [W/(m^2 \cdot K)]$

由上可知：K_o 与 h_o 比较接近，即传热系数 K_o 值接近于表面传热系数较小的一个。

② 若其他条件不变，管内表面传热系数增大一倍，即：$h'_i=2000W/(m^2 \cdot K)$，代入式(15-19) 可得

$$\frac{1}{K'_o}=\frac{1}{h'_i}\times\frac{d_o}{d_i}+R_{si}\frac{d_o}{d_i}+\frac{d_o}{2\lambda}\ln\frac{d_o}{d_i}+R_{so}+\frac{1}{h_o}$$

$$=\frac{1}{2000}\times\frac{0.025}{0.020}+0.58\times10^{-3}\times\frac{0.025}{0.020}+\frac{0.025}{2\times46.5}\times\ln\frac{0.025}{0.020}+0.5\times10^{-3}+\frac{1}{50}$$

$$=0.0219\ (m^2 \cdot K/W)$$

所以 $K'_o=45.66\ [W/(m^2 \cdot K)]$

传热系数仅提高了$\frac{K'_o-K_o}{K_o}\times100\%=\frac{45.66-44.44}{44.44}\times100\%=2.75\%$。

③ 若其他条件不变，管外 h_o 增大一倍，即：$h'_o=100W/(m^2 \cdot K)$，代入式(15-19) 可得

$$\frac{1}{K''_o}=\frac{1}{h_i}\times\frac{d_o}{d_i}+R_{si}\frac{d_o}{d_i}+\frac{d_o}{2\lambda}\ln\frac{d_o}{d_i}+R_{so}+\frac{1}{h'_o}$$

$$=\frac{1}{1000}\times\frac{0.025}{0.020}+0.58\times10^{-3}\times\frac{0.025}{0.020}+\frac{0.025}{2\times46.5}\times\ln\frac{0.025}{0.020}+0.5\times10^{-3}+\frac{1}{100}$$

$$=0.0125\ (m^2 \cdot K/W)$$

所以 $K''_o=80\ [W/(m^2 \cdot K)]$

传热系数提高了$\frac{K''_o-K_o}{K_o}\times100\%=\frac{80-44.44}{44.44}\times100\%=80\%$。

此题表明：传热系数 K 总小于两侧流体的表面传热系数，且总接近 h 较小的一个。要想有效地提高 K 值，必须设法减小主要热阻，本例应设法提高空气侧的表面传热系数。

3. 肋壁传热系数 K 的计算

在一些换热设备中，传热表面常常做成带肋的形式，如采暖散热器、空气加热器、锅炉中的铸铁省煤器、家用空调的蒸发器和冷凝器等。传热表面加肋，可以扩大换热面积，降低对流换热热阻，起到增强传热的作用。对于一个传热过程，如果固体壁两侧与流体之间的对流换热表面传热系数相差比较悬殊，很显然，在表面传热系数较小的那一侧，对流换热热阻就比较大。因此，常常在表面传热系数较小的一侧采用肋壁的形式，用增大表面积的方法来弥补表面传热系数较低的缺陷，以降低对流换热的热阻。如果固体壁两侧与流体之间的表面传热系数都很小，也可以在两侧都采用肋壁以增强传热的效果。图 15-4 所示的直肋和环肋是两种典型的肋片结构。直肋和环肋又都有等截面和变截面两大类。

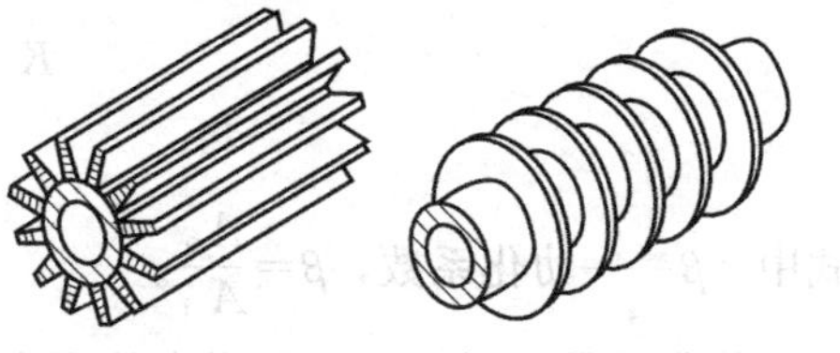

(a) 直肋　　(b) 环肋

图 15-4　肋片的典型结构

(1) 通过平壁肋片的传热　图 15-5 所示为平壁肋片的传热过程。设肋和壁为同一材料，壁厚为 δ，热导率为 λ；光壁面表面积为 A_i，该侧热流体平均温度为 t_h，表面传热系数为

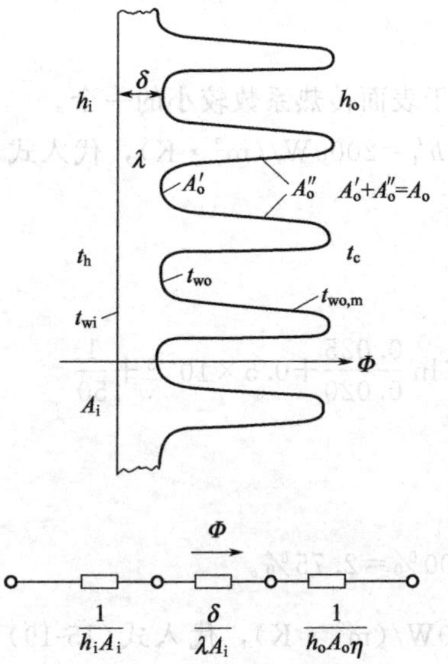

图 15-5 通过肋壁的传热

h_i，光壁侧壁温为 t_{wi}；肋壁面表面积为 A_o，A_o 包括肋片之间的平壁面积 A'_o 和肋片本身面积 A''_o；肋壁侧冷流体平均温度为 t_c，表面传热系数为 h_o；肋基壁面温度为 t_{wo}，肋片表面的平均温度为 $t_{wo,m}$。由于肋片既导热又对流换热，使肋片表面温度从肋基开始沿肋片高度逐渐降低，故肋片表面平均温度 $t_{wo,m}$ 小于肋基温度 t_{wo}，因此肋片实际传热量 Φ 比假定肋表面处于肋基温度下的理想传热量 Φ_0 要小，两者之比称为肋片效率 η_f，即

$$\eta_f=\frac{\Phi}{\Phi_0}=\frac{h_oA''_o(t_{wo,m}-t_c)}{h_oA''_o(t_{wo}-t_c)}=\frac{t_{wo,m}-t_c}{t_{wo}-t_c} \tag{15-22}$$

不同肋型的肋片效率 η_f 值可在相关资料、手册中查到。

在稳态传热条件下，通过传热过程各环节的热流量 Φ 是相同的，于是可以列出以下方程式

$$\Phi=h_iA_i(t_h-t_{wi}) \tag{a}$$

$$\Phi=\frac{\lambda}{\delta}A_i(t_{wi}-t_{wo}) \tag{b}$$

$$\begin{aligned}\Phi&=h_oA'_o(t_{wo}-t_c)+h_oA''_o(t_{wo,m}-t_c)\\&=h_o(A'_o+A''_o\eta_f)(t_{wo}-t_c)\\&=h_oA_o\eta(t_{wo}-t_c)\end{aligned} \tag{c}$$

式中 η——肋面总效率，$\eta=\frac{A'_o+A''_o\eta_f}{A_o}$。

因为，一般情况下 $A''_o\gg A'_o$，$A_o\approx A''_o$，所以 $\eta\approx\eta_f$。

将上述三式整理可得

$$\Phi=\frac{A_i(t_h-t_c)}{\frac{1}{h_i}+\frac{\delta}{\lambda}+\frac{1}{h_o}\frac{A_i}{A_o\eta}} \tag{15-23}$$

将上式与传热基本方程式式(15-9)相对比，可得以光壁面积 A_i 为基准的传热系数 K_i 计算式为

$$K_i=\frac{1}{\frac{1}{h_i}+\frac{\delta}{\lambda}+\frac{1}{h_o\beta\eta}} \tag{15-24}$$

式中 β——肋化系数，$\beta=\frac{A_o}{A_i}$。

肋化系数 β 反映了面积增大的程度，其值恒大于1。β 值越大，传热的增强越显著。为此，可以缩小肋间距，采用薄肋，增加肋高等。但应注意，A''_o 表面应顺着流体的流动方向，不能阻碍流体的流动。

(2) 通过肋片管的传热 肋片管比平壁肋片的使用更为普遍。肋片管传热系数计算式的推导与平壁肋片传热系数计算式的推导类似。若管内壁为光壁，管外壁为肋壁，管长为 L，管内径为 d_i，管外壁肋基处直径为 d_o，则以光壁面积 A_i 为基准的传热系数 K_i 为

$$K_i=\frac{1}{\frac{1}{h_i}+\frac{d_i}{2\lambda}\ln\frac{d_o}{d_i}+\frac{1}{h_o\beta\eta}} \tag{15-25}$$

4. 传热系数 K 值的经验值选取

传热系数 K 值除上述方法计算外，还可选用工程实际中的经验数据或直接测定。K 值通常借助工具手册来选取。表 15-2 列出了管壳式换热器中 K 值的大致范围。

表 15-2 管壳式换热器 K 值大致范围

热流体	冷流体	传热系数 K/[W/(m² · K)]	热流体	冷流体	传热系数 K/[W/(m² · K)]
水	水	850～1700	低沸点烃类蒸气冷凝(常压)	水	455～1140
轻油	水	340～910	高沸点烃类蒸气冷凝(减压)	水	60～170
重油	水	60～280	水蒸气冷凝	水沸腾	2000～4250
气体	水	17～280	水蒸气冷凝	轻油沸腾	455～1020
有机溶剂	水	280～850	水蒸气冷凝	重油沸腾	140～425
水蒸气冷凝	水	1420～4250	水蒸气冷凝	气体	30～300

第三节 换 热 器

一、换热器的基本结构与工作原理

使热量从热流体传递到冷流体以满足规定的工艺要求的设备统称为换热器。换热器按照工作原理和特点可分为回热式、混合式和间壁式三大类。

1. 回热式换热器

回热式换热器也称蓄热式换热器，其工作原理如图 15-6 所示。此类换热器冷、热两流体交替流过换热面，当热流体流过时，换热面从热流体吸热并暂时蓄积热量；当冷流体流过时，该换热面又将储存的热量释放给冷流体。这类换热器结构简单，耐高温，缺点是设备体积庞大，难以避免两种流体在一定程度上相混合。常用于高温气体热量的回收或冷却。如锅炉中的回转式空气预热器、煤制气过程的汽化炉等。

2. 混合式换热器

此类换热器冷、热两流体直接接触，相互混合，实现热量与质量的双重交换。它具有传热速度快、效率高、设备简单的优点。这种换热方式常用于气体的冷却或水蒸气的冷凝。如冷却塔，空调工程中的喷水室等。而工程实际中大多数情况是两种流体不能混合，因而混合式换热器的使用范围受到一定限制。

图 15-7 为一种机械通风式冷却塔示意图。需要冷却的热水被集中到冷却塔的底部，用泵将其输送到塔顶，经淋水装置分散成水滴或水膜自上而下流动，与自下而上流动的空气相接触，在接触过程中热水将热量传递给空气，达到了冷却热水的目的。

3. 间壁式换热器

间壁式换热器进行热量交换的两流体被固体壁面分开，分别在壁面两侧流动，互不接触。该换热器的特点是冷、热两流体互不掺和，且流体适应性较强，满足工程实际中往往要求两流体不允许有丝毫混合的换热情况，具有结构紧凑，传热效率较高，无泄漏等优点，应用最为广泛。

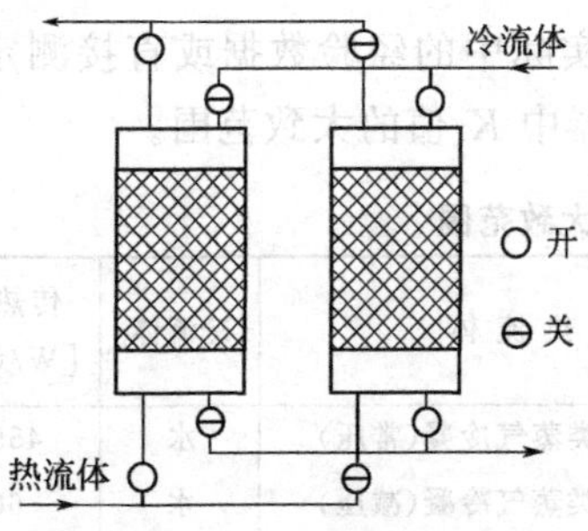

图 15-6 回热式换热器

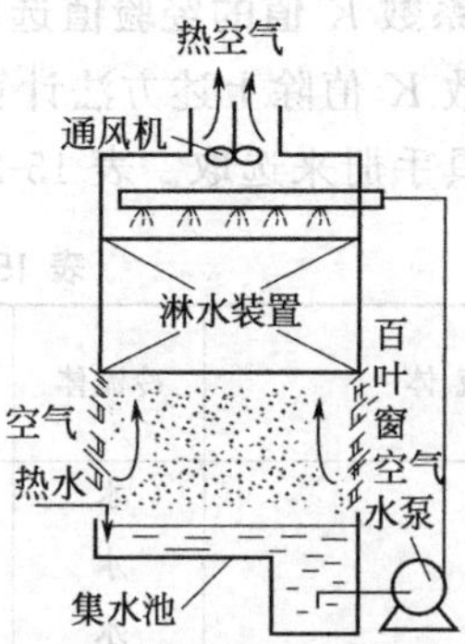

图 15-7 机械通风式冷却塔

二、间壁式换热器的主要类型

间壁式换热器按其结构可分为管壳式、套管式、肋片管式、板式、螺旋板式、板翅式、热管式等类型。

1. 管壳式换热器

管壳式换热器是应用最广泛的间壁式换热器，又称为列管式换热器。图 15-8 是管壳式换热器示意图。该换热器的壳体呈圆筒形，内部有若干平行的换热管（称为管束），管束两端固定于管板上，壳体两端的管板分别与封头上的设备法兰用螺栓连接，在壳体和封头上装有流体进、出口接管。流体Ⅰ在管外流动，管外各管间常设置一些折流挡板，折流挡板的作用是提高流速，使流体充分流经全部管面，并垂直流过管束，以改善壳程的传热。另外，折流挡板还可以起支承管束的作用。流体Ⅱ在管内流动。流体Ⅱ从管的一端流到另一端称为一个管程。当管子总数及流体流量一定时，管程数分得越多，则管内流速越高。图 15-8 所示换热器为单壳程双管程。图 15-9(a) 所示为 2 壳程 4 管程，图 15-9(b) 所示为 3 壳程 6 管程。

管壳式换热器结构坚固，能选用多种材料制造，易于制造，适应性强，处理能力大，换热表面清洗比较方便，在高温、高压场合下和大型装置中得到广泛应用。这一类型换热器是工业上用得最多，历史最久的一种，是占主导地位的换热器。其缺点是材料消耗大，不紧凑。

2. 套管式换热器

图 15-10 所示为套管式换热器示意图，它由两根同心圆管组成，流体Ⅰ在内外管间环形通道中流动，流体Ⅱ在内管中流动。由于此换热器没有大直径外壳，承压能力强，结构比较

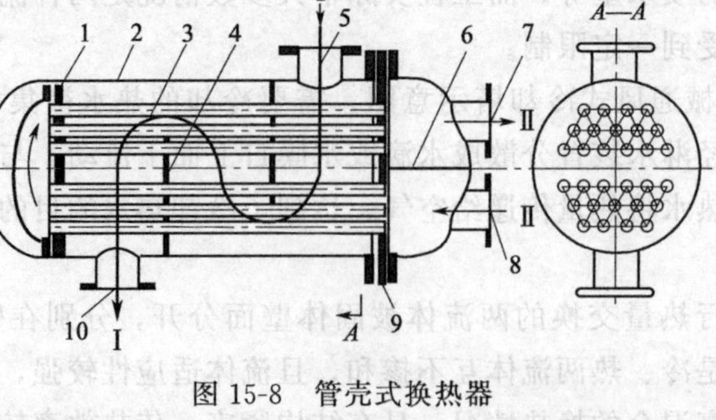

图 15-8 管壳式换热器

1,9—管板；2—外壳；3—换热管；4—折流挡板；5—壳程流体进口；6—管程隔板；

7—管程流体出口；8—管程流体进口；10—壳程流体出口

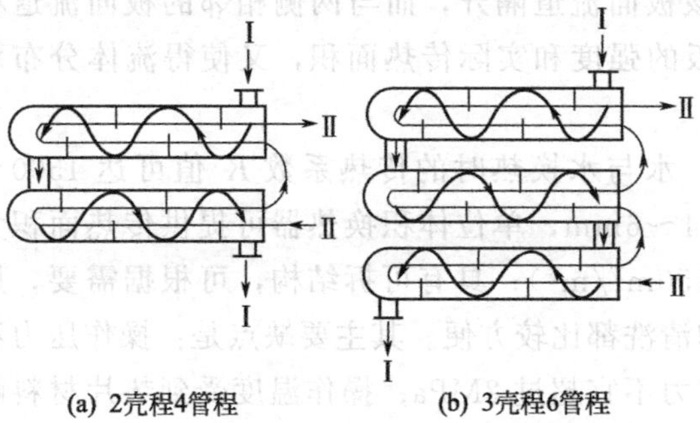

图 15-9 多壳程与多管程换热器示意图

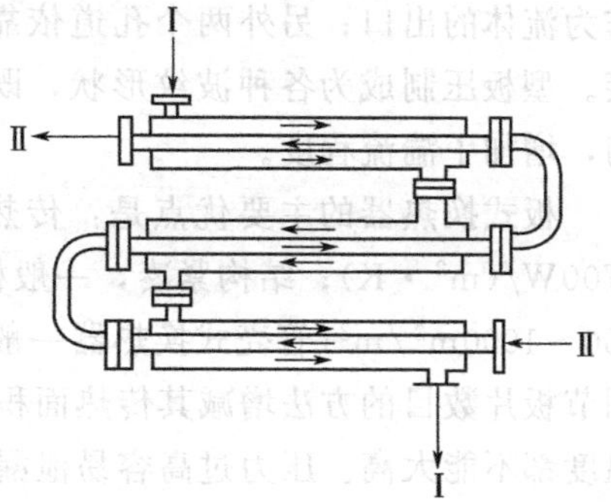

图 15-10 套管式换热器

简单、紧凑，一般用于高压逆流换热的场合。

3. 肋片管式换热器

肋片管又称翅片管，图 15-11 所示为肋片管式换热器示意图。这种换热器由几组管外加装了肋片的蛇形管组成，从而使管外的热阻减小，传热增强。一般用于流体走管内和空气走管外的热交换。这类换热器结构较紧凑，对于换热面的两侧流体表面传热系数相差较大的场合非常合适。

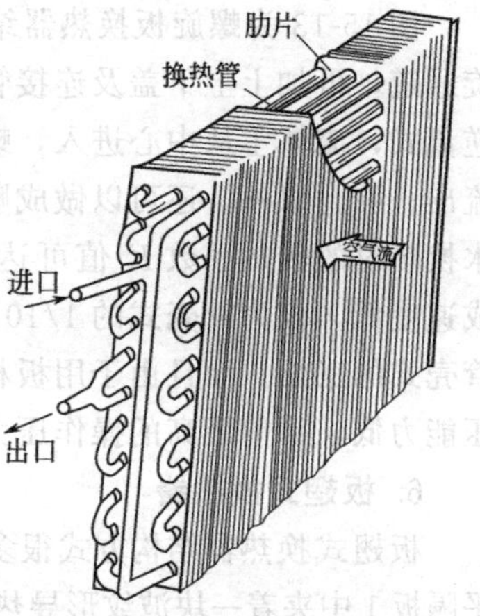

图 15-11 肋片管式换热器

4. 板式换热器

板式换热器是由一组已冲压出凹凸波纹的长方形薄金属板（型板）平行排列，并以密封垫片及夹紧装置组装而成，如图 15-12 所示。两相邻板片的边缘衬有垫片，压紧后可起到密封作用。采用不同厚度的垫片，可以调节相邻两板之间的距离，即流体通道的大小。冷、热两种流体在板间通道内相间流动，即一个通道走热流体、其两侧相邻的通道则走冷流体，每一块板面都是传热面。每片板的四个角上各开一个孔道作为冷、热流体在板面上的进出口，其中有两个孔道可以和板面上的流道相通，一个作为流体的进口，一个

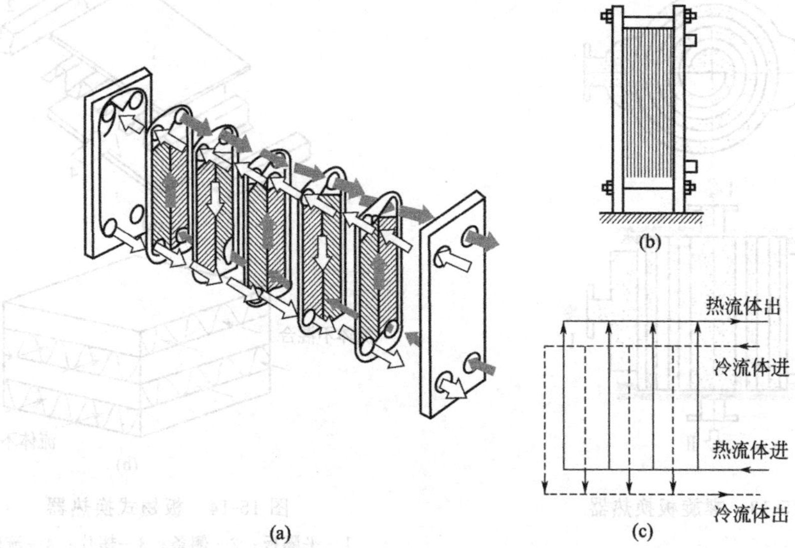

图 15-12 板式换热器及流程示意图

作为流体的出口；另外两个孔道依靠垫片与该板面流道隔开，而与两侧相邻的板面流道相接。型板压制成为各种波纹形状，既增加了板的强度和实际传热面积，又使得流体分布均匀，增加了湍流程度。

板式换热器的主要优点是：传热系数大，水与水换热时的传热系数 K 值可达 1500～4700W/(m^2·K)；结构紧凑，一般板间距为 4～6mm，单位体积换热器可提供传热面积为 250～1000m^2/m^3(管壳式换热器一般为 40～150m^2/m^3)；具有可拆结构，可根据需要，用调节板片数目的方法增减其传热面积，检修和清洗都比较方便。其主要缺点是：操作压力和温度都不能太高。压力过高容易泄漏，一般压力不宜超过 2MPa；操作温度受到垫片材料耐热性能的限制，一般不超过 250℃。另外由于板间距离仅有几毫米，流速又不大，不宜处理容易结垢的物料。

5. 螺旋板式换热器

图 15-13 为螺旋板换热器结构原理图，它是由两块平行的金属板卷制起来，构成两个螺旋通道，再加上上下盖及连接管而成，冷热两种流体分别在两螺旋通道中流动。图中所示为逆流式，流体Ⅰ从中心进入，螺旋流动到周边流出；流体Ⅱ则由周边进入，螺旋流动到中心流出。除此以外，还可以做成顺流方式。这种换热器的螺旋流通有利于提高传热系数，水与水换热时的传热系数 K 值可达 2000～3000W/(m^2·K)。螺旋流道的冲刷效果好，污垢形成速度低，仅为管壳式的 1/10。此外，这种换热器结构较紧凑，单位体积的传热面积约为管壳式的三倍。而且由于用板材代替管材，材料范围广。但缺点是不易清洗，检修困难，承压能力低，目前最高的操作压力不超过 2MPa。

6. 板翅式换热器

板翅式换热器结构方式很多，但都是由若干层基本换热元件组成。如图 15-14(a)，在两块平隔板 1 中夹着一块波纹形导热翅片 3，两端用侧条 2 密封，形成一层基本换热元件，许多层这样的元件叠合（使相邻两流道流动方向交错）焊接起来就构成板翅式换热器。图 15-14(b) 是一种叠合方式。波纹形导热翅片可作成多种形式，以增加流体的扰动，增强传热。板翅式换热器由于两侧都有翅片，作为气-气换热器时，传热系数有明显的改善，可达 300W/(m^2·K)。

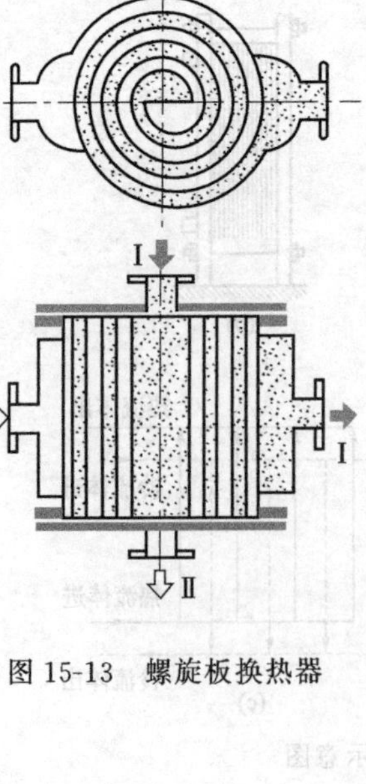

图 15-13　螺旋板换热器

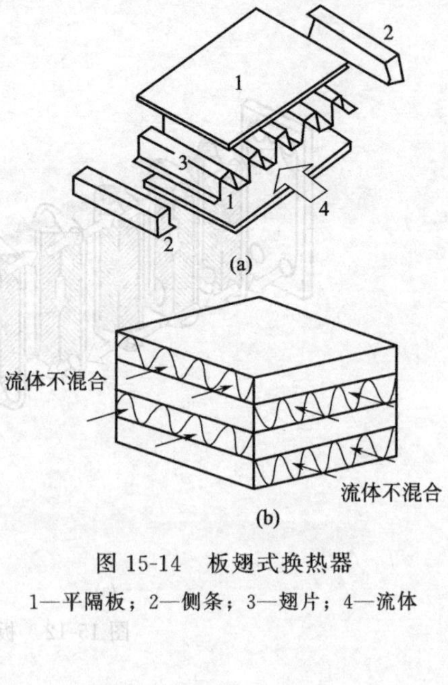

图 15-14　板翅式换热器

1—平隔板；2—侧条；3—翅片；4—流体

板翅式换热器结构非常紧凑、轻巧，单位体积中传热面积可达 $2500\sim4300m^2/m^3$，承压可达 10MPa。缺点是容易堵塞，清洗困难，检修不易。它适用于清洁和腐蚀性低的流体换热。板翅式换热器近年来在制冷空调技术领域中得到了广泛应用。

7. **热管式换热器**

热管是 20 世纪 60 年代中期发展起来的一种新型传热元件。热管的结构如图 15-15 所示，它是在一根抽除不凝性气体的密闭金属管内充以一定量的某种工作液体构成。工作液体在热端吸收热量而沸腾汽化，产生的蒸汽流到冷端放出潜热而凝结为液体，凝结液回至热端，再次吸热沸腾汽化。如此反复循环，热量不断地由热端传递到冷端。凝结液的回流可以通过不同的方法来实现，如毛细管作用或重力等。目前常用的方法是将具有毛细结构的吸液芯装在管的内壁上，利用毛细管的作用使凝结液由冷端回流至热端。热管的工作液体可以是氨、水、丙酮、汞等。采用不同的工作液体，有不同的工作温度范围。

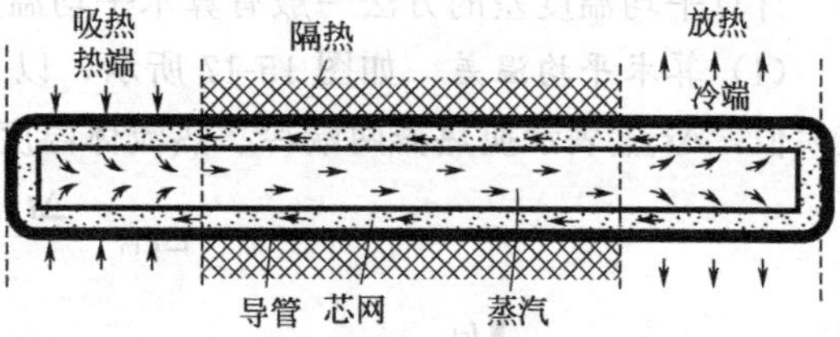

图 15-15 热管

热管传导热量的能力很强，为最优导热性能金属的导热能力 $10^3\sim10^4$ 倍。因充分利用了沸腾和凝结表面传热系数大的特点，通过管外翅片增大传热面积，且巧妙地将管内、外流体间的传热转变为隔热层两侧管外流体的传热，使热管成为高效且结构简单、投资少的换热设备。目前，热管换热器已被广泛应用在烟道气废热的回收过程，且取得了很好的节能效果。

三、换热器的传热计算

在工程实际中，间壁式换热器应用最为广泛。所以下面只讨论间壁式换热器的传热计算。传热计算可分为两种情况：一是设备选型，计算的目的是根据已知与传热有关的物理量，计算满足冷、热流体进行热交换所必需的传热面积；另一是校核计算，即已知换热器的传热面积，冷、热流体的质量流量和进口温度，计算该换热器的传热量及两种流体的出口温度。

1. **传热计算公式**

在换热器中，冷、热两流体传热过程的热流量 Φ 的计算公式为

$$\Phi=KA\Delta t_m$$

2. **传热平均温度差的计算**

在传热计算中，传热温度差都应该取平均温度差。这是因为冷、热流体沿传热面进行换热时，其温度沿流向不断地发生变化，温度差也在不断地发生变化。

热交换器内冷、热流体的相对流向大致可以分为 4 种方式，如图 15-16 所示。

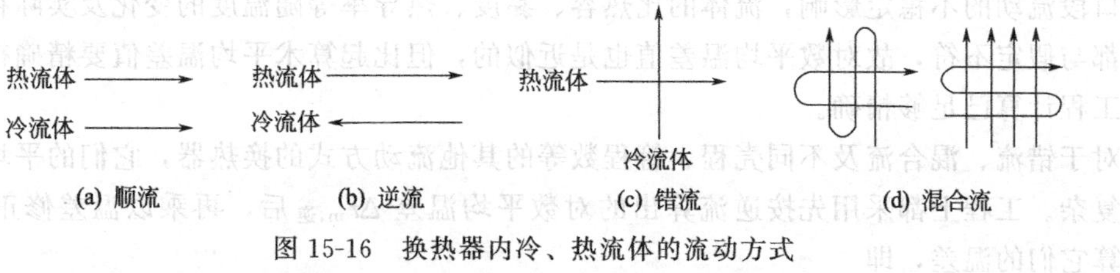

图 15-16 换热器内冷、热流体的流动方式

图 15-17(a) 和 (b) 所示为顺流和逆流时冷、热流体温度沿传热面变化的示意图。

由图 15-17 可以看出，沿换热面的温度变化，顺流时比逆流时更为显著，而逆流时的温

差变化较平缓，所以在相同的进出口温度下，逆流比顺流的平均温差大。此外，顺流时冷流体的出口温度必然低于热流体的出口温度，而逆流则不受此限制，故工程上的换热器一般都尽可能采用逆流布置。不过，如果两工作流体中的一种在换热过程中保持恒定温度时，则不管采用顺流还是逆流，平均温差都相同，而与流体的流动方式无关。例如，液体沸腾、蒸汽凝结或一种流体的流量大到其温度变化很小时，都属于这种情况。

计算平均温度差的方法一般有算术平均温差和对数平均温差两种。

(1) 算术平均温差　如图 15-17 所示，以 $\Delta t_{\max}$ 表示换热器两端冷、热流体温度差中的较大值，$\Delta t_{\min}$ 表示换热器两端冷、热流体温度差中的较小值，则算术平均温差为

$$\Delta t_{\mathrm{m}}=\frac{\Delta t_{\max}+\Delta t_{\min}}{2} \tag{15-26}$$

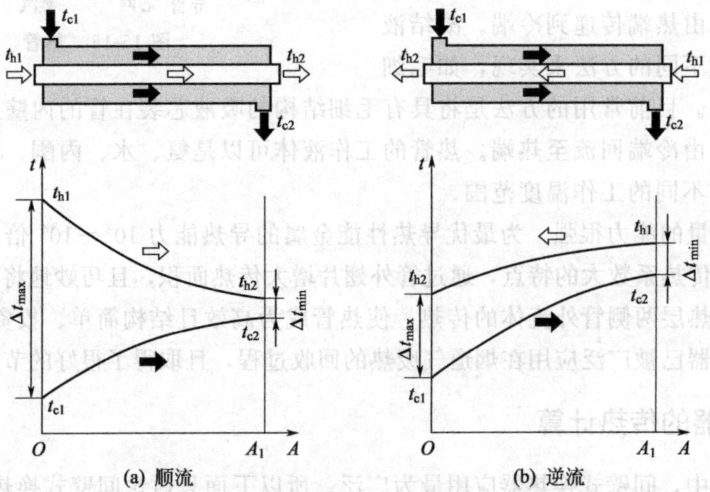

图 15-17　流体温度沿传热面变化的示意图

算术平均温差计算方法简便，但它误差较大，不能准确地反映温度变化的实际情况，当 $\Delta t_{\max}/\Delta t_{\min}\geqslant 2$ 时，误差 $\geqslant 4\%$。因此，只有在冷、热流体间的温差沿传热面的变化不大时，才可以近似采用算术平均温差，否则就应采用对数平均温差。

(2) 对数平均温差　对于顺流和逆流，均可采用对数平均温差，计算式为

$$\Delta t_{\mathrm{m}}=\frac{\Delta t_{\max}-\Delta t_{\min}}{\ln\dfrac{\Delta t_{\max}}{\Delta t_{\min}}} \tag{15-27}$$

在它的推导过程中，有几个基本假定：一是热流体放出的热量等于冷流体吸收的热量，即换热器无热损失；二是流体的热容不变；三是传热系数 K 不变。但在实际换热器中，由于进口段流动的不稳定影响，流体的比热容、黏度、热导率等随温度的变化及实际存在的热损失都与假定不符，故对数平均温差值也是近似的，但比起算术平均温差值要精确得多，对一般工程计算已足够精确。

对于错流、混合流及不同壳程、管程数等的其他流动方式的换热器，它们的平均温差推导很复杂。工程上都采用先按逆流算出的对数平均温差 $\Delta t_{\mathrm{m,逆}}$ 后，再乘以温差修正系数 Ψ 来计算它们的温差，即

$$\Delta t_{\mathrm{m}}=\Psi\Delta t_{\mathrm{m,逆}} \tag{15-28}$$

Ψ 值实际上表征的是特定流动形式在给定工况下接近纯逆流的程度。Ψ 值越大，说明

该换热器的流动方式越接近于纯逆流。一般 Ψ 值的大小可根据两个无量纲 P 和 R 在有关资料中查出，而

$$R=\frac{t_{h1}-t_{h2}}{t_{c2}-t_{c1}},\ P=\frac{t_{c2}-t_{c1}}{t_{h1}-t_{c1}} \tag{15-29}$$

式中 t_{h1}，t_{h2}——热流体的进、出口温度，℃；

t_{c1}，t_{c2}——冷流体的进、出口温度，℃。

一般情况下，为使平均传热温差不至于过小，换热器的设计最好使 $\Psi>0.9$，至少不小于 0.8，否则应重新选用另一种型号的换热器，或增加壳程数改用多台换热器串联操作，以提高 Ψ 值。

单壳程、双壳程和一次错流换热器对数平均温差的修正系数 Ψ 曲线图分别如图 15-18～图 15-20 所示。

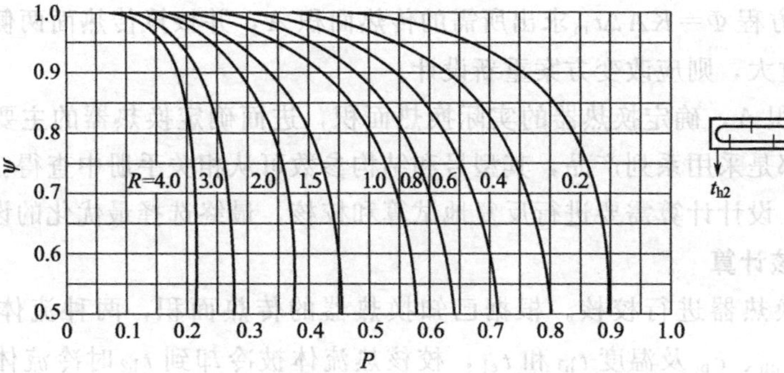

图 15-18 单壳程，2、4、6、8…管程的 Ψ 值

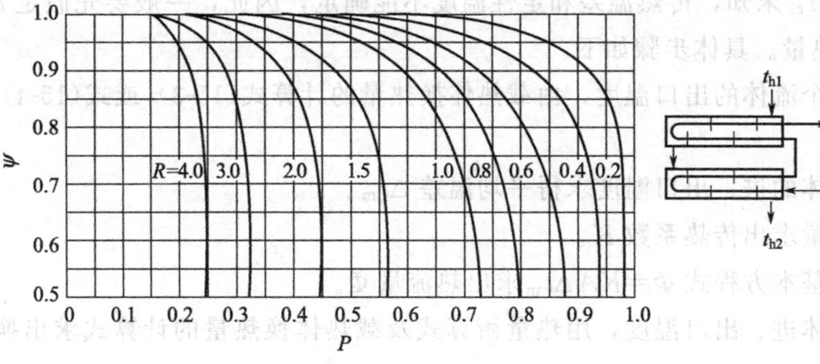

图 15-19 双壳程，4、8、12、16…管程的 Ψ 值

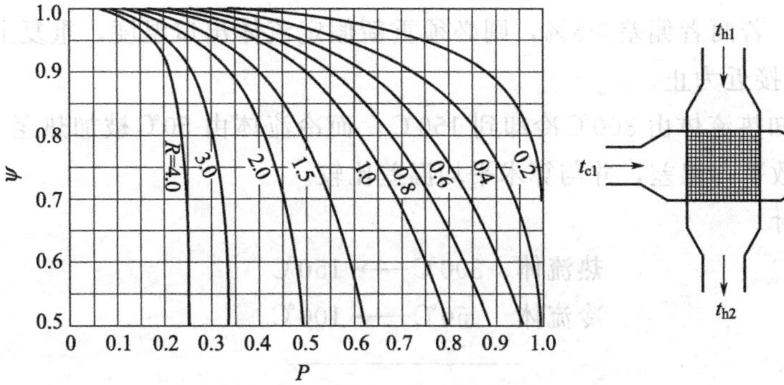

图 15-20 一次错流两种流体各自都不混合的 Ψ 值

3. **换热器的设计计算**

换热器设计需要确定换热器的类型、结构，计算传热系数和换热面积。可按下列步骤进行计算。

① 根据要求，确定换热器的类型，设定换热器的部分结构参数。

② 根据已知的工艺条件计算出换热器的热负荷 Φ'，从而确定换热器的热流量 Φ。

③ 根据已知的冷、热流体进出口温度 t_{c1}、t_{c2}、t_{h1}、t_{h2} 中的三个温度值，由载热体换热量的计算式(15-3) 或式(15-4) 求出第四个温度值。

④ 由冷、热流体进出口温度 t_{c1}、t_{c2}、t_{h1}、t_{h2} 计算平均温差 Δt_m。

⑤ 确定流体的特征尺寸和定性温度，结合流体的物理性质参数，分别计算出冷、热流体的表面传热系数；计算换热器管壁的导热热阻；根据换热器的结构形式选择相应的传热系数计算公式；依据表面传热系数、导热热阻及其他已知条件，求出传热系数 K。

⑥ 由传热基本方程 $\Phi = KA\Delta t_m$ 求出所需的传热面积 A，并核算传热面两侧流体的流动阻力，若流动阻力过大，则应改变方案重新设计。

⑦ 根据计算面积 A，确定换热器的实际换热面积，进而确定换热器的主要结构尺寸和参数。换热器一般都是采用系列产品，其型号和结构参数可从相关手册中查得。

值得注意的是，设计计算需要进行反复地试算和校核，最终选择最优化的设计方案。

4. **换热器的校核计算**

这是对已有的换热器进行校核。根据已知换热器的传热面积，两种流体的质量流量 q_{mh}、q_{mc}，比热容 c_{ph}、c_{pc} 及温度 t_{h1} 和 t_{c1}，校核热流体被冷却到 t_{h2} 时冷流体所能达到的出口温度 t_{c2} 或传热量 Φ。换言之，通过计算确定已有的换热器是否能够满足需要。校核计算中由于 t_{h2} 和 t_{c2} 未知，传热温差和定性温度不能确定，因此，一般要先假定 t_{h2} 和 t_{c2}，通过计算确定换热量。具体步骤如下。

① 假定一个流体的出口温度，由载热体换热量的计算式(15-3) 或式(15-4) 求出另一流体的出口温度。

② 由两流体的进、出口温度求得平均温差 Δt_m。

③ 由已知量求出传热系数 K。

④ 由传热基本方程式 $\Phi = KA\Delta t_m$ 求出热流量 Φ。

⑤ 由两流体进、出口温度，用热量衡算式及载热体换热量的计算式求出换热器的热负荷 Φ'。

⑥ 比较 Φ 和 Φ'，若两者相等或偏差介于 2%～5%之间，说明假定的流体出口温度与实际相符，计算结束。若两者偏差＞5%，则必须重新假定流体出口温度，重复上述计算，直至 Φ 和 Φ' 两者比较接近为止。

【例 15-5】 已知热流体由 300℃冷却到 150℃，而冷流体由 50℃被加热至 100℃。试求顺流与逆流时的对数平均温差，并与算术平均温差比较。

解： (1) 顺流时

$$
\begin{array}{ll}
\text{热流体} & 300℃ \longrightarrow 150℃ \\
\text{冷流体} & 50℃ \longrightarrow 100℃ \\
\hline
\end{array}
$$

$$\Delta t_{max} = 300 - 50 = 250℃，\Delta t_{min} = 150 - 100 = 50℃$$

$$\Delta t_m=\frac{\Delta t_{max}-\Delta t_{min}}{\ln\frac{\Delta t_{max}}{\Delta t_{min}}}=\frac{250-50}{\ln\frac{250}{50}}=124.3\ (℃)$$

若按算术平均温差计算

$$\Delta t_m=\frac{\Delta t_{max}+\Delta t_{min}}{2}=\frac{250+50}{2}=150\ (℃)$$

（2）逆流时

热流体 300℃⟶150℃

冷流体 100℃⟵50℃

$\Delta t_{max}=300-100=200℃$，$\Delta t_{min}=150-50=100℃$

$$\Delta t_m=\frac{\Delta t_{max}-\Delta t_{min}}{\ln\frac{\Delta t_{max}}{\Delta t_{min}}}=\frac{200-100}{\ln\frac{200}{100}}=144.3\ (℃)$$

若按算术平均温差计算

$$\Delta t_m=\frac{\Delta t_{max}+\Delta t_{min}}{2}=\frac{200+100}{2}=150\ (℃)$$

可见逆流平均温差比顺流平均温差大。对于顺流由于 $\Delta t_{max}/\Delta t_{min}>2$，故不能按算术平均温差近似计算，否则误差太大。

【例 15-6】 一台单壳程、双管程的管壳式换热器中，用水冷却油，油流量为 $q_{mh}=40m^3/h$，油从 $t_{h1}=60℃$冷却到 $t_{h2}=40℃$，此油在运行温度下的 $\rho_h=879kg/m^3$、$c_{ph}=1.95\ kJ/(kg\cdot K)$，冷却水的进口温度 $t_{c1}=30℃$，流量为 $q_{mc}=12.5kg/s$、$c_{pc}=4.19kJ/(kg\cdot K)$；水走管程，油走壳程。估计传热系数 K 为 $312W/(m^2\cdot K)$，试求所需的传热面积。

解：此题为设计计算

① 油的换热量

$$\begin{aligned}\Phi_h&=q_{mh}c_{ph}(t_{h1}-t_{h2})\\&=\frac{40}{3600}\times879\times1.95\times10^3\times(60-40)\\&=380900(W)=380.9\ (kW)\end{aligned}$$

由热量衡算式 $\Phi_h=\Phi_c=q_{mc}c_{pc}(t_{c2}-t_{c1})$，求得冷却水的出口温度为

$$\begin{aligned}t_{c2}&=t_{c1}+\frac{\Phi_h}{q_{mc}c_{pc}}\\&=30+\frac{380900}{12.5\times4.19\times10^3}=37\ (℃)\end{aligned}$$

② 按逆流布置的对数平均温差为

$$\begin{aligned}\Delta t_{m,逆}&=\frac{\Delta t_{max}-\Delta t_{min}}{\ln\frac{\Delta t_{max}}{\Delta t_{min}}}\\&=\frac{(60-37)-(40-30)}{\ln\frac{60-37}{40-30}}\\&=15.6\ (℃)\end{aligned}$$

由式(15-27)，求得参数

$$R=\frac{t_{h1}-t_{h2}}{t_{c2}-t_{c1}}=\frac{60-40}{37-30}=2.86$$

$$P=\frac{t_{c2}-t_{c1}}{t_{h1}-t_{c1}}=\frac{37-30}{60-30}=0.23$$

查图 15-18，得 $\Psi=0.93$

$$\Delta t_m=\Psi\Delta t_{m,逆}=0.93\times15.6=14.508\ (℃)$$

③ 由传热基本方程求出所需的传热面积为

$$A=\frac{\Phi}{K\Delta t_m}=\frac{380900}{312\times14.508}=84.15\ (m^2)$$

④ 考虑到传热时流体的污垢及传热系数求取的误差等，实际所需的换热面积应比计算面积多10%，即实际设计的换热面积为

$$A'=84.15\times1.1=92.57\ (m^2)$$

四、传热过程的强化和削弱

工程上遇到的大量传热问题，很多是涉及如何强化和削弱传热过程。所谓强化传热，就是提高换热设备的热流量 Φ，使设备趋于紧凑，节省金属材质，降低动力消耗。削弱传热主要是使设备外表面与外界空气之间的传热量尽量的减小，减小其系统的热量或冷量损失，以减少能量消耗。从传热基本方程式可以看出：热流量 Φ 的大小由三个因素决定，即冷、热流体之间平均温度差 Δt_m，传热面积 A 和传热系数 K，改变其中任意一个都会对传热带来影响。下面具体分析强化和削弱传热的途径。

1. 传热过程的强化

(1) 增大传热系数　增大传热系数 K，就是降低换热器的总热阻，也即减小各项分热阻之和。要提高 K 值，一般需从热阻大（表面传热系数小）的一侧入手，增加流体流速或在流体侧加装绕流体元件（如螺纹管、波纹管等）以增加流体侧的表面传热系数；尽量采用软化水，定期采用机械或化学的方法清除污垢，以防结垢或锈蚀，达到减小热阻，增大传热系数 K 之目的。

(2) 增大换热器单位体积的传热面积　对于间壁式换热器，增大传热面积，可以提高换热器的热流量，但增大传热面积，不能单纯增大换热器的几何尺寸，否则会造成材料消耗增加、设备体积庞大及投资费用增高等不良影响。因此，应合理提高单位体积的传热面积。近二十年来，世界各国已研制出各种高效传热面，不仅使传热面积得到了充分的扩大且改善了传热面的流动特性。这些高效传热面常见的有：光滑波纹翅片、多孔波纹翅片等不同结构翅片；扁管、椭圆管、波纹管和螺旋槽纹管等各种异形管；螺旋板式和板翅式等板型传热面。它们使换热器的传热系数及单位体积的传热面积增加，能收到高效紧凑的效果。

(3) 增大冷、热两流体的平均温度差　增大冷、热两流体的平均温度差，即增大传热过程的推动力，可以提高换热器的热流量。但此方法有时受工艺条件的限制，目的流体的温度不能随意变动，而加热剂或冷却剂的温度，在技术可行和经济合理的基础上，可以通过选择不同的介质和流量加以改变，来达到增大传热推动力的目的。如：用饱和水蒸气作加热剂时，加大蒸汽压力可以提高其温度；用冷却水作冷却剂时，增大冷却水流量或以冷冻盐水代替普通冷却水，可以使冷却剂的温度降低。另外，当换热器中两流体均无相变时，应尽可能

地采用逆流或接近于逆流的相对流向以获得较大的平均温度差。

2. 传热过程的削弱

工程实际中经常遇到需减少设备热损失或保持工作介质所要求的温度等情况，如蒸汽热水管道、低压制冷设备和制冷剂管道等。为了避免能量的损失，就必须对这些高温或低温的设备表面采取措施，以削弱设备与空气之间的传热。

削弱设备与空气之间的传热通常只有用减小传热系数的方法来达到目的。主要方法可概括为以下两个方面。

(1) *覆盖保温材料以增大导热热阻* 工程中应用最广泛的是在管道和设备上覆盖保温材料以增加导热热阻，使传热量减小，实现传热的削弱。如在蒸汽管道外使用保温材料以减少蒸气散热损失，在中央空调低温冷冻水管外包裹绝热层，防止外界热量传入管内，降低制冷效果等。

在平壁上敷设保温材料，热流量与绝热层的厚度成反比。绝热层越厚，传递热流量越小，保证设备的散热损失也就越少。

在圆筒壁上敷设保温绝热材料与平壁有所不同。由热流量及传热系数公式可知：一方面增加绝热层厚度，使绝热层导热热阻增大，传热系数 K 减小，致使传热量减少；而另一方面增加绝热层厚度，又使管道外表面积增大，致使传热量增加，因此，存在一最小直径 $d_{\min}$，即管道散热量最大的保温层的直径，通常称为临界热绝缘直径。当管道敷设保温层后的直径小于临界热绝缘直径 $d_{\min}$ 时，敷设保温层反而比没有保温层的散热损失更大。只有当管道敷设保温层后的直径大于临界热绝缘直径 $d_{\min}$ 时，敷设保温层才能有效地起到减小散热损失的作用。

临界热绝缘直径的计算式为

$$d_{\min}=\frac{2\lambda}{h_o} \tag{15-30}$$

式中 λ——材料的热导率，W/(m·K)；

h_o——保温层外壁与流体间表面传热系数，W/(m²·K)。

通常热能与制冷工程中，需要覆盖保温层的设备和管道的直径大多数都大于临界热绝缘直径 $d_{\min}$。只有在管道直径较小、而保温材料的热导率又较大时，才需考虑临界热绝缘直径的问题。

(2) *改变表面状况*

① 改变表面的辐射特性。采用选择性涂层，既增强对投入辐射的吸收，又削弱本身对环境的辐射热损失，这些涂层如氧化铜、镍黑等。

② 附加抑制对流的元件。如太阳能平板集热器的玻璃盖板与吸热板间加装蜂窝状结构的元件，抑制空气对流，同时也可减少集热器的对外辐射热损失。

习 题

15-1 什么是传热过程？有何特点？

15-2 什么是换热器的热流量和热负荷，两者有何关系？

15-3 换热器的热负荷如何确定？适用于何种场合？

15-4 将 0.417kg/s，80℃的某液体通过一换热器冷却到 40℃，冷却水的进口温度为 30℃，出口温度不超过 35℃，已知：液体的比定压热容为 1.38kJ/(kg·K)，液体走管内，冷却水走管外，且热损失忽略不计，试求该换热器的热负荷及冷却水的用量。

15-5 在管壳式冷凝器中，用100℃的饱和水蒸气将1.5kg/s的空气由20℃加热至80℃。已知空气在管内流动，水蒸气在管外流动，试求：

① 热负荷和水蒸气消耗量；

② 若水蒸气用量不变，将空气流量加大20%，则空气的出口温度为多少。

15-6 换热器的传热计算所依据的基本方程有哪些？

15-7 如何定义传热系数，传热系数与热阻有什么关系？

15-8 有一碳钢平壁，厚25mm，热导率为36.4W/(m·K)，两侧流体温度分别为$t_h=120℃$，$t_c=30℃$；表面传热系数分别为$h_1=500W/(m^2·K)$，$h_2=100W/(m^2·K)$。试求通过平壁传递的热流密度及平壁两侧的壁温t_{w1}和t_{w2}。如果将h_2提高到200W/(m²·K)，传热系数和热流密度各增大到多少？

15-9 纯铜管的外径为19mm，壁厚为1.5mm，热导率$\lambda=100W/(m·K)$。热水在管内流动，表面传热系数$h_i=6000W/(m^2·K)$，空气在管外流动，表面传热系数$h_o=90W/(m^2·K)$。求：

① 传热系数；

② 其他条件不变，将h_i提高一倍，传热系数有何变化；

③ 其他条件不变，将h_o提高一倍，传热系数有何变化。

15-10 计算一冷凝管的基于管外侧面积的传热系数。管外径25mm，管壁厚1.5mm，材料为黄铜，导热热阻可以忽略不计。管外冷凝侧表面传热系数$h_o=6000W/(m^2·K)$，管内水侧表面传热系数$h_i=4000W/(m^2·K)$。

① 无污垢；

② 有污垢，水侧使用海水，流速小于1m/s，水温为32℃。

15-11 对热换器加肋的作用是什么？肋壁传热怎样计算？

15-12 一平壁加肋，肋面总效率为65%，光壁一侧面积为1m²，流体的表面传热系数为200W/(m²·K)；肋壁一侧面积为20m²，流体的表面传热系数为10W/(m²·K)；壁面两侧流体的平均温度差为60℃，平壁壁厚为10mm，材料的热导率为50W/(m·K)。试比较该平壁加肋和不加肋的传热量。

15-13 换热器按照工作原理和特点可分为哪几大类？各有何特点？

15-14 间壁式换热器按其结构分为哪几种主要类型？各有何特点？

15-15 换热器的传热计算为何要使用对数平均温差？如何计算？何种情况下可以用算术平均温差？

15-16 顺流和逆流冷热流体沿传热面的温度变化有何不同？为什么逆流式换热器比顺流式换热器换热效果好？

15-17 在一换热器中，热流体从300℃冷却到180℃，而冷流体从20℃被加热到150℃。如换热器的流动方式按顺流、逆流、错流布置，问平均温差各为多少？

15-18 在套管换热器内，热流体温度由90℃冷却到70℃，冷流体温度由20℃上升到60℃。试分别计算：

① 两流体作逆流与顺流时的平均温度差；

② 若操作条件下，换热器的热负荷为585kW，其传热系数K为300W/(m²·K)，求两流体作逆流和顺流时所需的传热面积各为多少。

15-19 一个蒸汽-空气换热器，传热系数$K=100W/(m^2·K)$，绝对压力为0.012345MPa的干饱和水蒸气凝结放热而变成饱和水；空气流量为$q_{Vc}=4m^3/s$，由12℃被加热到24℃。求：

① 换热器的换热量；

② 传热面积；

③ 凝结水量。

15-20 单壳程2管程管壳式空气冷却器中，管内冷却水从20℃升高到40℃，空气温度则从125℃下降到50℃，空气流量为18.0kg/min。传热系数为90W/(m²·K)。

① 求所需传热面积；

② 若空气冷却器改为双壳程4管程结构，计算所需传热面积。

15-21 增强传热的目的是什么？增强传热的途径有哪些？

15-22 如何削弱传热？何谓临界热绝缘直径？

附　录

附表 1　常用气体的平均比定压热容 $c_p|_0^t$　　kJ/(kg·K)

气体 温度/℃	O_2	N_2	CO	CO_2	H_2O	SO_2	空气
0	0.915	1.039	1.040	0.815	1.859	0.607	1.004
100	0.923	1.040	1.042	0.866	1.873	0.636	1.006
200	0.935	1.043	1.046	0.910	1.894	0.662	1.012
300	0.950	1.049	1.054	0.949	1.919	0.687	1.019
400	0.965	1.057	1.063	0.983	1.948	0.708	1.028
500	0.979	1.066	1.075	1.013	1.978	0.724	1.039
600	0.993	1.076	1.086	1.040	2.009	0.737	1.050
700	1.005	1.087	1.098	1.064	2.042	0.754	1.061
800	1.016	1.097	1.109	1.085	2.075	0.762	1.071
900	1.026	1.108	1.120	1.104	2.110	0.775	1.081
1000	1.035	1.118	1.130	1.122	2.144	0.783	1.091
1100	1.043	1.127	1.140	1.138	2.177	0.791	1.100
1200	1.051	1.136	1.149	1.153	2.211	0.795	1.108
1300	1.058	1.145	1.158	1.166	2.243	—	1.117
1400	1.065	1.153	1.166	1.178	2.274	—	1.124
1500	1.071	1.160	1.173	1.189	2.305	—	1.131
1600	1.077	1.167	1.180	1.200	2.335	—	1.138
1700	1.083	1.174	1.187	1.209	2.363	—	1.144
1800	1.089	1.180	1.192	1.218	2.391	—	1.150
1900	1.094	1.186	1.198	1.266	2.417	—	1.156
2000	1.099	1.191	1.203	1.233	2.442	—	1.161
2100	1.104	1.197	1.208	1.241	2.466	—	1.166
2200	1.109	1.201	1.213	1.247	2.489	—	1.171
2300	1.114	1.206	1.218	1.253	2.512	—	1.176
2400	1.118	1.210	1.222	1.259	2.533	—	1.180
2500	1.123	1.214	1.266	1.264	2.554	—	1.184

附表 2　常用气体的平均比定容热容 $c_V\Big|_0^t$　　kJ/(kg · K)

温度/℃ \ 气体	O_2	N_2	CO	CO_2	H_2O	SO_2	空气
0	0.655	0.724	0.743	0.626	1.398	0.477	0.716
100	0.663	0.744	0.745	0.677	1.411	0.507	0.719
200	0.675	0.747	0.749	0.721	1.432	0.532	0.724
300	0.690	0.752	0.757	0.760	1.457	0.557	0.732
400	0.705	0.760	0.767	0.794	1.486	0.578	0.741
500	0.719	0.769	0.777	0.824	1.516	0.595	0.752
600	0.733	0.779	0.789	0.851	1.547	0.607	0.762
700	0.745	0.790	0.801	0.875	1.581	0.621	0.773
800	0.756	0.801	0.812	0.896	1.614	0.632	0.784
900	0.766	0.811	0.823	0.916	1.618	0.615	0.794
1000	0.775	0.821	0.834	0.933	1.682	0.653	0.804
1100	0.783	0.830	0.843	0.950	1.716	0.662	0.813
1200	0.791	0.839	0.857	0.964	1.749	0.666	0.821
1300	0.798	0.848	0.861	0.977	1.781	—	0.829
1400	0.805	0.856	0.869	0.989	1.813	—	0.837
1500	0.811	0.863	0.876	1.001	1.843	—	0.844
1600	0.817	0.870	0.883	1.011	1.873	—	0.851
1700	0.823	0.877	0.889	1.020	1.902	—	0.857
1800	0.829	0.883	0.896	1.029	1.929	—	0.863
1900	0.834	0.889	0.901	1.037	1.955	—	0.869
2000	0.839	0.894	0.906	1.045	1.980	—	0.874
2100	0.844	0.900	0.911	1.052	2.005	—	0.879
2200	0.849	0.905	0.916	1.058	2.028	—	0.884
2300	0.854	0.909	0.921	1.064	2.050	—	0.889
2400	0.858	0.914	0.925	1.070	2.072	—	0.893
2500	0.863	0.918	0.929	1.075	2.093	—	0.897

附表 3　一些气体的摩尔质量、气体常数、低压下的比热容和摩尔热容

物　质	M /(kg/kmol)	c_p /[kJ/(kg · K)]	$C_{p,\mathrm{m}}$ /[J/(mol · K)]	c_V /[kJ/(kg · K)]	$C_{V,\mathrm{m}}$ /[J/(mol · K)]	R_g /[kJ/(kg · K)]	κ
氩 Ar	39.94	0.523	20.89	0.315	12.57	0.208	1.67
氦 He	4.003	5.200	20.81	3.123	12.50	2.077	1.67
氢 H_2	2.016	14.32	28.86	10.19	20.55	4.124	1.40
氮 N_2	28.02	1.038	29.08	0.742	20.77	0.297	1.40
氧 O_2	32.00	0.917	29.34	0.657	21.03	0.260	1.39
一氧化碳 CO	28.01	1.042	29.19	0.745	20.88	0.297	1.40
空气	28.97	1.004	29.09	0.717	20.78	0.287	1.40
水蒸气 H_2O	18.016	1.867	33.64	1.406	25.33	0.461	1.33
二氧化碳 CO_2	44.01	0.845	37.19	0.656	28.88	0.189	1.29
二氧化硫 SO_2	64.07	0.644	41.26	0.514	32.94	0.130	1.25
甲烷 CH_4	16.04	2.227	5.72	1.709	27.41	0.519	1.30
丙烷 C_3H_8	44.09	1.691	74.56	1.502	66.25	0.189	1.13

附表 4　饱和水与饱和水蒸气的热力性质（按温度排列）

温度	饱和压力	比体积		比焓		汽化潜热	比熵	
		饱和水	饱和蒸汽	饱和水	饱和蒸汽		饱和水	饱和蒸汽
t/℃	p_s/MPa	v'/(m³/kg)	v''/(m³/kg)	h'/(kJ/kg)	h''/(kJ/kg)	r/(kJ/kg)	s' /[kJ/(kg·K)]	s'' /[kJ/(kg·K)]
0	0.0006112	0.00100022	206.154	−0.05	2500.51	2500.6	−0.0002	9.1544
0.01	0.0006117	0.00100021	206.012	0.00	2500.53	2500.5	0.0000	9.1541
1	0.0006571	0.00100018	192.464	4.18	250235	2498.2	0.0153	9.1278
2	0.0007059	0.00100013	179.787	8.39	2504.19	2495.8	0.0306	9.1014
3	0.0007580	0.00100009	168.041	12.61	2506.03	2493.4	0.0459	9.0752
4	0.0008135	0.00100008	157.151	16.82	2507.87	2491.1	0.0611	9.0493
5	0.0008725	0.00100008	147.048	21.02	2509.71	2488.7	0.0763	9.0236
6	0.0009325	0.00100010	137.670	25.22	2511.55	2486.3	0.0913	8.9982
7	0.0010019	0.00100014	128.961	29.42	2513.39	2484.0	0.1063	8.9730
8	0.0010728	0.00100019	120.868	33.62	2515.23	2481.6	0.1213	8.9480
9	0.0011480	0.00100026	113.342	37.81	2517.06	2479.3	0.1362	8.9233
10	0.0012279	0.00100034	106.341	42.00	2518.90	2476.9	0.1510	8.8988
11	0.0013126	0.00100043	99.825	46.19	2520.74	2474.5	0.1658	8.8745
12	0.0014025	0.00100054	93.756	50.38	2522.57	2472.2	0.1805	8.8504
13	0.0014977	0.00100066	88.101	54.57	2524.41	2469.8	0.1952	8.8265
14	0.0015985	0.00100080	82.828	58.76	2526.24	2467.5	0.2098	8.8029
15	0.0017053	0.00100094	77.910	62.95	2528.07	2465.1	0.2243	8.7794
16	0.0018183	0.00100110	73.320	67.13	2529.90	2462.8	0.2388	8.7562
17	0.0019377	0.00100127	69.034	71.32	2531.72	2460.4	0.2533	8.7331
18	0.0020640	0.00100145	65.029	75.50	2533.55	2458.1	0.2677	8.7103
19	0.0021975	0.00100165	61.287	79.68	2535.37	2455.7	0.2820	8.6877
20	0.0023385	0.00100185	57.786	83.86	2537.20	2453.3	0.2963	8.6652
22	0.0026444	0.00100229	51.445	92.23	2540.84	2448.6	0.3247	8.6210
24	0.0029846	0.00100276	45.884	100.59	2544.47	2443.9	0.3530	8.5774
26	0.0033625	0.00100328	40.997	108.95	2548.10	2439.2	0.3810	8.5347
28	0.0037814	0.00100383	36.694	117.32	2551.73	2434.4	0.4089	8.4927
30	0.0042451	0.00100442	32.899	125.68	2555.35	2429.7	0.4366	8.4514
35	0.0056263	0.00100605	25.222	146.59	2564.38	2417.8	0.5050	8.3511
40	0.0073811	0.00100789	19.529	167.50	2573.36	2405.9	0.5723	8.2551
45	0.0095897	0.00100993	15.2636	188.42	2582.30	2393.9	0.6386	8.1630
50	0.0123446	0.00101216	12.0365	209.33	2591.19	2381.9	0.7038	8.0745
55	0.015752	0.00101455	9.5723	230.24	2600.02	2369.8	0.7680	7.9896
60	0.019933	0.00101713	7.6740	251.15	2608.79	2357.6	0.8312	7.9080
65	0.025024	0.00101986	6.1992	272.08	2617.48	2345.4	0.8935	7.8295
70	0.031178	0.00102276	5.0443	293.01	2626.10	2333.1	0.9550	7.7540
75	0.038565	0.00102582	4.1330	313.96	2634.63	2320.7	1.0156	7.6812
80	0.047376	0.00102903	3.4086	334.93	2643.06	2308.1	1.0753	7.6112
85	0.057818	0.00103240	2.8288	355.92	2651.40	2295.5	1.1343	7.5436
90	0.070121	0.00103593	2.3616	376.94	2659.63	2282.7	1.1926	7.4783
95	0.084533	0.00103961	1.9827	397.98	2667.73	2269.7	1.2501	7.4154
100	0.101325	0.00104344	1.6736	419.06	2675.71	2256.6	1.3069	7.3545
110	0.143243	0.00105156	1.2106	461.33	2691.26	2229.9	1.4186	7.2386
120	0.198483	0.00106031	0.89219	503.76	2706.18	2202.4	1.5277	7.1297
130	0.270018	0.00106968	0.66873	546.38	2720.39	2174.0	1.6346	7.0272
140	0.361190	0.00107972	0.50900	589.21	2733.81	2144.6	1.7393	6.9302
150	0.47571	0.00109046	0.39286	632.28	2746.35	2114.1	1.8420	6.8381
160	0.61766	0.00110193	0.30709	675.62	2757.92	2082.3	1.9429	6.7502
170	0.79147	0.00111420	0.24283	719.25	2768.42	2049.2	2.0420	6.6661
180	1.00193	0.00112732	0.19403	763.22	2777.74	2014.5	2.1396	6.5852
190	1.25417	0.00114136	0.15650	807.56	2785.80	1978.2	2.2358	6.5071

续表

温度	饱和压力	比体积		比焓		汽化潜热	比熵	
		饱和水	饱和蒸汽	饱和水	饱和蒸汽		饱和水	饱和蒸汽
t/℃	p_s/MPa	v'/(m³/kg)	v''/(m³/kg)	h'/(kJ/kg)	h''/(kJ/kg)	r/(kJ/kg)	s' /[kJ/(kg·K)]	s'' /[kJ/(kg·K)]
200	1.55366	0.00115641	0.12732	852.34	2792.47	1940.1	2.3307	6.4312
210	1.90617	0.00117258	0.10438	897.62	2797.65	1900.0	2.4245	6.3571
220	2.31783	0.0011900	0.086157	943.46	2801.20	1857.7	2.5175	6.2846
230	2.79505	0.00120882	0.071553	989.95	2803.00	1813.0	2.6096	6.2130
240	2.34459	0.00122922	0.059743	1037.2	2802.88	1765.7	2.7013	6.1422
250	3.97351	0.00125145	0.050112	1085.3	2800.66	1715.4	2.7926	6.0716
260	4.68923	0.00127579	0.042195	1134.3	2796.14	1661.8	2.8837	6.0007
270	5.49956	0.00130262	0.035637	1184.5	2789.05	1604.5	2.9751	5.9292
280	6.41273	0.00133242	0.030165	1236.0	2779.08	1543.1	3.0668	5.8564
290	7.43746	0.00136582	0.025565	1289.1	2765.81	1476.7	3.1594	5.7817
300	8.58308	0.00140369	0.021669	1344.0	2748.71	1404.7	3.2533	5.7042
310	9.8597	0.00144728	0.018343	1401.2	2727.01	1325.9	3.3490	5.6226
320	11.278	0.00149844	0.015479	1461.2	2699.72	1238.5	3.4475	5.5356
330	12.851	0.00156008	0.012987	1524.9	2665.30	1140.4	3.5500	5.4408
340	14.593	0.00163728	0.010790	1593.7	2621.32	1027.6	3.6586	5.3345
350	16.521	0.00174008	0.008812	1670.3	2563.39	893.0	3.7773	5.2104
360	18.657	0.00189423	0.006958	1761.1	2481.68	720.6	3.9155	5.0536
370	21.033	0.00221480	0.004982	1891.7	2338.79	447.1	4.1125	4.8076
371	21.286	0.00227969	0.004735	1911.8	2314.11	402.3	4.1429	4.7674
372	21.542	0.00236530	0.004451	1936.1	2282.99	346.9	4.1796	4.7173
373	21.802	0.00249600	0.004087	1968.8	2237.98	269.2	4.2292	4.6458

临界参数

$$p_c=22.064\text{MPa},\ t_c=373.99℃,\ v_c=0.003106\text{m}^3/\text{kg},$$
$$h_c=2085.9\text{kJ/kg},\ s_c=4.4092\text{kJ/(kg·K)}$$

附表 5 饱和水与饱和水蒸气的热力性质（按压力排列）

压力	饱和温度	比体积		比焓		汽化潜热	比熵	
		饱和水	饱和蒸汽	饱和水	饱和蒸汽		饱和水	饱和蒸汽
p/MPa	t_s/℃	v'/(m³/kg)	v''/(m³/kg)	h'/(kJ/kg)	h''/(kJ/kg)	r/(kJ/kg)	s' /[kJ/(kg·K)]	s'' /[kJ/(kg·K)]
0.0010	6.9491	0.0010001	129.185	29.21	2513.29	2484.1	0.1056	8.9735
0.0020	17.5403	0.0010014	67.008	73.58	2532.71	2459.1	0.2611	8.7220
0.0030	24.1142	0.0010028	45.666	101.07	2544.68	2443.6	0.3546	8.5758
0.0040	28.9533	0.0010041	34.796	121.30	2553.45	2432.2	0.4221	8.4725
0.0050	32.8793	0.0010053	28.191	137.72	2560.55	2422.8	0.4761	8.3830
0.0060	36.1663	0.0010065	23.738	151.47	2566.48	2415.0	0.5208	8.3283
0.0070	38.9967	0.0010075	20.528	163.31	2571.56	2408.3	0.5589	8.2737
0.0080	41.5075	0.0010085	18.102	173.81	2576.06	2402.3	0.5924	8.2266
0.0090	43.7901	0.0010094	16.204	183.36	2580.15	2396.8	0.6226	8.1854
0.010	45.7988	0.0010103	14.673	191.76	2583.72	2392.0	0.6490	8.1481
0.015	53.9705	0.0010140	10.022	225.93	2598.21	2372.3	0.7548	8.0065
0.020	60.0650	0.0010172	7.6497	251.43	2608.90	2357.5	0.8320	7.9068
0.025	64.972	0.0010198	6.2047	271.96	2617.43	2345.5	0.8932	7.8298
0.030	69.1041	0.0010222	5.2296	289.26	2624.56	2335.3	0.9440	7.7671
0.040	75.8720	0.0010264	3.9939	317.61	2636.10	2318.5	1.0260	7.6688
0.050	81.3388	0.0010299	3.2409	340.55	2645.31	2304.8	1.0912	7.5928
0.060	85.9496	0.0010331	2.7324	359.91	2652.97	2293.1	1.1454	7.5310
0.070	89.9556	0.0010359	2.3654	376.75	2659.55	2282.8	1.1921	7.4789

续表

压力	饱和温度	比体积		比焓		汽化潜热	比熵	
		饱和水	饱和蒸汽	饱和水	饱和蒸汽		饱和水	饱和蒸汽
p/MPa	t_s/℃	v'/(m³/kg)	v''/(m³/kg)	h'/(kJ/kg)	h''/(kJ/kg)	r/(kJ/kg)	s' /[kJ/(kg·K)]	s'' /[kJ/(kg·K)]
0.080	93.5107	0.0010385	2.0876	391.71	2665.33	2273.6	1.2330	7.4339
0.090	96.7121	0.0010409	1.8698	405.20	2670.48	2265.3	1.2696	7.3943
0.10	99.634	0.0010432	1.6943	417.52	2675.14	2257.6	1.3028	7.3589
0.12	104.810	0.0010473	1.4287	439.37	2683.26	2243.9	1.3609	7.2978
0.14	109.318	0.0010510	1.2368	458.44	2690.22	2231.8	1.4110	7.2462
0.16	113.326	0.0010544	1.09159	475.42	2696.29	2220.9	1.4552	7.2016
0.18	116.941	0.0010576	0.97767	490.76	2701.69	2210.9	1.4946	7.1623
0.20	120.240	0.0010605	0.88585	504.78	2706.53	2201.7	1.5303	7.1272
0.25	127.444	0.0010672	0.71879	535.47	2716.83	2181.4	1.6075	7.0528
0.30	133.556	0.0010732	0.60587	561.58	2725.26	2163.7	1.6721	6.9921
0.35	138.891	0.0010786	0.52427	584.45	2732.37	2147.9	1.7278	6.9407
0.40	143.642	0.0010835	0.46246	604.87	2738.49	2133.6	1.7769	6.8961
0.45	147.939	0.0010882	0.41396	623.38	2743.85	2120.5	1.8210	6.8567
0.50	151.867	0.0010925	0.37486	640.35	2748.59	2108.2	1.8610	6.8214
0.60	158.863	0.0011006	0.31563	670.67	2756.66	2086.0	1.9315	6.7600
0.70	164.983	0.0011079	0.27281	697.32	2763.29	2066.0	1.9925	6.7079
0.80	170.444	0.0011148	0.24037	721.20	2768.86	2047.7	2.0464	6.6625
0.90	175.389	0.0011212	0.21491	742.90	2773.59	2030.7	2.0948	6.6222
1.00	179.916	0.0011272	0.19438	762.84	2777.67	2014.8	2.1388	6.5859
1.10	184.100	0.0011330	0.17747	781.35	2781.21	1999.9	2.1792	6.5529
1.20	187.995	0.0011385	0.16328	798.64	2784.29	1985.7	2.2166	6.5225
1.30	191.644	0.0011438	0.15120	814.89	2786.99	1972.1	2.2515	6.4944
1.40	195.078	0.0011489	0.14079	830.24	2789.37	1959.1	2.2841	6.4683
1.50	198.327	0.0011538	0.13172	844.82	2791.46	1946.6	2.3149	6.4437
1.60	201.410	0.0011586	0.12375	858.69	2793.29	1934.6	2.3440	6.4206
1.70	204.346	0.0011633	0.11668	871.96	2794.91	1923.0	2.3716	6.3988
1.80	207.151	0.0011679	0.11037	884.67	2796.33	1911.7	2.3979	6.3781
1.90	209.838	0.0011723	0.104707	896.88	2797.58	1900.7	2.4230	6.3583
2.00	212.417	0.0011767	0.099588	908.64	2798.66	1890.0	2.4471	6.3395
2.20	217.289	0.0011851	0.090700	930.97	2800.41	1869.4	2.4924	6.3041
2.40	221.829	0.0011933	0.083244	951.91	2801.67	1849.8	2.5344	6.2714
2.60	226.085	0.0012013	0.076898	971.67	2802.51	1830.8	2.5736	6.2409
2.80	230.096	0.0012090	0.071427	990.41	2803.01	1812.6	2.6105	6.2123
3.00	233.893	0.0012166	0.066662	1008.2	2803.19	1794.9	2.6454	6.1854
3.50	242.597	0.0012348	0.057054	1049.6	2802.51	1752.9	2.7250	6.1238
4.00	250.394	0.0012524	0.049771	1087.2	2800.53	1713.4	2.7962	6.0688
5.00	263.980	0.0012862	0.039439	1154.2	2793.64	1639.5	2.9201	5.9724
6.00	275.625	0.0013190	0.032440	1213.3	2783.82	1570.5	3.0266	5.8885
7.00	285.869	0.0013515	0.027371	1266.9	2771.72	1504.8	3.1210	5.8129
8.00	295.048	0.0013843	0.023520	1316.5	2757.70	1441.2	3.2066	5.7430
9.00	303.385	0.0014177	0.020485	1363.1	2741.92	1378.9	3.2854	5.6771
10.0	311.037	0.0014522	0.018026	1407.2	2724.46	1317.2	3.3591	5.6139
11.0	318.118	0.0014881	0.015987	1449.6	2705.34	1255.7	3.4287	5.5525
12.0	324.715	0.0015260	0.014263	1490.7	2684.50	1193.8	3.4952	5.4920
13.0	330.894	0.0015662	0.012780	1530.8	2661.80	1131.0	3.5594	5.4318
14.0	336.707	0.0016097	0.011486	1570.4	2637.07	1066.7	3.6220	5.3711
15.0	342.196	0.0016571	0.010340	1609.8	2610.01	1000.2	3.6836	5.3091
16.0	347.396	0.0017099	0.009311	1649.4	2580.21	930.8	3.7451	5.2450
17.0	352.334	0.0017701	0.008373	1690.0	2547.01	857.1	3.8073	5.1776
18.0	357.034	0.0018402	0.007503	1732.0	2509.45	777.4	3.8715	5.1051
19.0	361.514	0.0019258	0.006679	1776.9	2465.87	688.9	3.9395	5.0250
20.0	365.789	0.0020379	0.005870	1827.2	2413.05	585.9	4.0153	4.9322
21.0	369.868	0.0022073	0.005012	1889.2	2341.67	452.4	4.1088	4.8124
22.0	373.752	0.0027040	0.003684	2013.0	2084.02	71.0	4.2969	4.4066

附表 6 未饱和水与过热水蒸气的热力性质

p	0.001MPa			0.005MPa			0.01MPa			0.1MPa		
饱和参数	t_s=6.949℃ v'=0.0010001m³/kg v''=129.185m³/kg h'=29.21kJ/kg h''=2513.3kJ/kg s'=0.1056kJ/(kg·K) s''=8.9735kJ/(kg·K)			t_s=32.879℃ v'=0.0010053m³/kg v''=28.191m³/kg h'=137.72kJ/kg h''=2560.6kJ/kg s'=0.4761kJ/(kg·K) s''=8.3930kJ/(kg·K)			t_s=45.799℃ v'=0.0010103m³/kg v''=14.673m³/kg h'=191.76kJ/kg h''=2583.7kJ/kg s'=0.6490kJ/(kg·K) s''=8.1481kJ/(kg·K)			t_s=99.634℃ v'=0.0010431m³/kg v''=1.6943m³/kg h'=417.52kJ/kg h''=2675.1kJ/kg s'=1.3028kJ/(kg·K) s''=7.3589kJ/(kg·K)		
t/℃	v/(m³/kg)	h/(kJ/kg)	s/[kJ/(kg·K)]	v/(m³/kg)	h/(kJ/kg)	s/[kJ/(kg·K)]	v/(m³/kg)	h/(kJ/kg)	s/[kJ/(kg·K)]	v/(m³/kg)	h/(kJ/kg)	s/[kJ/(kg·K)]
0	0.0010002	−0.05	−0.0002	0.0010002	−0.05	−0.0002	0.0010002	−0.04	−0.0002	0.0010002	0.05	−0.0002
10	130.598	2519.0	8.9938	0.0010003	42.01	0.1510	0.0010003	42.01	0.1510	0.0010003	42.10	0.1510
20	135.226	2537.7	9.0588	0.0010018	83.87	0.2963	0.0010018	83.87	0.2963	0.0010018	83.96	0.2963
40	144.475	2575.2	9.1823	28.854	2574.0	8.4366	0.0010079	167.51	0.5723	0.0010078	167.59	0.5723
60	153.717	2612.7	9.2984	30.712	2611.8	8.5537	15.336	2610.8	8.2313	0.0010171	251.22	0.8312
80	162.956	2650.3	9.4080	32.566	2649.7	8.6639	16.268	2648.9	8.3422	0.0010290	334.97	1.0753
100	172.192	2688.0	9.5120	34.418	2687.5	8.7682	17.196	2686.9	8.4471	1.6961	2675.9	7.3609
120	181.426	2725.9	9.6109	36.269	2725.5	8.8674	18.124	2725.1	8.5466	1.7931	2716.3	7.4665
140	190.660	2764.0	9.7054	38.118	2763.7	8.9620	19.050	2763.3	8.6414	1.8889	2756.2	7.5654
160	199.893	2802.3	9.7959	39.967	2802.0	9.0526	19.976	2801.7	8.7322	1.9838	2795.8	7.6590
180	209.126	2840.7	9.8827	41.815	2840.5	9.1396	20.901	2840.2	8.8192	2.0783	2835.3	7.7482
200	218.358	2879.4	9.9662	43.662	2879.2	9.2232	21.826	2879.0	8.9029	2.1723	2874.8	7.8334
220	227.590	2918.3	10.0468	45.510	2918.2	9.3038	22.750	2918.0	8.9835	2.2659	2914.3	7.9152
240	236.821	2957.5	10.1246	47.357	2957.3	9.3816	23.674	2957.1	9.0614	2.3594	2953.9	7.9940
260	246.053	2996.8	10.1998	49.204	2996.7	9.4569	24.598	2996.5	9.1367	2.4527	2993.7	8.0701
280	255.284	3036.4	10.2727	51.051	3036.3	9.5298	25.522	3036.2	9.2097	2.5458	3033.6	8.1436
300	264.515	3076.2	10.3434	52.898	3076.1	9.6005	26.446	3076.0	9.2805	2.6388	3073.8	8.2148
350	287.592	3176.8	10.5117	57.514	3176.7	9.7688	28.755	3176.6	9.4488	2.8709	3174.9	8.3840
400	310.669	3278.9	10.6692	62.131	3278.8	9.9264	31.063	3278.7	9.6064	3.1027	3277.3	8.5422
450	333.746	3382.4	10.8176	66.747	3382.4	10.0747	33.372	3382.3	9.7548	3.3342	3381.2	8.6909
500	356.823	3487.5	10.9581	71.362	3487.5	10.2153	35.680	3487.4	9.8953	3.5656	3486.5	8.8317
550	379.900	3594.4	11.0921	75.978	3594.4	10.3493	37.988	3594.3	10.0293	3.7968	3593.5	8.9659
600	402.976	3703.4	11.2206	80.594	3703.4	10.4778	40.296	3703.4	10.1579	4.0279	3702.7	9.0946

续表

p	0.5MPa			1MPa			3MPa			5MPa		
饱和参数	t_s=151.867℃ v'=0.0010925m³/kg v''=0.37490m³/kg h'=640.35kJ/kg h''=2748.6kJ/kg s'=1.8610kJ/(kg·K) s''=6.8214kJ/(kg·K)			t_s=179.916℃ v'=0.0011272m³/kg v''=0.19440m³/kg h'=762.84kJ/kg h''=2777.7kJ/kg s'=2.1388kJ/(kg·K) s''=6.5859kJ/(kg·K)			t_s=233.893℃ v'=0.0012166m³/kg v''=0.066700m³/kg h'=1008.2kJ/kg h''=2803.2kJ/kg s'=2.6454kJ/(kg·K) s''=6.1854kJ/(kg·K)			t_s=263.980℃ v'=0.0012861m³/kg v''=0.039400m³/kg h'=1154.2kJ/kg h''=2793.6kJ/kg s'=2.9200kJ/(kg·K) s''=5.9724kJ/(kg·K)		
t/℃	v/(m³/kg)	h/(kJ/kg)	s /[kJ/(kg·K)]	v/(m³/kg)	h/(kJ/kg)	s /[kJ/(kg·K)]	v/(m³/kg)	h/(kJ/kg)	s /[kJ/(kg·K)]	v/(m³/kg)	h/(kJ/kg)	s /[kJ/(kg·K)]
0	0.0010000	0.46	−0.0001	0.0009997	0.97	−0.0001	0.0009987	3.01	0.0000	0.0009977	5.04	0.0002
10	0.0010001	42.49	0.1510	0.0009999	42.98	0.1509	0.0009989	44.92	0.1507	0.0009979	46.87	0.1506
20	0.0010016	84.33	0.2962	0.0010014	84.80	0.2961	0.0010005	86.68	0.2957	0.0009996	88.55	0.2952
40	0.0010077	167.94	0.5721	0.0010074	168.38	0.5719	0.0010066	170.15	0.5711	0.0010057	171.92	0.5704
60	0.0010169	251.56	0.8310	0.0010167	251.98	0.8307	0.0010158	253.66	0.8296	0.0010149	255.34	0.8286
80	0.0010288	335.29	1.0750	0.0010286	335.69	1.0747	0.0010276	377.28	1.0734	0.0010267	338.87	1.0721
100	0.0010432	419.36	1.3066	0.0010430	419.74	1.3062	0.0010420	421.24	1.3047	0.0010410	422.75	1.3031
120	0.0010601	503.97	1.5275	0.0010599	504.32	1.5270	0.0010587	505.73	1.5252	0.0010576	507.14	1.5234
140	0.0010796	589.30	1.7392	0.0010793	589.62	1.7386	0.0010781	590.92	1.7366	0.0010768	592.23	1.7345
160	0.38358	2767.2	6.8647	0.0011017	675.84	1.9424	0.0011002	677.01	1.9400	0.0010988	678.19	1.9377
180	0.40450	2811.7	6.9651	0.19443	2777.9	6.5864	0.0011256	764.23	2.1369	0.0011240	765.25	2.1342
200	0.42487	2854.9	7.0585	0.20590	2827.3	6.6931	0.0011549	852.93	2.3284	0.0011529	853.75	2.3253
220	0.44485	2897.3	7.1462	0.21686	2874.2	6.7903	0.0011891	943.65	2.5162	0.0011867	944.21	2.5125
240	0.46455	2939.2	7.2295	0.22745	2919.6	6.8804	0.068184	2823.4	6.2250	0.0012266	1037.3	2.6976
260	0.48404	2980.8	7.3091	0.23779	2963.8	6.9650	0.072828	2884.4	6.3417	0.0012751	1134.3	2.8829
280	0.50336	3022.2	7.3853	0.24793	3007.3	7.0451	0.077101	2940.1	6.4443	0.042228	2855.8	6.0864
300	0.52255	3063.6	7.4588	0.25793	3050.4	7.1216	0.081226	2992.4	6.5371	0.045301	2923.3	6.2064
350	0.57012	3167.0	7.6319	0.28247	3157.0	7.2999	0.090520	3114.4	6.7414	0.051932	3067.4	6.4477
400	0.61729	3271.1	7.7924	0.30658	3263.1	7.4638	0.099352	3230.1	6.9199	0.057804	3194.9	6.6446
450	0.66420	3376.0	7.9428	0.33043	3369.6	7.6163	0.107864	3343.0	7.0817	0.063291	3315.2	6.8170
500	0.71094	3482.2	8.0848	0.35410	3476.8	7.7597	0.116174	3454.9	7.2314	0.068552	3432.2	6.9735
550	0.75755	3589.9	8.2198	0.37764	3585.4	7.8958	0.124349	3566.9	7.3718	0.073664	3548.0	7.1187
600	0.80408	3699.6	8.3491	0.40109	3695.7	8.0259	0.132427	3679.9	7.5051	0.078675	3663.9	7.2553

续表

p	7MPa			10MPa			14MPa			20MPa		
饱和参数	t_s=285.869℃ v'=0.0013515m³/kg v''=0.027400m³/kg h'=1266.9kJ/kg h''=2771.7kJ/kg s'=3.1210kJ/(kg·K) s''=5.8129kJ/(kg·K)			t_s=311.037℃ v'=0.0014522m³/kg v''=0.018000m³/kg h'=1407.2kJ/kg h''=2724.5kJ/kg s'=3.3591kJ/(kg·K) s''=5.6139kJ/(kg·K)			t_s=336.707℃ v'=0.0016097m³/kg v''=0.011500m³/kg h'=1570.4kJ/kg h''=2637.1kJ/kg s'=3.6220kJ/(kg·K) s''=5.3711kJ/(kg·K)			t_s=365.789℃ v'=0.0020379m³/kg v''=0.0058702m³/kg h'=1827.2kJ/kg h''=2413.1kJ/kg s'=4.0153kJ/(kg·K) s''=4.9322kJ/(kg·K)		
t/℃	v/(m³/kg)	h/(kJ/kg)	s/[kJ/(kg·K)]	v/(m³/kg)	h/(kJ/kg)	s/[kJ/(kg·K)]	v/(m³/kg)	h/(kJ/kg)	s/[kJ/(kg·K)]	v/(m³/kg)	h/(kJ/kg)	s/[kJ/(kg·K)]
0	0.0009967	7.07	0.0003	0.0009952	10.09	0.0004	0.0009933	14.10	0.0005	0.0009904	20.08	0.0006
10	0.0009970	48.80	0.1504	0.0009956	51.70	0.1500	0.0009938	55.55	0.1496	0.0009911	61.29	0.1488
20	0.0009986	90.42	0.2948	0.0009973	93.22	0.2942	0.0009955	96.95	0.2932	0.0009929	102.50	0.2919
40	0.0010048	173.69	0.5696	0.0010035	176.34	0.5684	0.0010018	179.86	0.5669	0.0009992	185.13	0.5645
60	0.0010140	257.01	0.8275	0.0010127	259.53	0.8259	0.0010109	262.88	0.8239	0.0010084	267.90	0.8207
80	0.0010258	340.46	1.0708	0.0010244	342.85	1.0688	0.0010226	346.04	1.0663	0.0010199	350.82	1.0624
100	0.0010399	424.25	1.3016	0.0010385	426.51	1.2993	0.0010365	429.53	1.2962	0.0010336	434.06	1.2917
120	0.0010565	508.55	1.5216	0.0010549	510.68	1.5190	0.0010527	513.52	1.5155	0.0010496	517.79	1.5103
140	0.0010756	593.54	1.7325	0.0010738	595.50	1.7294	0.0010714	598.14	1.7254	0.0010679	602.12	1.7195
160	0.0010974	679.37	1.9353	0.0010953	681.16	1.9319	0.0010926	683.56	1.9273	0.0010886	687.20	1.9206
180	0.0011223	766.28	2.1315	0.0011199	767.84	2.1275	0.0011167	769.96	2.1223	0.0011121	773.19	2.1147
200	0.0011510	854.59	2.3222	0.0011481	855.88	2.3176	0.0011443	857.63	2.3116	0.0011389	860.36	2.3029
220	0.0011842	944.79	2.5089	0.0011807	945.71	2.5036	0.0011761	947.00	2.4966	0.0011695	949.07	2.4865
240	0.0012235	1037.6	2.6933	0.0012190	1038.0	2.6870	0.0012132	1038.6	2.6788	0.0012051	1039.8	2.6670
260	0.0012710	1134.0	2.8776	0.0012650	1133.6	2.8698	0.0012574	1133.4	2.8599	0.0012469	1133.4	2.8457
280	0.0013307	1235.7	3.0648	0.0013222	1234.2	3.0549	0.0013117	1232.5	3.0424	0.0012974	1230.7	3.0249
300	0.029457	2837.5	5.9291	0.0013975	1342.3	3.2469	0.0013814	1338.2	3.2300	0.0013605	1333.4	3.2072
350	0.035225	3014.8	6.2265	0.022415	2922.1	5.9423	0.013218	2751.2	5.5564	0.0016645	1645.3	3.7275
400	0.039917	3157.3	6.4465	0.026402	3095.8	6.2109	0.017218	3001.1	5.9436	0.0099458	2816.8	5.5520
450	0.044143	3286.2	6.6314	0.029735	3240.5	6.4184	0.020074	3174.2	6.1919	0.0127013	3060.7	5.9025
500	0.048110	3408.9	6.7954	0.032750	3372.8	6.5954	0.022512	3322.3	6.3900	0.0147681	3239.3	6.1415
550	0.051917	3528.7	6.9456	0.035582	3499.1	6.7537	0.024724	3458.7	6.5611	0.0165471	3393.7	6.3352
600	0.055617	3647.5	7.0857	0.038297	3622.5	6.8992	0.026792	3589.1	6.7149	0.0181655	3536.3	6.5035

续表

p	25MPa			30MPa		
t/℃	v/(m³/kg)	h/(kJ/kg)	s/[kJ/(kg·K)]	v/(m³/kg)	h/(kJ/kg)	s/[kJ/(kg·K)]
0	0.0009880	25.01	0.0006	0.0009857	29.92	0.0005
10	0.0009888	66.04	0.1481	0.0009866	70.77	0.1474
20	0.0009908	107.11	0.2907	0.0009887	111.71	0.2895
40	0.0009972	189.51	0.5626	0.0009951	193.87	0.5606
60	0.0010063	272.08	0.8182	0.0010042	276.25	0.8156
80	0.0010177	354.80	1.0593	0.0010155	358.78	1.0562
100	0.0010313	437.85	1.2880	0.0010290	441.64	1.2844
120	0.0010470	521.36	1.5061	0.0010445	524.95	1.5019
140	0.0010650	605.46	1.7147	0.0010622	608.82	1.7100
160	0.0010854	690.27	1.9152	0.0010822	693.36	1.9098
180	0.0011084	775.94	2.1085	0.0011048	778.72	2.1024
200	0.0011345	862.71	2.2959	0.0011303	865.12	2.2890
220	0.0011643	950.91	2.4785	0.0011593	952.85	2.4706
240	0.0011986	1041.0	2.6575	0.0011925	1042.3	2.6485
260	0.0012387	1133.6	2.8346	0.0012311	1134.1	2.8239
280	0.0012866	1229.6	3.0113	0.0012766	1229.0	2.9985
300	0.0013453	1330.3	3.1901	0.0013317	1327.9	3.1742
350	0.0015981	1623.1	3.6788	0.0015522	1608.0	3.6420
400	0.0060014	2578.0	5.1386	0.0027929	2150.6	4.4721
450	0.0091666	2950.5	5.6754	0.0067363	2822.1	5.4433
500	0.0111229	3164.1	5.9614	0.0086761	3083.3	5.7934
550	0.0127161	3336.4	6.1775	0.0101580	3276.6	6.0359
600	0.0141249	3490.2	6.3591	0.0114310	3442.9	6.2321

注：粗水平线之上为未饱和水，粗水平线之下为过热水蒸气。

附表 7　在 0.1MPa 时的饱和空气状态参数

干球温度 t /℃	水蒸气压力 $p_s/10^2$Pa	含湿量 d /[g/kg(干空气)]	饱和焓 h_s /(kJ/kg)	密度 ρ /(kg/m³)	汽化热 r /(kJ/kg)
−20	1.03	0.64	−18.5	1.38	2839
−19	1.13	0.71	−17.4	1.37	2839
−18	1.25	0.78	−16.4	1.36	2839
−17	1.37	0.85	−15.0	1.36	2838
−16	1.50	0.94	−13.8	1.35	2838
−15	1.65	1.03	−12.5	1.35	2838
−14	1.81	1.13	−11.3	1.34	2838
−13	1.98	1.23	−10.0	1.34	2838
−12	2.17	1.35	−8.7	1.33	2837
−11	2.37	1.48	−7.4	1.33	2837
−10	2.59	1.62	−6.0	1.32	2837
−9	2.83	1.77	−4.6	1.32	2836
−8	3.09	1.93	−3.2	1.31	2836
−7	3.38	2.11	−1.8	1.31	2836
−6	3.68	2.30	−0.3	1.30	2836
−5	4.01	2.50	+1.2	1.30	2835
−4	4.37	2.73	+2.8	1.29	2835
−3	4.75	2.97	+4.4	1.29	2835
−2	5.17	3.23	+6.0	1.28	2834
−1	5.62	3.52	+7.8	1.28	2834
0	6.11	3.82	9.5	1.27	2500
1	6.56	4.11	11.3	1.27	2498
2	7.05	4.42	13.1	1.26	2496
3	7.57	4.75	14.9	1.26	2493
4	8.13	5.10	16.8	1.25	2491
5	8.72	5.47	18.7	1.25	2489
6	9.35	5.87	20.7	1.24	2486
7	10.01	6.29	22.8	1.24	2484
8	10.72	6.74	25.0	1.23	2481
9	11.47	7.22	27.2	1.23	2479
10	12.27	7.73	29.5	1.22	2477
11	13.12	8.27	31.9	1.22	2475
12	14.01	8.84	34.4	1.21	2472
13	15.00	9.45	37.0	1.21	2470
14	15.97	10.10	39.5	1.21	2468
15	17.04	10.78	42.3	1.20	2465
16	18.17	11.51	45.2	1.20	2463
17	19.36	12.28	48.2	1.19	2460
18	20.62	13.10	51.3	1.19	2458
19	21.96	13.97	54.5	1.18	2456
20	23.37	14.88	57.9	1.18	2453
21	24.85	15.85	61.4	1.17	2451
22	26.42	16.88	65.0	1.17	2448
23	28.08	17.97	68.8	1.16	2446
24	29.82	19.12	72.8	1.16	2444
25	31.67	20.34	76.9	1.15	2441
26	33.60	21.63	81.3	1.15	2439
27	35.64	22.99	85.8	1.14	2437
28	37.78	24.42	90.5	1.14	2434
29	40.04	25.94	95.4	1.14	2432
30	42.41	27.52	100.5	1.13	2430
31	44.91	29.25	106.0	1.13	2427
32	47.53	31.07	111.7	1.12	2425
33	50.29	32.94	117.6	1.12	2422
34	53.18	34.94	123.7	1.11	2420
35	56.22	37.05	130.2	1.11	2418
36	59.40	39.28	137.0	1.10	2415
37	62.74	41.64	144.2	1.10	2413
38	66.24	44.12	151.6	1.09	2411
39	69.91	46.75	159.5	1.08	2408
40	73.75	49.52	167.7	1.08	2406
41	77.77	52.45	176.4	1.08	2403
42	81.98	55.54	185.5	1.07	2401
43	86.39	58.82	195.0	1.07	2398
44	91.00	62.26	205.0	1.06	2396

续表

干球温度 t /℃	水蒸气压力 $p_s/10^2$ Pa	含湿量 d /[g/kg(干空气)]	饱和焓 h_s /(kJ/kg)	密度 ρ /(kg/m³)	汽化热 r /(kJ/kg)
45	95.82	65.92	218.6	1.05	2394
46	100.85	69.76	226.7	1.05	2391
47	106.12	73.84	238.4	1.04	2389
48	111.62	78.15	250.7	1.04	2386
49	117.36	82.70	263.6	1.03	2384
50	123.35	87.52	277.3	1.03	2382
51	128.60	92.62	291.7	1.02	2379
52	136.13	98.01	306.8	1.02	2377
53	142.93	103.73	322.9	1.01	2375
54	150.02	109.80	339.8	1.00	2372
55	157.41	116.19	357.7	1.00	2370
56	165.09	123.00	376.7	0.99	2367
57	173.12	130.23	396.8	0.99	2365
58	181.46	137.89	418.0	0.98	2363
59	190.15	146.04	440.6	0.97	2360
60	199.17	154.72	464.5	0.97	2358
65	250.10	207.44	609.2	0.93	2345
70	311.60	281.54	811.1	0.90	2333
75	385.50	390.20	1105.7	0.85	2320
80	473.60	559.61	1563.0	0.81	2309
85	578.00	851.90	2351.0	0.76	2295
90	701.10	1459.00	3983.0	0.70	2282
95	845.20	3396.00	9190.0	0.64	2269
100	1013.00	—	—	0.60	2257

附表 8 干空气的热物理性质（$p=1.01325\times10^5$ Pa）

t /℃	ρ /(kg/m³)	c_p /[kJ/(kg·K)]	$\lambda\times10^2$ /[W/(m·K)]	$\alpha\times10^6$ /(m²/s)	$\mu\times10^6$ /(Pa·s)	$\nu\times10^6$ /(m²/s)	Pr
−50	1.584	1.013	2.04	12.7	14.6	9.23	0.728
−40	1.515	1.013	2.12	13.8	15.2	10.04	0.728
−30	1.453	1.013	2.20	14.9	15.7	10.80	0.723
−20	1.395	1.009	2.28	16.2	16.2	11.61	0.716
−10	1.342	1.009	2.36	17.4	16.7	12.43	0.712
0	1.293	1.005	2.44	18.8	17.2	13.28	0.707
10	1.247	1.005	2.51	20.0	17.6	14.16	0.705
20	1.205	1.005	2.59	21.4	18.1	15.06	0.703
30	1.165	1.005	2.67	22.9	18.6	16.00	0.701
40	1.128	1.005	2.76	24.3	19.1	16.96	0.699
50	1.093	1.005	2.83	25.7	19.6	17.95	0.698
60	1.060	1.005	2.90	27.2	20.1	18.97	0.696
70	1.029	1.009	2.96	28.6	20.6	20.02	0.694
80	1.000	1.009	3.05	30.2	21.1	21.09	0.692
90	0.972	1.009	3.13	31.9	21.5	22.10	0.690
100	0.946	1.009	3.21	33.6	21.9	23.13	0.688
120	0.898	1.009	3.34	36.8	22.8	25.45	0.686
140	0.854	1.013	3.49	40.3	23.7	27.80	0.684
160	0.815	1.017	3.64	43.9	24.5	30.09	0.682
180	0.779	1.022	3.78	47.5	25.3	32.49	0.681
200	0.746	1.026	3.93	51.4	26.0	34.85	0.680
250	0.674	1.038	4.27	61.0	27.4	40.61	0.677
300	0.615	1.047	4.60	71.6	29.7	48.33	0.674
350	0.566	1.059	4.91	81.9	31.4	55.46	0.676
400	0.524	1.068	5.21	93.1	33.0	63.09	0.678
500	0.456	1.093	5.74	115.3	36.2	79.38	0.687
600	0.404	1.114	6.22	138.3	39.1	96.89	0.699
700	0.362	1.135	6.71	163.4	41.8	115.4	0.706
800	0.329	1.156	7.18	188.8	44.3	134.8	0.713
900	0.301	1.172	7.63	216.2	46.7	155.1	0.717
1000	0.277	1.185	8.07	245.9	49.0	177.1	0.719
1100	0.257	1.197	8.50	276.2	51.2	199.3	0.722
1200	0.239	1.210	9.15	316.5	53.5	233.7	0.724

附表 9　烟气的热物理性质（$p=1.01325\times10^5$ Pa）

（烟气中组成成分质量分数：$g_{CO_2}=0.13$；$g_{H_2O}=0.11$；$g_{N_2}=0.76$）

t/℃	ρ/(kg/m³)	c_p/[kJ/(kg·K)]	$\lambda\times10^2$/[W/(m·K)]	$a\times10^6$/(m²/s)	$\mu\times10^6$/(Pa·s)	$\nu\times10^6$/(m²/s)	Pr
0	1.295	1.042	2.28	16.9	15.8	12.20	0.72
100	0.950	1.068	3.13	30.8	20.4	21.54	0.69
200	0.748	1.097	4.01	48.9	24.5	32.80	0.67
300	0.617	1.122	4.84	69.9	28.2	45.81	0.65
400	0.525	1.151	5.70	94.3	31.7	60.38	0.64
500	0.457	1.185	6.56	121.1	34.8	76.30	0.63
600	0.405	1.214	7.42	150.9	37.9	93.61	0.62
700	0.363	1.239	8.27	183.8	40.7	112.1	0.61
800	0.330	1.264	9.15	219.7	43.4	131.8	0.60
900	0.301	1.290	10.00	258.0	45.9	152.5	0.59
1000	0.275	1.306	10.90	303.4	48.4	174.3	0.58
1100	0.257	1.323	11.75	345.5	50.7	197.1	0.57
1200	0.240	1.340	12.62	392.4	53.0	221.0	0.56

附表 10　饱和水的热物理性质

t/℃	$p\times10^{-5}$/Pa	ρ/(kg/m³)	h'/(kJ/kg)	c_p/[kJ/(kg·K)]	$\lambda\times10^2$/[W/(m·K)]	$a\times10^6$/(m²/s)	$\mu\times10^6$/(Pa·s)	$\nu\times10^6$/(m²/s)	$\alpha_V\times10^4$/K⁻¹	$\sigma\times10^4$/(N·m)	Pr
0	0.00611	999.9	0	4.212	55.1	13.1	1788	1.789	−0.81	756.4	13.67
10	0.01227	999.7	42.04	4.191	57.4	13.7	1306	1.306	+0.87	741.6	9.52
20	0.02338	998.2	83.91	4.183	59.9	14.3	1004	1.006	2.09	726.9	7.02
30	0.04241	995.7	125.7	4.174	61.8	14.9	801.5	0.805	3.05	712.2	5.42
40	0.07375	992.2	167.5	4.174	63.5	15.3	653.3	0.659	3.86	696.5	4.31
50	0.12335	988.1	209.3	4.174	64.8	15.7	549.4	0.556	4.57	676.9	3.54
60	0.19920	983.1	251.1	4.179	65.9	16.0	469.9	0.478	5.22	662.2	2.99
70	0.3116	977.8	293.0	4.187	66.8	16.3	406.1	0.415	5.83	643.5	2.55
80	0.4736	971.8	355.0	4.195	67.4	16.6	355.1	0.365	6.40	625.9	2.21
90	0.7011	965.3	377.0	4.208	68.0	16.8	314.9	0.326	6.96	607.2	1.95
100	1.013	958.4	419.1	4.220	68.3	16.9	282.5	0.295	7.50	588.6	1.75
110	1.43	951.0	461.4	4.233	68.5	17.0	259.0	0.272	8.04	569.0	1.60
120	1.98	943.1	503.7	4.250	68.6	17.1	237.4	0.252	8.58	548.4	1.47
130	2.70	934.8	546.4	4.266	68.6	17.2	217.8	0.233	9.12	528.8	1.36
140	3.61	926.1	589.1	4.287	68.5	17.2	201.1	0.217	9.68	507.2	1.26
150	4.76	917.0	632.2	4.313	68.4	17.3	186.4	0.203	10.26	486.6	1.17
160	6.18	907.0	675.4	4.346	68.3	17.3	173.6	0.191	10.87	466.0	1.10
170	7.92	897.3	719.3	4.380	67.9	17.3	162.8	0.181	11.52	443.4	1.05
180	10.03	886.9	763.3	4.417	67.4	17.2	153.0	0.173	12.21	422.8	1.00
190	12.55	876.0	807.8	4.459	67.0	17.1	144.2	0.165	12.96	400.2	0.96
200	15.55	863.0	852.8	4.505	66.3	17.0	136.4	0.158	13.77	376.7	0.93
210	19.08	852.3	897.7	4.555	65.5	16.9	130.5	0.153	14.67	354.1	0.91
220	23.20	840.3	943.7	4.614	64.5	16.6	124.6	0.148	15.67	331.6	0.89
230	27.98	827.3	990.2	4.681	63.7	16.4	119.7	0.145	16.80	310.0	0.88
240	33.48	813.6	1037.5	4.756	62.8	16.2	114.8	0.141	18.08	285.5	0.87
250	39.78	799.0	1085.7	4.844	61.8	15.9	109.9	0.137	19.55	261.9	0.86
260	46.94	784.0	1135.7	4.949	60.5	15.6	105.9	0.135	21.27	237.4	0.87
270	55.05	767.9	1185.7	5.070	59.0	15.1	102.0	0.133	23.31	214.8	0.88
280	64.19	750.7	1236.8	5.230	57.4	14.6	98.1	0.131	25.79	191.3	0.90
290	74.45	732.3	1290.0	5.485	55.8	13.9	94.2	0.129	28.84	168.7	0.93
300	85.92	712.5	1344.9	5.736	54.0	13.2	91.2	0.128	32.73	144.2	0.97
310	98.70	691.1	1402.2	6.071	52.3	12.5	88.3	0.128	37.85	120.7	1.03
320	112.90	667.1	1462.1	6.574	50.6	11.5	85.3	0.128	44.91	98.10	1.11
330	128.65	640.2	1526.2	7.244	48.4	10.4	81.4	0.127	55.31	76.71	1.22
340	146.08	610.1	1594.8	8.165	45.7	9.17	77.5	0.127	72.10	56.70	1.39
350	165.37	574.4	1671.4	9.504	43.0	7.88	72.6	0.126	103.7	38.16	1.60
360	186.74	528.0	1761.5	13.984	39.5	5.36	66.7	0.126	182.9	20.21	2.35
370	210.53	450.5	1892.5	40.321	33.7	1.86	56.9	0.126	676.7	4.709	6.79

附表11 干饱和水蒸气的热物理性质

t/℃	$p\times10^{-5}$ /Pa	ρ /(kg/m³)	h'' /(kJ/kg)	r /(kJ/kg)	c_p/[kJ /(kg·K)]	$\lambda\times10^2$ /[W/(m·K)]	$\alpha\times10^6$ /(m²/s)	$\mu\times10^6$ /(Pa·s)	$\nu\times10^6$ /(m²/s)	Pr
0	0.00611	0.004851	2500.5	2500.6	1.8543	1.83	7313.0	8.022	1655.01	0.815
10	0.01228	0.009404	2518.9	2476.9	1.8594	1.88	3881.3	8.424	896.54	0.831
20	0.02338	0.01731	2537.2	2453.3	1.8661	1.94	2167.2	8.84	509.90	0.847
30	0.04245	0.03040	2555.4	2429.7	1.8744	2.00	1265.1	9.218	303.53	0.863
40	0.07381	0.05121	2573.4	2405.9	1.8853	2.06	768.45	9.620	188.04	0.883
50	0.12345	0.08308	2591.2	2381.9	1.8987	2.12	483.59	10.022	120.72	0.896
60	0.19933	0.1303	2608.8	2357.6	1.9155	2.19	315.55	10.424	80.07	0.913
70	0.3118	0.1982	2626.1	2333.1	1.9364	2.25	210.57	10.817	54.57	0.930
80	0.4738	0.2934	2643.1	2308.1	1.9615	2.33	145.53	11.219	38.25	0.947
90	0.7012	0.4234	2659.6	2282.7	1.9921	2.40	102.22	11.621	27.44	0.966
100	1.0133	0.5975	2675.7	2256.6	2.0281	2.48	73.57	12.023	20.12	0.984
110	1.4324	0.8260	2691.3	2229.9	2.0704	2.56	53.83	12.425	15.03	1.00
120	1.9848	1.121	2703.2	2202.4	2.1198	2.65	40.15	12.798	11.41	1.02
130	2.7002	1.495	2720.4	2174.0	2.1763	2.76	30.46	13.170	8.80	1.04
140	3.612	1.965	2733.8	2144.6	2.2408	2.85	23.28	13.543	6.89	1.06
150	4.757	2.545	2946.4	2114.1	2.3145	2.97	18.10	13.896	5.45	1.08
160	6.177	3.256	2757.9	2085.3	2.3974	3.08	14.20	14.249	4.37	1.11
170	7.915	4.118	2768.4	2049.2	2.4911	3.21	11.25	14.612	3.54	1.13
180	10.019	5.154	2777.7	2014.5	2.5958	3.36	9.03	14.965	2.90	1.15
190	12.502	6.390	2785.8	1978.2	2.7126	3.51	7.29	15.298	2.39	1.18
200	15.537	7.854	2792.5	1940.1	2.8428	3.68	5.92	15.651	1.99	1.21
210	19.062	9.580	2797.7	1900.0	2.9877	3.87	4.86	15.995	1.67	1.21
220	23.178	11.61	2801.2	1857.7	3.1497	4.07	4.00	16.338	1.41	1.24
230	27.951	13.98	2803.0	1813.0	3.3310	4.30	3.32	16.701	1.19	1.26
240	33.446	16.74	2802.9	1765.7	3.5366	4.54	2.76	17.073	1.02	1.29
250	39.735	19.96	2800.7	1715.4	3.7723	4.84	2.31	17.446	0.873	1.33
260	46.892	23.70	2796.1	1661.8	4.0470	5.18	1.94	17.848	0.752	1.36
270	54.496	28.06	2789.1	1604.5	4.3735	5.55	1.63	18.280	0.651	1.40
280	64.127	33.15	2779.1	1543.1	4.7675	6.00	1.37	18.750	0.565	1.44
290	74.375	39.12	2765.8	1476.7	5.2528	6.55	1.15	19.270	0.492	1.49
300	85.831	46.15	2748.7	1404.7	5.8632	7.22	0.96	19.839	0.430	1.54
310	98.557	54.52	2727.0	1325.9	6.6503	8.06	0.80	20.691	0.380	1.61
320	112.78	64.60	2699.7	1238.5	7.7217	8.65	0.62	21.691	0.336	1.71
330	128.81	77.00	2665.3	1140.4	9.3613	9.61	0.348	23.093	0.300	2.24
340	145.93	92.68	2621.3	1027.6	12.2108	10.70	0.34	24.692	0.266	2.82
350	165.21	113.5	2563.4	893.0	17.1504	11.90	0.22	26.594	0.234	3.83
360	186.57	143.7	2481.7	720.6	25.1162	13.70	0.14	29.193	0.203	5.34
370	210.33	200.7	2338.8	447.1	76.9157	16.60	0.04	33.989	0.169	15.7
373.99	220.64	321.9	2085.9	0.0	∞	23.79	0.0	44.992	0.143	∞

附表12 过热水蒸气的热物理性质（$p=1.01325\times10^5$ Pa）

T/K	ρ/(kg/m³)	c_p/[kJ/(kg·K)]	$\mu\times10^5$/(Pa·s)	$\nu\times10^6$/(m²/s)	λ/[W/(m·K)]	$\alpha\times10^6$/(m²/s)	Pr
380	0.5863	2.060	1.271	2.16	0.0246	2.036	1.060
400	0.5542	2.014	1.344	2.42	0.0261	2.338	1.040
450	0.4902	1.980	1.525	3.11	0.0299	3.07	1.010
500	0.4405	1.985	1.704	3.86	0.0339	3.87	0.996
550	0.4005	1.997	1.884	4.70	0.0379	4.75	0.991
600	0.3852	2.026	2.067	5.66	0.0422	5.73	0.986
650	0.3380	2.056	2.247	6.64	0.0464	6.66	0.995
700	0.3140	2.085	2.426	7.72	0.0505	7.72	1.000
750	0.2931	2.119	2.604	8.88	0.0549	8.33	1.005
800	0.2730	2.152	2.786	10.20	0.0592	10.01	1.010
850	0.2579	2.186	2.969	11.52	0.0647	11.30	1.019

附表 13 常用管件的局部阻力系数

管件名称	示意图	局部阻力系数ζ							
90°弯头（零件）	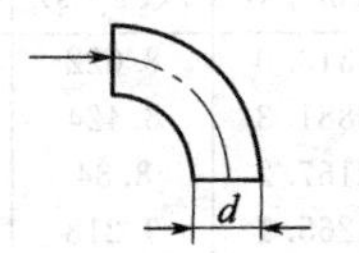	d/mm	15	20	25	32	40	≥50	
		ζ	2.0	2.0	1.5	1.5	1.0	1.0	
三通（等径）	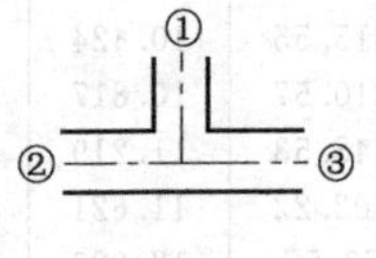		直流	汇流	分流	转弯流			
		流向	②→③ ②←③	②→①←③	②←①→③	②→①			
		ζ	0.1	3.0	1.5	1.5			
斜三通	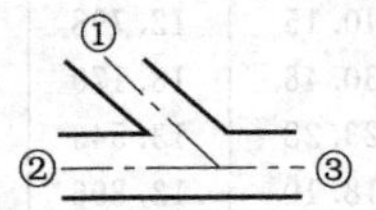		直流		转弯流				
		流向	②→③	②←③	①→③	①←③	①→②		
		ζ	0.05	0.15	0.5	1.0	3.0		
分支管	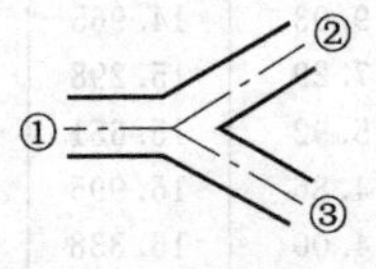		分流	汇流					
		流向	①→②③	①←②③					
		ζ	1.0	1.5					
单向阀	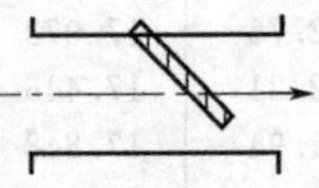	ζ=1.70							
旋塞	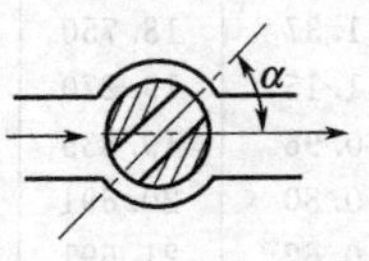	α	5°	10°	15°	20°	30°	40°	50°	60°
		ζ	0.05	0.29	0.75	1.56	5.47	17.3	52.6	206
闸板阀	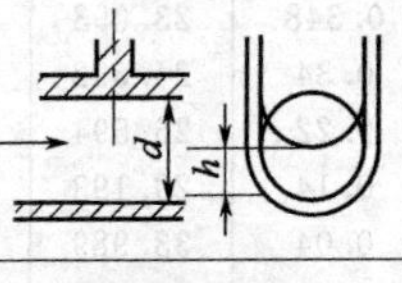	全开：ζ=0.1 $h/d=3/4$：ζ=0.15 $h/d=1/2$：ζ=2.0							
截止阀（全开）	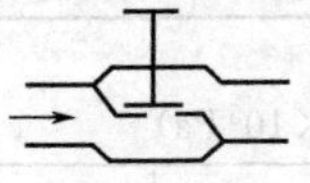	4.3～6.1							
蝶阀	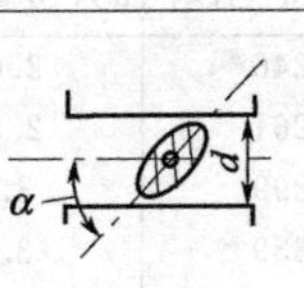	α	0°	5°	10°	15°	20°	30°	50°	70°
		ζ	0.1～0.3	0.24	0.52	0.90	1.54	3.91	32.6	751
滤水网 无底阀	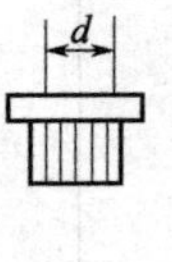	2～3							
滤水网 有底阀		d/mm	40	50	75	100	150	250	300	
		ζ	12	10	8.5	7.0	6.0	4.4	3.7	

附表 14 常用金属材料的密度、比热容和热导率

材料名称	20℃			热导率 λ/[W/(m·K)]									
	密度 ρ /(kg/m³)	比热容 c_p /[J/(kg·K)]	热导率 λ /[W/(m·K)]	温度 t/℃									
				−100	0	100	200	300	400	600	800	1000	1200
纯铝	2710	902	236	243	236	240	238	234	228	215			
铝合金(92Al-8Mg)	2610	904	107	86	102	123	148						
铝合金(87Al-13Si)	2660	871	162	139	158	173	176	180					
纯铜	8930	386	398	421	401	393	689	384	379	366	352		
铝青铜(90Cu-10Al)	8360	420	56		49	57	66						
青铜(89Cu-11Sn)	8800	343	24.8		24	28.4	33.2						
黄铜(70Cu-31Zn)	8440	377	109	90	106	131	143	145	148				
铜合金(60Cu-40Ni)	8920	410	22.2	19	22.2	23.4							
黄金	19300	127	315	331	318	313	310	305	300	287			
纯铁	7870	455	81.1	96.7	83.5	72.1	63.5	56.5	50.3	39.4	29.6	29.4	31.6
灰铸铁($w_C \approx 3\%$)	7570	470	39.2		28.5	32.4	35.8	37.2	36.6	20.8	19.2		
碳钢($w_C \approx 0.5\%$)	7840	465	49.8		50.5	47.5	44.8	42.0	39.4	34.0	29.0		
碳钢($w_C \approx 1.0\%$)	7790	470	43.2		43	42.8	42.2	41.5	40.6	36.7	32.2		
碳钢($w_C \approx 1.5\%$)	7750	470	36.7		36.8	36.6	36.2	35.7	34.7	31.7	27.8		
铬钢($w_{Cr} \approx 13\%$)	7740	460	26.8		26.5	27.0	27.0	27.0	27.6	28.4	29.0	29.0	
铬钢($w_{Cr} \approx 17\%$)	7710	460	22		22	22.2	22.6	22.6	26.3	24.0	24.8	25.5	
铬镍钢(18-20Cr/8-12Ni)	7820	460	15.2	12.2	14.7	16.6	18.0	19.4	20.8	23.5	26.3		
铬镍钢(17-19Cr/9-13Ni)	7830	460	14.7	11.8	14.3	16.1	17.5	18.8	20.2	22.8	25.5	28.2	30.9
铅	11340	128	35.3	37.2	35.5	34.3	32.8	31.5					
银	10500	234	427	431	428	422	415	407	399	384			

附表 15 保温、建筑及其他材料的密度和热导率

材料名称	温度 t/℃	密度 ρ/(kg/m³)	热导率 λ/[W/(m·K)]
膨胀珍珠岩散料	25	60～300	0.021～0.062
沥青膨胀珍珠岩	31	233～282	0.069～0.076
磷酸盐膨胀珍珠岩制品	20	200～250	0.044～0.052
水玻璃膨胀珍珠岩制品	20	200～300	0.056～0.065
石棉制品	20	80～150	0.035～0.038
膨胀蛭石	20	100～130	0.051～0.07
沥青蛭石板管	20	350～400	0.081～0.10
石棉粉	22	744～1400	0.099～0.19
石棉砖	21	384	0.099
石棉绳	—	590～730	0.10～0.21
石棉绒	—	35～230	0.055～0.077
石棉板	30	770～1045	0.10～0.14
碳酸镁石棉灰	—	240～490	0.077～0.086
硅藻土石棉灰	—	280～380	0.085～0.11
粉煤灰砖	27	458～589	0.12～0.22
矿渣棉	30	207	0.058
玻璃丝	35	120～492	0.058～0.07
玻璃棉毡	28	18.4～38.3	0.043
软木板	20	105～437	0.044～0.079
木丝纤维板	25	245	0.048
稻草浆板	20	325～365	0.068～0.084
麻秆板	25	108～147	0.056～0.11
甘蔗板	20	282	0.067～0.072
葵芯板	20	95.5	0.05
玉米梗板	22	25.2	0.065
棉花	20	117	0.049
丝	20	57.7	0.036
锯木屑	20	179	0.083
硬泡沫塑料	30	29.5～56.3	0.041～0.048
软泡沫塑料	30	41～162	0.043～0.056
铝箔间隔层(5层)	21		0.042
红砖(营造状态)	25	1860	0.87

续表

材料名称	温度 t/℃	密度 ρ/(kg/m³)	热导率 λ/[W/(m·K)]
红砖	35	1560	0.49
松木(垂直木纹)	15	496	0.15
松木(平行木纹)	21	527	0.35
水泥	30	1900	0.30
混凝土板	35	1930	0.79
耐酸混凝土板	30	2250	1.5～1.6
黄砂	30	1580～1700	0.28～0.34
泥土	20	—	0.83
瓷砖	37	2090	1.1
玻璃	45	2500	0.65～0.71
泡沫聚苯乙烯	30	24.7～37.8	0.04～0.043
花岗石	—	2643	1.73～3.98
大理石	—	2499～2707	2.70
云母	—	290	0.58
水垢	65	—	1.31～3.14
冰	0	913	2.22
黏土	27	1460	1.3

附表 16　几种保温、耐火材料的热导率与温度的关系

材料名称	材料最高允许温度 t/℃	密度 ρ/(kg/m³)	热导率 λ/[W/(m·K)]
超细玻璃棉毡、管	400	18～20	$0.033+0.00023\{t\}_{℃}$ ①
矿渣棉	550～600	350	$0.0674+0.000215\{t\}_{℃}$
水泥蛭石制品	800	400～450	$0.103+0.000198\{t\}_{℃}$
水泥珍珠岩制品	600	300～400	$0.0651+0.000105\{t\}_{℃}$
粉煤灰泡沫砖	300	500	$0.099+0.0002\{t\}_{℃}$
岩棉玻璃布缝板	600	100	$0.0314+0.000198\{t\}_{℃}$
A级硅藻土制品	900	500	$0.0395+0.00019\{t\}_{℃}$
B级硅藻土制品	900	550	$0.0477+0.0002\{t\}_{℃}$
膨胀珍珠岩	1000	55	$0.0424+0.000137\{t\}_{℃}$
微孔硅酸钙制品	650	≤250	$0.041+0.0002\{t\}_{℃}$
耐火黏土砖	1350～1450	1800～2040	$(0.7\sim0.84)+0.00058\{t\}_{℃}$
轻质耐火黏土砖	1250～1300	800～1300	$(0.29\sim0.41)+0.00026\{t\}_{℃}$
超轻质耐火黏土砖	1150～1300	540～610	$0.093+0.00016\{t\}_{℃}$
超轻质耐火黏土砖	1100	270～330	$0.058+0.00017\{t\}_{℃}$
硅砖	1700	1900～1950	$0.93+0.0007\{t\}_{℃}$
镁砖	1600～1700	2300～2600	$2.1+0.00019\{t\}_{℃}$
铬砖	1600～1700	2600～2800	$4.7+0.00017\{t\}_{℃}$

① $\{t\}_{℃}$ 表示材料的平均温度的数值。

附表 17　常用材料表面的黑度值

材料类别与表面状况	温度/℃	黑度 ε	材料类别与表面状况	温度/℃	黑度 ε
表面磨光的铝	225～575	0.039～0.057	铬	100～1000	0.08～0.26
表面不光滑的铝	26	0.055	有光泽的镀锌铁皮	25	0.228
600℃氧化后的铝	200～600	0.11～0.19	氧化的灰色镀锌铁皮	25	0.276
表面磨光铁	425～1020	0.144～0.377	石棉纸	40～370	0.93～0.945
氧化后表面光滑的铁	125～525	0.78～0.82	粗糙表面红砖	20	0.93
具有光滑氧化层表皮的钢板	25	0.82	耐火砖	500～1000	0.8～0.9
精密磨光的金	255～635	0.018～0.035	不同颜色的油漆涂料	100	0.92～0.96
磨光的纯铜	25	0.06	平整的玻璃	25	0.937
无光泽的纯铜板	50～350	0.22	烟炱、发光的煤炱	95～270	0.952
600℃时氧化后的黄铜	200～600	0.61～0.59	上过釉的瓷制品	25	0.924
磨光的铜	80～115	0.018～0.023	木材	20	0.8～0.92
600℃时氧化后的铜	200～600	0.57～0.87	碳化硅涂料	1010～1400	0.82～0.92
氧化后的灰色铅	25	0.281	油毛毡	20	0.93
磨光的纯银	225～625	0.02～0.032	磨灰的墙	20	0.94
雪	0	0.8	厚度>0.1mm 的水	0～100	0.96

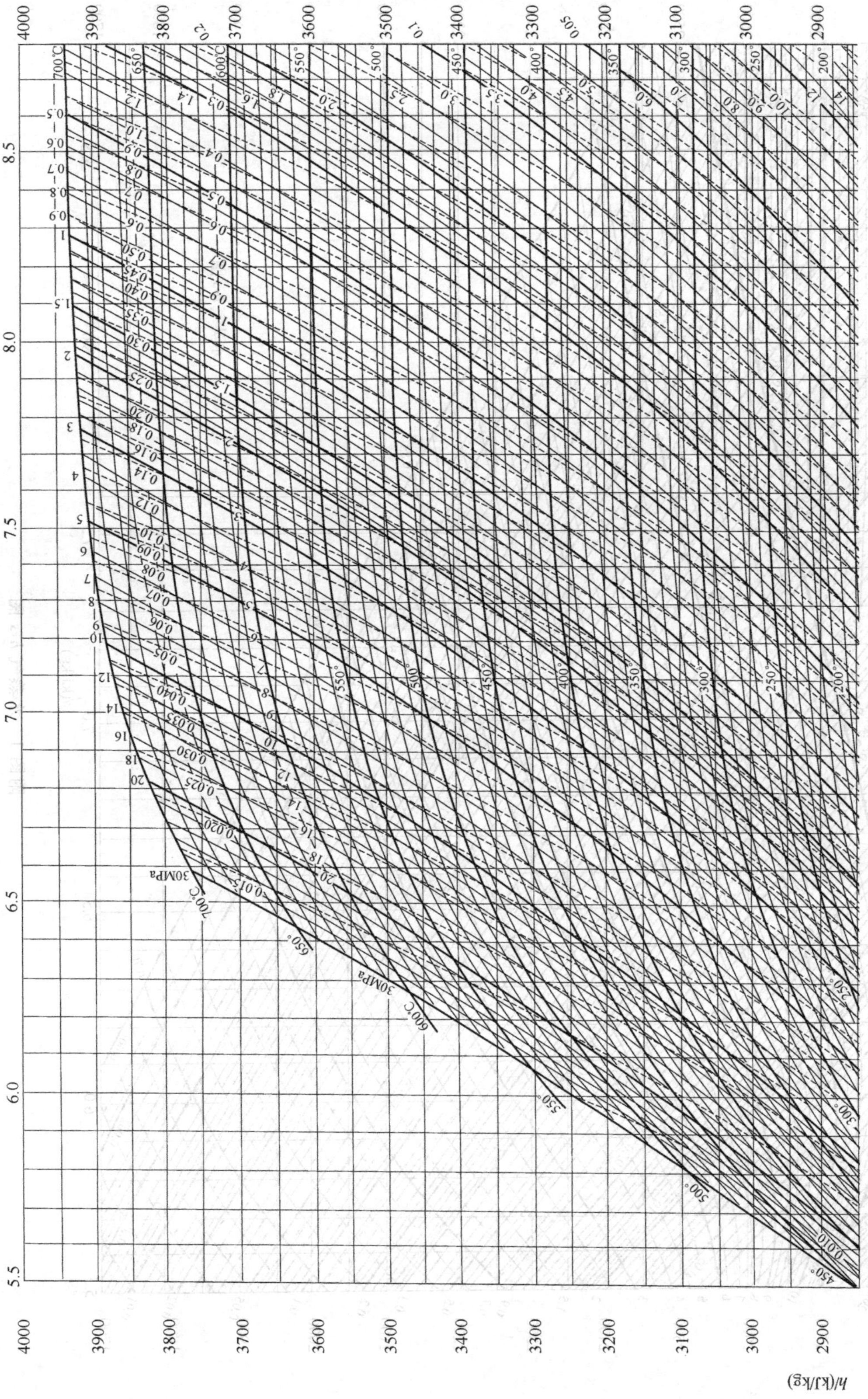
h/(kJ/kg)
4000
3900
3800
3700
3600
3500
3400
3300
3200
3100
3000
2900
5.5
6.0
6.5
7.0
7.5
8.0
8.5
30MPa
700°C
600°C

附图 1

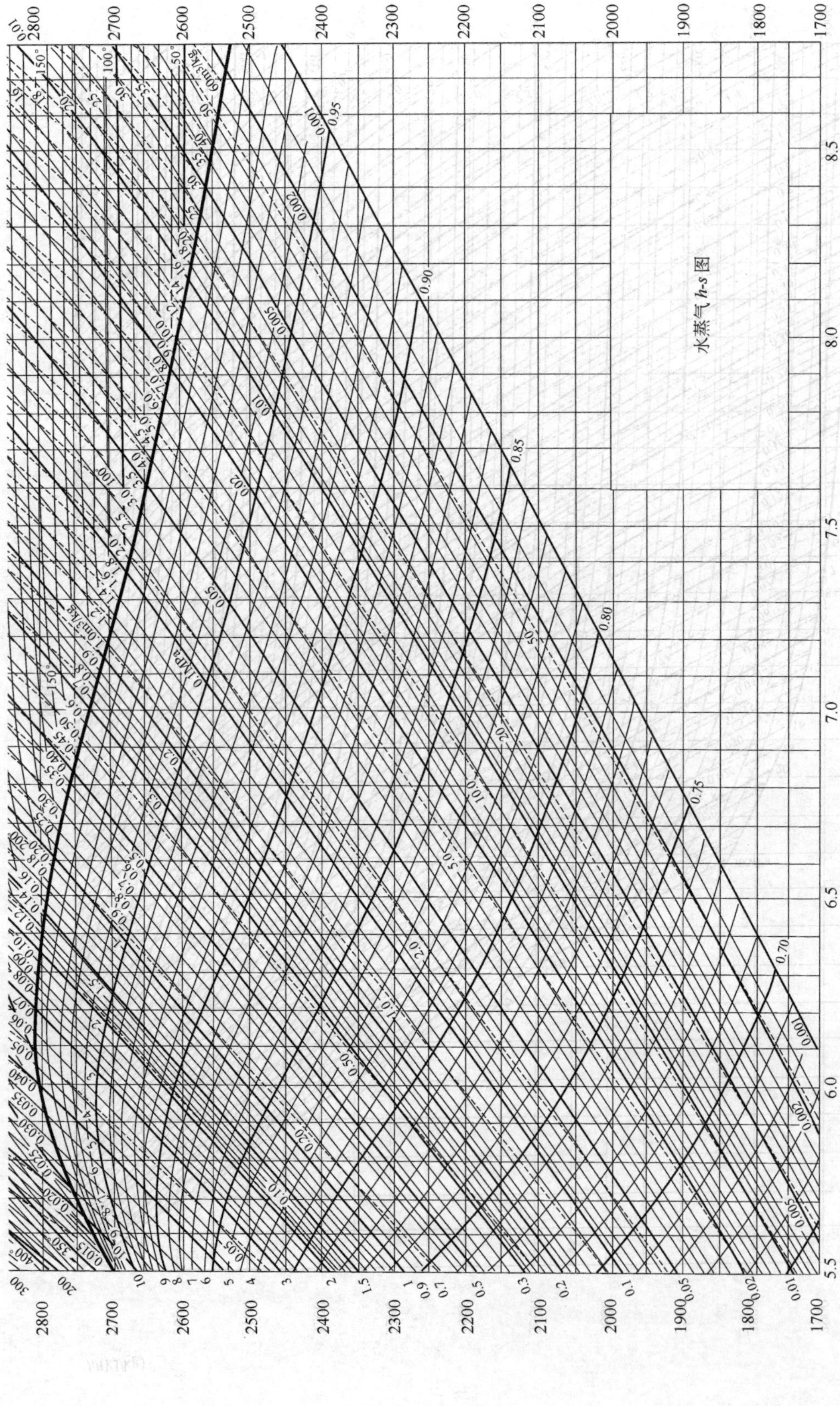

附图1 水蒸气 h-s 图

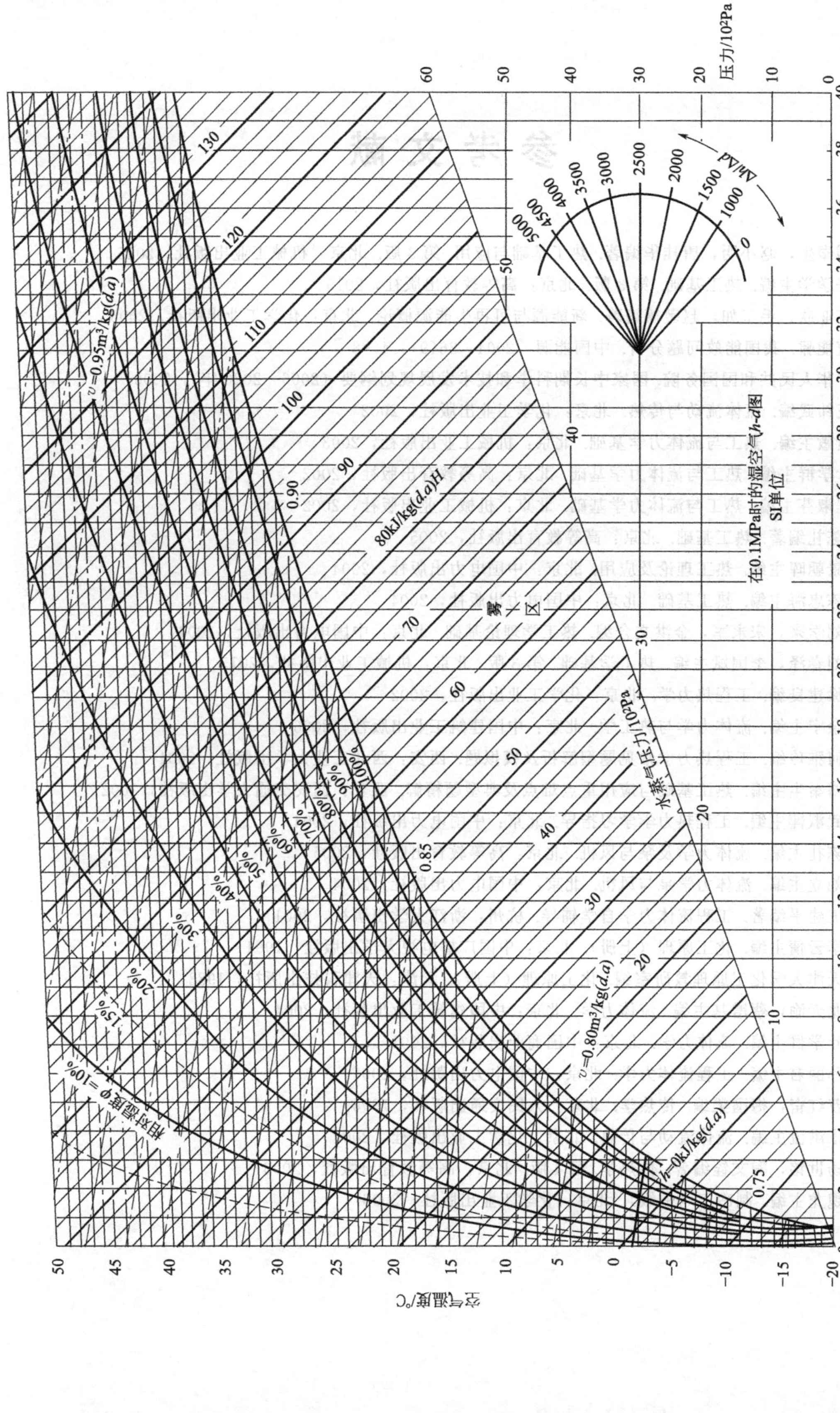

附图 2 湿空气的 h-d 图（大气压力为 10^5 Pa）

参考文献

[1] 傅秦生，赵小明，唐桂华编著. 热工基础与应用. 第3版. 北京：机械工业出版社，2015
[2] 张学学主编. 热工基础. 第3版. 北京：高等教育出版社，2015
[3] 苏亚欣，毛玉如，赵敬德编著. 新能源与可再生能源概论. 北京：化学工业出版社，2006
[4] 宣能啸. 我国能效问题分析. 中国能源，2004，26(9)：4～8
[5] 中华人民共和国国务院. 国家中长期科学和技术发展规划纲要（2006—2020年），2006
[6] 王纬武编. 流体流动与传热. 北京：化学工业出版社，2002
[7] 黄敏主编. 热工与流体力学基础. 北京：机械工业出版社，2003
[8] 叶学群主编. 热工与流体力学基础. 北京：高等教育出版社，2002
[9] 程淑芬主编. 热工与流体力学基础. 北京：机械工业出版社，2002
[10] 陈礼编著. 热工基础. 北京：高等教育出版社，2005
[11] 景朝晖主编. 热工理论及应用. 北京：中国电力出版社，2004
[12] 陈忠海主编. 热工基础. 北京：中国电力出版社，2004
[13] 刘学来，宋永军，金洪文合编. 热工学理论基础. 北京：中国电力出版社，2004
[14] 刘春泽，李国斌主编. 热工学基础. 第3版. 北京：机械工业出版社，2015
[15] 徐建良编. 工程热力学. 北京：化学工业出版社，2002
[16] 余宁主编. 流体力学与热工学. 北京：中国建筑工业出版社，2006
[17] 何雅玲编. 工程热力学常见题型解析及模拟题. 西安：西北工业大学出版社，2004
[18] 傅秦生主编. 热工基础与应用重点难点及典型题精解. 西安：西安交通大学出版社，2002
[19] 武淑萍主编. 工程热力学学习指导. 北京：中国电力出版社，2004
[20] 陈礼主编. 流体力学及泵与风机. 北京：高等教育出版社，2005
[21] 刘立主编. 流体力学泵与风机. 北京：中国电力出版社，2004
[22] 王建平编著. 工程流体力学自学辅导. 杭州：浙江大学出版社，2001
[23] 李云倩主编. 化工原理（上册）. 北京：中国广播电视大学出版社，1991
[24] 天津大学化工原理教研室编. 化工原理（上册）. 天津：天津科技出版社，1983
[25] 龙天渝，蔡增基主编. 流体力学. 北京：中国建筑工业出版社，2004
[26] 叶学群主编. 流体力学. 北京：中国商业出版社，2001
[27] 孙丽君主编. 工程流体力学. 北京：中国电力出版社，2005
[28] 曹红奋，梅国梁编. 传热学. 北京：人民交通出版社，1996
[29] 张洪流主编. 流体流动与传热. 北京：化学工业出版社，2001
[30] 杨世铭，陶文铨编著. 传热学. 第4版. 北京：高等教育出版社，2006
[31] 魏龙主编. 制冷工（中级）. 北京：化学工业出版社，2006